高等院校理工科教材

化学史教程

The history of chemistry

主编　张家治
修订　张培富

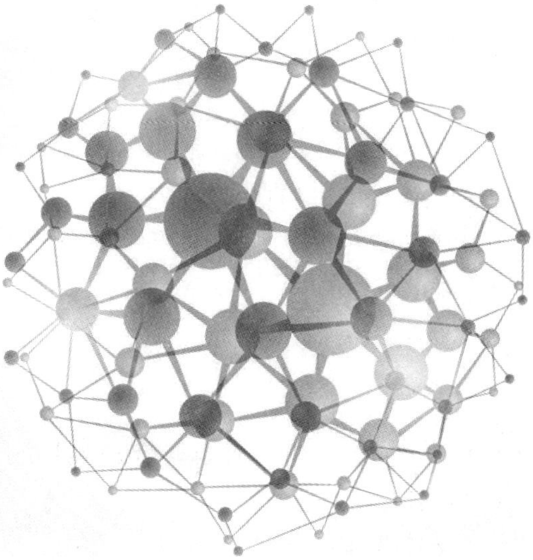

山西出版传媒集团　山西教育出版社

图书在版编目(CIP)数据

化学史教程/张家治主编. —太原:山西教育出版社,2014.7
(2022.8 重印)
ISBN 978-7-80578-187-7

Ⅰ.化… Ⅱ.张… Ⅲ.化学史-教材 Ⅳ.06-09

中国版本图书馆 CIP 数据核字(2001)第 047634 号

化学史教程

HUAXUE SHI JIAOCHENG

责任编辑 康 健
复 审 彭琼梅
终 审 杨 文
装帧设计 薛 菲
印装监制 蔡 洁

出版发行 山西出版传媒集团 · 山西教育出版社
(太原市水西门街馒头巷 7 号 电话:0351-4729801 邮编:030002)
印 装 山西辰昱印务有限公司
开 本 787×1092 1/16
印 张 22
字 数 524 千字
版 次 2014 年 7 月第 3 版 2022 年 8 月山西第 15 次印刷
印 数 68 401—71 400 册
书 号 ISBN 978-7-80578-187-7
定 价 49.00 元

目录

第二编　近代化学发展时期

2

第二十三章　石油化工技术——现代化工技术的支柱

第二十四章　走向前沿的化学

第一次修订说明

《化学史教程》从 1987 年出版到今天已十多个年头。其间无论是国内还是国外的科技、教育、文化和社会的诸多方面都有了很大的发展，国际间的合作更为突出，而国际间的竞争也更为激烈。中国为此制订了“科教兴国”战略，科技成为发展的关键，教育成为发展的基础，素质教育成为各级教育改革的中心内容。通过十多年的教学实践证明，化学史课程的讲授与学习，在全国各高校化学化工专业发挥了不可替代的作用，《化学史教程》成为很多高校的化学史课程教材，十年间重印 10 次之多。它以其内容丰富、文理交叉、富于哲理等特点赢得广大师生和学者的好评，确实具有素质教育的功能。本人在十多年的教学过程中也努力完善该课程的建设，同时也发现《化学史教程》的某些不足和问题，有必要进行修订。本书主编张家治教授建议我执笔修订，本书责编徐亚东编审也主张并督促尽快修订。有鉴于此，我接受了修订本书的工作。由于本书作者分散于全国各地，不便联系，再加上修订时间仓促，且修订幅度不大，此次修订未能征得所有作者的意见，敬请谅解。

本书此次主要在以下几方面做了修订补充工作：

首先，对全书各章节做了形式、逻辑和文字的全面加工完善。如全国调整了各章节的题目，使其更好地体现化学史而不是化学知识的介绍；对化工史的介绍着重于化工技术而不是化工生产。全书所有章节都做了必要的文字润色工作，包括原书中的错排、错印等问题，从而使本书更为规范、严谨。

第二，对部分章节内容进行了取舍。其原则是减少非化学史或重复多余的论述，使本书内容更为精练适用，符合化学史课程的教学要求。

第三，增加补充了一部分内容。在正文部分，增加了第三章第二节和第二十四章第四节等新章节；其他章节都做了程度不同的内容补充，如关于化工史的第十二章和第十九章的开头和结尾部分都增加了特点概括的内容；相比较而言，现代部分比古代、近代部分增添的内容要多些，理论化学比实验化学方面的史料增添的要多些，如第十三章、第十四章、第十七章、第二十章、第二十一章等都有新史料的增添。在附录部分，附录一，增加了三位化学家小传；附录二，补充了发现 104 号 – 112 号元素的有关材料；附录三，增加了 1985 年 – 1998 年诺贝尔奖获奖情况介绍；附录四，补充了部分大事记内容；附录五，补充了一些参考文献资料。

本书的此次修订还得到全国一些兄弟院校同行的帮助，对本书做了一定的校核工作，在此一并表示感谢。然而，此次的修订工作肯定存在不足和问题，请同行专家和广大读者批评指正。

张培富

1999 年元月于山西大学蕴华庄

第二次修订说明

距本书第一次修订又过去了整整5年，而人类已进入21世纪的第四个年头。在此期间，中国的科学技术史教育和学科建设有了长足的发展。高等教育、初中等教育和社会教育等不同的教育体系与层次中渗透了越来越多的科学技术史课程和内容，图书市场涌现出一批优秀的科学技术史普及读本，电视、报刊、网络等各种媒介给予了充分的报道和介绍，甚至有专门的科学技术史栏目，科学技术史在提高国民科学文化素质方面发挥了重要的作用。同时，一些高等学校有史以来设立了独立的科学技术史系、专业，科学技术史作为独立的一级学科在更多的学校开始招收硕士和博士研究生，科学技术史工作者也发表了一批高质量的学术著作和论文。可以说，中国的科学技术史事业处于方兴未艾的发展时期。为此，我们感觉有必要对本书进行第二次修订，以更好地适应社会和教育发展的需要。

此次修订从内容到形式都做了较大的调整和补充。

首先，对全书的章节和结构做了全面调整修订。一方面，对全书的整个章节标题做了修改，使之更能反映章节的内容，更能体现现代科技史观念，更具生动性和可读性。另一方面，对大部分章节顺序做了调整，使章节结构更具内在逻辑性。原书第十二章和第十三章顺序做了更换；原书第十五章调整为第十六章；原书第十六章调整为第十八章；原书第十七章调整为第十九章；原书第十八章调整为第二十章；原书第十九章调整为第二十三章；原书第二十章调整为第二十二章；原书第二十一章调整为第十七章；原书第二十二章调整为第十五章；原书第二十三章调整为第二十一章。

其次，对全书的内容做了修订，吸取了当代化学史、科学史及科学思想史的一些最新研究成果。在对全书的章节和结构进行全面调整的基础上，对相关的部分也进行了内容的修订、补充和调整。其中做了较大修订的是：

（1）第二十四章内容基本都是新撰写的，由张培富、阎莉、邢如萍和郭俊立完成。

（2）新增第十五章第二节，由张培富完成。

（3）补充了1999年－2003年诺贝尔奖获得者资料，由张培富完成。

（4）对全书涉及的著名化学家的生卒年做了核对，特别是补充了一批已故去化学家的去世年份，包括附录三诺贝尔奖获得者的生卒年。这项工作由张培富完成。

此次修订由我负责完成，不妥之处请原书作者和广大读者批评指正。

张培富
2004年3月于山西大学

绪　论

(一)

什么是化学史？化学史是科学史的一个分支。什么是科学史呢？科学史的重要奠基人、美国著名科学史家G. 萨顿（George Sarton，1884－1956）曾经这样为科学史下定义："如果把科学定义为系统化的实证知识，或者看做是在不同时期不同地所系统化的这样一种知识，那么科学史就是这种知识发展的描述和说明。"① 如果用我们更习惯的语言为科学史下定义，可以认为科学史是人类在长期社会实践活动中，关于自然知识的系统的历史的描述。

化学史则是人类在长期的社会实践过程中，对大自然的化学知识的系统的历史的描述。因此，化学史不是纯自然科学，而是自然科学与历史科学相互交叉的一门特殊的历史科学。

化学史也是化学的一个分支学科，与化学的其他分支学科有区别，有联系。化学的其他各分支学科，以讲授知识的理论和现状为目的，随着学科的不断发展更新其内容。化学史则不然，它是从化学发展的历史角度，从纵的方向上，阐述从化学的萌芽开始，经过漫长的岁月，怎样发展为现代化学的历史过程，即化学怎样产生、发展和繁荣起来的全过程的系统阐述。在这个漫长的历史过程中，化学的发展也是在曲折道路上前进的。它的发展受到多方面因素的制约，如社会因素、生产因素、政治因素、文化因素、其他科学发展的状况以及哲学宗教思想等。这些因素从总的发展趋势来看，对化学的发展起着促进作用，但有的因素有时也起阻碍作用，表现出化学在发展的历史长河中有时发展慢，有时发展快。

化学史书的体裁各有不同：①有的着重在编年方面；②有的着重在分类方面；③有的着重介绍化学家的传记；④有的着重在引证原始资料或者是考证；⑤有的限于专题方面；⑥有的偏于概论和评述；⑦有的意在写断代史；⑧有的详于古代；⑨有的详于近代；⑩有的详于西欧化学史；⑪有的着重介绍中国化学史；⑫有的着重写化学通史。它们各有所长，各具特色。但是作为化学史教材应当是化学通史体裁比较全面和系统。

化学的发展既有连续性，又有阶段性，化学史家对它的分期不尽相同。我国化学史家丁绪贤（1885－1978）的分期为上古时代、中古时代、近世时代。英国化学史家柏廷顿（J. R. Partington，1886－1965）则是采取按时代结合化学发展中各阶段的代表性的成就为标志进行划分。1980年，我国出版的《化学发展简史》划分为古代及中古代时期、近代时期、现代时期。

① 《科学与哲学》，1980年，第4期，第29页。

本书本着厚今薄古的原则，少讲古代，适当多讲近代和现代的化学发展，并为了分期比较简明，划分为古代时期、近代时期和现代时期等三个大的时期：从化学的萌芽至17世纪中期为古代化学时期（有的化学史书以公元4世纪以前为古代，公元4世纪－17世纪中期为中古时代）；从17世纪中期－19世纪90年代中期为近代化学时期；从19世纪90年代末－20世纪以来为现代化学时期。

化学史的内容随着这种分期方式展开。古代时间最长久，发展缓慢。主要原因是生产力低下，社会的发展也只是原始社会、奴隶社会和封建社会的时期。哲学发展处于早期的朴素阶段。人们对自然的认识处于原始和初级阶段，对化学现象的认识仅仅是开始在实践中摸索前进，积累了一些经验知识。

古代化学的主要特点是以实用为主。实用化学的实践过程中启发着人们的思想，使化学工艺水平逐渐有了改进和提高。古代化学工艺以中国、埃及等国家最为突出，主要是劳动群众智慧的结晶。人们在长期的实践中，利用着自然界的丰富资源，创造出许多化学工艺，制造出多种实用美观的陶器、瓷器和玻璃器皿等。在不同的阶段，发明了不同水平的金属冶炼、酿造、染色、造纸和火药等。这些成就构成了古代时期化学史上光辉的篇章。与此同时，各国的思想家们面对着千变万化的自然界，都企图提出一定的理论观点，给予合理的解释。这些理论观点对化学工艺的发展又产生一定的影响。

古代实用化学主要是围绕着社会生活和生产需要进行的，发展到一定的阶段产生了炼丹（金）术。后来，由于实际的需要以及一些学者的主张，试图把治疗疾病与化学活动结合起来，使古代化学进入一个新的发展阶段。这时虽然仍以实用为主，但也提出了一些初步的理论以说明问题。

化学从17世纪中叶进入近代时期，历时约两个半世纪。这个时期化学发展的中心在欧洲。它有以下特点：通过实验有许多化学上新的发现；在以往积累事实和经验的基础上，化学成为一门独立的科学，逐步发展出一系列的概念、定律和理论；化学从多方面展开，建立起无机化学、有机化学、分析化学和物理化学等重要的基础分支学科，具有了较厚实的实验基础和理论基础；在应用方面，兴起了近代工业重要基础的化学工业；到19世纪，化学进入了繁荣昌盛时期，成为科学整体发展的带头学科；化学还为辩证自然观做出了自己的贡献，特别是尿素的人工合成，说明了无机物与有机物之间没有不可逾越的鸿沟，而是互相联系着的，从而从化学方面对形而上学自然观打开了缺口；同时化学的发展还为辩证法的规律提供了自然科学的论据，丰富和支持了马克思主义哲学。

形成近代化学这些特点的原因主要有下面几点：

第一，16世纪以后，资产阶级民主革命先后在欧洲一些主要国家取得胜利，生产力得到发展，手工操作被机器生产所代替。采矿、冶金、地质、机械、造船、纺织和制药等各工业部门的迅猛发展，促进了化学学科的成熟。例如采矿、冶金等方面的需要加强了化学的研究。无机化学在矿物分析、分离和提纯方面进行了大量工作，从而使许多重要化学元素不断被发现，继而兴起无机化学工业。大规模的制酸、制碱、漂白、火药和无机盐工业等接踵出现。这些工业在生产过程中又提出大量无机化学方面的课题，进一步又推动无机化学的发展。又如，纺织工业的迅速发展对染料的大量需要，冶金工业和炼焦工业日益扩大带来愈来愈多急需处理的废料等，都促进了有机化学的发展，如此等等。

第二，化学家的作用比以往突出。在欧洲工业革命取得胜利的同时，许多科学家强调发展实验自然科学，主张通过科学实验追求真理。这一思想观点上的转变，对于自然科学的发展，包括化学的发展在内，起了重大推动作用。在这种思想解放的形势下，欧洲成立起许多科学研究机构和团体。例如，17 世纪，英、法先后成立了皇家学会和巴黎科学院；18 世纪，普鲁士成立了柏林科学院。广泛开展学术交流，有力地促进了化学科学的发展，也培养了人才。这一时期，化学界涌现出一个又一个著名化学家。由于他们辛勤的努力，把化学不断推向前进。英国化学家、物理学家波义耳所做的大量实验工作和对元素的科学定义，使化学走上科学道路；法国化学家拉瓦锡，以敏锐的洞察力，在总结他人的成功与失败的经验中，仔细地重复许多定量实验，提出了燃烧氧化学说，从而推翻了燃素说，引起化学史上著名的化学革命；道尔顿提出了化学原子论，从理论上为化学的统一和发展指出了方向，被恩格斯誉为“近代化学之父；在原子论的基础上，继阿伏伽德罗之后，康尼查罗通过统一的原子—分子学说，从理论上对化学现象进一步进行了概括和说明，使化学又一次跨步前进；在舍勒、普利斯特里、卡文迪许、戴维、贝采里乌斯等许多著名化学家发现新元素的基础上，积累了大量有关化学元素和化合物性质的知识，才有可能出现了迈尔和门捷列夫这样杰出的化学家，提出化学元素周期律，把杂乱众多的元素及其化合物纳入一个有规律的系统之中。

此外，李比希、杜马、维勒、罗朗、日拉尔、肖莱马等化学家为有机化学的建立奠定了基础；凯库勒、布特列洛夫等化学家为有机结构理论开辟了发展方向；罗蒙诺索夫、奥斯特瓦尔德、范霍夫等人为物理化学的建立奠定了基础。

以上仅举出一些事例，说明化学家的历史作用不可忽视，有时化学家甚至会起到关键性的作用。

第三，随着近代化学的发展，化学专门教育的作用在化学史上逐渐占有重要地位，这不仅对于培养大量社会发展需要的化学人才起决定性作用，同时对于培养杰出的化学家也起着必不可少的作用。

现代化学从 19 世纪末和 20 世纪初，开始由宏观领域进入微观领域，把宏观的理论研究与微观的理论研究结合起来，更深刻地揭示出化学现象的本质。微观化学从原子结构、量子化学、核化学三个方向发展并向化学的许多方面渗透，突出表现在化学动力学、生命过程的化学和元素的人工合成等方面，有着广阔可喜的发展前途。这些进展也促进了化学理论的大发展，大大提高了化学的数学化和推理化程度。

由于物理学的发展和生产力水平的提高，各种先进的新型仪器设备相继出现，从而促使化学实验水平空前提高，其精确性、灵敏性以及快速方便的程度达到了惊人的地步。反过来，仪器的不断更新又促进了化学的深入发展。20 世纪以来的化学在合成人工自然物质方面发展迅速，从制备自然界的化学物质发展到制取各种适应人类社会所需要的、自然界不存在的人工化学物质，使合成化学进入一个新的发展阶段。

20 世纪以来的化学比 19 世纪的化学要细微深入得多。一方面由于研究得深入细致了，因而化学的分支学科越来越细，越分越多；另一方面则是化学学科之间的交叉渗透以及化学与其他学科之间的二重、三重交叉渗透和综合。这种进步预示着化学将要揭示自然界更为本质的奥秘。

（二）

学习和研究化学史的重要意义已为化学家和化学史家所重视，甚至已经发展到为教育领导部门所重视，这不是偶然的，而是由化学史的内容所决定的。化学专业的学生学习化学史不仅是为史而学，而是史为今用，为了更好地学习和研究现代化学。因此，学习化学史至少有以下几个方面的积极意义。

第一，掌握化学产生和发展全过程的系统历史知识，有利于培养化学人才的良好素质。通过化学史的学习，可以清楚地了解到化学发展到今天的水平并不容易，是广大劳动群众和化学家们经过长期的艰辛努力，甚至不惜付出健康和生命的代价，取得这样或那样的成果，汇集成一部化学的历史。

不仅如此，通过化学史的学习可以了解到：化学的发展是怎样表现出继承与创新的关系的；化学发展中不同见解争鸣的积极作用和必然性；新的理论见解往往在开始时并不容易打破传统观念的束缚，而常常经过反复的较量才得以公认；许多成熟的化学结论是在什么条件下和在什么思想指导下产生出来的；可供后人借鉴的各类不同风格的化学家所表现出的优缺点，等等。

第二，通过对化学史的学习，可以使学生正确理解和处理化学中实验与理论二者的辩证关系，它们是具体的历史的统一，二者相辅相成，不可偏废。它们共同促进了化学学科的发展。

第三，学习化学史，有利于提高化学人才的独立工作能力。化学专业的学生在经过二三年的基础课程和专业课程以及实验课程的学习和训练之后，再学习化学史，可以将全部化学连贯起来通盘考察其发展过程中成功与失败的原因，分析和比较各种方法的优劣，寻求研究问题的方法和规律。在前人走过的曲折道路中寻找借鉴，尽可能避免或减少先误。凡此种种对于培养人才的独立工作能力都有必要。

第四，学习化学史，更加有利于通过本门业务培养学生自觉的辩证唯物主义观点。培养青年学生的辩证唯物主义观点有两个途径。一条途径是通过马克思主义哲学的学习，这一点已经为人们所熟知；另一条途径是通过自然科学专业知识的学习。而在化学专业中，更为有效的是通过化学史的学习。这一优点是任何其他化学分支学科所不能比拟的。化学史本身就是人类认识自然界中化学现象的发展史。全部化学史总的来说贯穿了唯物主义的观点。在发展过程中不免出现错误的或唯心主义的认识问题的观点和方法，但是在发展过程中，最终还是唯物主义取得胜利。

化学史还可以告诉我们，化学发展的本身也充满了辩证法。化学家无例外地受着哲学的支配，不论这种哲学观点是什么，也不论你自觉还是不自觉。这一点不仅马克思主义者这样认识，非马克思主义的科学史家也有同样的观点。比如，G. 萨顿认为：许多科学家本来是回避哲学的发明家和技术人员，但没有一个人是生长在哲学真空里。不管科学家是否意识到这一点，每个科学家总是受到他那个时代宗教和哲学观念的影响。

第五，通过对化学史的学习，有利于培养化学专业学生为化学事业献身的精神和严谨治学的态度。化学史中涉及许多著名化学家的事迹，他们在成长的道路上，并不是一帆风顺的，而是沿着崎岖的小路攀登上化学的高峰。这是一种耐人寻味的顽强的奋斗精神。学习化学史就可以悟出这样的道理来，即一个化学工作者要想有所作为，缺乏这种事业精神和严谨的治学态度，是难于做出杰出贡献的。反之，就可以为祖国争光，为人类做贡献。

第六，学习化学史，有利于培养学生奋发图强的爱国主义精神。我们古代的祖先在化学工艺和实用化学方面，均有过卓越的贡献，在化学史上留下过光辉的足迹，这些成就是我国古老文化中的一枝芬芳的花朵，值得我们为此而骄傲。但是近代以来，我国的科技处于落后状态，化学也不例外。全国解放以后，本来有了新的开端，化学界的广大工作者，开始做出了可喜的成绩，化学中有的研究成果居于世界领先地位。但是，文化大革命一场浩劫，又使我国的化学水平与国际先进水平拉大了距离。这些年来，由于形势日趋好转，国家提倡和鼓励科学技术的发展，提倡重视教育事业，提倡进行大胆改革，从而促进了化学事业新的发展。然而，除个别的领域达到世界先进水平以外，总的来看，化学赶上世界先进水平还需有一个奋斗过程。

我国古代化学曾有过领先世界的事例，说明中华儿女在过去有能力有才干在化学方面居于世界前列。20 世纪 60 年代牛胰岛素的人工合成说明了中华儿女在现代，经过刻苦攻关，仍然能够在化学上取得突出成就。因此，学习化学史可以激发青年的爱国热忱，激发青年奋发图强，变落后为先进，为祖国的繁荣富强而学习的拼搏精神。

（三）

开设化学史课程是改革化学专业课程结构的一项内容。

高校化学专业开设化学史课，在国际上，从不断有人提倡发展到试验开设和规定开设的阶段。1904年法国科学家朗之万（P. Langevin，1872－1946）提倡用历史方法教学。其后，美国化学会会长史密斯（Smith），哈佛大学校长康奈特（J. Conant）及著名化学家贾菲，都论述过开设化学史的必要性。日本化学家山岗望（1892－1978）十分重视化学史的教学，他在数十年的化学生涯中，坚持化学、化学史与化学教育相结合的做法，曾受到嘉奖。1960年，美国在26个州的100所高等学校进行科学史（包括化学史在内）教育的试验。日本政府决定从1982年起在高中设科学史选修课。原苏联和东欧一些国家，以不同的形式在高等学校中开设科学史和学科史课程。在原民主德国，教育部还颁布其有关的教学大纲。这种趋势还在继续发展。

我国化学史家丁绪贤，20世纪20年代在北京大学化学系讲授化学史，并著有《化学史通考》。化学史家张子高（1886－1976）于二三十年代在东南大学开设化学史课。化学史家袁翰青（1905－1994）于1953年－1955年，在北京师范大学开设化学史课。1983年，中国科技史学会化学史组在昆明举行化学史讨论及讲习会，有50余所高、中等学校的教师及云南省许多中等学校的化学教师参加。与会者认为，化学史对于现代化学教育有着重要意义，呼吁在化学专业开设化学史课。

不难看出，我国的化学史教学，从个别的学校开设选修课，逐渐向广泛开设的方向发展。这是现代化学教育发展的客观需要，同时也是化学家所赞成的一门课程。我国著名化学家傅鹰（1902－1979）曾说过："化学可以给人以知识，化学史可以给人以智慧。"言简意赅，切中要害。知识与智慧结合起来，必将对改革化学专业课程的知识结构，对提高化学教育的质量有莫大裨益。

（三）

[illegible]

第一编　古代化学发展时期

在古代，化学没有具体的研究对象，因而科学的化学也不存在，化学在这一时期只以知识的形态存在着、积累着。它是化学史的重要构成部分。

这个时期的化学知识主要来源于四个方面。一、原始实用化学，是一些具体工艺中的化学知识，如陶瓷、冶金、造纸等。二、人类对自然界万物的本原、构成及其变因的认识，即原始的化学物质观。三、金丹术，它是古代化学发展的最高形式。四、医药化学和冶金化学，它们在从金丹术到科学化学的转变中起了桥梁作用。

古代时期，化学虽经历了漫长的岁月，但知识的积累东鳞西爪，零散得很，严格的化学概念未能建立，更谈不上严格的化学理论了。考察古代化学萌发生长过程，可使人们懂得人类认识自然和改造自然的某些规律。

第一章　原始实用化学

实用性是古代化学的最突出的特点，表现为原始的化学工艺和技术。它们完全是伴随着人们生活生产的需要而产生和发展，表现为原始的能源、材料、冶金、造纸和火药等技艺的发展和传播。

第一节　化学史的发端——火的认识

自从人类降生到世间就生活在一个运动、变化的自然世界之中，其中有许多现象属于化学现象。在繁多的化学现象中，物质燃烧所发出的火是最引人注目的现象。自然界偶尔也可产生燃烧现象，如火山爆发、雷打电击、陨石降落，或因大风摇动树枝而致摩擦等都会引起森林失火。干枯植物的自然堆积也会导致着火。而这些现象，日复一日，年复一年，不断地刺激着人类的感官，一次又一次的印入人类的脑海。人类就是这样在长期的观察、实践和思索中最早认识了火，并有意识地控制、利用火。

原始人学会了保存火种，是经验知识的积累。他们至少知道了有哪些自然物可用做燃料。原始人能把自然界的星星之火保存下来，促进文明进步，是了不起的。从此，火就成了人类生活中不可分离的伴侣。人类从怕火到能利用火，经历了100多万年。

人类认识到了火，支配了火，就为实现一系列化学变化提供了条件。古代化学技艺可以说是以学会用火为中心的。学会用火是人类最早也是最伟大的化学实践。它是人类第一次开发除自身的体力即生物能以外的一种强大的自然能源，获得了改造自然的有利手段。在原子能出现之前，含碳物质的燃烧一直是人们获取能量的基本途径，是人为地使各种天然物质发生化学变化，制备新材料等以满足人类生活需要的有效办法。因此也可以说人类学会用火标志着化学史的发端。

在我国180万年以前的云南元谋人遗址中和大约同一时期山西芮城西侯度遗址中，有现在已知的人类最早的用火遗迹，晚一些时候的用火遗迹在世界各地都有发现，包括在50万年前的北京周口店北京人所居住过的岩洞里，发现当时北京人有意识地用火的遗迹。

人类的生活越来越依赖于火，然而，天然野火并不是随时随处可得，引进火种要受到自然条件的限制，而保存火种就显得格外重要，通常都由最有经验的长者来担任。即使如此，仍然会由于一些难以抗拒的原因而遭致火种熄灭。这就需要人类总结经验教训，寻找人工取火的方法。

摩擦取火，特别是钻木取火的方法就是人类在生活实践中发明的。人类最早的取火方法现在已经难以考证，但一般认为它大约出现在旧石器时代的晚期。在欧洲的一些遗址中曾发现可以碰击发光的黄铁矿石和可用于引火的干菌化石，这些东西都可能与人工取火有关。在我国的典籍中，关于摩擦取火的记载颇多。《庄子·外物篇》载："木与木相摩则燃。"《韩非子·五蠹》也有："钻燧取火以化星臊，而民悦之。"

取火方法的发明是人类历史上一件划时代的大事。恩格斯对此曾给予了很高评价，指出："就世界性的解放作用而言，摩擦生火还是超过蒸汽机，因为摩擦生火第一次使人支配了一种自然力，从而最终把人同动物界分开。"① 自从发明了人工取火的方法，人类就得到了用火的自由。火这种驯服的自然力不可估量地增长了人类在和自然做斗争中的威力。火使人类可以实现许多有用物质的变化。在熊熊的烈火中，黏土、砂土、瓷土烧制成了可用的陶瓷和玻璃，也可使矿石放在火中燃炼出有用的金属，通过火也可使天然能源煤、石油、天然气得以利用。后来，化学家所用的重要方法，如燃烧、煅烧、煮沸、蒸馏、升华、蒸发等等，无不建筑在火的使用的基础上。火的发现和利用，成了物质发生化学变化的重要条件，由此可见，火的发现和利用在化学发展史上占有多么重要的地位。

第二节　原始能源化学——煤、石油和天然气的利用

人工取火方法的发明，为利用能源提供了必备条件。而能源开发利用又与人类生产、生活密切相关，能源问题自然成了人类首先要解决的问题。不管是烧制陶瓷，还是冶炼金属都必须解决燃料问题。人类最先使用的燃料主要是树枝、柴草，后来学会烧制木炭，并用来冶炼青铜。然而用木炭做燃料，达不到很高的温度，因此后来人类又认识利用了煤、石油和天然气。煤、石油和天然气并称为三大重要的天然能源。我国古代人民很早就知道它们，利用它们，其历史的悠久，超过世界各国。

煤炭，中国古代有石炭、乌薪、黑金、燃石等异名，其中以石炭这一名称用得最广。最早记载煤的名称和产地的是战国时期的著作《山海经》。书中云："女儿之山，其上多石涅。"这里所讲的"石涅"就是煤。

事实上，根据中国1949年后出土的文物表明，在汉代，煤除了用于日常生活外，还用于生产中，特别是用煤冶铁，是技术上的一项重要改进，因为煤比木炭火力强而持久，可以得到更高的温度，炼出较好的铁。到晋初时已知燃烧未完的煤炭，扑灭后还可以利用，并明确知道煤燃烧不充分时，会产生伤害人的烟气。

在南北朝，北方家庭已广泛用煤来取暖、烧饭。唐朝时煤炭已是人民常见的东西了。宋朝由于采煤业的发展，对煤的形态及用煤方法已有记述。谢维新在《合壁事类》中就说："丰城、萍乡二县，皆产石炭，于山间掘土，黑色可燃，有火而无焰，作磺（硫）气。既销，则成白灰。"煤里含硫，故燃烧时作硫磺气。烧完之后，剩下白灰，证明煤的含碳量高。煤炭在宋代京城汴梁已是家用燃料了。

在元朝时，从意大利来中国的马可·波罗（Marco Polo，1254－1324），看到中国用煤的盛况，很感新鲜惊奇。回国后，他写了一部《游记》，书中描述了中国有一种"黑石头"，像木柴一样，能够燃烧，火力比木柴强，晚上燃着了直到第二天早上还不熄灭，价钱比木柴便宜。于是欧洲人把煤当作奇闻来传颂。至于欧洲人用煤炼铁，到16世纪才开始。

元明以后，使用煤炭已经普及。明朝著名科学家宋应星（1587－?），在他的著作《天工开物》"冶铁"条下说：那时全国冶铁，用煤炭的约十分之七，用木炭的约十分之三。可

① 恩格斯著，《反杜林论》，112页，人民出版社，1970。

见在明末，煤炭已是冶铁的主要原料了。

宋朝已用焦炭冶炼铁了。1961年，在广东新会县发掘的南宋咸淳六年（1270）前后炼铁遗址中，除找到炉渣、石灰石、矿石外，还找到焦炭，这说明那时已用焦炭来冶铁了。目前所知，这是世界上冶铁用焦炭的最早实例。欧洲到18世纪才开始炼焦，比中国晚了500多年。

石油是现代工业中最重要的燃料和原料，我国是世界上发现、开采和使用石油最早的国家。

石油古代又称石漆、水肥、石脂、猛火油、雄黄油、石脑油等。在某些地区，石油从地下流出来，常常和溪流混在一起。但大规模开采，则是用人工打钻深井。此时地下石油或自动喷出，或用动力汲出。

在我国古代典籍中，最早记载石油的文献是公元1世纪的《汉书·地理志》。书中载云："高奴，有洧水可𤑔。"𤑔即燃也，而这里的水可以作为燃料，是石油可燃性发现的确证。高奴即今陕北延长县一带，现在仍是石油的产地。

早期只是利用随泉水流到地面上的石油，因而数量很少，采集方法也很原始。元代石油井的出现，说明我国开采石油已进入到了钻井采集石油新阶段。《元一统志》记载了在陕北的延长、延川、宜君等县，都钻了油井，而且这些油井对朝廷都有一定的生产和"岁纳"任务。它们是我国历史上，同时也是世界上钻凿的第一批油井。

石油的功用，与人民生活发生了千丝万缕的联系。宋朝人民还开始用含蜡量极高的固态石油制成蜡烛。宋朝著名的科学家沈括（1031－1095）还发明了用石油烟做墨，开创了把石油作为化工原料的新篇章。特别是他在《梦溪笔谈》一书中明确提出"石油"之名，一直沿用到现在。

由于石油有燃烧"遇水不灭"的性质，后来还把石油作为火器用在军事上。宋朝已出现军用石油加工场，把石油作为重要原料制造军用武器。曾公亮的《武经总要》讲了三种火药配方，已包含浓油、沥青这些石油产品了。

在我国古代，天然气的开采与掘井技术和盐井开采紧密相连。四川是我国开凿盐井最早的地方，经过从战国到秦汉这段时间的发展，积累了许多的掘井经验。当盐井开到一定的深度时，如果刚好碰上浅层含天然气地层，则盐井同时也产天然气，古代人就把天然气井叫做火井。公元前1世纪，四川临邛、陕北鸿门出现了我国第一批天然气井。我国人民是人类最先征服天然气，使天然气为人类服务的民族。最先记载我国用火井煮盐的是晋朝张华所著《博物志》，其卷二里初步反映了当时利用天然气的技术。由于天然气的主要成分是甲烷，占90%以上，"火力"比木柴和煤的更大，所以天然气煮盐，不但经济，而且煮盐的速度也会提高。这在人类能源认识史上是光辉的一页。它比英国1668年使用天然气约早13个世纪以上。关于利用火井煮盐更详细的记述，则见于《天工开物》。此外，人们在实践中，认识到天然气能自燃而不助燃的性能，汉朝就已克服了火井爆炸的困难，并且还用竹筒盛装天然气，类似今天的储存天然气的气罐，创造了利用天然气的新方法。

第三节　原始无机材料化学——陶瓷和玻璃的发明

陶器的制造是新石器时代开始的重要标志，它的出现有其历史的必然性。首先，新石器时代是“采用畜牧业及农业的一个时期，是已学会人类的活动以增加天然产物方法的一个时期”。① 由于生产的发展，生活的提高，人口的繁衍，从而对于烹饪器、饮食器、储存器的需要越来越大，对于它们的质量要求越来越高。其次，在农业生产过程中人们对于黏土的黏性和可塑性有了一定的认识；再则由于长期用火经验的积累，对于火力的控制有了一定程度的把握，对于在火力影响下各种物质性能的变化也有了一定程度的认识。后两者的结合就为陶器的出现提供了必要的条件，陶器的发明正是这两方面结合的必然结果。

最古的生活器皿有木制的，也有用枝条编制的。古人为了使其耐火和致密无缝，往往又在器皿外抹上一层湿黏土。在使用时，有时这些器皿的木质部分烧掉了，黏土部分却变得很坚硬，仍可以使用。人们便进而发现成型的黏土不需内衬木质，也可以烧制出器皿。于是人们将黏土塑成各种需要的器形，晒干后烘烤，由此陶器便发明制造出来。

制陶技术大约发明于 1 万年以前的新石器时代早期。迄今我们看到的最早的陶器出土于我国江西、陕西等地，西亚地区出土的陶器最早也有八千多年的历史。1962 年，在江西万年县出土新石器时代早期的残陶片 90 余片，全是夹砂红陶，质地粗糙，不均匀地掺杂有大小不等的石英粒，质地易碎。陶片厚薄不等，器内壁凸凹不平，显然全是手捏而成。胎色以红褐色为主，兼有红、灰、黑三色，这是由于火候低，受热不均匀所造成。这些都反映了当时制陶的原始性。

1921 年，在河南渑池仰韶村首次发现新石器时代（距今五六千年前）的仰韶文化。在仰韶文化的陶器中，以细泥彩陶最有名，它代表了当时制陶工艺的水平，所以考古学家就把仰韶文化称为彩陶文化。彩陶制作大致经过以下四个步骤：①选土、练泥，作为制坯原料。②制坯。最初制坯大多是手制，后来也开始出现慢轮制陶。③纹饰和彩绘。陶器的纹饰一般用带有花纹的木印板拍印到陶坯上，或用有色的天然矿物赭石即赤铁矿、炭黑等颜料涂绘在陶坯上彩绘就算告成。④烧窑。由于露天烧制，陶土中的铁素被充分氧化，成品多呈红色或红褐色，因此仰韶文化中红陶居多。

1931 年，在山东章丘县龙山镇城子崖发现了新石器时代晚期的龙山文化，其制陶技术较之仰韶文化有了明显的进步，主要表现在：①已广泛地采用转动陶轮的方法制造陶坯；②陶器质地致密，品种增多，既有一般的红陶、灰陶，又有制作精美的黑陶，还出现了少量的白陶。白陶的原料是高岭土。尽管当时白陶产品少，但这在制陶用料上是一次重要的突破。

仰韶文化时期，陶器通常在氧化焰中烧成，陶质内的铁大部分被氧化为三价铁，而呈土红色，所以红陶占大多数。到龙山文化时期，由于陶窑的改革，人们在陶器即将烧成时，一方面猛加燃料，同时封闭窑顶，致使窑内氧气不足，陶器就在还原焰中焙烧，陶质中的铁大部分便转化为二价铁，使陶器呈灰色或灰黑色。所以龙山文化时期灰陶占最大比例。

商代在陶器制作中出现了一个重要成就，这就是发明了施釉技术，创制出敷釉的陶器。

---

① 恩格斯著，《家庭、私有制和国家的起源》，27 页，人民出版社，1955。

釉的发明是人们长期反复实践的结果。在制陶中，当生产一些精美的陶器时，常常在其表面挂一层陶衣或涂一层色衬。在实践中，人们发现用于挂陶衣的黏土稠浆中，加入一些石灰或草木灰等物质时，烧制出的硬陶，其表面会呈现光滑明亮的一层釉。对出土的商周釉陶的釉进行分析，证明当时使用的釉是石灰釉。它是由石灰石或方解石等碳酸盐加上一定量的黏土和其他物质配制成的。其中氧化钙是釉的助熔剂，它的含量在20%左右。硅是釉的主体，铁和铜是釉料的着色剂。釉的发明是从陶过渡到瓷的必备条件。

所谓“瓷器”至少要具备下述三个条件：①瓷器只能瓷土（即高岭土）作胎；②胎的表面必施有玻璃质釉；③瓷器烧成温度至少要在1200℃左右，焙烧后胎体要达到烧结，器皿质地坚硬，敲之要能发出金石声，成品的吸水率很低。商周原始瓷器的出现，标志着我国陶瓷生产已经进入了一个新时代。然而，由于商周时期原始瓷器的原料质量处理不很精细，胎和釉配料还不很准确，釉层很薄，胎釉结合不牢，容易剥落，同时温度控制和火候掌握还不够熟练，质量也比较差。

我国古代劳动人民在东汉末到六朝时期，已经发明了瓷器。这一时期多属青瓷，通体施有颜色浓绿的厚釉——青釉，即石灰釉，它是我国传统的瓷釉，沿用了几千年，形成我国瓷釉的独特风格。

我国低温色釉的发明要比青釉晚得多，但至迟在汉代已闻之于世了。该釉以氧化铅为助熔剂，故又称为铅釉。因在铅釉中含有多种呈色元素铁、铜、锰、钴等所引起的结果，故又有多色釉之名。由于制瓷技术有了飞速的发展，所以到了唐代遂有美丽的越窑（今浙江绍兴、余姚一带）“千峰翠色”瓷，就是由工人恰好掌握釉中含氧化亚铁成分在1%－3%而获得的。

我国白釉瓷器萌芽于南北朝，到了隋朝，则发展到成熟阶段。至唐朝，邢窑（今河北内丘县内）的白瓷已经发展成为占主流的青、白两大瓷系之一。

宋代瓷器，在胎质、釉料和制作技术等方面，又有了新的提高，是我国瓷业发展上的一个重要阶段，是烧瓷技术达到完全成熟的时期。在宋代制瓷技术中，值得指出的是在钧窑（河南禹县）中最早发现了窑变现象。釉中含有各种呈色元素铁铜等，在窑中烧时，由于火焰的性质，是在氧化焰还是在还原焰烧结，以及温度高低的不同，成釉就呈各种颜色，窑变中以盛烧红、蓝色釉及其衍生的紫色瓷器著称，打破了以往青、白瓷的单纯色调。

元朝制瓷上有两大成就，在釉色方面，出现了红色的“釉里红”；另一个成就是釉药加钴的化合物，钴量少则呈淡青，多则呈深蓝。前代的青瓷，不是真正青蓝色，自知道用钴以后，才有深蓝色。

明代的烧瓷技术，较之前代又有许多进步。其突出成就表现在精制白釉的烧制成功。这种细腻莹彻的白釉，由于所含氧化铝和二氧化硅的成分特别高，同时逐步采用了石灰碱釉，并适量地增加氧化钾的含量，所以釉色透亮明快，纯白如牛乳色。明代烧瓷技术的另一成就是彩瓷的出现。

清代的瓷器，是在明代取得卓越成就的基础上进一步发展起来的，因此造瓷技术达到了辉煌的境界。在彩瓷方面，康熙时的素三彩、五彩，雍正、乾隆时的粉彩、珐琅彩，都是名闻中外的。粉彩就是在含铅的彩料中，掺入一种含砷的玻璃料，从而产生乳白色的效果，彩料的颜色会变成带粉白色。珐琅彩也是用粉彩的手法制造的，瓷胎画珐琅，它和粉彩瓷器在胎质、形态、风格等方面，都是精妙的。

瓷器是一种工艺化学产品，在世界上以我国的发明最早。远在唐代，我国的瓷器和茶叶、丝绸就大量地经过海上和“丝绸之路”远销国外，此后历代都有瓷器向国外销售。

公元11世纪，我国造瓷技术传到了波斯，后来又传到了阿拉伯、土耳其和埃及。1470年又传播到意大利的威尼斯，欧洲才开始生产瓷器。

中国虽然最早发明了陶瓷，可制造玻璃技术却是古老文明的埃及人发明的。人们在埃及公元前千余年的墓葬中发现了许多玻璃器皿。古代的玻璃几乎全都带色，也不很透明，因为那时制造玻璃的技术尚处于草创阶段。为什么埃及人能够最先发明制造玻璃的技术呢？这是因为在埃及的一些湖岸上，存在着天然碱（碳酸钠），在制陶的实践中，可能开始时人们无意识地将天然碱与砂石混合高温加热，结果发现它们熔融冷却后，竟得到一种美丽透明的东西，埃及人就最早发明了制造玻璃的技术。制造玻璃的技术也慢慢由埃及传到邻近西亚各国，在纪元前又传至希腊、罗马。罗马人对制造玻璃技术进行了改进，并发明了吹管技术，生产出美丽明亮的各种用具。后来，他们还逐步掌握了借添加铁、铜、铅等金属的方法，制成了彩色玻璃。玻璃制品的运用不仅丰富了人类的物质文化生活，还对中古时代欧洲炼金术、制药化学的发展起了促进作用。玻璃仪器及其器皿也为近代化学实验所必需，是化学科学发展的有力工具。

第四节　原始冶金化学——金属冶炼的发明

一、青铜的冶炼

青铜是古代劳动人民有意识地将铜与锡或铅配合而熔铸的合金。因为以铜为主，颜色呈青，故名青铜。青铜作为合金，熔点较纯铜（红铜）低，纯铜的熔点为1083℃，若加15%的锡，熔点降低到960℃；若加25%的锡，熔点为800℃。就硬度来说，青铜较纯铜高。用铅代替锡，也同样有降低熔点，提高硬度的作用。熔化的青铜在冷凝时的体积略有胀大，所以填充性较好，气孔也少，可见，青铜比纯铜有更好的铸造性。这都使青铜在应用上具有更广泛的适应性，所以青铜生产发展很快。青铜生产工具的出现，在生产力的发展上起了划时代的作用，石器时代终于被青铜时代所代替。

在西亚、南亚和埃及，大约在公元前3000年进入青铜时代，印度稍晚一点。我国的青铜时代相当于历史上的夏、商、周和春秋时代。商代晚期，青铜业进入了鼎盛时期。最能反映这个时期青铜冶铸技术水平的，是1939年在河南安阳出土的司母戊鼎。此鼎达875千克，带耳高133厘米、横长110厘米、宽78厘米。经化验，它是用含84.77%铜、11.64%锡、2.79%铅的青铜铸成的。它是我国到目前为止发掘出的最大的青铜器，也是世界上最大的古青铜器。它造型瑰丽、浑厚，鼎外布满花纹。司母戊鼎的铸造，若没有规模巨大和相当高超的一套技术，是不可想像的。它的铸造充分体现了我国古代劳动人民的高度智慧。

青铜的冶铸包括采矿、冶炼、制范、熔铸等四个主要工序。当时冶炼主要是在熔锅或熔炉中进行。炼铜时，在器内放置孔雀石［$Cu(OH)_2 \cdot CuCO_3$］和木炭，让木炭在里面燃烧，用吹管往里送风，产生高温，熔化矿石，同时产生一氧化碳使铜析出。这种内熔法，冶炼温度较高，说明冶铸的技术也达到相当高的水平。这是我国古代冶铸的一个显著特点。

青铜的加工主要采用熔铸法，所以铸造是制造青铜的一项重要工序。熔铸开始后，第一步是调剂。调剂就是根据所铸器物的要求，配调铜、锡、铅等金属的适当比例。这种调剂的经验被系统地载入先秦古籍《考工记》里，成为世界上最早的合金工艺总结，这就是闻名的“六齐”说。所谓六齐即为“六分其金而锡居其一，谓之钟鼎之齐；五分其金而锡居其一，谓之斧斤之齐；四分其金而锡居其一，谓之戈戟之齐；三分其金而锡居其一，谓之大刃之齐；五分其金而锡居其二，谓之削杀矢之齐；金锡半谓之鉴燧之齐。”这张青铜调剂表，就今天来看，大体还是合理的。因为青铜中锡的成分占15% －20%时，最为坚韧，过此逐渐变脆。斧斤是工具，戈戟是兵器，都需坚韧。青铜中锡的成分占30%左右时，硬度较高，而削杀矢都是兵器，既需锋利且硬度要大，又要坚韧。青铜的颜色随着锡含量的增加而发生变化，由赤铜色（红铜）经赤黄色、橙黄色，最后变为灰白色。鉴燧只需灰白色，不怕脆，故含锡50%左右；钟鼎要坚韧，更要辉煌灿烂，故含锡1/7，具有美丽的橙黄色。由此可见，六齐是调剂经验的总结，也是奴隶们血汗的结晶。

调剂完毕后，进行精炼。在这方面，奴隶们也有丰富的经验，《考工记》中也有记载。浇铸也是一项复杂的技术。浇铸一般的青铜器，只要将精炼好的青铜液倒入预先已布置好的合范中就成了。对于那些较复杂的器具，当时大多数采用分铸技术，然后再按合而成。

二、黄铜和白铜的冶炼

秦、汉以后，除青铜外，还出现了一些其他的铜合金。首先应指出的是铜锌合金，也就是“黄铜”，古代亦称“鍮石”。最初冶炼这种铜锌合金，是通过将铜与含锌的炉甘石放在还原炉中冶炼而制成，后来在我国制造出单质锌，便直接将铜与锌冶炼成黄铜合金。关于这方面的可靠记载，宋朝崔昉的《外丹本草》中说：“用铜一斤，炉甘石一斤，炼之即成鍮石一斤半。”以上记载清楚地表明，早期黄铜的冶炼是由碳酸锌矿石（古称炉甘石）与铜在还原炉中炼出的。特别应指出的是，在《天工开物》中，更具体而详细地记载了炼制金属锌，然后用炼制的锌（当时叫“倭铅”）来炼制黄铜。书中指出：“每红铜六斤，入倭铅四斤，先后入罐熔化，冷定取出，即成黄铜。”

继黄铜之后，又出现了白铜即铜镍合金。在北宋末何薳的《春渚记闻》中已有关于用铜与砒石冶炼白铜的记载。元朝著作《格物粗谈》中有“砒石炼为白铜，杂锡炼为响铜”之语。明朝的《本草纲目》中有：“白铜出云南，赤铜以砒石炼为白铜。”这些著作中提到的用砒石及赤铜炼制的白铜，很可能是指含镍的砷镍矿与赤铜炼制的结果。

三、水法炼铜

在我国古代的炼铜技术中，还应特别指出的是：我国古代劳动人民很早就认识了铜盐溶液里的铜能被铁置换，从而发明了“水法炼铜”的新途径。我国这一方法是水法冶金技术的起源，在世界化学史上是一项重大贡献。

早在西汉的《淮南万毕术》里，就有“曾青得铁则化为铜”的记载。曾青［$2CuCO_3 \cdot Cu(OH_2)$］易溶于苦酒，又叫白青、空青。东汉时的《神农本草经》也有“石胆……能化铁为铜”的话，石胆或叫胆矾，成分是含水硫酸铜［$CuSO_4 \cdot 5H_2O$］。南北朝时的陶弘景（456－536）则更进一步认识到不仅硫酸铜，只要可溶性的铜盐类就能与铁置换，从而扩大了以前的认识范围。

这种认识大约到唐末、五代就应用到生产中去了。宋时更有发展，成为大量生产铜的重要方法之一，这就是水法炼铜的“胆铜法”。胆铜的生产过程包括两个方面，一是浸铜，二是收取沉积的铜。《梦溪笔谈》、《宋会要》等书记载了胆铜生产方法。胆水越浓，含铜离子越多，提取时间就越短。因此要炼制一定数量的铜，需要浸铜时间也不一样。元朝人危素的《浸铜要略序》就有这方面的详细记载。

四、钢铁的冶炼

铁在自然界分布极广，是构成地壳的重要元素之一。因为天然的纯铁在自然界几乎不存在，铁矿石的熔点也较高，又不易还原，所以人类认识、利用铁较铜、锡、铅、金等要晚些。人类最早发现和使用的铁，是天空中落下来的陨铁。在埃及、西亚和南亚的一些文明古国所发现的最早铁器，都是用陨铁加工而成的。1972 年，在我国河北藁城台西村出土了一把商代铁刃铜钺，其年代约在公元前 14 世纪。在青铜钺上嵌有铁刃，该铁刃就是将陨石铁经加热煅打后，和钺体嵌煅在一起的。天降的陨石，数量很少，用陨石做工具也是很少的，所以在生产上，它没有明显的影响，但通过对陨石的利用，毕竟使人们初步认识到了铁。

一般说，冶铁技术发明于原始社会末期，也就是恩格斯所指出的野蛮时代的高级阶段。这个阶段是“从铁矿的冶炼开始”的。冶铁技术的发明，标志着冶金史上新阶段的来临。因铁矿分布较广，铁在性质上较青铜优越，人类一旦掌握了冶铁技术，制造铁器工具，社会生产力便获得很大发展。恩格斯高度评价说：“铁已在为人类服务，它是在历史上起过革命作用的各种原料中最后的和最重要的一种原料。”①

冶铁技术的发展和青铜冶炼技术一样，首先是由于社会生产发展的需要。青铜工具在生产中的作用诱使人们去寻找更多的金属资源，制造更多的金属工具。又因铜矿分布不广，锡、铅矿更是稀少，人们很自然地要去寻找新的金属。另外，在当时已具备了冶铁的物质和技术条件，特别是许多民族都有了冶炼青铜的丰富经验，发明冶铁技术是很自然的。

早期的冶铁技术，大多采用“固体还原法”，即冶铁时，将铁矿石和木炭一层夹一层地放在炼炉中，点火焙烧，在 650℃－1000℃温度下，利用炭的不完全燃烧，产生一氧化碳，遂使铁矿石中的氧化铁还原成铁。但由于炭火温度不够高，致使被还原出的铁只能沉到炉底而不能保持熔化状态流出。人们只好待铁炼好，炼炉冷却后，再设法将铁取出。这种铁块表面因夹杂渣滓而很粗糙，状若海绵，显不出明显的金属特征，有的还不如青铜坚韧，我国古代人曾称这种铁为“恶金”。因此，尽管冶铁技术的发明比青铜技术稍晚一些，但在发达的青铜冶铸业的民族那里，铁器的广泛使用，却被推迟了。

人们经过了一段实践摸索后，终于发现，将炼的铁块（块炼铁）反复加热，压延锤打，便可将夹杂的氧化物如氧化亚铁和硅酸盐挤出去，机械性能就改善了，从而使它柔韧不脆。人们还发现再将红热的煅铁猛淬入冷水，会变成坚韧的好铁。这种好铁的性能便凌驾于青铜之上，当人们能广泛用这种铁制造工具时，青铜工具才逐渐被取代。我国的情况就是这样，春秋末期和战国初期的一些煅打铁器就是块炼铁的产品。

钢、生铁、熟铁的主要成分都是铁，它们之间的区别主要在于含碳量不同。通常把含碳量在 1.7% 以上的称为生铁，在 0.04% 以下的叫做熟铁，而含碳量在 0.04%－1.7% 的便叫做钢。

① 《马克思恩格斯选集》第 4 卷，159 页，人民出版社，1972。

在春秋战国时期开始出现了块炼渗碳成钢的低温炼钢法，其过程是把块炼铁（一种熟铁）放在炭炉中加热到900℃－1000℃，渗碳于铁的表面，取出煅打，杂质便成火星飞溅出去，而另一部分碳便渗到铁质中，如此反复加热煅打，铁中含碳量便逐渐增加，杂质不断被排除掉，最后终于成钢。人们在生产实践中又摸索出块炼钢的淬火工艺，这就进一步提高了块炼钢的机械性能。

生铁的冶铸工艺，在原料、燃料上与块炼法基本一样，它们之间主要的差别在冶炼温度的不同。块炼法的炉温在1000℃左右，离纯铁的熔点相差很远，而生铁冶炼时，炉温达到1100℃－1200℃。在冶炼中，被还原生成的固态铁会吸收碳，这种吸收随着温度的升高，速度就会加快。另一方面吸收碳后，铁的熔点随之降低，当含碳量达到2%时，熔点降至1380℃；当含碳量达到4.3%时，熔点为最低，仅1146℃。在这种条件下，炉温就可使铁熔化，从而得到了液态的生铁。液态生铁就可以直接浇铸成器，冶铸过程简单化了，就使铁器的生产有了大发展的可能。江苏六合程桥东周墓出土的铁丸，洛阳出土的公元前5世纪的铁锛、铁铲都是生铁器物，这证明在块炼法的同时，我国已出现生铁冶铸工艺。生铁与块炼铁同时发展，是我国古代钢铁冶金技术发展的独特途径。世界上许多其他国家，从块炼铁发展到生铁，大约经历了上千年的时间。就拿欧洲一些国家来说，虽很早已有块炼铁，但出现生铁则在公元13世纪末和14世纪初。

西汉时，“百炼钢”技术的兴起，使钢的质量较前提高。这种初级阶段的百炼钢，是在战国晚期块炼渗碳钢的基础上直接发展起来的，二者所用原料和渗碳方法都相同，因而钢中都有较多的大块氧化铁－硅酸铁共晶夹杂物存在；但不同的是增多了反复加热煅打的次数。煅打在这里不仅起着加工成型的作用，同时也起着使夹杂物减少和均匀化并使晶粒细化的作用，显著地提高了钢的性能。

西汉中期以后，又出现炒钢。这是因为块炼铁虽然能制造渗碳钢，但产量不大，效率也很低，不能适应当时封建社会生产发展的需要，正是在这样的情况下，用生铁炒成钢的新工艺应运而生。当时生铁的产量已相当大，用生铁作为制钢原料，是炼钢史上的一次飞跃发展，也是一次重大的技术革新。

炒钢的产生，即将生铁炒到成为半液体半固体状态，并进行搅拌，利用铁矿粉或空气中的氧，进行脱碳，借以达到需要的含碳量，再反复热煅，打成钢制品。利用这种新工艺炼钢，既省去了烦难的渗碳工序，又能使钢的组织更加均匀，消除了由块炼铁带来的严重影响性能的那种大共晶夹杂物，使质量大大提高。1974年7月，山东苍山县东汉墓出土的东汉永初州炼环首钢刀，经有关单位鉴定就是炒钢制品。

到两晋南北朝，兴起了新的灌钢技术。这种方法是先将生铁炒成熟铁，然后与生铁一起加热，由于生铁的熔点低，易于熔化，待其熔化后，它便“灌”入后熔化的熟铁中，使熟铁增碳而得到钢。这样，只要配好生、熟铁用量的比例，就能比较准确地控制钢中含碳量，再经过反复煅打，就可以得到质地均匀的钢材。这种方法比较容易掌握，工效提高极大，因此南北朝以后成为主要炼钢方法。

南北朝发明的灌钢技术，宋、元以来不断发展，成为主要的炼钢方法之一。《梦溪笔谈》中有记载：“世间煅铁所谓钢铁者，用柔铁屈盘之，乃以生铁陷其间，泥封炼之，煅令相入，谓之团钢，亦谓之灌钢。”这是利用生铁的含碳量高和熔点低可以在温度较低的时候先熔化，让生铁的铁液灌入四周盘绕的熟铁中，和留存在熟铁中的氧化渣紧密地发生氧化还原作用，即使熟铁中的渣除去，又使所含的碳达到适当的分量，而转变成为品质较纯的钢铁。

到了明代，这种灌钢的冶炼方法基本上一样，但操作略有不同。这在明末的《天工开物》中有详细记载。

我国古代的钢铁冶炼史上每一项发明创造，都是劳动人民辛勤劳动的结果，凝结着他们智慧和血汗。

第五节　原始化工技术——纸和火药的发明

一、造纸术

造纸术、指南针、火药术和印刷术并称为我国古代科学技术的四大发明，是我国人民对世界科学文化的发展所作出的卓越贡献。

关于造纸术的起源，1933 年在新疆罗布淖尔汉燧遗址中出土的公元前 1 世纪的西汉麻纸比蔡伦造纸的说法早了一个多世纪。1957 年在西安市东郊的坎桥再次出土了公元前 2 世纪的西汉初期古纸，经过科学鉴定，证明是麻纤维所制成，这说明早在公元前 2 世纪，我国劳动人民就已经发明了造纸术。

但是早期的西汉麻纸比较粗糙，不便书写。到了公元 2 世纪，在宫廷中任尚方令的蔡伦，凭借充足的人力和物力，监制并且组织生产了一批良纸，于公元 105 年献给朝廷，从此造纸术在国内推广起来。同时，东汉还进而用树皮，特别用楮皮造纸，扩大了原料来源。从这个意义上说，蔡伦在历史上是作为良纸的监制者和推广者的身份出现的，这些活动在客观上对造纸术的发展有利。

汉代麻纸的制造过程，根据科学工作者的模拟实验，大体是将麻头、破布等原料先用水浸湿，使之润胀，再用斧头剁碎，放在水中洗去污泥、杂质。然后用草木灰水浸透并且蒸煮，这个过程可以说是后世碱法化学制浆过程的基础。通过碱液蒸煮，原留于造纸原料中的木素、果胶、色素、油脂等杂质可进一步除去，再加以清水洗涤后，即送去舂捣。捣碎后的细纤维用水配成悬浮的浆液，再用漏水的纸模捞取纸浆，经脱水，干燥后就成纸张。如果纸张皱涩，还要研光，方能书写。

公元 2 世纪造纸术在我国各地推广以后，到三四世纪，纸已经基本上取代了早期的帛、简，成为我国惟一的书写材料，有力地促进了我国科学文化的传播和发展。后来，造纸术不断革新，在原料方面，除原有的麻、楮外，又扩展利用桑皮、藤皮、稻麦秆，甚至还发现了用竹子做造纸原料。在加工制造技术上，加强了碱液蒸煮和舂捣，改进了纸的质量，出现了色纸、涂布纸、填料纸等加工纸。

造纸术在 7 世纪经过朝鲜传入日本，8 世纪中叶经中亚传到阿拉伯。阿拉伯最初造的麻纸，用破布做原料，采用的是我国的技术和设备。阿拉伯纸大批生产以后，就不断向欧洲各国输出，于是造纸术也随后由阿拉伯传入欧洲。12 世纪，欧洲最早在西班牙和法国设立了造纸厂，13 世纪在意大利和德国也相继设厂造纸。到 16 世纪，纸张已经流行于全欧洲，终于彻底取代了传统的羊皮和埃及莎草等，此后纸便逐渐流传到全世界。

二、火药术

人类最早使用的火药是黑火药，它也是我国发明的，但发明的年代要比纸的发明晚些。它的发明与作用，在化学史上占有重要地位。

黑火药其主要成分是硝酸钾、硫磺、木炭三者粉末的混合物。这种混合物所以称之为“火药”，其原因之一是这种混合物着火易燃；之二是因为在古代，人们对硝石、硫磺早有认识，曾一度作为重要药材用之。即使火药发明之后，火药本身仍被引入药类。在《本草纲目》中，说火药能治疮、癣、杀虫、避湿气和瘟疫。更主要的是火药的发明来自于人们长期的炼丹制药的实践中。火药的名称就是这样获得的。

和其他发明创造一样，火药的发明也经历了一个长时间的实践和认识过程，随着生产的发展、社会的进步而逐步完善。

首先，人们需要对组成火药的三种成分的性质有一定的认识。早在商周时期，人们在冶金中已经广泛使用木炭。在实践中，已经了解到木炭是比木柴更好的燃料。硫磺有天然存在，人们很早就开采它。在实验中，人们还发现，硫着火容易飞升，性质活泼，很难控制。怎样才能使它药性缓和变成比较容易控制的呢？从事炼丹的方士们采用了一种名叫“伏火法”的办法，就是经过和其他某些易燃物质混合加热或发生某种燃烧，使它变性。火药的发现就和这种硫磺伏火的实验有密切关系。硝的引入是制取火药的关键。硝的化学性质很活泼，撒在赤热的炭上一下子就产生焰火，能和许多物质发生作用，所以在炼丹中，常用硝来改变其他药品的性能。又因为硝石的颜色和其他一些盐类如朴盐（硫酸钠）等差别不大，在使用中容易搞错，因此人们还掌握了识别硝石的方法。南北朝时期的医药家陶弘景就指出：“以火烧之，紫青烟起，云是真硝石也。”这和近代用焰色反应来鉴别硝酸钾是相似的。这为后来大量地使用硝石做了技术上的准备。

对碳、硫、硝三种物质性能的认识，为火药的发明准备了条件。在我国封建社会的上升阶段，由于医药学和炼丹活动的发展，特别是通过人们长期的实践，至迟在唐朝，在硫磺伏火的多次实验中认识到，点燃硝石、硫磺、木炭的混合物，会发生异常激烈的燃烧。在《诸家神品丹法》卷五中载有唐初医药家兼炼丹家孙思邈（581－682）的“丹经内伏硫磺法”：取硫磺、硝石各二两，研成粉末，放在硝银锅或砂罐子里，掘一地坑，放锅子在坑里和地平，四面都用土填实。把没有被虫蛀过的三个皂角子逐一点着，然后夹入锅里，把硫磺和硝石烧起焰火。等到烧不起焰火时，再拿木炭来炒，炒到木炭消去1/3，就退火，趁还没冷却，取出混合物，这就伏火了。从这一记载可见，当时已经掌握了硝、硫、炭混合点火会发生剧烈反应的特点，因而采取措施控制反应速度，防止爆炸。当人们有意识地利用这类混合物的这一性能，火药就被掌握了。火药正是在这样的情况下被发明的。

人们发明了火药，很快发挥了它的积极作用。特别是军事上的运用和发展，对于促进社会的进步有着深远的意义。

恩格斯指出：“现在已经毫无疑义地证实了，火药是从中国经过印度传给阿拉伯人，又由阿拉伯人和火药武器一道经过西班牙传入欧洲。”① 事实正是这样。在1225年－1248年间，火药由商人经印度传入阿拉伯国家。欧洲人，首先是西班牙人，在13世纪后期通过翻

① 《马克思恩格斯全集》第7卷，386页，人民出版社，1959。

译阿拉伯人的书籍，才知道火药。主要的火药武器大多是通过战争西传的。据史书记载，元朝初期，西征中亚、波斯等地，在交战中，阿拉伯人才知道包括火箭、火炮、毒火罐之类在内的火药武器，进而掌握了火药的制造和使用。欧洲人又是在和阿拉伯人的战争中，接触和学会了制造火药和火药武器的。英法各国直到14世纪中期，才有应用火药和火器的记载。恩格斯明确地评价道：“火药和火器的采用绝不是一种暴力行为，而是一种工业的、也就是经济的进步。”①

① 《马克思恩格斯全集》第20卷，182页，人民出版社，1971。

第二章　原始化学物质观

人类总是生活在变化万千的物质世界之中，在与物质世界交往的过程中，认识物质世界，变革物质世界。原始实用化学的诞生和发展，为人类认识和变革物质世界提供了实践基础，诸如黏土烧制成了陶器，矿石炼制成了可用的金属，粮食酿制成了美酒，等等。物质形态的相互转化，牵动人们主要围绕有关物质构成两个基本问题进行思考：第一，物质间能够发生相互转化，说明不同物质有着共同的本原。那么，这些共同的本原又是什么呢？第二，这些物质的本原是以怎样的方式构成万物的？这两个诱人深思的问题，吸引了从古至今无数哲人贤者，其中也包括化学家，构成了千百年来化学理论研究的一条主线。在古代，为了回答上面的问题，人们在直接和间接的实践的基础上，提出了一些朴素唯物主义的猜测，形成了早期的朴素的化学物质观，是古代自然哲学的重要组成部分。它由早期的朴素化学元素论和朴素化学物质结构论所构成，这实质上也是原始的化学理论的萌芽。应当指出，原始的唯物主义化学物质观只是建立在单凭直观觉察和推理的基础上的，因而不能与现代以精确的实验为基础，经过实践反复验证的科学理论相提并论，但是在当时，对于自然科学和哲学的发展，其意义还是重大的。

第一节　中国原始化学物质观

元素论是关于物质的科学理论之一。现在我们知道，元素是物质最简单的组分，自然界里名目繁多的物质，都是由为数不多的元素以不同的方式相互结合所组成的。这种科学的理论是由古代朴素的元素论演化、发展而来的。

在古代，对世界万物构成的本原探讨，无论是在中国，还是在外国，都是构成古代自然哲学的重要组成部分。对它的回答就是古代元素论。

我国古代，有用一种具体的事物来说明世界本原的观点，可称为一元论元素观，如战国时代，有人认为水是组成万物的本原。《管子·水地》篇载：“水者何也？万物之本也。”大约同一时期宋钘和尹文则有另外一种看法，他们认为万物本原由一种物质性的“精气”所构成，即所谓“凡物之精，此则为生。下生五谷，上为列星”。他们甚至认为一切精神世界的东西也是这种精气所生成。战国末期的荀子则进一步发挥了物质性的精气学说，提出“水火有气而无生，草木有生而无知，禽兽有知而无义，人有气有生有知亦且有义”。在他看来，水、火、草、木、禽、兽直到人都是含有“气”，因而“气”是组成各种物质的共同的基本形态。到了汉代王充(27－79)则提出了一个比较完整的系统的“元气自然论”，认为“天地，含气之自然也”，万物和人皆“因气而生，相类相产”。这些思想经过唐朝柳宗元(773－819)、刘禹锡(772－842)等人的继承，到宋朝以后有明显的发展。宋朝著名的唯物主义哲学家张载(1020－1077)提出了“太虚即气”的论断。他指出：“太虚无形，气之本体，其聚其散，变化之客形耳。”“气之聚散于太虚，犹冰凝释于水；知太虚即气，则无无。”

元气论把物质的连续形态与不连续的形态辩证地统一起来。气可聚可散，可有形，可无形，正如张载所说："一物二体，气也。""太虚不能无气，气不能不聚而为万物，万物不能不散而为太虚。"当气聚集而构成有形的万物时，物质以间断的形式存在，当气分散而成无形的太虚时，物质以连续的形式存在。明朝宋应星在其专文《论气》中指出："天地间非形即气，非气即形……由气而化形，形复返于气。"他认为，物质存在的连续形式或间断形式是可以互相转化的，二者间不存在截然分割的鸿沟。王夫之（1619－1692）对此也有精辟的论述："阴阳二气充满太虚，此外更无他物，亦无间隙，天之象，地之形，皆其所范围也。"又说："气聚而成形，散而归于太虚。"并据此提出气不生不灭的思想："于太虚之中具有未成乎形，气自足也。聚散变化，而其本体不为之损益。"从而指出宇宙的元气是不因其聚散变化而有所增加或减少的，也就是说物质是不生不灭的。

用来说明世界本原的多元论元素观阴阳说和五行说大约形成于商周之际，到春秋战国时期已经具备比较完整的形态。老子《道德经》里有"万物负阴而抱阳"之语，这句话可能说的是万物中既有阴又有阳。事实上，阴阳这两个概念也是人们在生产斗争和生活实践中提出的。当时，人们遇到了大量的既相互对立又相互关联的自然现象和社会现象，例如，男－女、湿－干、冷－热、软－硬……就是在这些常见的现象中，抽取出阴和阳这两个基本的概念，认为宇宙万物皆具有阴阳既对立又统一的两个方面，而阴阳对立的相互作用和不断运动，就是万物以及它们的变化根据，支配着千变万化的物质世界。商周时期产生的八卦学说就是用阴阳学说予以说明的。《易传·系辞上传》载："一阴一阳谓之道。"这里"阴"代表消极、柔弱、退守、安静等的性质和具有这些性质的事物，"阳"代表积极、刚强、进取、活泼等性质和具有这些性质的事物，而阴和阳也都是相对而言的。天为阳，地为阴，天地交感，产生了雷、火、风、泽、水、山，这八种自然物即是自然界一切总的根源，它们相互交感又产生了其他事物。阴阳成了天地间的根本法则，万物和一切变化都遵循这个法则，受阴阳总的规律所制约，阴阳即是一切事物运动变化的内在原因，天地间奥妙的所在。阴阳学说从正反两方面的矛盾来说明自然界的变化发展，即包含着原始、朴素的唯物主义，而且又有辩证法的思想。阴阳学说的提出，对提高人们认识自然界的能力和发展当时的哲学思想，都有一定的积极作用。

人们把水、火、木、金、土五者视为构成万物的基本材料，根据著名学者郭沫若（1892－1978）的考证，认为五行说不是也不可能是某个人提出的，而是自然发生的。所谓自然发生，就是经过漫长岁月历经数代人发展而来的。初始时，人们在长期的生活、劳动中认识到这五种东西是生活和制作工具中必不可少的。人类对水、火的迫切需要是一刻也离不开的，正因为这样，所以才有"民非水火不生活，昼夜扣人之门求水火，无不与者"的话，既然如此，人们就不得不谋划获得水、火的方法，更不能不对它们的性能有所认识和掌握；至于草木，则粮食、燃料都来源于它，它更是制作农具、舟车的原料；至于土，农作物皆生于其中；而陶器不仅来自土，而且有赖于水和火；青铜不仅来自矿石，而且有赖于木炭和火的作用。因此经过漫长岁月的酝酿，便逐渐总结出："孜孜无怠，水火者，百姓之所饮食也；金木者，百姓之所兴作也；土者，万物之所资生也，是为人用。"水火金木是老百姓赖以生活劳作的基础，土为万物所借以生长的，供老百姓使用。可谓"天生五材，民并用之，废一不可。"

对于五行的种类及其特性，《尚书·洪范》篇做了这样的概括和解释："五行：一曰水，二曰火，三曰木，四曰金，五曰土。水曰润下，火曰炎上，木曰曲直，金曰从革，土爰稼穑。"可见，最初提出的五行，是具有极其直观的形象和具体的性质的：水有润湿性，向下流动渗透；火有炎热性，向上冒窜；木有弯曲伸直性；金有顺从性可铸造加工；土可借以播种耕作，并由此带来收获。

在这些十分直观、朴素的认识的基础上，在《国语》中的《郑语》里又明确地提出金、木、水、火、土是构成万物的基本物质元素，正所谓"先王以土与金、木、水、火杂，以成百物"，同时还提出不同的物质元素在一起，方能相互作用，产生新物质；如果只是同一物质元素，那是产生不出新物质的。这很清楚地说明，我国古代原始的五行说，实际上就是元素论的萌芽。这是一种多元论的元素观。

尽管我国古代学说中的所谓元素，还不是近代科学中的元素，而且这种学说还比较粗糙，但在当时的历史条件下，已经对世界的本质和万物的起源等问题，做了唯物主义的回答。他们将千差万别的物质存在形态归结为客观存在的几种物质元素，并在几种具体的物质元素中去寻找自然现象无限多样的统一，认为宇宙就是由这些元素构成的，丝毫也不神秘。

五行说和阴阳说，分别从不同的角度反映了自然界的面貌，因此，它们的结合是很自然的。阴阳五行说的形成，不仅巩固了人们对世界物质性的认识，还进一步触及物质变化的规律。在阐述阴阳五行说的过程中，以墨翟（约公元前468－前376）为代表的学派是有较深刻见解的。代表该学派的著作是《墨经》，其中有丰富的哲学思想和科学内容。比如书中提出"五行无常胜"，更丰富了五行理论，而纠正了"五行常胜说"的不足。所谓"五行常胜"，就是：水能灭火，故水胜火；火能熔金，故火胜金；金属可伐木，金胜木；木犁用来耕地，木胜土；筑土可以挡水，土胜水。这种看法的确反映了部分事实，但也有片面性，五行相胜也有量的关系，量少则不能相胜。例如，火能熔金，但火少金多就不能熔化了；水能灭火，但水少火大，就救不得火了。正因为这样，墨家则进一步指出："五行毋(无)常胜,说在宜(多)"。"火铄金,火多也。金靡炭,金多也。"这个浅显的例子雄辩地表明五行相遇,这行胜那行,不是绝对的,而是相对的,有条件的。这种观点具有朴素的辩证思想。

阴阳五行说在中国古代影响很大。在化学史上，它成了后来兴起的炼丹术的指导思想。在祖国的医学中，成为传统中医最重要的理论基础，至今在中医学中仍有重大影响。至于早期朴素唯物主义阴阳五行说，经战国后期邹衍（约公元前305－前240）、汉初董仲舒（公元前179－前104）等人歪曲篡改，把这学说引向神秘化的歧路，成了论证封建政治伦理的信条，因与唯物的科学真谛及化学无关，我们就不再讲述了。

与世界的物质本原密切相关的是物质结构问题。而物质结构问题也是古代物质观的重要组成部分。人们在变革物质的过程中，很自然地提出这样的问题：物质是无限可分还是分割到一定限度就不能再分了？物质有没有最小单位？在百家争鸣的战国时代，许多学派从不同的角度探讨过这一问题，提出过一些有科学价值的见解。

韩非（公元前280－前233）最早提出了物质所以能分割的原因，认为"凡物之有形者，易裁也，易割也。何以论之？有形则有短长，有短长则有大小。"但能否无限分割下去，他未能作答。

战国时期名家学派代表人物惠施（公元前370－前318）提出了"小一"的概念，认为

"历物之意曰，至大无外，谓之大一；至小无内，谓之小一。"当把物质分割下去，直至分到"小一"，"小一"已没有内部可言了，物质不是无限可分的，而"小一"是组成物质的最小单位。另一位名家代表人物公孙龙（公元前325－前250）则持相反的观点。他认为"一尺之棰，日取其半，万世不竭"，说明物质的分割是没有止境的，意味着物质结构具有连续性。

战国时期对自然科学建树较多的是墨翟及其学派。墨家在辩论中对物质分割问题也发表过很有见地的看法，明确地提出"端"的概念。墨家认为："非半弗斱，则不动，说在端。"（斱作分割解）意思是：不能分割为两半的物体，是组成物体的最小单位，叫做"端"。"端"是无法再间隔的构成物体的最基本的不可分割的部分。他认为物质的分割是有止境的。

我国在两千多年前，古人就已如此深入地讨论到了物质结构的根本问题，即物质世界的连续性与间断性的问题，已经涉及到古代朴素原子论的思想，尽管辩论的双方各执一词，但也是难能可贵的。然而这些十分可贵的思想闪光后来在我国却未能继承下来，而欧洲科学的原子论的诞生正是继承了古希腊的原子论思想又继续前进的结果。

第二节　印度原始化学物质观

古印度人的学术活动大多与宗教活动结合在一起，因此那里的哲学思想也大都反映在各种宗教著作之中。在相当一个时期之内，古印度的学术思想曾经很活跃，其中一些学派在自然观上提出过不少有价值的思想。

早在吠陀时代后期（公元前10世纪前后），人们就开始了对世界本原这样一些问题的探索。差不多在我国五行说提出的前后，在印度以伽毗罗为代表的数论哲学派，就提出过与中国五行说相类似的朴素的元素论。该派认为，世界的一切都是从统一的原始物质发展而来，在这发展过程中，产生了五大，即地、水、火、风和空五种物质元素，这五种物质元素错综复杂地配合起来，就构成世界万事万物。后来伽那陀创立的胜论派，发展了上述的五元素说，进而认为构成这五种元素的单体，是由极其微小，大小相等，永恒存在的"原子"所组成。这些原子是不灭的，呈球形，比日光中最小的尘埃小6倍。原子有颜色、味道和气味（因此不同于古希腊的原子），这些原子可以结合成单体，也可结合成复体，还可以形成更大的原子对的集合体，以致构成万物。在古代印度，最为典型的唯物主义物质观是以遮缚伽派的学说为代表。这一学派从世界的物质性出发，认为世界上一切生物和非生物都是由地、水、风、火四大元素构成，而所谓的"空"因为人的感官无法感觉，所以它并不存在。而这四种元素，又是由"原子"所组成，发展了胜论派所提出的原子理论。这一派有一句格言"生命产生于物"。这一格言是十分深刻的，它充分说明了物质是一切存在的基础这一真理。这一学派还主张感性认识是认识的惟一源泉，只有来自感觉、知觉的认识才可能是真理，感性知识也是惟一的证实方法。这种认识论与唯物主义的物质观发展密不可分。

上述种种看法当然都只是思辨的结果，但也与人们改造自然的深度密切相关，反过来又帮助人们更好地认识世界和改造世界。遗憾的是，曾经活跃一时的古印度哲学思想从公元前324年印度奴隶制专制帝国孔雀王朝建立后就沉寂了下来，许多有价值的思想都没有能够继续向前发展。

第三节 希腊原始化学物质观

在讲到古代的化学物质观时，我们不能不突出地讲一讲希腊古代的原始化学物质观，因为它在这方面所取得的成就是无与伦比的，对后世科学文化影响既深且广。恩格斯说过：“在希腊哲学的多种多样的形式下，差不多可以找到以后各种观点的胚胎、萌芽。因此，如果理论自然科学想要追溯自己今天的一般原理发生和发展的历史，它也不得不回到希腊人那里去。”由此可见，了解认识希腊古代对化学物质观的重大贡献，是多么重要。

在古代，从地理位置上看，希腊正好与文明发达较早的埃及和巴比伦相毗邻，因此有可能使他们颇早地接触到东方的各种思想和文明，眼界开阔，思域广大。此外，还由于古希腊的奴隶社会是由各自独立的城邦所组成，没有形成统一的集权的国家，也没有统一的统治思想，城邦之间的斗争又错综复杂，这种种因素都有利于不同的学术思想的形成和发展，有利于自由讨论，互相影响，互相促进，造就了一个百家争鸣，生动活泼，百花齐放，哲学派别应运而生的局面。

世界本原问题曾经强烈地吸引着古希腊哲学家们的兴趣。最早试图回答这个问题的是活跃于公元前7世纪至公元前6世纪的米利都学派。这个学派反对宗教迷信，是古希腊最早的自发的无神论唯物主义学派，提出了世界的基础是物质的观点，并从承认物质的本原出发，解释各种自然现象。这个学派第一位名垂今世的哲学家是泰勒斯（Thales，公元前640－前546）。他提出的能不能把万物看作是单一实体的不同表现形式的问题以不同形式盘踞着一代又一代希腊哲学家的头脑。泰勒斯对这个问题的回答是肯定的，他认为万物始源于水。水为万物之母，万物皆生于水，皆归于水。水有固体、液体、气体之不同，其变态则不止冰和水汽，凡所谓“云聚雨下”“露结为霜”之各种现象，哪个不是水的作用？水能气化蒸发，又能遇冷凝固，在宇宙间变来变去，层出不穷，循环不息。泰勒斯又是生长在岛国之人，自然接触水最多，因此主张万物始源于水是自然的，不足为奇。这样，他就建立了一种模式，力图用纯自然现象来解释周围世界的复杂变化，成为米利都学派的主要特征。

泰勒斯的弟子阿那克西曼德（Anaximander，约公元前611－前545），对本原概念做了进一步的引申。他认为，万物的本原是一种统一的、永恒的未限定物质。看来可能是因为他认为把一种具有固定形态的东西（如水）视为万物的本原，对于解释千变万化的繁杂的世界是有困难的，因此以未限定物质来代替它。阿那克西曼德认为从永恒的未限定物质中逐渐分离出冷和热，干和湿，随着对立面的分化，就产生各种具体事物，最后又复归于未限定物质。阿那克西曼德的弟子阿那克西米尼（Anaximenes，公元前588－前528）抛弃了他老师认为的一种暧昧不明的未限定的物质观念，认为万物始源于气。他认为气经常进行着疏散和凝聚两种相互对立的运动，从而产生不同的实体，气受热疏散就变成火，气受冷凝聚就变成风和云，再凝聚就变成水、土以至于岩石。正是气的不断疏散和凝聚，就产生了自然界的千变万化。

再稍后的赫拉克利特（Herakleitos，公元前560－前500）是古希腊著名的唯物论者兼辩证论者。他基本上依循米利都学派的路线，试图寻找一种具体的物质作为万物的本原，他认为那就是火。火比起水来要活泼得多，比起气来似乎又确定得多，这可能就是他把火看做万物本原的原因。他说："这个世界，对于一切存在物都是一样的，它不是任何神所创造的，也不是任何人所创造的；它过去、现在、将来永远是一团永恒的活火，在一定的分寸上燃烧，在一定的分寸上熄灭。"又说："火是元素，万物由于火的稀厚变化而产生。"赫拉克利特既然把火这样一种十分活泼、变化不定的自然现象看做是万物的本原，那么他把客观世界看成是不断地产生和消灭的永恒运动的过程也就是十分自然的了。他认为事物都在发展变化，就像流动的河水一样，一切皆流，一切皆变。他有一句至理名言"人不能两次踏进同一条河流"，特别强调了变化的永恒性。对此列宁给予他高度评价，称他是"辩证法的奠基人之一。"

上述哲学家的共同特点是主张一元论，即主张万物始于一个本原，一种元素，尽管各人所提出的元素的种类并不相同，然而他们在说明世界上都存在着困难。出生于西西里岛的医生兼哲学家恩培多克勒（Empedocles，公元前 490 - 前 435），则融合各派主张，提出了世界万物是由水、火、土、气四种元素按不同比例组合而成的观点。这样就从一元论转入了多元论，由此企图避免单一本原难于解释万物多样性的窘境。为了解释运动的起因，恩培多克勒进一步假定万物都含有另外两种成分——爱和憎。物质在爱的影响下结合，在憎的影响下分离。这是用一组固定的力来说明结合的首次尝试，同时也是后来成为一种重要化学理论的亲合力学说的先驱。

古希腊唯物主义自然哲学最高成就是原子论的提出。它是由留基伯（Leucippus，公元前 500 - 前 440）和德谟克利特（Democritus，公元前 460 - 前 370）共同创立的。留基伯最先提出关于原子的学说，但他的著作很少，而他的学生德谟克利特是一位很博学的人，古希腊人中的"第一个百科全书式的学者"，他的著作甚丰，既涉及自然哲学、认识论、逻辑学、伦理学，也涉及天文、地理、生物、医学，还有政治、法律，他继承并进一步发展了他的老师留基伯的原子学说，因而他的影响也最大，但由于反对派的仇视，他的大部分著作被烧毁，现能幸存保留下来的只是一些零星片断。他们认为宇宙万物是由最微小、坚硬、不可入、不可分的物质粒子所构成。这种粒子叫做"原子"。原子在性质上相同，但在形状大小上却是多种多样的。万物所以不同，就是由于万物本身的原子在数目、形状和排列上有所不同。他们还认为，原子与原子间存在有"虚空"，虚空是原子运动的场所和必要条件。原子总在不停地运动，运动是原子本身所固有的属性。原子在虚空中向各个方向运动着，由于彼此碰撞就形成原子的旋涡运动，从而构成世界万物。

约 100 年之后的伊壁鸠鲁（Epicurus，公元前 372 - 前 271）继续发展了原子论的思想。他也认为世界就是原子和虚空，原子是"不可分的坚固实体"，"原子和虚空是永恒的"等等。德谟克利特只说原子有形状、大小的区别；伊壁鸠鲁则认为原子还有重量的不同，并且，他认为原子不是有"各种各样的大小"而只是"某些不同大小"，所以恩格斯曾说伊壁鸠鲁"已经按照自己的方式知道原子量和原子体积了"。德谟克利特说到原子由于自身的重量要直线下落，伊壁鸠鲁则说由于其内部的原因，原子也会"离开正路"，不一定是直线下落而会产生偏斜运动。这样，不仅承认了运动除了必然性外，还承认了偶然性，坚持从事物本身的矛盾来说明运动。马克思曾对伊壁鸠鲁的这些思想予以很高的评价，指出其中包含了深刻的辩证法因素。马克思的博士论文的题目就是《德谟克利特的自然哲学与伊壁鸠鲁的自然哲学的差别》。

原子论是古希腊自然哲学中最重要、最高的成果之一。虽然古希腊原子论还只是建立在直观经验的基础上的哲理思辨和天才的猜测的结果，但它在思想上和方法上对后世都影响至深。它成了19世纪初建立在可靠实验基础上，由著名化学家道尔顿提出的科学的原子论的胚胎和渊源。

继德谟克利特之后，古希腊又出了一个伟大的思想家和科学家亚里士多德（Aristotle，公元前384－前322）。他早年是柏拉图（Plato，公元前428－前348）的学生。亚里士多德不像柏拉图那样鄙弃自然研究，而是古希腊自然哲学的集大成者；他不像柏拉图那样只是崇尚思辨，而是重视观察和分析，以及实验活动（如解剖），在亚里士多德的著作中有着自然哲学和经验知识的早期结合。亚里士多德是古希腊学者中最博学的人，是古代百科全书式的自然科学家，也是对近代自然科学影响最大的古代学者。他的著作甚丰，在自然科学方面主要有《物理学》、《论产生和消灭》、《天论》、《气象学》、《动物的历史》等。

亚里士多德在自然哲学方面最主要的是四元素说。这一学说在古希腊流行广泛，以至于他的思想还影响了人类历史进程达1500年之久。他虽是柏拉图的学生，但能抛弃柏拉图的唯心主义的理念论。由于时代的局限性，他常动摇于唯物论与唯心论之间，是二元论者。他的物质理论就明显地暴露了这一点。他一方面不承认理念世界是现实世界的基础和根源，从而提出了四元素的物质理论。另一方面，他又强调形式决定物质，目的决定发展，神和思维是世界的最终动力。他一方面认为万物由四种元素土、水、气、火所组成，这四种元素是永恒存在的，既不能产生，又不能消灭。另一方面又认为，这四种元素都具有可被人感觉的两两对立的性质，如土包括冷和干的性质；水包括冷和湿的性质；火包括热和干的性质；气包括热和湿的性质（图2－3－1）。进而推论万物本原是四种原始性质：冷、热、干、湿。元素就由这些原始性质依不同比例组合而成的。

总之，亚里士多德的四元素说承认世界的物质性，这是唯物的一面；但他又认为性质是第一性的，而物质是第二性的，把“性质”当成了万物的“本原”，把万物当成了“性质”的产物，颠倒了本末，实质上滑向了唯心主义。这种错误的原性说，对化学的发展产生了很大影响，成了后来神秘炼金术的主要指导思想，以为只要改变物质中这四种原性的比例，就能使普通金属变成黄金，由此使化学误入了歧途。

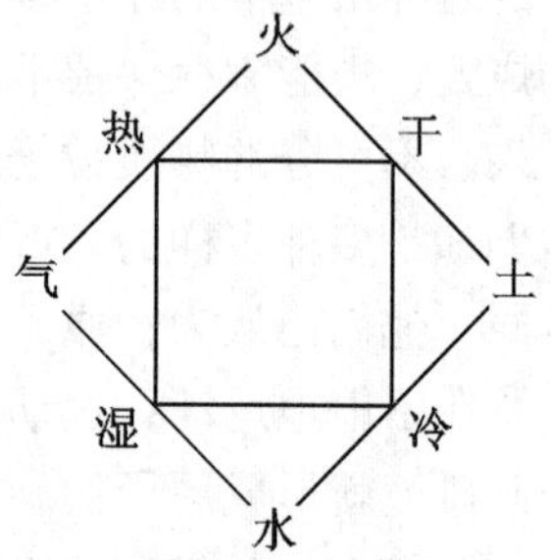

图2－3－1

第三章 原始化学的最高形式——金丹术

高度发展的现代化学，今天不仅揭示了物质变化的秘密，而且创造了许多自然界本来没有的人造物质，可以说已经达到古人所梦想的“夺天地之造化”的地步。然而古代实用化学进入封建社会时期以后，被封建统治阶级利用，产生了神秘的金丹术——炼丹术和炼金术。这样，化学就开始从生产中分化出来，以金丹术的原始形式出现了。

中国是炼丹术的起源地。炼金术则最早产生于西方。到八九世纪，中国炼丹术和西方的希腊化埃及炼金术传到了阿拉伯，形成了阿拉伯炼金术。继而又经阿拉伯把炼金术传播到了欧洲，形成了欧洲炼金术。炼金术与炼丹术主要区别在于：炼金术以乞求财富为目的，着眼于点石成金（故又称点金术），而炼丹术虽然也要炼制黄金、白银，但目的主要不是为了财富，而是为了获得服之不死的金丹，乞求长生不老药。这一部分是古代化学史的重点，我们应当弄清其来龙去脉。

第一节 中国炼丹术

当封建社会发展到一定时期，生产力有了相当的提高，统治阶级的物质享受较前大有增加，自然会产生两种愿望：一是希望长生不死，用无限延长的生命来达到维护其统治的目的；二是希望有更多的财富和黄金。适逢其时，就有些人投其所好，从事炼制长生不老药或是炼成人造金银为统治阶级服务。这种举动得到帝王的青睐。此外，劳动人民长期从事制陶、冶金、酿造等化学工艺实践，本草药物的应用也有了相当的发展，劳动人民所积累的这些生产知识和经验，也为炼丹术在这个时期的产生提供了必要的物质基础。炼丹术正是在这样的历史条件下兴起和发展的。

中国至迟在公元前 2 世纪的西汉武帝时就有了炼丹术。但其历史渊源则可以追溯到战国至秦汉之际。秦始皇统一六国后就曾派人去海上“求仙人不死之药”，但早期的长生药多为天然品。虽然当时还没有建立丹房，配备专门的炼丹设备，但其目的则很明确，就是要求得长生不死之药，因此，把它视为萌芽状态的炼丹术是可以的。后来，炼丹术转向人工方法炼制仙丹。

到汉武帝时代（公元前 140 – 前 87），炼丹术有了发展。汉武帝刘彻本人就是一个热心于神仙、求长生不老术的人。据司马迁《史记》所载，炼丹家李少君曾对刘彻说：祠灶就可招致鬼物，鬼物到了就可使丹砂变为黄金，用炼制成的黄金做饮食器，可以延长寿命，就可见到蓬莱仙者，见了仙者，再到名山祭天地，就可不死。刘彻听信他的诳言，就使人把丹砂和别种药剂来试做黄金。这是关于炼丹术的最早记载。

到了东汉，炼丹术得到进一步发展。这一时期，有魏伯阳所著《周易参同契》问世，它是一部当今世界上保存下来的最早的炼丹术著作。书中既阐述了炼丹的指导思想，同时记载了许多有价值的古代化学知识和较多的药物，如汞、硫磺、铅、胡粉、铜、金、云母、丹砂等。

经过两晋、南北朝300多年的延续，直到唐朝，由于皇室姓李，因而把李聃称为始祖，称玄元皇帝，奉道教为国教，使炼丹术进入鼎盛时期。据《新唐书·薛颐传》载，唐高宗曾召方士百余人“化黄金治丹”，可见当时炼丹盛况。及至宋代炼丹术仍有相当的发展。后来因为这些骗人的伎俩逐渐被拆穿，这才衰落下来。

在这一时期，曾出现几位颇有代表性的炼丹家，像葛洪（约281－361）、陶弘景、孙思邈等。

葛洪是晋代一位著名炼丹家。他一生著作颇多，《晋书》记载的就有《抱朴子》内外篇一百六十篇，《金匮药方》一百卷，《肘后备急方》四卷。其中《抱朴子·内篇》是他的主要炼丹著作，留下了较完整而可靠的炼丹资料，对研究古代炼丹术具有一定的意义。

陶弘景是南北朝人。他的主要著作有《真诰》七篇三十卷，言神仙授受真诀之事；《养性延命录》，言长生不老之术；《名医别录》，载药物365种，可惜原书失传。

唐代有著名炼丹家孙思邈。孙思邈也兼通医药，著有《备急千金要方》、《千金翼方》，他的炼丹著作是《丹房诀要》一书。

世界上绝不会有能够使人长生不老的“仙丹”。实际上，做出来的“仙丹”反把不少人毒死。远在西汉，诗人就有“服药求神仙，多为药所误”的咏叹。东汉杰出的唯物主义思想家王充在其《论衡·道虚篇》中，曾高举起了批判炼丹术的旗帜。他认为万物成长衰亡是自然过程，人也是这样。“物无不死，人安能仙?”这就是对那些认为人可以长生不死的神仙方术的批判。事实也确实这样，因服丹而致死的不乏其人，仅唐朝就有6个皇帝，即太宗、宪宗、穆宗、敬宗、武宗、宣宗等。这些惨痛教训促使炼丹术改变方向，或转到制药方面（不求长生，只求治病），或转到练气养神，即所谓的“内丹”。而作为金丹之术的“外丹”，到清代，在延续1000多年之后，炼丹术就此销声匿迹了。尽管如此，历代炼丹家在广大劳动人民生产斗争经验的基础上，亲自从事采药、制药，做过许多事情，从而在化学方面，取得若干重要的成就。

工欲善其事，必先利其器。化学是一门实验性很强的科学。化学实验是化学发展的生命线，至关重要。从这个意义上讲，古代的炼丹术所用药物和实验器具，为以后的化学实验打下一些基础。因此，在我们讲炼丹术对化学的贡献时，有必要先讲一下炼丹家在炼丹实践中所用药物和实验器具。

关于药物方面，有人根据历代炼丹文献做了一个不完全的统计，包括无机物和有机物在内，炼丹家约用了有60余种药物。现举例如下：

元 素：汞、硫、碳、锡、铜、铅、金、银等；

氧化物：三仙丹（HgO）、铅丹（Pb_3O_4）、砒霜（As_4O_6）、无名异（MnO_2）、磁石（Fe_3O_4）、石灰（CaO）等；

氯化物：盐（$NaCl$）、硇砂（NH_4Cl）、轻粉（Hg_2Cl_2）、水银霜（$HgCl_2$）、卤咸（$MgCl_2$）等；

硝酸盐：硝石（KNO_3或$NaNO_3$）；

硫酸盐：胆矾（$CuSO_4\cdot 5H_2O$）、绿矾（$FeSO_4\cdot 7H_2O$）、寒水石（$CaSO_4\cdot 2H_2O$）、朴硝（$Na_2SO_4\cdot 10H_2O$）等；

碳酸盐：石碱（Na_2CO_3）、灰霜（K_2CO_3）、白垩（$CaCO_3$）、空青（$Cu(OH)_2 \cdot CuCO_3$）、炉甘石（$ZnCO_3$）等；

硼酸盐：蓬砂（$Na_2B_4O_7$）；

硅酸盐：云母（$H_2KAl_3(SiO_4)_3$）、滑石（$H_2Mg_3(SiO_3)_4$）、长石（$K_2O \cdot Al_2O_3 \cdot 6SiO_2$）、不灰木（石棉，$H_4Mg_3Si_2O_7$）等；

合　金：鍮石（铜锌合金）、白金（白铜，铜镍合金）、各种金属的汞齐等；

混合的石质：高岭土（SiO_2、Al_2O_3 等）、禹余粮（含褐铁矿和黏土的砂粒）等；

有机溶剂：醋（CH_3COOH）、酒（CH_3CH_2OH）等。

现在做化学实验，是在实验室里进行的。炼丹家则是在“丹房”里工作的。丹房里加热的设备有“丹炉”、“丹灶”或“丹鼎”。它们的形式不同，因此也有许多奇怪而带有神秘色彩的名称，如“太一神炉”、“既济炉”、“未济炉”、“悬胎鼎”等等。起反应的器具，叫做“神室”、“丹合”等等。此外，研磨、蒸馏、升华等等操作，也多有特殊设备。关于炼丹所用工具和设备，南宋吴悮《丹房须知》一书记载颇详，还有形象的插图。炼丹所用方法大致有加热法、升华法、蒸馏法、沐浴法、密封法、溶液法等许多种。

上面我们简略讲了炼丹所用药物、器具设备和炼制方法，下面再来谈谈炼丹家对化学物质变化的认识。

炼丹家在实验中已接触到分解反应、化合反应和金属置换反应。例如，汞和硫的化合反应：$Hg + S = HgS$，魏伯阳早就在其著作中载有“河上姹女，灵而最神。得火则飞，不见埃尘。……将欲制之，黄芽为根”。这里的“河上姹女”就是汞，“黄芽”则是硫磺的隐名。

又如汞和氧的化合反应：$2Hg + O_2 = 2HgO$，对此，陶弘景就指出：水银“烧时飞着釜上灰，名汞粉，俗称为水银灰”。

在分解反应中，炼丹家讲得最多的莫过于从丹砂来制汞。葛洪的《抱朴子》有云“丹砂烧之成水银”就是明证。其反应过程是：

$$HgS \xrightarrow[\text{加热}]{\text{隔绝空气}} Hg + S \qquad HgS + O_2 \xrightarrow[\text{加热}]{\text{在空气中}} Hg + SO_2$$

葛洪不仅认识到了从丹砂来制汞，而且更为可贵的是还注意到硫和汞的可逆变化：“丹砂烧之成水银，积变又还成了丹砂。”这种硫化汞的制成实际上是无机合成，有别于天然丹砂。其化学反应是：$Hg + S \underset{\text{分解}}{\overset{\text{化合}}{\rightleftharpoons}} HgS$（丹砂）。此外，葛洪还认识到这种可逆变化非个别现象，而有其普遍性，铅和铅的氧化物之间也存在着可逆变化。他在《抱朴子》书中讲到：“铅性白也，而赤之以为丹；丹性赤也，而白之以为铅。”铅是白色的，烧之变为赤红色的黄丹。黄丹是赤红色的，以炭烧之可化为铅。这虽然不是同一反应的可逆变化，但却说明元素铅及其氧化物之间的相互变化。魏伯阳则注意到铅和胡粉（碱式碳酸铅）间的相互变化：“胡粉投火中，色坏还为铅。”这个“还”字的意思可能是指胡粉原来是铅制造的，经火的作用，胡粉不但色变，而且质也变了，它又变还为原来的铅了。

关于汞和其他金属形成汞齐的作用，古代在炼丹实践中早就注意到了。魏伯阳说：“太阳流珠，常欲去人，卒得金华，转而相亲，化为白液，凝而至坚。”太阳流珠指汞，金华指铅，汞和铅互相化合可成铅汞齐。而陶弘景对形成汞齐的作用说得更清楚了：“水银，……能消化金、银，使成泥，人以镀物是也。”他指出金和银可与汞化合成汞齐，由此可用以镀金镀银。

炼丹家早有金属互相“转化”的理论，他们为了制作“药金”，梦想找到使某种贱金属转化为黄金、白银的方法，从很早的时代就注意到溶液中金属互相取代的现象，以为那就是金属的“转化”。西汉《淮南万毕术》以及后来炼丹著作中都明确记载了铁可置换可溶性铜盐中的铜，这一发现，到宋朝成了水法炼铜的胆铜法的原理。

方士们为了获得较好的炼丹效果，很注意控制炼丹原料的种类和分量比例。对此，魏伯阳曾指出，炼丹所用药物，如果不是所需种类，所用分量比例又不适当，即使炼丹名师黄帝、太乙、八公、淮南王前来临炉指导，也无济于事。唐代张果老等人则比较准确地指出了汞和硫化合反应所用量的比例：“汞一斤，硫磺三两，……成紫砂。”即汞和硫的比例是16:3或100:19，按反应式计算应为100:16。配方中硫磺多了一些，以充分利用较贵重的汞，并使反应向生成硫化汞（紫砂）方向进行是很合理的。

要知道，炼丹家之所以能够做出一定的成绩，是和当时社会的生产实践和生活实践分不开的。在奴隶社会手工业分工的基础上所建立起来的制陶、采矿、冶金、酿造、染色等业，到了封建社会都得到了飞跃的前进，而尤以金属冶炼为显著。这些有关化学工艺的形成为炼丹术提供了广泛的物质基础，使炼丹家有可能进行初步的总结，找出物质变化的某些规律，作为自己进行实验的准则。正是在这样的基础上，魏伯阳阐明了炼丹术的可能性和合理性。他明确指出：“自然之所为兮，非有邪为道。”葛洪则指出，变化是天地万物之本性，金银是可以由异物炼制的：“变化者，乃天地之自然，何嫌金银之不可以异物作乎？”在这里，魏、葛二人都悟出运动变化是自然界的必然规律。正因为炼丹家有这部分合理思想，所以，他们能在炼丹实践中对化学实验做出相当的贡献。

尽管炼丹家的思想有合理的一面，但总体来讲他们的指导思想又是错误的。他们常常采用不恰当的类比，模拟自然物质的某些属性，加以主观想像，达到超自然的东西，做种种唯心主义的解释，以此作为自己的理论根据。魏伯阳有云：“巨胜（胡麻）尚延年，还丹可入口。金性不败朽，故为万物宝。术士服食之，寿命得长久。”葛洪在《抱朴子》中更进一步指出：“夫金丹之为物，烧之愈久变化愈妙，黄金入火百炼不消，埋之毕天不朽。服此二物炼人身体，故能令人不老不死。”这可说是炼丹家的基本思想。这种思想是建立在天真的机械的类比的基础上的，虽然真金不怕火炼，埋之毕天不朽，但金之不朽与人之生死是完全性质不同的两种事物，根本不能类比，何况炼丹家炼成之金都是徒有其表的伪金或其他无机物，有的甚至是毒物，服后即会使人短命或丧失生命。明代医药学家李时珍正是在这点上有力地批驳过炼丹术的荒诞。他说：“岂知血肉之躯，水谷为赖，可能堪此金石重坠之物久在肠胃乎?！求生而丧生，可谓愚也矣！”可见，葛洪所倡导“服金者寿如金，服玉者寿如玉”是何等荒唐可笑。这是企图在模拟自然的基础上来达到超自然或反自然的目的，必然使炼丹术坠入到了唯心的泥潭而不能自拔。

最后，我们简略谈谈中国的炼丹术为何没有发展成为化学。中国炼丹术后来未发展成为化学的原因很多，其中包括社会原因，关于这一点，上面也已有所涉及，因这方面情况复杂，也就不再展开讲了。我们仅就炼丹术本身固有的缺点，分析其原因。

从东汉魏伯阳到明朝，有一千几百年，炼丹家所用药品种类和使用方法，总显得局限性很大，用的药品大多是汞、铅、硫等少数几样东西；方法也少，主要是用升华法；一千多年来，操作重复的极多，浪费许多人力物力，这是炼丹术谨守秘密，不事交流的必然结果；在器具上不知采用玻璃的，故妨碍观察；虽然后期，像宋朝吴悮的《丹房须知》已有完好的蒸馏器，但中国炼丹家总不喜欢应用，这对于某些东西的精制和新物质的获得，就失去了好的机会；尤其重要的是，不知收集气体和度量气体的方法，以致对于气体物质，始终茫然不晓。例如，硫酸铁等硫酸盐加热分解，可产生三氧化硫，此物溶解于水，就得硫酸，一有硫酸，就有发现硝酸、盐酸等机会。可惜炼丹家做了无数的硫酸盐加热分解，始终不知收集三氧化硫，也未得到硫酸。又如，石灰是最价廉易得的强碱，它和硇砂（NH_4Cl）作用可得氨，和碱作用可到氢氧化钠，但炼丹家就是不大肯用石灰。

在欧洲，古代原始化学所以能上升为科学的化学，其中一个重要原因，是采用了天平等衡量器具和数学的推论，而中国炼丹家，常缺乏数学的素养；虽然也用衡量器械，例如，从多少分量的水银，能制得多少分量的硫化汞，并已曾有过相当正确的记载，但一直未能指出汞、硫、硫化汞相互间的数量关系，当然不可能发现物质组成的恒定、物质的成分元素间的比例一定和物质变化时重量守恒的规律了。以上几点，就是中国炼丹家不能把原始化学发展成为科学的化学的重要原因。

第二节　希腊化埃及炼金术

希腊化埃及炼金术产生于公元1世纪的埃及亚历山大里亚城，该城是由亚历山大大帝（Alexander the Great，公元前350－前323）统一了希腊本土，又远征到埃及后建立的。亚历山大帝在做希腊马其顿王前曾做过亚里士多德的学生，他所建立的马其顿大帝国还征服了古老的美索不达米亚，甚至远征到波斯和印度。这样在整个近东就形成了所谓的“希腊化文化”，它是希腊文化、埃及文化和东方文化汇集交融的产物，其中最大的中心就是亚历山大里亚。希腊化埃及炼金术的产生充分体现了希腊化文化的特征，即希腊化埃及炼金术是希腊自然哲学、埃及化学工艺和东方神秘主义汇集交融的产物。

那些长期从事冶金、染色等化学工艺的埃及工匠，当时已萌发由普通金属仿造贵重金属的思想。他们把金银和其他金属混合熔化后，就会得到一些不易与金、银分辨开的东西，因此就发现了黄金仿造术，但此时工匠还未产生由贱金属炼制贵金属的意识。只是当亚历山大里亚城成为重要的学术中心时，埃及工匠开始受到希腊哲学，特别是亚里士多德学说及其他希腊思想的熏陶，他们因此开始有意识地把四元素四原性说的观点渗透于所从事的化学工艺过程中，相信贱金属（铜、锡、铅、铁等）通过人工操作可以炼制出贵金属（金、银等），希腊化埃及炼金术因此而诞生。

在希腊化埃及炼金术活动过程中，产生了大量可靠而实用的化学知识，如在当时的文献中就有关于熔化、熔烧、过滤、结晶、升华和蒸馏等操作方法，加热方法则包括用活火、灯、沙浴、水浴等；把贱金属变成贵金属的方法实际是用各种化学药品使铅和汞等“改变颜色”，以及用砷使铜变成白铜（看成是一种银）等，后来阿拉伯人把这种嬗变剂叫灵丹，欧洲炼金术士则称之为哲人石；他们把砷、硫磺、水银等物质的蒸气称为精气，它们可以由于亲和力与物体结合，也可用适当的方法把它们重新释放出来，如把燃烧石灰石生成石灰，解释成石灰石由火中吸取一种精气所致。

“化学”这个词最早就出现在希腊化埃及炼金术活动时期。有人认为它来源于埃及语khem（黑色）或来源于希腊语cheo（我浇铸）；不过也有人认为它来自于早期化学家的冶金活动；甚至有学者认为“化学”一词来源于汉语的“金液”（chin - i），该词在华南福建方言中读音是“钦牙”（kimya），而阿拉伯人和中国发生接触的一个重要地区正是福建，从而使这一术语经由阿拉伯商人传入西方。不过，“炼金术”（alchemy）一词确是在“化学”（chemy）一词之前加上阿拉伯语的定冠词“al”构成的。阿拉伯炼金术产生的源泉之一就是希腊化埃及炼金术，而欧洲炼金术是直接移植阿拉伯炼金术而来，当欧洲炼金术最终演变为近代化学的时候，定冠词“al”最终被去掉了。

亚历山大里亚的炼金术士们搞出了一整套工艺名词，这使他们有了记录所用物品的简捷方法，而且可以保守炼金术的制作秘密。例如受占星术思想的影响，每种金属都用掌管这种金属的行星名称来命名，进而借用占星术符号作为速记法。这样，希腊化埃及炼金术就形成了一套庞大杂乱的名称符号体系，后为欧洲炼金术直接继承下来，而像“密封”之类的炼金术术语至今仍为人们所沿用。

如果说早期希腊化埃及炼金术还具有一定的实用色彩，那么到了公元4世纪，东方神秘主义日益高涨的浪潮开始向炼金术袭来，炼金术活动越来越脱离实际而更倾向于神秘的哲学和神学的论述。希腊化埃及炼金术富有创造性的时代大约就终结于这个时期。

在公元5世纪，基督教由于纯粹神学性质的激烈争论而引发教会内部的分裂，其中一些非正统派（如景教）教徒流向了叙利亚、波斯等中东国家，并把希腊化文化带到了那些地区，同时把大量希腊文的手稿翻译成为叙利亚文和阿拉伯文的译本，这其中包括为数甚多的炼金术译本。当希腊化埃及炼金术完全衰落后，特别是随着强大的阿拉伯大食帝国的建立，包括叙利亚、埃及、波斯甚至遥远的西班牙都落入伊斯兰教徒的掌握之中时，这些希腊化埃及炼金术的阿拉伯文译本就成为阿拉伯炼金术产生和发展的重要基础之一。

第三节　阿拉伯炼金术

一

阿拉伯人在中世纪科学技术的发展中，占有特殊重要的地位和作用。由于阿拉伯地处东西方交通要冲，因此就使得阿拉伯成了沟通东西方科学文化的桥梁，同时也使得阿拉伯能够融合东西方科学文化成果，由此做出新的特殊贡献。阿拉伯炼金术正是融合了中国炼丹术和希腊化埃及炼金术的成果的结果，而后又使之传播到欧洲。

早在公元前2世纪的西汉时期，中国就开始与西部的中亚、波斯等国发生了经济及文化交流。到了唐代，这种交流达到了新的阶段。当时的交流是沿着陆上的丝绸之路和海路两条途径进行。唐帝国和阿拉伯帝国东西对应，构成了当时世界文化的两大中心。中国与阿拉伯之间，使节、商人、游客互相往来，展开了频繁的贸易和物质文化交流。中国炼丹术大概就是在这时通过中、阿物质文化交流从中国传到了阿拉伯，并与西方传来的希腊化埃及炼金术相融合，从而形成了阿拉伯炼金术。

在化学领域中，那时阿拉伯人把自然界的万物分为两大类，一类是“形体”，一类是“精灵”。认为凡易挥发的实物都属于“精灵”；凡不挥发的实物都属于“形体”。他们认为万物，特别是金属，都是由水银和硫磺的相互作用形成的；因为他们都是易挥发的，皆属于精灵之类。认为硫磺的本身是能动的、雄性的，属于火的，或者说是火的化身，是燃烧性的化身，这正是中国炼丹家所谓的“阳”。还认为水银的本质则是被动的，雌性的，属于水，这也是中国炼丹家所谓的“阴”。水银又可以说是金属的精灵，金属性的化身。所以硫、汞的交配可以得到各种金属，于是硫化汞也就成了他们炼金时的主要原料。

总之，把硫与水银看做是万物的基本元素的观念，在这时已经非常明确，牢固地建立起来了，并得到了普遍的接受。这在化学史上是很重要的。

若把阿拉伯炼金术与中国炼丹术相比较，就可发现二者之间有许多相似之处。阿拉伯炼金术与中国炼丹术所用的炼制设备颇相似；所用药物主要也都是些硫、汞、丹砂、硝石、雄黄之类，并且都特别重视硫和汞；阿拉伯人还把许多物质的名称冠以“中国”一词，如他们称硝石为“中国雪”；此外，早期的阿拉伯炼金家同中国炼丹家一样，大多精于医术，他们既是炼金家又是医生，二者兼于一身。但另一方面，从其炼金术所追求黄金为主要目的，以及所采纳的指导理论四元素说和四原性说来看，又同希腊化炼金术有共同之点。阿拉伯炼金家对“物质”概念的理解，多源于亚里士多德的热、冷、湿、干四原性说。四原性中两种原性互相结合，形成世上的各种金属，并使金属具有相应的特性。这类特性称做“外”质。此外，金属还含有另外两种本身固有的性质，即所谓“内”质。例如，黄金的外质是热和湿，内质是冷和干。冷和干又是白银的外质。只要使白银显示出和黄金一样的内质，就能把白银变成黄金。要做到这一点，必须使用“炼金药”。但是对四原性的理解，阿拉伯炼金家并不完全与亚里士多德的见解相同。在亚里士多德看来，这些原性不过是区分原初物质的一些非本质的性质。阿拉伯炼金家则认为这些要素都是非常具体的。热、冷、干、湿全是实实在在的性质，可以从物体中分离出来，按一定比例结合，再次形成物体。它们有着独立、具体的存在形式。因此，炼金术士的任务是：确定它们在物体中所占的比例，并从中把它们提炼出来，使它们各以适当数量彼此结合，生成人们预期得到的产物。

阿拉伯炼金术的进步之处，在于它不囿于追求黄金，而具有相当浓重的学术气息，因而做出了不少重大的化学发现。阿拉伯炼金术的早期代表人物是扎比尔·伊本·海扬（Jabir ibn Hayyan，721－815），在中世纪西方人把他的名字拉丁化为贾伯（Geber）。他是一位学识渊博的医生，著作有《物性大典》、《七十书》、《炉火术》、《东方水银》。在这些著作里，贾伯提出金属可互相转变，他把水银称做童女，说她能起死回生，又能将铜、铁、铅等变成黄金。他和中国炼丹家不同，十分重视、广泛地应用蒸馏方法于物质变化之中。他最早制备出来的硝酸，就是应用蒸馏方法的结果。他还蒸馏明矾得到了硫酸，将硝酸与盐酸混合制得了王水，还制得过有机酒石酸。据说他制造过碳酸铅，从硫化物中提取过砷和锑。他十分重视实验。对此他明确指出：“谁不作研究和实验，则他就一事无成。……术士们感到高兴的不是因为有了大批材料，而仅仅是因为得到了完善的实验方法。”

在贾伯去世后，阿拉伯炼金术的代表人物是炼金家兼阿拉伯名医拉泽（Al Razi，860－933）。他写下了不少炼金术著作，其中以《秘典》一书最为有名。尽管书名如此，其实它是一本工艺制方的集子。这本书反映了一个事实，即拉泽对炼金术神秘的和隐喻的表现手法不感兴趣。虽然他也相信金属演变是可能的，但他首先是一位注重实际的化学家。

《秘典》共分三个部分，分别讨论了物质、仪器和方法。他把当时的已知物质分为四类：植物性的、动物性的、矿物性的和衍生物。他在对物质进行总分类的基础上，又对矿物性的做了精细分类，计有：挥发性精英、金属体、岩石、矾土、硼砂和盐。

令人感兴趣的是，拉泽在其著作中对炼金家使用的仪器设备做了较详细的介绍，用风箱、坩埚、勺子、铁剪子、烧杯、蒸发皿、蒸馏器、沙浴、水浴、漏斗、焙烧炉、天平和砝码等等来装备实验室。像贾伯一样，《秘典》译成拉丁文后，不但对后世阿拉伯炼金术，还对欧洲炼金术都有很大的影响。

阿拉伯炼金术的后期代表人物当推阿卜·阿里·伊本·西那（Abu Ali ibn Sina，980－1037），他的拉丁文名字叫阿维森纳（Avicenna）。他同时又是个医术很高明的医生，是集阿拉伯炼金术、医学和哲学等知识之大成的人物，著作颇丰，但其代表著作当属《医典》一书。此书后被译成拉丁文及其他多种欧洲文字，影响甚大，成了医药学的权威著作，长时间在欧洲传播。在这本著作中，他把无机矿物分为四类：石、可熔物、硫和盐。按照他的观点，石是生于水，再受“干素”的影响而生成的；明矾和硇砂是含有土和火的盐。这种观点明显带有四原性说和四元素说的色彩。他认为金属是由硫、汞及决定各金属本性的杂质所组成，汞是金属的精灵，硫使金属有了可变性，这就是他的炼金术的基本观点。但他否认金属可以相互转化。他认为炼金家能够得到的只是贵金属的合金，或能使金属带有贵金属的颜色。他的这种看法无疑是正确的，但在当时却遭到传统炼金术士和教徒们的反对。11世纪以后，阿拉伯炼金术进一步趋向神秘化，更加脱离实际，没有什么新鲜内容并日渐衰落了，正是在这个时候欧洲炼金术兴起。

第四节　欧洲炼金术

12世纪－15世纪是西欧封建制度的全盛时期，由于手工业和商业得以恢复和发展，生产力有了提高，这就为这一时期学术的复兴创造了必要的前提。

阿拉伯人著作的大量翻译和东方技术的传入，是这一时期西欧科学技术发展的重要原因。这与西欧封建主进行的八次侵略性的十字军东征有一定关系。它一方面造成了经济、文化的重大破坏，另一方面也打开了西欧人走向阿拉伯的大门。我们知道阿拉伯人曾是古希腊学术文献的主要保存者，从阿拉伯人那里学习古希腊文化，已为欧洲所关注，在欧洲迅速形成热潮。当然，阿拉伯学术也是欧洲人学习和研究的对象。人们所要做的工作首先是把阿拉伯文的文献翻译成当时欧洲通用的拉丁文。那时欧洲人懂得阿拉伯文的不多，人们就在西班牙设立翻译学校，专门培养这方面人才，出现了翻译热潮。正是在这样大量翻译的基础上，阿拉伯的炼金术被逐渐介绍到西欧。1140年，英国人罗伯特（Robert）翻译出版了阿拉伯人所写的《炼金术的内容》一书。阿拉伯的炼金家贾伯和拉泽的著作先后被译成拉丁文。及至1350年以拉丁文出现的炼金术作品已达70余种。由此欧洲的炼金术得以形成和发展。

当阿拉伯炼金术传到欧洲之后，也正是西欧商品经济进一步发展之时，实物地租已普遍地向货币地租转化发展，统治阶级发财聚富追求金钱的欲望更为强烈，黄金又是金钱最高贵的象征，而炼金术之目的也无非如此，由此也正中欧洲封建统治阶级的下怀，阿拉伯炼金术传到欧洲后，自然就得到了封建统治者的支持、利用。当时英王亨利六世豢养的炼金术士多达3000余人。他们在宫廷和教堂中升起炉火，日夜守候在炉旁，满身油污，汗流浃背地为统治者炼制黄金。

正如中国炼丹术是道教的道士们的工作，阿拉伯炼金术是回教徒的工作一样，欧洲炼金术乃是寺院中僧侣们的工作。炼金术同宗教所以有如此密切的关系，恐怕出自这样一个基本事实，即在漫长的古代社会中，僧侣是一个受过教育的有闲阶层，而宗教的神学自然观又同炼金术的指导思想同源。炼金术实际上与宗教有密切的联系，由此我们不难想像，欧洲炼金术在理论上不会有什么新东西，他们相信基本金属通过死亡和复活的程序可以变成高贵金属。他们认为金属的产生是硫磺的雄性本质和水银的雌性本质相互结合所致，从而把硫磺和水银提高到万物之本原的地位。

在炼金术士看来，汞是一切金属的本原，硫为一切可燃物所共有。二者结合，可得各种金属。而金、银则含有最纯粹的汞和硫，普通金属与金银的不同在于所含硫汞的比例和纯度不同，因此只要借助“哲人石”，就可以把金属中的“下贱”成分清除掉，使它达到完善的本质，进而转变为金银。可见，问题倒是如何制出“哲人石”。由于要追求点化金、银，因此炼金术士对于他们的方术严格保守机密，正因为这样，在欧洲炼金术著作中，常常用一些令人费解的隐语、比喻和符号，叙说他们所用的原料和进行的化学反应，下面摘其数例，说明炼金术所用符号的神秘性。

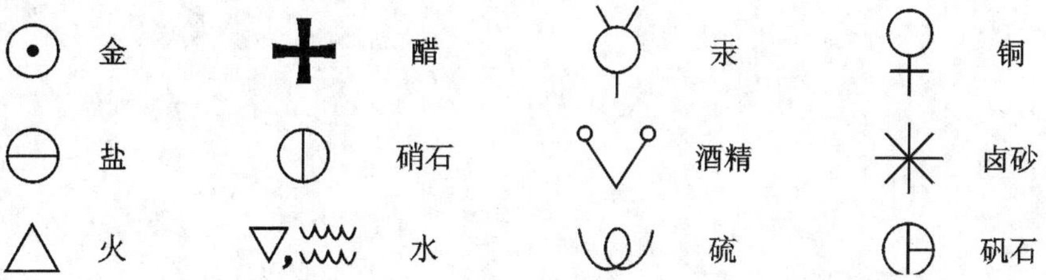

图 3－4－1 欧洲炼金术符号

与中国炼丹家和阿拉伯炼金家不同，欧洲炼金家很少兼攻医药，主要人物都是僧侣，以炼金为其重要活动内容。教会是炼金术的集中活动场所，而高级僧侣掌握着炼金术的技术秘密。砷的发现者、德国人马格努斯（Albert Magnus，1193－1282），既是一位僧侣，同时又是一位炼金家，他写有不少神学和炼金著作。他在《炼金术》一书中，与传统炼金术士的看法不同，他用试验的方法证明炼出的金尽管能在火中烧几次，但最终会烧掉化为灰烬。他把炼金术称为“天才与火的卑下的结合”。他本人曾长期从事这方面的实验，记载过明矾、铅丹、砒石、酒石等物质的变化，还描述了蒸馏甑等设备。

在欧洲炼金术的代表人物中不能不提到英国人罗哲·培根（Roger Bacon，1214－1294）。他的关于炼金术的著作有 18 本之多，以《炼金术原理》为最重要。他既求教于阿拉伯人的著作，又从被僧侣进一步歪曲了的古希腊哲学家亚里士多德的学说中寻找理论基础。罗哲·培根接受了亚里士多德的土、火、水、气四元素说及原性说，认为“炼金术是叙述制备某些灵药的科学，当这些灵药投在金属或不完备物上时，能立刻使后者变成完美物”。这里所指的“灵药”也就是“哲人石”。他所说的“完美物”则是指的金、银，当时认为只有金银才具备有完美的品质。

培根认为汞、硫是原始物，汞是金属之父，硫为金属之母，黄金则由纯汞和纯硫所制成。他把炼金术又分为理论的和实践的两种：理论炼金术研究金属和矿物成分、起源及其他变化等；而实践炼金术则介绍金属制备、净化及各种颜料的制造。

在中世纪的欧洲，一些炼金术士用伪造金属冒充真金，更多的炼金家则从虚假的可能性出发进行徒劳无益的操作，浪费了大量人力、财力、物力。然而，这种从谬误的目的出发进行的操作毕竟又是一种实践活动，是一种盲目的要变革现实、变革物质的活动。尽管欧洲炼金术有其荒诞的一面，但一些炼金术士在实际操作过程中，确也完成不少化学转变，积累了某些化学知识，积累了一些实验方法与手段，因此，对炼金术功过应予正确评价，既不能一切否定，又不能一切肯定。科学方法论的先驱，被马克思、恩格斯誉为“现代实验科学的真正始祖”，英国哲人弗兰西斯·培根（Francis Bacon，1561 - 1626）曾经就炼金术对科学的贡献做出了一个公正合理的评价，他说：“炼金术可比喻为《伊索寓言》里的一位老人，当他快要死去的时候，他告诉他的儿子们，说他在葡萄园里已埋下许多黄金留给他们。儿子们把葡萄树四周的泥土都挖松了，并没有发现金子。可是树根四旁的青苔和乱草被他们这样除去了，结果第二年长成满园的好葡萄。同样，炼金术士寻找黄金的苦心毅力，已使他们的后人获得许多有用的发明和有益的实验，并且间接促使化学走上光明的大路。”正因为如此，恩格斯把炼金术称为化学的原始形式。

第四章　原始化学的最后形式
——医药化学和冶金化学

无论是中国的炼丹术，还是经阿拉伯传至欧洲的炼金术，都无例外地在实践中屡遭失败，所追求虚幻的炼制长生不老药或贱金属点制成贵金属的目标一再破灭，在中国逐渐让位于本草学；在欧洲则不得不改换方向，转移到实用的医药化学和冶金化学方面。这种转移是化学史上一次大转折，在从炼金术到科学化学的转变中，医药化学和冶金化学起了桥梁作用。在这一章，就中国本草学中的化学知识和欧洲医药化学、冶金化学方面的情况加以介绍。

第一节　本草学和化学

我国古代药物学的著作，多半称为“本草”。顾名思义，“本草”是植物性能为主的药物，但本草书中也有动物性和矿物性的药物，实际上“本草”包括有动、植、矿三类物质。动植药物的有效成分，如生物碱、维生素等结构复杂，古人只凭经验采用。矿物药物成分比较单一，历代医药学家经过长期的医药实践，认识了其中不少药物的性质，有些还能人工炼制，包含着不少无机化学知识和化学实验技术。

“本草”二字最早见于《汉书》。又据《汉书·楼护传》载：“护少诵医经本草方术数十万言。”楼护是西汉末年的人。由此记载所见，早在公元前1世纪左右的西汉时代，记录药物知识的“本草”已经产生了。

我国最早的一部本草学的经典著作是汉代的《神农本草经》。《神农本草经》原书失传，现存的本子是清代学者从其他古书的记载中搜集整理而成的，载药365种，其中无机药物46种。陶弘景为《神农本草经》作集注，并把自己的《名医别录》合编进去，成为《神农本草经集注》一书，在原有基础上又增加了365种药物。

唐代本草学著作颇多，但最著名、影响最大而又有残迹可求的是《新修本草》，俗称《唐本草》。此书是由朝廷编修颁布的一部药典，全书共54卷，载药物844种，并附有图谱，是历史上第一部较完善的药典，比欧洲最早的纽伦堡药典早800多年。

宋代也很重视医药学的发展。在本草学著作中能被完整地保存下来，成为我国最早的一部完整药典，当推宋代《证类本草》。宋徽宗大观年间（1107－1111），四川的医生唐慎微根据前人的著作，编成一部《证类本草》。他把这部著作献给皇帝，改名为《大观本草》。这可说是一部私人著作而经政府审定的本草。在宋代政和年间（1111－1117），《证类本草》又经过医官曹孝忠校正，定为《政和本草》。《政和本草》所讨论药物总数为1746种，约为《神农本草经》所列药物数的5倍。

到了明代出了一部名闻中外，总结历代本草学成就，集历代本草学之大成，由著名药物学家李时珍撰写的《本草纲目》，成为我国最完整的一部有关祖国药物学的巨著。全书共52卷，分16部，62类，共计载植物1195种，动物340种，矿物357种，总计药物1892种，附处方11000多例，各种矿物插图1160幅。该书于1606年传入日本，先后译成日、德、法、英、俄等文字，传遍全世界，被誉为“东方医学巨典”、“中国古代的百科全书”。

和炼丹术完全不同，本草学从一开始就以防治疾病、保障健康为目的。它根据医疗的效果来认识物质的性质，尊重事实，不尚虚谈，具有朴素唯物主义的思想。不少医药学家从事实出发，既吸取炼丹术著作中关于药物性质及制法的有价值的部分，同时又对炼丹家荒诞的唯心主义谬论予以批判。由于本草学尊重客观实际，总结劳动人民经验，为社会服务，因此本草学具有强大的生命力，经久不衰，同时在本草学中蕴藏着丰富的化学知识。

从总体上看，本草学已对无机药物进行了分类。在李时珍之前，无机药物一概列入玉石部内，没有更细的分类。李时珍首次开创性地在《本草纲目》中把无机药物按照当时化学知识分为六类：水、土、金、玉、石、卤六类。这一分类法表明：李时珍继承了五行元素说的合理方面，但又不完全拘泥于五行，能依据客观事实的需要加以增补，表现出他的革新、创造精神。显然，这种分类法比起先前笼统地归为一类的分类法要进步得多。

本草学著作里记载着许多方面的矿物知识，它是古代劳动人民采矿、冶炼方面的部分宝贵经验的间接记录，下面择要介绍一些。

汞矿 有丹砂（HgS），《神农本草经》载：“丹砂：味甘微寒，主身体五脏百病……能化为汞。”

铅矿 在《政和本草》中引用独孤滔的著作，独孤滔知道方铅矿里含有硫磺，故他的书里有这样一段话：“草节铅，生铅未煅者也；打破脆，烧之气如硫黄。”草节铅显然就是方铅矿。这段话是关于方铅矿化学性质很早的记载。

锰矿 《证类本草》指出：“无名异……生于石上，状如黑石炭。”无名异是不纯的二氧化锰矿石，这乃是关于锰化合物的很早记载，可视为无机化合物使用范围的扩大。

石棉 “不灰木”就是我们现在称之为石棉的纤维状硅酸盐，《证类本草》把它列入药物，说它“如烂木，烧之不燃，石类也”。短短的一句话说明了石棉的性状和本质。

本草学著作中还对金属与非金属单质也有一定认识，现举例如下。

金 陶弘景在《神农本草经集注》里记载了金的化学稳定性，“虽被火亦未熟”。正是真金不怕火炼，火烧它也不易氧化。《本草纲目》则载说：“金有山金、沙金二种，其色七青、八黄、九紫、十赤。以赤色为足色。和银者性柔，试石则色青。和铜者性硬，试石则有声。”在这里李时珍既指出了金的种类，同时又指出了鉴别纯金和金银合金、金铜合金的方法，在明代就已采用试金石确定其成分的简易比色法了。

银 《唐本草》则有一个通过银汞齐制造银粉的方法。用汞把银箔化成银汞齐，再加入硝酸钾、食盐研成粉状，加热汞即升华出去，用水淘洗便得银粉。该书还有一种三元汞齐——银膏的制法：“其法用白锡和银箔及水银合成之，凝硬如银。”并说此物用以“补牙齿缺落”。在欧洲直到1819年才发明这种补牙方法。

铁 历代本草著作中都注意记载钢铁冶炼方法。如《图经本草》中有生铁、熟铁的区别，以及用二者杂炼成钢的记载。

硫、碳 石硫磺就是元素状硫。硫能和许多金属作用而成硫化物，《神农本草经》记载说，它能“化金、银、铜、铁，奇物”。李时珍在《本草纲目》中还认识到金刚石的物理性质，说它是“其砂可以钻玉补瓷”。

在本草学著作中也认识到一些化合物的性质和制法，举例如下。

汞盐 本草著作中对甘汞和升汞的制法，记载得相当详细。如李时珍所叙述的甘汞制法，用汞、白矾、食盐为原料，分量比例为1∶2∶1，研磨均匀后入铁器内隔绝空气加热，经燃点二炷香的时间，反应完毕。甘汞升华凝结在盆上，反应式可表示为：

$$6Hg + 2K_2SO_4 \cdot Al_2(SO_4)_3 \cdot 2Al_2O_3 \cdot 6H_2O \xrightarrow{\text{加热}} 2K_2SO_4 + 6Al_2O_3 + 3SO_2 + 12H_2O + 3Hg_2SO_4$$

$$Hg_2SO_4 + 2NaCl \xrightarrow{\text{升华}} Na_2SO_4 + Hg_2Cl_2(\text{甘汞})$$

至于升汞（$HgCl_2$）的制法，李时珍有如下的叙述：用汞和硫磺各十两，分开两锅加热，待硫磺熔化后倾入一锅，急搅，得灰色硫化汞，然后再用灶中土（伏龙肝末）十两，食盐一两，拌匀隔绝空气缓缓加热，经七次升华手续即得升汞（粉霜或水银霜）。反应过程如下：

$$Hg + S \xrightarrow{\text{加热}} HgS$$

$$HgS + 2NaCl \xrightarrow{\text{七次升华}} HgCl_2 + Na_2S$$

铜盐 《唐本草》叙述了氯化铜的制法：“以光明盐、硇砂、赤铜屑酿之为块，绿色。”光明盐就是食盐，用氯化钠、氧化铵和铜屑反应，可生成不纯的氯化铜。李时珍还谈到铜绿的制法：“近时人以醋制铜生绿，取收，晒干，货之。”

铁盐 本草著作中谈到的铁盐有绿矾（硫酸亚铁）、黄矾（硫酸铁）、铁华粉（醋酸亚铁）。在宋代《图经本草》中有一鉴别绿矾的方法：“取此一物，置于铁板上，聚炭封之。囊袋吹令火炽，其矾即沸流出，色赤如融金汁者，是其也。看沸走汁尽，去水待冷。取出按为末，色似黄丹。”将矾石（$FeSO_4 \cdot 7H_2O$）置铁板上，加热至64℃开始熔融，300℃失水，高温则分解，剩余物是红棕色的 Fe_2O_3，外观似黄丹。《开宝本草》记载了用铁和醋作用制铁华粉的方法。

铵盐 硇砂即是我们化学上所说的氯化铵，本不是太常见的物质。然而在我国本草著作《唐本草》中就提到此物，并指出了它的重要用途。书中云：“硇砂……柔金银，可为汗药。”汗药即焊药，由此可以证明早在唐代，我国劳动人民就已使用氯化铵作为焊接药剂使用了。

钙盐 陶弘景所撰《本草经集注》明确地指出了石灰的制法和化学作用。他说：“近山生石青白色；作灶烧竟，以水沃之，即热蒸而解。”在同书中陶氏还指出碳酸钙能与酸类起作用，石钟乳“色黄，以苦酒洗刷则白”。苦酒中有醋，可将碳酸钙溶解，故可使石钟乳由黄变白。

铅盐 李时珍在《本草纲目》中记述了铅粉（碱式碳酸铅）的制法。其原理是利用醋酸蒸气和空气使铅变成碱式醋酸铅，再与来自炭炉的二氧化碳反应生成白色铅粉。

钠盐、钾盐 《本草经集注》载有用火焰法鉴别钾盐和钠盐。“先时有人得一种物，其色理与朴消大同小异，朏朏如握雪不冰，强烧之，紫青烟起，仍成灰，如朴消，云是真消石也。”如此便将硝石（KNO_3）与芒硝（$NaNO_3$）区别开来。

无机化学药品在本草里只占极小部分。从上面几种重要本草著作里，就可知道我们祖先是如何逐步地掌握到一些化学知识的。由此可见，医药学的著作也是研究我国化学史的重要资料来源之一。

第二节　医药化学

虽然从现代的观点来看，人体的生理过程是一个生物化学过程，因而化学构成了医学的一个基础。然而，在化学本身尚未奠基的古代，要求当时的生物学家和医学家采用化学语言来描述生理过程，那只能是异想天开。古希腊的学者认为万物，乃至一切生物都是由水、火、土、气四元素所构成的。医生们出于医疗的目的，机械地把这种观点照搬过来，借用人体的某些特性，提出了用四大体液，即血液、黄胆汁、黑胆汁、黏液的比例失调来解释疾病，即疾病不是由于外来物的入侵，而是由于内部体液失调所造成。早在希波克拉底（Hippokrates，约公元前460－前377，古希腊医学家）时代，人们就认为人体本身有恢复体液平衡的本能，病人不必靠药物而能痊愈。但是到了盖仑（C. Galen，129－199，古罗马医学家）的时代，试用药物去恢复体液平衡的做法已成习惯，而且由于体液被认为是有机质，故其用药范围也主要是取自与四种体液相应的植物和动物，而很少取自矿物。到中世纪，又增加了不少药物，甚至还出现了医治百病的所谓“万灵药”。尽管如此，这些药物仍然来源于动植物。然而，在当时条件下，对这些有机药物作化学研究遇到难以克服的困难，医学本身的发展需求助于化学，而当时的化学又困惑于炼金术之中，也需要医学帮助而摆脱困境，因此在十五六世纪出现医学和化学交汇之势。

正如现代化学显现出向生物学和医学转移的趋势一样，在16世纪左右，古代化学也出现了由炼金术向医学方向转移。出现这种转移是由两方面因素所决定的。其一，与化学自身发展矛盾相关。炼金术固然在长期的实践中积累了不少关于无机物质的化学知识，从而为医药化学研究矿物药提供了可能，但由于炼金术指导思想的唯心，追求的目标虚幻，致使它所达到的目标一再破灭，自身矛盾日益暴露，因之就使得一些有识之士抛弃炼金术而转向实际问题。

其二，出现这一转移还有深刻的社会历史原因。十五六世纪，欧洲也正处于社会大变革时期。资本主义生产方式已在封建社会内部孕育，尔后又得到发展，从而动摇了欧洲封建制度的基础。代表资产阶级利益的知识分子为了建立新兴的资产阶级所需要的意识形态，打出了“文艺复兴”的旗帜，提倡人文主义，主张以人为中心，反对以神为中心的宗教信仰和封建意识，在文化战线上向封建贵族和教会发动了一场伟大的革命运动。这一运动对于解放人们的思想具有极大的重要意义，同时也促进了科学的解放。中世纪的科学成了神学的婢女，甚至被剥夺了生存的权利。1543年，伟大的波兰天文学家哥白尼（N. Copernicus，1473－1543）出版了永垂青史的《天体运行论》著作，从科学上向宗教权威所利用的地心说提出了大胆挑战，从此近代自然科学宣告独立。化学在中世纪被禁锢于炼金术中，“炼金术和宗教之间是有很紧密的联系的。哲人之石有许多类似神的特性”。这次科学解放运动，严重打击了与宗教神学相连的中世纪的化学——炼金术。十五六世纪出现的化学向医学的转移，正是顺应历史新潮流，在化学领域中掀起的一股浪潮，它既是对炼金术目标的否定，又是对传统医学观念的挑战。

十五六世纪的欧洲医药化学中最重要的代表人物是帕拉塞斯（P. A. Paracelsus，1493－

1541）。在他以前，欧洲医学界中一直把古代及中世纪的两大名医盖仑和阿维森纳的学说奉为不可侵犯的权威。盖仑是2世纪罗马帝国的医生，和阿维森纳一样，在理论上信奉亚里士多德的四元素说。但盖仑只注重药物的药理性质，而不注重药物的化学性质。因而后世医生沿用他的医方治病时，常在用药上发生混乱。很长时间以来，医药界没有偏离盖仑和阿维森纳的旧轨，很少独创和突破。但从帕拉塞斯起，开始对盖仑的理论产生怀疑。他在大学开讲那天，当众焚烧了医学权威盖仑和阿维森纳通用的医学著作，正像宗教改革领袖马丁·路德（Martin Luther，1483－1546）焚烧掉罗马教皇的训谕一样，以表示医药学由他开始，另辟新的天地。由于他对当时医学和炼金术都十分了解，运用炼金术所获得化学知识于医疗实践中，创立一门他称之为医药化学的科学。

帕拉塞斯扩大了炼金术的含义，以求得与医学的结合。他认为凡是把自然的原料转变为对人类有用的成品的科学都可称为炼金术。对炼金术定义的这种扩大，是意味深长的，它表明炼金术本身遇到了危机，预示着一场深刻的变革的到来。按此定义，把矿石转变成金属的冶炼工人是炼金术士；用肉类、麦子制造出食物来的厨师和面包师也是炼金术士；从天然矿物和植物、动物中制造出药物的药剂师也是炼金术士。他认为一切物质都是活的，并且在自然生长过程中趋于完善，而人为实现自己的目的，能加速或改造这种天然过程。所以在他看来使贱金属变为贵金属是一种死而复活的过程；贱金属是由于其体内硫、汞的比例失调，而人能够帮助它调整这种比例使之复活，这就是炼金术士的技艺。

帕拉塞斯摒弃了古代学者主张的关于人体健康是由四种体液，即血液、黄胆汁、黑胆汁及黏液所决定的观点，而提出人体本质和万物一样，都是一个化学体系的学说。他的观点与亚里士多德的四元素说不同，这个化学体系是由炼金术士的两种元素汞和硫，以及他所新增加的第三要素盐所组成，认为万物是由盐、硫、汞三元素以不同的比例构成的。某一种元素成分的多寡，决定了该物质的性质。在探讨疾病的机理时，他认为疾病可能是由于人体中三种元素不平衡而引起的，并指出这种平衡的恢复可以用矿物和无机物进行治疗，而不必用有机药物。他还说明，各种疾病都有一种特效的化学治疗法，而不存在旧时所流行的所谓“万灵药”。在医疗实践中，帕拉塞斯建议大胆使用一些无机药物作内服或外服。他使用的药物有汞、锑、铁、砷等及其化合物。应当指出，他在这样做时，除获得一些成功外，也常因用药猛烈而治死了不少病人。但不管怎样，帕拉塞斯把人体视为一种化学体系，无疑比以前的体液说要有用得多、科学得多。

正因为帕拉塞斯视人体为一化学体系，主张人体健康恢复需要用无机药物，因此，他强调医生们除注意研究药物药理性质外，特别要注意药物的化学性质研究，学习有关这方面的知识。但当时化学研究多操于炼金术士之手，鉴于此，他力主改造炼金术。他向医生们疾呼，应当专门研究化学，并把化学知识应用于医疗实践中。他认为这种化学研究的目的不在于点金，而应当是制药。这样一来，帕拉塞斯一方面把炼金及其所取得的化学知识引入医学中来，从而给医学带来了革新因素；另一方面，又将炼金术引向药物化学的实用方面，为化学的发展开辟了新的途径。他是化学史和医学史上一名勇敢的革新者，当时曾被誉为“化学中的路德”。他的学说虽然被当局明令禁止讲授，但在大学里却很受欢迎，对药剂师更富有吸引力。

有些无机药物不能从自然界中取得，为了制取和提纯这类药物，帕拉塞斯做了不少化学实验，完成了不少无机物的化学转变。在他的著作中，他从化学上区分了白矾和蓝矾，提到了二氧化硫的漂白作用，描述了铁与硫酸作用后有气体析出，等等。他建议在化学操作中使用重量，因为“重量是不会骗人的”。

正如路德的宗教改革只是用一种比较自由的新宗教代替专制的旧宗教一样，帕拉塞斯的医药化学在理论上与炼金术仍有着千丝万缕的联系，也和神秘的宗教联系着。他认为物质与非物质世界之间，有一种过渡性的东西，它们具有实体和精神两种属性；并且还主张人体中有一种统治生命过程的灵气的存在。尽管帕拉塞斯医药化学学派有着一定的历史局限性，但研究医药化学的人在研究矿物药剂的性质和疗效的过程中，在制备新药剂的过程中，研究了各种无机物的分离和提纯手段，进行了大量无机合成实验，摸清了它们的很多性质，并把无机物进行分类。而且在研究中也清除了不少炼金术的神秘色彩，从而大大丰富了化学知识。经过他们的努力，也的确唤起了许多医生转向研究化学，推动了化学研究向着为医疗实践服务的方向发展，这比起只把化学研究禁锢在炼金术中显然是个很大的进步。

17 世纪上半叶，医药化学又出现了一个杰出代表人物，他就是海尔蒙特（B. Van. Helmont,1577 – 1644）。海尔蒙特出身于布鲁塞尔的贵族家庭，学过艺术、神学和医学，于 1609 年获医学博士学位。他的主要著作《论医学的发展》是他死后出版的。

海尔蒙特与帕拉塞斯相比较，更注意应用，更强调实验。他曾自称为“火术”哲学家，要求别人称他为“化学家”而引以为自豪。他酷爱化学实验，做起实验可以废寝忘食，不分昼夜，完全投身于化学操作之中。他认为应当把化学列入大学的课程，而且“不是光靠讲课，而是靠用火的操作去征服，……用蒸馏、润湿、干燥、溶解，一如自然过程那样地进行”。海尔蒙特对化学的主要贡献有二：一是对气体的实验研究；二是他的元素理论。

海尔蒙特的元素理论是把“水”这一元素放在了最为重要的地位，而坚决摒弃亚里士多德的四元素说。他从神学观念出发，认为水才是一种原始物质，因为在圣经中提到过水在其余东西创造出来之前就已存在着。他精心设计了一个化学史上总要提到的著名的“柳树实验”，以证明水能转化为其他物质。他写道：“我取一个瓦盆，其中盛上已经在炉中干燥过的土 200 磅，用雨水浇湿，然后种上重 5 磅的柳树枝。5 年后，终于长成树，重 169 磅 3 两有余，但我只用雨水浇这个瓦盆，为了使飞散的尘粒不致与盆中的土混合，我把瓦盆的边缘用有孔洞的铁板盖起来。我除去 4 个秋天落叶的重量。最后我又把瓦盆中的土加以干燥，发现原来的 200 磅只差大约 2 两，所以 164 磅的木头、树枝、树根只能由水产生。”

柳树实验已经证明木是由水生成的，因此，木也就不是基本的元素了。进一步的实验使他相信水可以变成土，所以土是一种派生的元素，而不是基础的元素。在当时制作粗糙的玻璃容器中煮沸的水，留下了沉淀物，这是因为一部分玻璃溶解而产生一些沉淀的缘故。海尔蒙特则把沉淀物当作土，并把这种现象认为是水变为土的一个例证。至于火，在海尔蒙特看来，只是燃烧着的烟，不具备物体的外形，也不能称为元素。但他觉得空气和水一样，是一种元素，因为他发现无论把一筒空气施加多少压力，也不能把它们变成水或者液态的东西，这一点与水蒸气是不同的，谁也不能把这个元素转变成另一个，每种元素也不能还原成更简单的状态。空气虽是一种元素，但它却不能与水元素的作用相比，它不能变成其他形式，不能对物质的形成产生影响。这样一来，只剩下水才是所有物质的基础。海尔蒙特做了大量实验来证明水在自然界中的重要地位，由此摒弃了亚里士多德的四元素说，并开创了用实验去检验这些理论正确与否的先例。这在化学史上有着重大的意义。海尔蒙特是帕拉塞斯的信徒，接受了帕拉塞斯的大部分观点，可是因他具有上述元素理论，而不强调帕拉塞斯的汞、硫、盐三元素理论的重要性。

在我们看来，上面这些实验并不能充分证明水的元素性质，但它们却体现出海尔蒙特所做的工作的两个方面，这两个方面表明他的思想要比他的前人更接近近代化学家的观点。首先，他的实验具有定量性质。他几乎处处都要使用天平。从这点出发，他已含蓄地表现出一种更为重要的假想：物质在变化中，既不能被创造，也不能被消灭。质量守恒定律的提出是较晚的事情，但海尔蒙特及其信徒那时就已在不断应用这一原理了。天平的运用无疑会使这一原理得到广泛承认，因为如果质量并不守恒，微小的变化就会在称量时显示出来。

其次，他通过实验区别了气体、蒸气、空气三者。起初是区别了空气、蒸气两者。水蒸发时，可变为蒸气，但空气不能变水。在此基础上，他又做了不少气体方面的化学实验：他用燃烧的木炭、发酵的葡萄、酒石酸或是碳酸钾之类的原料生成二氧化碳；用硝和金属反应制取过不纯的二氧化氮；通过干馏有机物得到过可燃性气体（H_2，CH_4 和 CO 的混合物）；从腐败的有机物得到可燃气（CH_4）。当时他虽然不可能知道这些气体的化学成分，但是他认识到这是一些不同于蒸气的东西，因为它们不像蒸气那样可以化为液体。他给这些稳定的气态物质，起了个新名称，叫 gas，即气体，以与水蒸气 vapor 相区别。同时，他又指出通过化学反应由化学物质中释放出的气体，因各种气体相互之间来源不同而又各自不同，肯定都是一些新物质，因此也不同于空气。这样他就区别开了气体、蒸气、空气三者。由于他在气体方面做过突出贡献，因而常被人称为“气体化学之父”。

第三节　冶金化学

正如上节所述，在欧洲，新兴的资产阶级要发展生产力，就需要发展社会物质生产，开矿冶金，积累实际的物质财富，他们需要的不是炼金术士的哲人石或火炉中炼制的伪金，而是从金矿、银矿和其他矿石中，用机械和化学方法炼制出真正的金、银及其他金属来发展资本主义生产。正是在这种背景下，十五六世纪化学在冶金领域内，也开辟了新的研究方向——冶金化学。

冶金化学领域里，最有影响的是意大利人毕林古乔（V. Biringuccio，1480－1539）和德国人阿格里柯拉（Georg Agricola，1490－1555）的工作。毕林古乔是一位实用化学家，其代表作《烟火术》一书于1540年出版。该书是根据他自己的观察和经验写成的，主要是论述用火制取各种物质的生产技术，其中包括非金属矿物如硫磺、矾类、砷、硼砂、盐类等的开采和提炼；也包括金属矿物的加工、冶炼、铸造等；还包括烟火（火药及其他爆炸物）的制造技术。该书共7卷，内容丰富、插图生动，问世后受到社会上一些工艺家的重视。毕林古乔对炼金术持批判态度，认为不同的金属是不能相互转变的。

阿格里柯拉是德国矿区的一位名医生，虽然不专门从事实际的采矿和冶金方面的工作，但是他在矿区工作多年，记录了矿工们大量的实际经验，并亲自进行过多次调查，写下了关于冶金和矿物学的多部著作，其中《论金属》是他的一部总结性代表著作。该书共分十二卷，按生产顺序论述了寻找矿脉、开采矿石、矿石加工、炼制金属产品和分离金属元素的详细过程；还讲了矿石机具、规划、贵金属和非金属的分离、检验等内容。

《论金属》一书由于兼有体裁新颖、内容充实、插图精美三个特点，该书于1556年一问世就受到普遍欢迎，因而多次再版，在欧洲各国广为流传。它既是矿冶技术家的必读手册，又是冶金史和化学史上的重要著作。《论金属》一书大体上摆脱了炼金术的束缚，较好地体现了文献与实际调查相结合的原则，用简洁生动的语言系统地描述了当时欧洲，特别是德国的矿冶技术的实验过程，书中含有丰富的化学内容，同时还十分强调定量研究方法的意义。这表明化学已从工艺技术向独立的学科靠近。

第二编　近代化学发展时期

从 17 世纪中叶，英国化学家波义耳（Robert Boyle，1627－1691）把化学确立为科学开始，到 19 世纪 90 年代末，微观领域的三大发现前的二百几十年，为近代化学时期。

这个时期的化学，从一般的知识积累发展到系统整理阶段。经过曲折的道路，法国化学家拉瓦锡（A. L. Lavoisier，1743－1794）终于在科学的基础上建立起关于燃烧现象的氧化学说，发起了化学史上的一场革命，为化学的进一步发展打开局面。接着化学的一些基本定律被发现，道尔顿（John Dalton，1766－1844）的化学原子说成为化学发展中的一个里程碑。事物的发展往往是从模糊杂乱的现象中揭示出本质的联系，从而走向条理化并产生理论。19 世纪 60 年代化学的原子－分子学说正是这样确立的，成为化学大步向前发展的新阶梯。

这一时期，特别是 19 世纪，化学工业在欧洲繁荣起来，进一步促进了化学上一系列的发现和发明，为化学元素周期律的诞生提供了基础，为有机化学的产生和发展创造了条件。19 世纪后期，物理化学的发展显示出它的理论价值，渗透到无机化学、分析化学和有机化学等方面，并初步显示出化学与物理学密切的内在联系。

第五章　科学形态的化学形成

文艺复兴运动以来，西欧从封建社会逐步向资本主义社会过渡。近代科学技术开始兴起。到了17世纪，西欧的生产技术有了显著的进步，随着冶金、化工生产和科学实验向广度和深度发展，积累了大量关于物质变化的新知识，为化学科学的建立和发展提供了丰富的材料。资产阶级为了自己的利益，大力支持科学的发展，商人们解开钱袋创办学校、资助学会，成立科学研究机构和团体。著名哲学家弗兰西斯·培根从认识论和方法论角度揭示了实验科学的意义。他认为，感觉是完全可靠的，是一切知识的源泉；科学是实验的科学，科学就是用理性方法去整理感性材料；"知识就是力量"。这种新哲学解放了人们的思想，研究科学不再受亚里士多德和经院哲学的思想束缚了。所有这些，都为化学成为一门独立的学科做了准备。

第一节　化学形成的重要标志——波义耳化学观

当时，欧洲大陆研究化学的人大都是药剂师或受过药学教育的人，他们在制药实践中发现了不少新物质和新的化学反应。而在英国，化学取得巨大进展大都是业余科学爱好者的工作结果。他们或是家庭富裕，或是很有地位，有充足的时间去从事研究和发展新的理论。英国化学家和物理学家波义耳，就是一位为化学发展成为真正的科学做出重大贡献的代表人物。他给化学元素提出了科学的定义，为人们研究物质的组成指明了方向。恩格斯高度评价说："波义耳把化学确立为科学。"①

波义耳的家境富有，但却不追求安逸豪华的生活，用毕生精力从事对自然科学的探索。从青年时代起，他就在自己家里建立了实验室，进行大量而广泛的科学实验。这些实验涉及物理学、化学、生物学和医学等许多方面。同时，还积极参加一些科学家举办的新哲学讨论会，主要讨论自然科学的最新发展和在实验室中遇到的问题。波义耳在通信中称这个组织为"无形的大学"。1663年，国王查理二世正式批准成立"以促进自然知识为宗旨的皇家学会"。波义耳成为最早的皇家学会会员。1680年，他被选为皇家学会会长，但因不同意宣誓仪式而谢绝就职。

波义耳受古希腊原子论的影响，也熟悉法国哲学家和科学家伽桑狄（P. Gassendi，1592－1655）强调原子的大小和形状的原子论及机械论哲学。但波义耳有自己的一套机械论宇宙观，认为物质和运动才是宇宙的基本质料。他把这种理论叫做"微粒哲学"，并用此来指导自己的研究工作。通过大量的化学实验，使他深信世界上的万物是复杂的，千差万别的物质是不能用亚里士多德的"四元素"或医药化学家的"三元素"全部概括的。他指出："难道可以用分析的方法把所有的物体都分解成盐、硫或汞吗？显然不行！也没有一种方法能够把

① 恩格斯著，《自然辩证法》，163页，人民出版社，1971。

数目繁多的物体只变成四种原质——水、气、土、火。”他认为自然界一定存在着很多元素，这些元素结合形成各种复杂的物质，而各种物质通过适当的分解方法，最后都会变成元素。他以黄金的变化为例说明他的观点：“黄金是不怕火的，它并不被火分解，更分不出硫、汞和盐来。”“放一点金子在王水里，不久它就溶解了。如果再把溶液蒸干就得到一种黄色的新物质，这是金的微粒和王水结合的产物；如果在溶液里加一点锌，容器底部于是就沉淀出一层金粉，这就是起初溶进去的黄金。总之，金微粒与王水结合会暂时改变自己的形态，但金微粒是永存的。”

1661 年，34 岁的波义耳总结了自己十几年来的实验和研究成果，出版了向传统化学观念挑战的名著《怀疑的化学家》，书的全名是《怀疑的化学家：或化学 - 物理的怀疑和悖论，涉及炼金家普遍推崇并为之辩护的而又为化学家通常认为实在的种种要素》。波义耳在这部著作中用旧理论的拥护者同怀疑的化学家对话的形式，全面阐述了化学研究的目的、化学实验的意义和他对化学元素的见解。对当时流行的物质观做了大胆的怀疑，提出了摧毁旧观念的令人信服的论据。

波义耳明确阐述了科学的元素概念。他指出：“我指的元素应当是某些不由任何其他物质所构成的原始的和简单的物质，或完全纯净的物质”，“是具有确定的、实在的、可觉察到的实物，它们应该是用一般化学方法不能再分解为更简单的某些实物”。元素是“那些原始的和简单的物体，混合的物体由它们组成并且最终分解成它们”。从现代化学的观点看，波义耳定义的元素实际上是单质，然而，他正是用这个定义将单质与化合物和混合物区别开来，也与亚里士多德的“四元素”和医药化学的“三元素”区别开来，一扫化学研究中的神秘主义，为近代化学的发展指明了方向。

当然，波义耳本人并未明确指出哪些物质是真正的元素，而且仍然把火、水和空气都当作元素。

此外，波义耳还指出，实验和观察方法是形成科学思维的基础，化学必须依靠实验来确定自己的基本定律。他把比较严密的实验方法引入化学研究，为使化学成为一门实验科学打下了基础。波义耳本人就是一位出色的实验家，他亲自设计并做了许多实验，发明了减压蒸馏器，最早使用有刻度的仪器来测定气体和液体的体积，在大量的气体特性实验中总结出著名的气体定律——波义耳定律。他还提出过许多鉴定物质组成的定性方法。在实验中，发现不少植物浸液对酸碱具有不同的颜色，他将这类浸液叫做（酸、碱）指示剂，并发明了石蕊试纸。

波义耳在《怀疑的化学家》一书中写道：“化学家们至今遵循着过分狭隘的原则，这种原则不要求特别广阔的视野，他们把自己的任务看做是制造药物和转化金属。我却完全从另一个观点看待化学，我不是作为医生，也不是作为炼金家，而是作为哲学家来看待它的。在这里，我制定了一个化学哲学计划，希望以自己的实验和观察来实现，并使其臻于完善……”可见，波义耳明确地把化学单独划为一门科学，既反对把化学归结为炼金术，也不同意把化学附属于医药学。他认为，化学应当阐明化学过程和物质构造，并且采用实验方法。

然而，由于历史原因，波义耳的新学说在当时并未被大多数人承认，直到一个世纪后，从拉瓦锡起才被明确接受。然而，当时伟大的科学家牛顿（I. Newton，1642 - 1727）全盘接受了波义耳的化学思想，并在他自己的著作中发展了波义耳的微粒学说。

第二节　倒立的化学——化学燃素说

燃烧是自然界发生的最重要的现象之一，自古以来就一直为人们所关注，历史上出现过不少阐述燃烧现象的学说。

古希腊哲学家赫拉克利特把火看成是构成宇宙的元素，认为整个世界是“一团永恒的活火”。无论是中国古代的“五行说”（水、火、木、金、土），古希腊的“四元素说”（土、水、气、火）以及古印度的“四大说”（地、水、火、风），都不约而同地认为“火”是构成万物的一种元素。炼金家和炼丹家看到火能促进物质的转化，企图用火来使其他金属变成黄金，或求长生不老之丹，他们在炼“金”和制“丹”过程中，常常用到可燃性的硫，进而认为可燃物体之所以能燃烧，是因为可燃物中普遍含有可燃性的“硫本质”。

17 世纪后，冶金、炼焦、烧石灰、制陶、玻璃、肥皂等工业有了很大发展，这些工业无一不是与燃烧反应密切相关，当时化学家们的实验研究，不论是元素的发现和鉴别，还是对物质性质的研究和比较，以及单质与化合物的制备和提纯等，几乎都离不开燃烧和焙烧。工业和化学研究都需要从理论上阐明燃烧的机理，因此，对燃烧现象的研究就成了当时以至整个 18 世纪化学的中心课题。

1673 年左右，波义耳做了煅烧金属的实验，发现金属煅烧后的煅灰总是比金属本身还重。他的解释是，在煅烧过程中，“火微粒”穿过容器壁与金属结合，形成比金属本身还重的煅灰。

在波义耳之前，法国医生雷伊（Jean Rey，1583－1630）通过铅和锡的煅烧实验，注意到煅灰的重量增加了，他认为这是空气混进烧渣中的缘故，正像干燥的沙吸收水分而变得更重一样。

波义耳的助手，英国物理学家和化学家胡克（Robert Hooke，1635－1703）在 1665 年发表的《显微术》一书中，论述了空气在燃烧中的作用。他认为，空气是所有硫素物质（可燃物体）的万用溶剂，溶解时产生大量的热，我们称之为火，溶解作用由空气中的一种物质产生，这种物质与固定在硝石中的东西相似。

1674 年，英国医生梅猷（John Mayow，1641－1679）发表了他的著作《医学哲学五论》，描述了他所做的一些实验。他分别将燃烧着的蜡烛和小鼠放在倒置于水中的玻璃瓶罩内，发现瓶中的水面上升，证明一些空气消失了，剩余的空气不能支持硫磺燃烧。他指出，消失了的那部分空气被燃烧和呼吸消耗掉了，梅猷发现火药能在真空及水下燃烧，因此他认为，在火药中的硝石里存在着那种空气中的助燃成分，并称之为“硝气精”。梅猷将金属锑煅烧，得到比金属锑还重的煅灰，这种灰与硝酸和锑作用所得的固体相同，由此认为，金属锑经焙烧增重，是由于“硝气精”固定于金属锑上的结果。

上述关于燃烧的见解如果能继续深入一步，就会导致对燃烧现象的认识取得重大突破。然而，这些见解在当时并没有引起人们的注意。通过对火的直接观察，显而易见的是燃烧物上有火焰迸出。当时大量的燃烧材料是木材、煤炭、硫磺、油脂等，它们燃烧后的灰烬显然比燃烧前轻得多，于是，给人们最普遍的感觉还是在燃烧过程中，好像有某种东西从燃烧物中跑走了。

17 世纪下半叶，牛顿力学体系的成功，使人们以为用机械力学的理论和方法可以解释所有的自然现象。他们用力的概念，用诸如重力、浮力、张力、电触力等去解释物质的种种现象与性质，如果这些解释不通，就举出某种人所不知的东西。如光素、热素、电素等来加以解释。受这种思想影响，化学家们提出了用以解释燃烧现象的学说——燃素说。

1669 年，德国化学家贝歇尔（Johann Joachim Becher，1635－1682）在《土质物理》一书中，对燃烧现象做了许多论述，提出了燃素说的初步思想。他认为，气、水、土都是元素，又把土分为三种：固定土、油土、流质土。物质之所以千差万别，就是因为构成它们的这三种土的比例不同。显然，贝歇尔的三种土不过是医药化学家“盐、硫、汞”三元素论的变形。

贝歇尔认为，油土常存在于动植物中，物体燃烧时，所含的油土逸出，剩下固定土或流质土。这里所阐述的燃烧过程中油土的变化已显露出燃素说的思想。贝歇尔所谓的油土，即相当于后来的所谓燃素。

1703 年，贝歇尔的学生，德国化学家施塔尔（Georg Ernst Stahl，1660－1734）重印了贝歇尔的著作，并在自己的著述中继承和发展了贝歇尔的学说，把油土改名为“燃素”。他总结了各种燃烧反应和观点，系统阐述了燃素说。这个学说不但解释了燃烧现象，而且能对许多化学现象做出说明。这种统一理论作为占统治地位的化学思想，一直延续到 18 世纪末叶。

按照燃素说，所有的可燃物都含有一种共同的元素——燃素，一切与燃烧有关的化学变化，都可以归结为物质吸收燃素与释放燃素的过程。煅烧金属时，燃素逸出，金属变成煅灰；煅灰与富含燃素的木炭共燃时，从中吸取失去的燃素，金属又会重生；石灰石与煤炭一起煅烧，从中吸收燃素变成苛性石灰，苛性石灰在空气中失去燃素后又变为石灰石，苛性随之消失；酒精燃烧时，燃素逸出，剩下了水。物质所含燃素越多，燃烧起来就越猛烈。硫磺、磷、油脂、木炭都是富含燃素的物质，相反，石头、木灰不含燃素，因此就不会燃烧。那么富含燃素的物质在燃烧时为什么一定需要空气呢？燃素说者的解释是，物质在燃烧时，燃素并不能自动分解出来，需要空气将其中的燃素吸取出来，燃烧才能实现。

作为一种普遍适用的化学理论，燃素说还可以解释许多非燃烧的化学反应，如金属溶于酸中是因为酸夺取了金属中的燃素，煅灰溶于酸的缘故；铁置换溶液中的铜是由于铁中的燃素转移到铜中的结果。燃素不仅是燃烧的要素，还是金属的性质以及物体的颜色、气味等等的根源。大气中含有燃素，所以空气中会有闪电；生物含有燃素，就富有生机等等。

燃素说几乎解答了当时生产实际和化学实验中所提出的全部理论问题，因而赢得了许多化学家的高度重视和支持。它取代了炼金术思想在化学中的统治地位。正是在这种意义上看，燃素说不仅是必需的，而且在历史上起过积极的作用。甚至有人说，它是化学领域中第一个把化学现象统一起来的伟大原理。虔信燃素说的化学家在近一百年的化学发展过程中所积累起来的丰富的科学实验材料，是近代化学建立的重要基础之一。

燃素说虽然是化学发展过程中一个不可逾越的历史阶段，但它毕竟是一种错误的理论。随着实践的发展，它便漏洞百出了。后期燃素论者对金属经煅烧而增重所给予的解释是，燃素具有负重量或正的轻量。那么，对有机物燃烧后重量减轻又该怎么办呢？18 世纪末，人们发现了氧，揭示了燃烧的本质，从而燃素说让位于氧化说，使倒立的化学正立过来。

第三节 近代化学的实验基础——气体化学

17 世纪中叶以前，人们对空气和气体的认识还是模糊的，多数人认为只有一种气体，空气是惟一的气体元素。到了 18 世纪，通过对燃烧现象和呼吸作用的深入研究，人们才开始认识到气体的多样性和空气的复杂性。

18 世纪初，一位爱好植物学的英国牧师黑尔斯（Stephen Hales，1677－1761）制取了多种气体。他用水面集气法测定从各种物质中所能提出的“空气”总量。在他看来，各种气体都是一样的空气。这种只定量不定性的研究方法使他失去了发现新气体的机会。但是，他发明集气槽，改进了水上集气法。他所做的实验为各种气体的发现做好了准备。

1755 年，英国化学家布拉克（Joseph Black，1728－1799）发表了他用定量方法研究碳酸气的论文《对镁石、石灰石和其他碱性物的实验》。他通过煅烧石灰石，发现有气体放出，这种气体可用石灰水吸收，而且生成的白色沉淀的性质与石灰石相同。与此同时，煅烧后的石灰石的重量减轻了 44%。石头中有近一半的东西是气体，真是令人吃惊。他把这种固定在石灰石中的气体叫做“固定空气”。布拉克又用加热碱式碳酸镁和用酸作用于石灰石的方法，制得了“固定空气”。

这样，布拉克就发现，加热时碳酸盐所失去的不是无重量或不可捉摸的燃素，而是一种有重量并且可以分离和研究其性质的“固定空气”。他的实验表明，“固定空气”可被苛性碱吸收；蜡烛在“固定空气”中不能继续燃烧；小动物在“固定空气”中会死亡。这些都与空气的性质不同，这使人们明确地认识到气体有多样性，也是对燃素说的一次有力冲击。

最先测出氢气的比重并研究其性质的是英国化学家卡文迪许（Heury Cavendish，1731－1810）。1766 年，他在一篇名为《人造空气的实验》的论文中公布了他的研究成果。他用盐酸和稀硫酸分别作用于锌、铁和锡制得了他称之为“易燃空气”的氢气。他发现用不同的酸与一定量的某种金属作用，得到的气体量总是相同的。于是，他就误认为这种气体是由金属分解出来的，而不是来自酸。

由于卡文迪许坚持相信燃素说，认为金属与酸作用时，金属中的燃素就会逸出，所以，他认为这种“易燃空气”就是燃素。一些燃素论者甚至拿氢气球会上升，作为燃素具有负重量的依据。但是，卡文迪许进一步研究这种可燃气体的性质时，发现氢气有重量，并用两种方法测得了氢气的比重。于是，燃素论者又把氢说成是燃素和水的化合物。氢的发现和对氢的争论进一步动摇了燃素说。

1772 年，布拉克的学生卢瑟福（Daniel Rutherford，1749－1819），在密闭的容器中燃烧磷，除去寻常空气中可助燃和可供动物呼吸的气体，对剩下的气体进行了研究，发现这种气体有不被碱液吸收，不能维持生命和灭火的性质，因此，他把这种气体叫做“浊气”或“毒气”。几乎与此同时，卡文迪许、舍勒和普利斯特里也分别制取和研究了这种气体。它即是现在所说的氮气。氮气的发现进一步表明空气并非是一种单一的气体元素。

18 世纪下半叶研究气体化学最著名的代表人物之一是英国化学家普利斯特里（Joseph Priestley，1733－1804）。他用硝酸处理金属制得氧化氮，还第一次分解出一氧化碳、二氧化硫、氯化氢和氨气。1774 年，普利斯特里得到一个大凸透镜，他就用这个凸透镜聚光产生的高温来加热各种物质，看看它们是否会分解出气体。同年8月1日，他用凸透镜对准汞煅灰（氧化汞），发现很快有气体产生。他用水上集气法收集了这种气体。研究结果表明：蜡烛在这种空气中激烈燃烧，小鼠在这种气体中要比在普通空气中活得更久。这样，普利斯特里就发现了使化学发生革命的元素——氧。遗憾的是他也坚信燃素说，认为这种气体不含燃素，所以有特别强的吸收燃素的能力，因而能够助燃。由此，他把氧气称之为“脱燃素空气”，还把氮气称为“被燃素饱和了的空气”。

事实上，最先制得氧气并研究了其性质的是瑞典化学家舍勒（Carl Wilhelm Scheele, 1742－1786）。1773年左右，他用两种不同的方法制得他称之为“火气”的气体——氧气，并用实验证明空气中也存在“火气”。1774年他还发现了氯。只是他的这些研究到1777年才发表。同样令人遗憾的是，舍勒也坚信燃素说，认为火是火气与燃素生成的化合物，还把氯叫做“脱燃素盐酸”。

如果说前述一系列气体的发现是导火索的话，那么，氧的发现就是推翻燃素说的炸药。它为拉瓦锡最终创立新理论提供了决定性的证据。而舍勒和普利斯特里却失之交臂，当真理碰到鼻尖上的时候还是没有得到真理。

第四节　近代化学革命——拉瓦锡氧化学说

18世纪后半叶，新发现的化学现象层出不穷，燃素说面临全面危机。燃素说的拥护者为了维护旧理论，力图对各种化学现象做出解释。甚至有多少种气体，几乎就有多少种燃素说的变形解释。在这种化学思想空前混乱的情况下，法国化学家拉瓦锡掀起了一场化学革命。

1774年，拉瓦锡用锡和铅做了著名的金属煅烧实验：他将锡和铅分别密封在曲颈瓶中，在加热前后都精确地进行称量，发现煅烧后瓶中的金属已变成煅灰，但瓶和煅灰的总重量并未改变。当他把瓶子打开后，发现有空气冲进瓶内，这时，瓶和煅灰的总重量增加了，空气进入瓶内所增加的重量，与金属经煅烧增加的重量正好相等。

波义耳在同样的实验中，只注意了金属煅烧发生的变化，忽略了环境空气的变化，为了解释实验事实，只好假设一种“火微粒”存在。燃素论者为自圆其说，更是牵强地提出燃素有负重量。拉瓦锡不仅尊重实验，重视定量研究，更重要的是有批判和怀疑的头脑。他说：“假如有‘燃素’这样的东西，我们就要把它提取出来看看。假如的确有的话，在我的天平上就一定能觉察出来。”在精密的定量实验事实面前，拉瓦锡对燃素说产生了怀疑，提出金属煅灰的增重与燃素无关，而是由于金属与空气化合的缘故。

拉瓦锡用实验来证实他的推断。最有说服力的证据是设法从金属煅灰中直接分离出空气来。他用铁煅灰进行实验，但没有成功，恰巧在这时，1774年10月，普利斯特里访问巴黎，告诉拉瓦锡他用凸透镜加热汞煅灰发现了一种脱燃素空气。拉瓦锡立即重复了普利斯特里的实验，证实了加热汞煅灰时，逸出的气体重量与将汞煅烧成煅灰时所增加的重量相等。这个实验不仅证明了他的上述推断，而且还证明了化学反应中的质量不灭定律。

后来，拉瓦锡又做了大量的燃烧实验，如：锡、铅、铁的煅烧实验；氧化汞、氧化铅、硝酸钾的热分解实验；钻石、磷、硫磺、木炭的燃烧实验以及许多有机物的燃烧实验。到了1777年，拉瓦锡接受其他化学家的见解，认识到空气是两种气体的混合物，一种是能助燃、有助于呼吸的气体，拉瓦锡将它命名为“氧”，意思是“成酸的元素”；另一种不助燃、无助于生命的气体，拉瓦锡命名为“氮”，意思是“无益于生命”。

1777 年 9 月，拉瓦锡向巴黎科学院提交一篇名为《燃烧概论》的论文，批判了燃素说的错误，建立了燃烧氧化说，其要点如下：

（1）燃烧时放出光和热。

（2）物体只有在氧存在时才能燃烧。

（3）空气由两种成分组成。物质在空气中燃烧时，吸收了其中的氧，因而加重；所增加的重量恰好等于其所吸收的氧气的重量。

（4）非金属燃烧后通常变为酸，氧是酸的本质，一切酸中都含有氧元素。金属燃烧后变成煅灰，它们是金属的氧化物。

此后不久，普利斯特里、瓦特（J. Watt，1736 – 1819）、卡文迪许及拉瓦锡本人都进行了水的合成和分解实验，其中卡文迪许的实验最出色，但给出正确解释的却是拉瓦锡。他指出，水不是一种元素，而是“易燃空气”同氧的化合物。易燃空气也根本不是什么燃素，而是一种组成水的元素。后来，拉瓦锡将它命名为“氢”，意思是“成水元素”。

至此为止，燃素说已无立身之处，支持氧化说的人逐渐增多。由于氧化说能科学地解释大量化学现象，拉瓦锡又把燃烧氧化理论扩展为一个普遍性的化学理论。他把氧提高到可作普遍解释的“本原”的地位，许多没有实验证实的性质都归之于氧。他认为，氧是成酸的本原，一切酸都是由氧和一种非金属物质结合而成。换句话说，一切酸中都含有氧元素。

为了宣传氧化说，拉瓦锡同他的支持者化学家莫尔沃（Guyton de Morveau，1737 – 1816）、贝托雷（Claude Louis Berthollet，1748 – 1822）、孚克劳（A. F. de Fourcroy，1755 – 1809）于 1787 年出版了《化学命名法》。书中指出，每种物质必须有一个固定名称。单质的名称必须尽可能表达出它们的特征，化合物的名称必须根据所含的单质表示出它们的组成。酸和碱用它们所含的元素命名，盐类用构成它们的酸和碱命名，等等。这种方法简单明了，大家都乐于采用。只是仍然保留着旧时炼金术的符号。

1789 年，拉瓦锡出版了他的名著《化学纲要》。该书以大量的实验事实为根据，系统全面地批判了燃素说，创立了氧化学说。他还指出，元素“是化学分析所达到的真正终点”，并列出了第一张真正的化学元素表。他对许多化学现象都提出了自己的真知灼见，但他毕竟是那个时代的人物，受当时机械唯物论的影响，拉瓦锡把光和热都列入元素表，把热称为“热质”，甚至认为氧气是氧元素和热质的化合物。热质观点和酸中必含有氧成为拉瓦锡化学理论中最严重的两大错误，并影响了以后化学的顺利发展。

1789 年，拉瓦锡为传播新的化学思想，同其他化学家一起创办了法国第一种化学专业刊物《化学年鉴》，该杂志直到现在仍在出版。

拉瓦锡氧化说的建立，在化学上以真实的物质——氧，取代了神秘虚幻的燃素，使过去以燃素说形式倒立着的化学正立过来。他之所以能够取得这样大的成就，绝不是偶然的，而是由于当时的客观条件及他本人的天赋和努力的结果。他虽然没有发现过新物质，也没有设计过真正的新仪器，然而，他却有十分敏锐的理解力和杰出的理论概括能力。他在进行化学研究时，坚持实事求是的科学态度，重视实验，尤其重视定量研究。当理论与实验多次发生矛盾时，宁可相信实验而不盲从理论。他不但善于继承前人的科学成果，而且还与同时代的科学工作者进行广泛的学术交流。由于他思想解放，不受传统观念的束缚，因此能够独具慧眼，一下子就看出别人所做的实验的实质，并且给予正确的解释。18 世纪的化学家们都重视运用天平，拉瓦锡与众不同的是，别人主要用天平进行定量分析，他却用之来揭示自然界的规律。虽然不是他首先发现氧，但恩格斯还是把他称为真正发现氧气的人。当时，化学的发展已把燃素说的各种缺陷显露出来了。当许多化学家为了维护旧理论而尽力做一些修补工作时，拉瓦锡却已在筹划如何重建一座崭新的化学理论大厦。他的妻子积极支持他的事业，并给他著的《化学纲要》一书画了精美的插图。总之，在多方面因素的共同作用下，历史把拉瓦锡造就成一位功勋卓著的化学革命家。

第六章　近代化学确立的理论基础

18 世纪末至 19 世纪，化学和其他自然科学一样，由以搜集、记录材料为特征的经验描述阶段，逐步过渡到以整理材料、找出材料之间的内在联系为特征的理论概括阶段，化学从定性研究的方法或观点向定量研究的方法或观点发展，以弄清物质的组成及化学变化中反应物之间和反应物、生成物之间量的关系为目的，由此建立了一些基本的化学定律，如质量守恒定律、当量定律、定比定律和倍比定律等。为了进一步揭示这些基本定律之间的内在联系和本质，道尔顿提出了近代原子学说。这一学说经过不断地完善，终于成为说明各种化学现象的统一理论和近代化学得以确立的理论基础，标志着近代化学发展的新起点。

第一节　化学计量规律的发现——质量守恒定律与当量定律

化学反应必然引起物质性质的变化，那么，反应物和生成物之间量的关系是一种什么关系呢？近代化学家通过大量的实验研究总结出著名的质量守恒定律，当时叫做重量守恒定律或物质不灭定律。

著名俄国化学家、俄国近代化学的重要奠基人罗蒙诺索夫（M. B. Ломоносов，1711－1765）不相信当时流行的燃素说，通过许多定量化学实验来证实自己的观点。他也做过煅烧金属的实验，与波义耳不同的是，他在密闭的玻璃瓶内煅烧金属后，不开启玻璃瓶就进行称量，发现尽管金属经过煅烧已经变成了煅灰，但重量并无变化。他断定，金属在敞开的容器中煅烧增重是由于金属与空气结合的缘故，从而否定了波义耳的“火微粒”和“燃素”的存在。1756 年，他从大量实验中概括出质量守恒定律：即参加反应的全部物质的重量，常等于全部反应产物的重量。到了 1760 年，罗蒙诺索夫在《论物体的固性和液性》一文中，进一步阐述了这个观点。他指出：“……在自然界中发生的一切变化，是处在如下的状态：若某一物体的某种东西消耗若干，便有若干这种东西加到另一物体上。这就是说，若在某处有某量的物质减少，则在其他地方就有同量的物质增加。”可惜罗蒙诺索夫的这些精辟见解传播得不够广泛，对当时西方科学思想的进步没有产生什么影响。

1774 年，拉瓦锡用精确的定量实验研究了氧化汞的分解和合成中各物质量的变化关系。他将 45 份质量的氧化汞加热分解，恰好得到 41.5 份质量的汞和 3.5 份质量的氧。通过多次定量实验，拉瓦锡也得出了与罗蒙诺索夫相同的结论：在化学反应中，不仅物质的总质量在反应前后保持不变，而且物质中所含的任一元素的质量也保持不变。他在论述糖经过发酵变成酒精时指出：“无论是人工的或是自然的作用都没有创造出什么东西。物质在每一化学反应前的数量等于反应后的数量，这可以算是一个公理。”

由于 18 世纪的科学认识水平和实验手段的限制，不论是罗蒙诺索夫还是拉瓦锡，他们的测量都不够精确，小于 0.2% 的重量改变就测不出来了。1912 年，英国化学家曼莱

(Manley) 做了精确度很高的实验。他用一个双连的玻璃管，将一种反应物装在左边，另一种装在右边，封死管口后用极精确的天平称量。然后，将左右两方的物质混合，使其发生化学反应，再进行称量。他所用的仪器和药品质量在 1 千克左右，混合前后质量之差小于 0.0001 克。这就是说，倘若质量因反应而改变，这个改变将小于一千万分之一。

质量守恒定律的建立具有重大的科学意义和哲学意义。它是自然界最基本的定律之一，与能量守恒和转化定律具有同等的重要性。有了这个定律做基础，人们才能精确地和深入地研究化学反应中各种物质量之间的关系。它还为哲学上的物质不灭原理提供了坚实的自然科学基础。众多的事实材料证明，不论物质的具体形式怎样改变，其改变前后的质量总是保持不变的。

用定量方法研究化学是当时研究化学的主要方法和主要潮流。要进行定量研究就意味着把数学引入化学，使数学方法和化学研究相结合，研究化合物组成的数量关系，研究化学反应中反应物之间、反应物和生成物之间以及生成物之间的数量关系。通过对这些数量关系的探讨，找出可通用的方程或公式。

化学史上第一个把数学与化学相结合，并取得重大成果的人是德国化学家里希特（Jeremias Benjamin Richter，1762 – 1807）。里希特是当时著名哲学家康德（I. Kant，1724 – 1804）的学生，康德具有很高的数学修养，他曾说："在自然科学的各个分支中只有那些可以藉数学描述的学科才算得上真正的科学。"里希特经过康德的教诲，认识到要把化学变成科学，就要与数学结合。经过刻苦的钻研，他把数学引入化学。在他的名著《化学元素测量术》一书中，第一次提出了化学计算这一术语，创立了计算化学反应中各种物质之间质量比的方法，运用数学方法来阐明化学反应的规律。里希特所创立的化学计量学对于当今化学的发展也无疑具有重要的意义。

在那个时候，许多学者都在研究酸碱反应生成盐的变化。他们把酸碱反应的中和作用称为"饱和作用"，中和点则称为"饱和点"。那么，在达到饱和点，也就是生成盐的过程中，是否存在着某些规律性的定量关系呢？1766 年，卡文迪许发现，中和同一重量的某种酸，对于不同的碱就需要不同的重量，他把这些不同的碱的重量称之为当量。里希特在前人研究的基础上，又进一步对酸碱反应进行了研究。他分别测定了饱和（即中和）1000 份硫酸、盐酸和硝酸时所需要的碱和碱土的数量，并且把部分测定结果列成了表（表 6 – 1 – 1）：

表 6 – 1 – 1　里希特的酸碱当量表

碱	硫　酸	盐　酸	硝　酸
苛性钾	1606	2239	1143
苛性钠	1218	1699	867
氨	638	899	453
钡　土	2224	3099	1581
石　灰	796	1107	565
镁　土	616	858	438
铝　土	526	734	374

里希特从大量的实验研究中概括了一些十分重要的思想：①化合物都有确定的组成，化学反应中反应物之间存在着定量关系。②当两种物质发生化学反应时，一定量的一种物质总

是需要确定量的另一种物质。③两种中性盐进行复分解反应时，生成物也是中性的。如果知道了反应前两种盐的成分，就可以算出反应后两种盐的成分等。根据上表的数值和这些科学思想，里希特不仅提出了各物质相互化合时彼此之间存在着固定质量比的当量定律，实际上他还提出了组成化合物的元素在化合物中比例不变的定比定律。遗憾的是，里希特过分偏重数学，总想用他测得的数据推导出一些化学反应的数学规律。如他无根据地相信以一种酸为基准，所得到的各种盐基（即碱和碱土）的“等质量数”间将成等差级数关系。这种脱离了化学实验基础的理论概括，加上繁琐、晦涩的表述方式，使他的见解没有受到当时化学界的重视。不难看出，里希特的教训在于化学中引进数学要与化学紧密结合，否则将导致失败。

1802 年，法国化学家 E. G. 费歇尔（Ernst Gottfried Fischer，1754 - 1831）结合自己的科学实践，深刻地认识到里希特的中和表的重大意义。他把里希特的许多数值表归并成为一个有着统一基础的数值表。他把相对于 1000 份重量硫酸的各种酸和盐基的重量作为这些物质的统一“等质量数”，并做了重新测定，列出了一张精确的当量表（表 6 - 1 - 2）。

表 6 - 1 - 2　费歇尔的酸碱当量表

盐　基　类（碱类）		酸　　类	
铝土	525	硫　酸	1000
镁土	615	氢氟酸	427
氨	672	碳　酸	577
石灰	793	癸二酸	706
钠碱	859	盐　酸	712
锶土	1329	草　酸	755
钾碱	1605	磷　酸	979
重土（氧化钡）	2222	蚁　酸	988
		琥珀酸	1209
		硝　酸	1405
		醋　酸	1480
		柠檬酸	1583
		酒石酸	1694

由此表可知，要中和 793 份石灰时，需要 1000 份硫酸，712 份盐酸，1405 份硝酸等。费歇尔的工作深刻而又清晰地揭示了当量定律。当量定律往后的发展，都渊源于里希特和费歇尔的研究成果。道尔顿曾把费歇尔的当量表作为他论证原子学说的依据之一。

第二节　一场经典的化学论战——定比定律的确立

从理论上看，定比定律（也叫做定组成定律）是当量定律的逻辑发展，如果承认组成化合物各种元素的重量是与它们的当量成正比，那么，在逻辑上就必然导致每种化合物都有固定的组成。从实践上看，当时的化学家们实际上已经把定比定律当作一条不证自明的假定或规律在使用了。当他们测定化合物的组成时，事实上已承认化合物有固定的组成，否则，组成的测定就变得毫无意义。但是，他们并没有把这个定律明确地表达出来，就是里希特也只能算是走到了发现定比定律的门口。明确地提出这一定律的是法国化学家普罗斯（Joseph Louis Proust，1754－1826）。他是一位杰出的分析化学家。他以系统、广泛、精密的研究将定比定律建立在坚实的科学实验基础上。

1799年，普罗斯发现天然碳酸铜和人造碳酸铜的组成成分完全一样，由此他指出："我们必须承认：化合物生成时，有一只不可见的手掌握着天平。化合物就是造物主指定了固定比例的物质。"这就表明了普罗斯的定比例思想，同时也反映出他关于"造物主"提法的错误。

与此同时，法国化学家贝托雷对定比定律提出不同见解。贝托雷对化学亲合力很有研究，他以亲合力为出发点和理论依据，试图解决化合物的组成问题。他认为，亲合力是与万有引力相类似的一种力。物质的化合作用就是这种力的具体表现。化学亲合力像万有引力一样和参加反应的物质的质量成正比，因而质量大，化学亲合力也大，质量小，化学亲合力也小。既然化学亲合力是连续的和可变的，那么在不同的反应条件下，生成的化合物的组分也是可变的。他说："一物质可与有相互亲合力的另一物质以一切比例相化合。"他相信化合物的组成是变化无穷的，而不是固定不变的。于是，他与普罗斯展开了一场长达8年的学术争论。

普罗斯和贝托雷的争论主要有下列四点：

（1）贝托雷认为，化合物在原则上不需要限定严格的比例，化合物的组成可以是任意的化合，以至于可以形成一系列连续的化合物。如铜、铅、锡等金属在空气中加热可以连续吸收氧气，得到一系列氧化物。普罗斯则证明，当金属与氧化合时，一般常见的只生成两种化合物，而且每一种化合物都有确定的组成。贝托雷的一系列氧化物实际上是这两种氧化物以不同比例相混的混合物。

（2）贝托雷指出，某些化学反应是可逆的，反应物的质量决定了生成物的产率，这就说明化合物的组成在化学反应中是逐渐改变的。普罗斯答辩说，在化学反应中逐渐改变的是化合物的数量，而不是化合物的组成。

（3）贝托雷还认为，化合物的组成与生成时的物理条件有关。不同物理条件下生成的化合物，其组成也不相同。普罗斯则用实验证明，天然化合物与人造化合物有相同的组成。即使是同一种天然矿物，无论它们产自何地，其组成也一定相同。如日本的珠砂与西班牙的珠砂组成一样，秘鲁的氯化银和西伯利亚的氯化银也完全相同。全世界只有一种硝石，一种硫酸钙，一种硫酸钡盐等等。改变发生化学反应的物理条件，只要能生成一种化合物，它的组成就是确定的。如果两种元素能形成几种化合物的话，化合的比例的变动将是间断的和跳跃性的变化，而不是像贝托雷所说的连续的和逐渐的变化。

（4）贝托雷指出，溶液、金属合金、汞齐和玻璃等就是比例不确定的化合物。这使普罗斯有点为难，他实事求是地表示这可留待以后进一步研究。同时又指出，溶液不是化合物，而是一种混合物。他提出：混合物的各成分可以用物理方法分开，而化合物的各成分只能用化学方法来分解。于是，普罗斯成为第一个正确区分化合物和混合物的化学家。

他们二人在争论中，各持己理，尊重事实，毫无意气用事。他们惟一信服的权威就是科学事实。正如杜马（J. B. A. Dumas，1800－1884）后来所说，这次论战"在形式上，就像在内容上一样，都是科学争论中的最好榜样"。到了1808年，几乎所有的化学家都承认了定比定律。可见一个定律从提出到公认，往往要经历一段曲折过程。19世纪中叶，贝采里乌斯（J. J. Berzelius，1779－1848）根据精确的分析，证明此定律只有很小的偏差。1860年，比利时分析化学家斯达（Jean Servais Stas，1813－1891）进行了极精密的实验，判定定比定律是极其准确的。

定比定律的确立，对化学的发展具有重大意义。它为近代原子学说的建立奠定了科学的基础，并提供了大量的实验材料。如果认为化合物的组成不是固定的，而是可变的话，那么，当时的化学家们就不会去测定化合物中元素的相对质量，近代原子学说也就不可能产生。定比定律的确立还对当时的化学研究方向起了支配和定向作用。它使当时的化学家们集中力量研究具有一定组成的化合物，弄清了许多化合物的组成。然而，也要看到，当时的化学家们把一些组成不固定的物质，如溶液、合金、玻璃等弃之于化学研究之外，这又是认识上的不足和局限。

在争论中，贝托雷的观点未能成立。但是，这并不意味着他的观点中就没有合理的成分，也不能表明他的见解中就不包含真理的颗粒。首先，他认为在可逆反应中，化学作用和亲合力以及反应物的质量成正比。这个见解实际上是质量作用定律的胚胎。可惜他的这一见解未能引起当时化学界的重视。其次，贝托雷关于化合物的组成在一定范围内变化的思想也有合理之处，只是当时还不具备认识这个问题的条件。以后的化学发展证实了这一点。1914年，俄国化学家库尔纳柯夫（H. C. КурНаков，1860－1941）发现金属互化物的组成可以在一定范围内改变。他把组成在一定范围内可以改变的化合物称为贝托雷化合物，把组成恒定的普通化合物称为道尔顿化合物，现在已知许多固体化合物的组成也不是固定不变的。随着制备方法不同，其组成可以在一个小范围内变化。例如，普通的硫化铁中铁含量可以在63.5%到60.1%之间变化。现代化学的发展给定比定律带来了理论上的合理限制。因为任何真理都不是绝对的，都有一定的适用范围，科学发展的逻辑就是如此。

第三节　化学新体系——道尔顿原子学说

18世纪末至19世纪初，许多化学家都发现，两种元素可以按不同的比例生成不止一种化合物。1800年戴维（H. Davy，1778－1829）测定了三种氮的氧化物的重量组成。普罗斯在发现定比定律的过程中，也认识到这一点，但由于当时的分析不够准确，以及缺少正确的理论指导，他未能发现倍比定律。

1803年，道尔顿分析了碳的两种氧化物（一氧化碳与二氧化碳），结果表明这两种气体中碳与氧的重量比分别为5.4∶7和5.4∶14，同时发现这两种氧化物之间氧的重量比为1∶2。当时，道尔顿正在思考原子学说，他想到：一种元素的原子可以与另一种元素的一个乃至多个原子相化合生成不同的化合物。既然同种元素的原子质量都相同，那么，由两种元素组成的不同化合物中原子数目发生了变化的元素之间的质量比，必定是简单的整数比。这样，倍比定律就成为原子学说的合理推论。同时，如果倍比定律能够成立，它必将支持原子学说。于是，道尔顿在正确理论思维的指导下，进一步从事倍比定律的研究。

1804年，他分析了甲烷和乙烯的组成，得知与同量碳相化合的氢的重量比为2∶1。通过总结前人的研究成果和自己的实验验证，道尔顿明确地提出了倍比定律，并以此论证其原子学说。倍比定律的现代表述是：当两种元素化合生成一种以上的化合物时，与一定质量某种元素化合的另一元素的质量之间成简单整数比。

还应指出，1808 年，英国化学家 T. 汤姆逊（Thomas Thomson，1773 - 1852）和武拉斯顿（William Hyde Wollaston，1766 - 1828）也以不同的实验证明了定比定律。后来，贝采里乌斯、斯达、杜马等人进行了极精确的分析，从而使定比定律建立在坚实的实验基础之上。

上述化学基本定律大都是从化学实验中归纳、总结出来的经验定律。为了揭示这些定律之间的内在联系和弄清化学变化的实质，一种崭新的化学理论就成为必要的了。

很久以前，人们就猜测物质是由不连续的微粒组成的。古希腊的留基伯和德谟克利特提出最早的原子概念。稍后，古希腊的伊壁鸠鲁和古罗马的卢克莱修（Lucretius，公元前 99/94？ - 前 55）对原子的重量、形状、体积等做出了一些天才的猜测。

17 世纪，法国哲学家伽桑狄重新提出了原子论观点，认为原子是在意大利物理学家托里拆利（Evangelista Torricelli，1608 - 1647）用实验证明存在的真空中运动。波义耳认为构成自然界的材料是一些细小密集、用物理方法不可分割的粒子。粒子结合成更大的粒子团，粒子团是参加化学反应的基本单位。粒子团的大小和形状决定物质的物理性质。牛顿从力学的角度发展了物质构造的微粒说。他认为，物质由一些很小的微粒组成，这些微粒通过某种力量彼此吸引，当粒子直接接触时，这种力特别强；粒子间有小的距离时，这种力可使粒子间进行化学反应；距离再大时，这种力就显不出什么作用了。牛顿还假定气体粒子彼此以与距离平方成反比的力互相排斥，由此推导出波义耳定律。牛顿关于物质结构的微粒理论对道尔顿的原子论思想产生了很大影响。

道尔顿从 1787 年 21 岁时，就开始利用业余时间从事气象学的研究，坚持做气象记录达 57 年之久。他从观测气象开始，进而研究空气的组成和性质，研究了有关蒸汽压、混合气体分压、气体扩散等问题。在此基础上，他引入原子概念，通过逻辑推理和化学实验，终于建立了近代原子学说。

道尔顿在研究气体时发现，两种或两种以上的气体可以均匀地混合，气体的体积随温度升高而膨胀。1801 年，他又发现了气体分压定律。为了说明这些现象，他提出气体由微粒即原子组成。气体原子有一个处于中心的硬核，其周围为一层“热氛”所笼罩。由于热氛的存在，气体原子之间就互相产生一种排斥力。温度越高，热氛就越大，气体原子间的排斥力就越大。同种物质的原子，其大小、重量都相同；不同物质的原子，其大小、重量都不相同。于是，在不同气体原子间就形成不平衡的相互作用力，由此推动气体扩散运动而达到均匀混合。

接着，道尔顿进一步把他的原子说引入化学。他推测不同元素化合生成化合物，可能就是不同原子之间的结合。1803 年，他通过实验来验证自己的想法。如前所述，他分析出一氧化碳和二氧化碳中氧的重量比为 1∶2。1804 年，他又测得沼气（甲烷）和油气（乙烯）中氢的重量比为 2∶1。他所发现的倍比定律支持了他的原子学说。因此，他提出化学物质是以原子为单位结合而成的。

以往的原子论总是认为，组成各种各样物质的原子，在本质上都是相同的，所不同的只是它们的形状。道尔顿却认为原子是球形的质点。也许是受当时流行的力学观点的影响，他特别强调原子的重量，认为不同原子的体积不同，尤其是重量不同。这样，他就提出了测定原子量的历史任务。他还把元素概念同原子概念结合起来，认为同种的原子组成元素，有多少种元素，就有多少种原子。从原子学说可以演绎出倍比定律，这个定律可以用实验来验证，这就使原子学说有了实验基础。可见，道尔顿的原子学说与以往的原子论具有本质区别，因而是真正科学的原子学说。

在当时的条件下，要测得各种原子的相对大小和质量，以及不同原子化合后所形成的复杂原子的组成，是一大难题。为此，道尔顿不得不对不同原子结合形成化合物的组合原则做出大胆的假设，假设原子总是以最简单的形式化合。例如，当两种元素 A 和 B 只知道有一种化合物时，就假定它是二元化合物；如果有两种化合物存在，就假定它们是二元化合物（A+B）和三元化合物（A+2B 或 2A+B）；如果观察到有三种化合物，就假定一种是二元化合物（A+B），另外两种是三元化合物（2A+B 和 A+2B），以此类推。这样一来，水是 HO，氨是 NH。道尔顿认为同种元素的原子相互排斥，所以把二元化合物看成是最稳定的。他当时把化合物称为复杂原子。

1803 年 10 月，道尔顿在曼彻斯特的“文学哲学会”上第一次宣读了他的有关原子学说及原子量计算的论文。关于道尔顿在原子量测定方面的工作详见下章。

T. 汤姆逊在 1804 年拜访了道尔顿，详细了解了道尔顿的原子学说。他成为原子学说的积极支持者和热情宣传者。1807 年，在他的著作《化学体系》第三版中，首次公开地叙述了原子学说。道尔顿的著作《化学哲学新体系》于 1808 年出版。该书系统地阐述了近代原子学说，其基本点是：

（1）化学元素由非常微小的、不可再分的物质粒子——原子组成。原子在所有化学变化中均保持自己的独特性质，原子既不能创造，又不能消灭。

（2）同一元素的所有原子的性质，特别是重量，完全相同。不同元素的原子的性质及重量不同。原子的重量是元素的基本特征。

（3）不同元素的原子以简单数目的比例相结合，形成化合物。化合物原子称为复杂原子，它的质量为所含各种元素原子质量之总和。同种化合物的复杂原子，其性质和重量也必然相同。

道尔顿原子学说的建立具有重大的科学意义。首先，它在理论上统一解释了一些化学基本定律和化学实验事实，揭示了质量守恒定律、当量定律、定比定律和倍比定律的内在联系。原子学说认为，在化学反应中原子的本质没有变化，原子只是进行了重新组合，原子量也没有发生改变，所以化学反应前后的质量总是守恒的。化合物的复杂原子由简单原子以固定比例组成，原子不可分割，因此，化合物必有固定的组成。总之，化学基本定律为原子学说提供了实验基础和事实材料，原子学说又从本质上说明了化学基本定律。更重要的是，原子学说与化学基本定律的联系，使它成为可以验证的学说，这就使它去掉了哲学外衣，而成为一种科学学说。因此，它很快就得到了重视和接受。著名化学家贝采里乌斯认识到，在实验基础上精确地验证原子学说十分必要。于是，他组织研究队伍，详细而又广泛地研究了多种物质的定量组成，测定了几十种元素的原子量，从而使原子学说进一步得到了实验支持。

其次，道尔顿原子学说的建立，标志着人类对物质结构的认识前进了一大步。它为以后的物理、化学、生物学的发展奠定了理论基础，特别是促进了化学的迅速发展，开辟了化学全面、系统发展的新时期。恩格斯指出：“在化学中，特别是由于道尔顿发现了原子量，现已达到的各种结果都具有了秩序和相对的可靠性，已经能够有系统地、差不多是有计划地向还没有被征服的领域进攻，就像计划周密地围攻一个堡垒一样。”① 他还说：“化学中的新时代是随着原子论开始的（所以，近代化学之父不是拉瓦锡，而是道尔顿）……”②

道尔顿原子学说的成功，是与他采用和创造了正确的科学方法分不开的。他善于继承前人的科学思想和成果，把物理学思想和方法引入化学，既高度重视科学实验，又善于进行理论思维，不仅采用归纳法，而且注重演绎法，正确地运用了假说方法，巧妙地将实验研究与数学计算相结合，注意理论与实践相统一。正确的方法加上勤奋努力，使他完成了科学上的一项伟业。

第四节　化学语言系统——化学元素符号和化学式

化学元素符号、名称、化学式等统称为化学符号系统，它们是化学学科所特有的语言，并且是一种形式化语言，是化学语言系统的核心组成。这些抽象的语言蕴涵着丰富的内容：首先，这些符号可以表示化学元素、化学原子、化合物的组成等物质内容。其次，由这些符号组成的关系式，可以表述化学反应过程，或者反映化学理论和规律。再次，它们还是化学工作者进行理论思维和交流的工具等等。因此，化学符号系统对于化学学科的存在和发展必不可少。在一定意义上讲，化学符号系统也是近代化学迅速发展所必须具备的条件。

化学符号系统是化学发展到一定历史阶段的产物，它随着化学在不同历史阶段的发展，改变着自己的具体形式，并不断地丰富和趋于完善。现在，化学符号系统仍然在发展，并且在化学研究和化学教育中起到越来越重要的作用。

早在古代化学时期，人们就给已发现的元素和化合物冠以不同的名称，这些名称往往着眼于事物的外部现象。如汞像水一样可以流动，有银色的光泽，所以称之为水银；孔雀石则以它漂亮的外貌而得名。到了金丹术时期，炼丹家和炼金家们为了保密，故意采用一些隐语来给物质命名和描述化学反应。如中国炼丹家魏伯阳把水银叫做“姹女”；将硫磺称为“黄芽”；对碱式碳酸铅还原为铅的反应描述为“胡粉投火中，色坏还为铅”。古希腊的炼金家把硫磺和石灰乳共煮制成的多硫化钙溶液称为“圣水”或“蛇胆汁”等。几乎每个炼丹家和炼金家都有自己的一套隐名，这给我们今天研究金丹术也带来很大的困难。古希腊和中世纪的炼金家们还用一些图画符号来表示元素和化合物，这也是最早的元素符号。图 6－4－1 和图 6－4－2 是古埃及希腊文手稿中的化学符号和中世纪炼金家的符号。

这种与物质的组成毫不相干的命名法和炼金术符号显然不利于化学的发展。到了 1782 年，法国化学家莫尔沃发表了一篇论述统一化学命名法的论文。此文得到了拉瓦锡等人的支持，他们把自己的研究成果写成《化学命名法》，于1787年在巴黎出版（详见第五章第四节）。

1808 年，道尔顿自行设计出一整套符号来表示他的理论。他认为简单原子都是球形的。所以，他的元素符号都是圆圈。这些符号并不好记，它的主要优点是用每个符号表示一个原子，化合物的化学式（道尔顿称之为复杂原子）由元素的符号组成，从而表明复杂原子是如何由简单原子组成的。图 6－4－3 是道尔顿列出的一些元素符号和化学式。

---

① 恩格斯著，《自然辩证法》，95 页，人民出版社，1971。
② 恩格斯著，《自然辩证法》，269 页，人民出版社，1971。

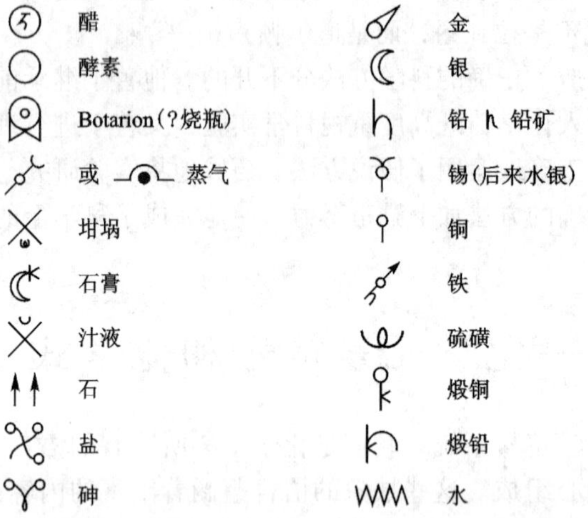

图 6-4-1　古埃及希腊文手稿中的化学符号

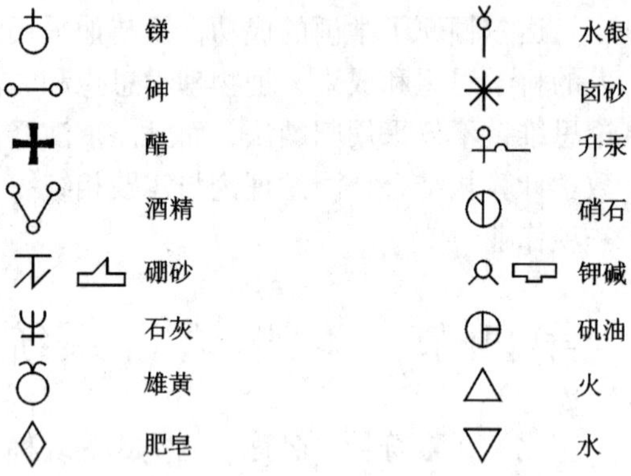

图 6-4-2　中世纪炼金家用的符号

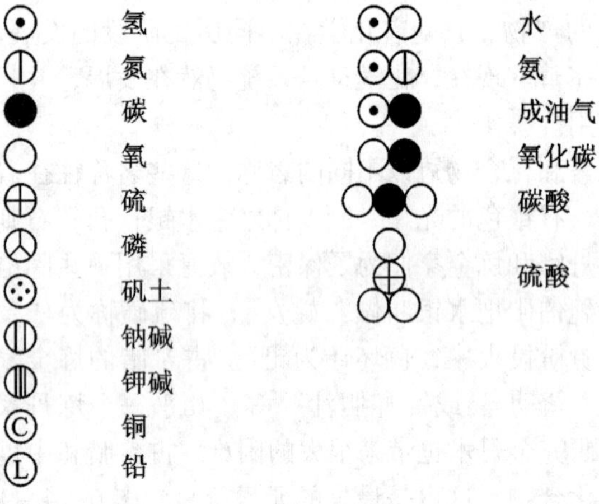

图 6-4-3　道尔顿的元素符号和化学式

现代形式的元素符号是贝采里乌斯在1813年提出的。他建议采用每种元素的拉丁文名称的开头字母作为化学元素符号，如 S - sulphur；C - carbonicum；O - oxygenium 等。如果元素名称的第一个字母相同，就再加上名称的下一个字母，如 Si - silicium；Co - cobaltum；Os - Osmium 等。他还建议化合物的化学式用元素符号表示，每一个元素符号在化学式中各代表一个原子。他采用在符号上加点的办法来表示化合物中的氧，如 CO_2 记作 $\dot{C}$；SO_2 记作 $\ddot{S}$；CaO 记作 $\dot{C}a$ 等，但这种方法并没有流传很久。如果要表示两个原子，就在元素符号中间画一线来表示，如 H_2 写作 H̶，O_2 写作 O̶；N_2 写作 N̶ 等，这种画线的原子符号流传的时间稍长一些，虽经其他化学家多次修改，如将横线画在符号下面，但终被弃置不用。他提出的另一种表达化合物组成的化学式与今天的化学式很相似，只是把每种原子的数目字写在该元素符号的右上角，如二氧化碳记作 CO^2；水记作 H^2O 等。

贝采里乌斯的化学符号简单明了，优点很多。它既能表示元素的原子量，又能用化学式来明确而直观地表现和解释化合物的原子组成，而且给世界各国的化学家提供了一种通用的符号，非常有利于化学交流和发展。然而，他的化学符号系统并没有很快被化学界普遍接受。这是由于当时还未找到一个确定化合物中原子组成比的合理办法，因此在原子量的测定上处于混乱状态，化学符号的应用和化学式的表示方法，当然更处于混乱状态。当时的情况正如德国化学家迈尔（L. Meyer，1830－1895）所说，HO既可代表水，又可代表过氧化氢；CH_2 可以代表甲烷，又可以代表乙烯。甚至有些化学家有意采用不同的元素符号和原子量来表示自己有独到的见解。这种学术混乱的状况大家都不满意。于是，各国化学家们商定召开一次国际化学会议，希望在化学式、原子价和元素符号等方面获得一致的意见。会议于1860年9月在德国的卡尔斯鲁厄召开，这是第一次国际化学会议。此后，贝采里乌斯的化学符号系统才逐渐为各国化学界采用。

第七章 从经验定律的发现到分子假说的提出和求证

道尔顿提出的原子学说抓住了化学中的化合与分解这一核心问题，用原子的结合和分解来说明各种化学现象的本质，对当时已知化学变化的材料进行了一次大综合，因而使当时的一些化学定律得到了合理解释。但是，道尔顿的原子学说也还残存着一些形而上学观点，特别是到后来，道尔顿否认分子的存在，抹杀原子和分子间的差别，致使原子学说在自身发展所积累的材料中，碰到了许多越来越难以解决的矛盾。如果不再加以修正、补充和发展，就不能发挥它的应有作用。这样，人们就在新的科学事实和原子学说基础上，提出了分子假说，并进而发展为分子学说。它同原子学说结合在一起，构成了近代原子－分子学说。阿伏伽德罗（A. Avogadro，1776－1856）分子假说是道尔顿原子学说的继承和发展，但是它又不直接来源于道尔顿的原子学说。它是作为解决道尔顿原子学说和盖－吕萨克（J. L. Gay－Lussac，1778－1850）气体化合简比定律的矛盾而出现的。因此，在讲述阿伏伽德罗分子假说前，有必要先讲述一下盖－吕萨克气体化合简比定律与道尔顿原子学说间的关系。

第一节 盖－吕萨克气体化合简比定律

正当道尔顿考虑原子学说的时候，法国化学家盖－吕萨克正在研究各种气体在化学反应中体积变化的关系。1805 年，盖－吕萨克与德国科学家和博物学家洪堡（A. Von Humbolat，1769－1859）一道开始从事测定空气组成与地域分布关系的研究。他们根据燃烧空气和氢的混合物所得的水的量来计算出空气中氧的含量，所以精确地确定水的组成就成为他们的一项重要课题。

他们将氢和氧的混合物充入伏打量气管，然后用电火花点燃使之产生水，经多次反复试验得出：氢和氧化合成水，其体积比例永为 200∶100，并发表了《大气成分比例率的试验》一文。氢和氧化合成水体积成简单整数比，又启发他进一步思考其他气体相互化合是否也有同样的规律性。经过大量实验后得出：氮与氢在化合生成氨时，体积比是 100∶300；氧与一氧化碳化合生成二氧化碳，体积比是 100∶200；氧和二氧化硫化合生成三氧化硫，体积比也是 100∶200；等等。同时，他又归纳分析了当时其他化学家，像卡文迪许、贝托雷、戴维等人的有关气体反应的实验，由此得出了“气体在相互化合时，参加反应的气体体积间，呈一个简单的比”的重要结论。

此外，他又测定了在气体反应中，反应后生成的气体的体积和原有参加反应的气体体积的关系而得出：生成二氧化碳和参加反应的一氧化碳与氧之间，体积比是 2∶2∶1；生成氨与参加反应的氢和氮之间，体积比是 2∶3∶1；生成一氧化碳和参加反应的氧与碳，体积比是 2∶1；生成二氧化硫和参加反应的氧与硫，体积比是 1∶1；等等。从这些实验中他又得出另一个重要结论：“在反应过程中，气体体积的收缩和膨胀与参加反应气体的体积之间也有一个简单比。”总结以上两点，盖－吕萨克于 1808 年发表了《气体物质相互化合的作用》一文。在文中，他提出了有名的气体反应定律："气体物质在相互化合时，其参加反应气体体积间，是有一个简单的整数比；在化合后生成的气体体积的收缩和膨胀与参加反应的气体也有一个简单整数比。在固体或液体中，则没有这种比例，若以重量论，也没有。"

为了寻找这条经验定律的实质，盖-吕萨克对此做了深入的研究。他想到，既然道尔顿在他的原子学说中提出，在化学反应中，各种原子都以简单的整数比相化合，而他的气体反应定律也反映了化学反应的这种量的关系，这里一定存在着某种联系，很可能正是由于化合时原子的整数比才造成了体积的整数比。于是他在此基础上又向前推进了一步，提出了一个新的假说：在同温同压下，相同体积的不同气体——无论是单质还是化合物——中含有相同数目的原子。如果这一假说正确的话，那么不同气体的比重或密度之比，就应等于它们的原子量之比，人们可以据此来测定各种气体物质的原子量和确定化合物中各种原子的数目，这比道尔顿武断地规定原子化合数更有根据些。因此，盖-吕萨克把自己的假说看成是对道尔顿原子学说的一个有力支持，然而他万没有料到，首先起来反对他的看法的竟是道尔顿本人。道尔顿认为，首先，不同物质原子的大小是不同的，相同体积内不同物质不可能含有相同数目的原子；其次，如果按照盖-吕萨克的观点，相同体积中不同气体的原子数相同，那么在由一体积氮与一体积氧化合后生成二体积的氧化氮中，每个氧化氮原子都只能是由半个原子的氮和半个原子的氧所组成；同理，一个体积的氧和两个体积的氢可以生成两个体积的水蒸气，这样，就相当于是把一个氧原子分配到两个"水原子"中去，就势必要把一个氧原子劈成两半。显然这些与原子不可分割的观点直接对立。为了维护原子学说，道尔顿当然要反对，他甚至怀疑盖-吕萨克的实验是否准确。盖-吕萨克并未轻易认错，因为他有充分的实验证据。

后来的事实证明，道尔顿的实验技术远不如盖-吕萨克。盖-吕萨克的气体化合简比定律经反复考核确定是正确的，这说明道尔顿的原子学说必须加以补充和修正。但他反驳盖-吕萨克的论证也是合理的，这说明他们的意见都有片面之处。那么，究竟应当怎样摆脱这一困境，使道尔顿的原子学说同气体化合简比定律统一起来？恩格斯指出："只要自然科学在思维着，它的发展形式就是假说。"因为"一个新的事实被观察到了，它使得过去用来说明和它同类的事实的方式不中用了"，这样，"从这一瞬间起就需要新的说明方式了"，① 为了解决这一矛盾，意大利化学家阿伏伽德罗提出了分子假说。

第二节　阿伏伽德罗分子假说和电化二元论

19 世纪初，化学界围绕着盖-吕萨克所提出的气体简比定律的争论，引起了人们对气体相互化合研究的关注。意大利化学家阿伏伽德罗为了合理地解释道尔顿的原子学说与盖-吕萨克气体简比定律之间矛盾的统一，成功地对此问题进行了探究。1811 年，他在法国《物理杂志》上发表了一篇经典性著名论文，题为《论测定物体中原子相对质量及其化合物中数目比例的一种方法》，论述了有关原子量的测定、化学式的确立诸问题。阿伏伽德罗根据盖-吕萨克的实验事实，进行了合理的推论，引入了分子概念，并把它和原子概念既区别

① 恩格斯著，《自然辩证法》，218 页，人民出版社，1971。

开来，又联系起来。他提出：原子是参加化学反应的最小质点，而分子则是游离状态下单质或化合物能独立存在的最小质点。分子由原子组成，单质分子由相同元素的原子组成，化合物的分子则由不同元素的若干原子组成。化学变化是不同物质的分子间各原子的重新结合过程。阿伏伽德罗在引入了不同于“原子”的“分子”概念之后，他进而又根据盖－吕萨克气体物质反应时具有体积上简单整数比的实验事实，修正了盖－吕萨克原假说的谬误之处，指出：“必须承认气体物质的体积和形成这些物质——无论是单质还是化合物——的分子数目之间也存在着一种简单关系。关于这一问题，首先出现的假说，甚至可说显然惟一可承认的假说，就是设想着对于相等体积的任何气体，其中所含的分子数目总是相等的，或者总是与它的体积成比例的。”这就是阿伏伽德罗假说。此假说的微妙之处就在于原假说中“原子”一词换成了“分子”。阿伏伽德罗为什么要将“原子”一词换成“分子”呢？原因是道尔顿的原子概念与事实发生了不可调和的矛盾，必须用新的假说来代替它。而盖－吕萨克的假说与阿伏伽德罗假说两相比较，其他条件都一样，只是一个是“相同的原子数”，一个是“相同的分子数”。仅一字之差，然而后者却反映了事物的本质，合理地解决了假说与实验、假说与原子论之间的矛盾，把盖－吕萨克需要劈开原子的问题也都圆满解决了。

阿伏伽德罗面对道尔顿和盖－吕萨克所研究的气体反应及其争论，根据他的假说，只要假设任何物质可独立存在的最小质点是分子，简单气体的分子不是由单个原子而是由两个，也可能含4个或8个原子所组成的，像氢、氮、氧、氯的分子则全由两个原子所组成的，由此气体反应的体积比关系就得到了统一的完善的解决。

当一体积的氢和一体积的氯相化合，生成两体积的氯化氢。根据阿伏伽德罗假说，同体积的气体含有相同数目的分子，这就表明一个氢分子和一个氯分子相作用时，生成两个氯化氢分子。显然，每个氯分子和每个氢分子在作用时各分为两半，然后每半个氯分子和每半个氢分子相化合而生成一个氯化氢分子。氯化氢是由半个分子的氯和半个分子的氢所组成。因此，在这种情况下，反应前后分子总数保持不变，所以氯化氢的体积等于氯和氢的体积之和。依照同理，一体积氮与一体积氧作用生成两体积氧化氮，所以氧化氮体积是参加反应气体的两倍。当二体积的氢和一体积的氧相作用时，并不生成三体积的水蒸气，而只生成二体积的水蒸气。由此可以看出阿伏伽德罗假说不但一目了然合理地解释了盖－吕萨克的实验，说明了气体简比定律的正确性，解决了劈开原子的矛盾，从而充实了道尔顿原子学说的内容，更进一步阐明了定比、倍比定律的本质。

根据以上的观点，阿伏伽德罗进一步发挥说：“从这一假说出发，那么就显而易见地得出一种方法可用来很容易地测定物质的相对质量，只要把它们变为气体并测定其比重就可以了。”他认为此概念还可用来确定在化合物分子中各种原子的数目，即一种化合物中不同原子的相对数目之比可以立即由形成该化合物的各气体单质的体积比而求得。实验证明二体积的氢和一体积氧化合成二体积的水蒸气，那么根据阿伏伽德罗假说就可推断出它的反应式是：$2H_2+O_2=2H_2O$。阿伏伽德罗根据其反应时的体积比，确定了水分子的组成为 H_2O，而不是道尔顿所确定的 HO。既然两个氢原子和一个氧原子化合成一个水分子，而氧的化合当量为8，那么如果设氢的原子量为1，氧的原子量就不应是8而是 $8\times2=16$。这样，阿伏伽德罗的分子假说还进一步解决了道尔顿所未能解决测定物质分子量和原子量的问题，也解决了正确书写化学式的问题。

由上可以看出，阿伏伽德罗提出的分子假说既适时又如此重要，用途又那么大。它和道尔顿的原子学说是对物质结构认识不可分离的两个方面，对于化学来说二者缺一不可。照理这一学说应该从此得到化学家的公认并进一步发展。但是，事实并非如此，假说发表后却遭到当时学者们的冷遇和漠视，致使这一重要假说竟淹没达半个世纪之久，于是给在测定原子量、物质化学式的书写，以及其他研究工作带来了极大的困难和混乱。这一学说所以遭此冷遇，原因是多方面的。其一，主要是阿伏伽德罗还未能对这一假说提供充分的实验证据，特别是当时所知道的气体或容易气化的物质为数还不多，在实验条件上还有较大的局限性。其二，主要是由于两大权威，道尔顿和贝采里乌斯的反对。原子学说提出者道尔顿认为相同原子只能相互排斥，不可能相结合而成分子。而贝采里乌斯由于他所提出的关于分子构成的电化二元论，也与阿伏伽德罗的分子假说在某些地方有不相容之处。要了解这两个学说相冲突之处，就需要了解一下电化二元论的来龙去脉。

18 世纪末，静电现象的研究已经相当深入，把化学亲合力归结为电的吸引，成了时髦的理论。1799 年，意大利物理学家伏打（A. Vota，1745 - 1827），制成伏打电池，实现了首次用人工方法由化学能向电能转变。就在伏打宣布他的发明的当年，英国化学家尼科尔森（W. Nicholson，1753 - 1815）实现了对水的电解，在电解中从阴极得到了氢，又从阳极上得到了氧。1807 年，英国化学家戴维（Humphry Davy，1778 - 1829）实现了对熔融苛性钾和苛性钠的电解。在电解中，从阳极上放出了氧，在阴极上析出了金属钾和钠。后来他又电解了碱土类得到了金属钙、锶和钡。由此人们又实现了电能向化学能的转变。在此实验基础上，戴维提出二元论的接触说，主张当不同的原子接触时，就相互感应分别地带上相反的电，其强弱随元素而不同，认为化合物结合力是由于异性电吸引所致。贝采里乌斯则进一步发展了戴维的观念。他认为各种原子即使未接触也都各有两极，好像磁铁一样，一个极带正电，一个极带负电。但一个原子的两极上所带的电，强弱并不相等，因此各种原子所显电性就不一样。他认为氧是“绝对负性”的，钾是“绝对正性”的，不同原子（包括复杂原子）由于不同的电性，因而就相互吸引而结合成化学物质。

按照贝采里乌斯的看法，同一元素的原子的电性是一定的，它或者是正电性或者是负电性，同一元素的原子由于电性相同只能相互排斥，不可能相互吸引结合成分子。因此，阿伏伽德罗提出的同一元素的原子形成分子假说就与贝采里乌斯的看法相对立。贝采里乌斯为了捍卫自己的电化二元说，自然就反对阿伏伽德罗分子假说。

但是，科学是随着社会的发展而不断前进的。1832 年 - 1833 年，英国科学家法拉第（M. Faraday，1791 - 1867）发现了电解定律。而这个定律与贝采里乌斯电化二元论有矛盾。前者证明了，各种盐类的等量分解所需的电量相同，二元论则认为在各种盐中，它们的组分是由不同的亲合力来保持的，因此，不同盐类的等量分解需要不同的电量。但对二元论的致命打击主要是与有机化学的发展联系着的。19 世纪 20 年代后，在有机化学中一系列卤代反应相继发现，在这些反应中，被贝采里乌斯称之为负电性的氯原子居然取代了有机化合物中的具有正电性的氢原子，而且化合物的性质没有多大改变。也就是说负电性的氯原子在新的化合物中居然起到正电性的氢原子的作用。有机化学的大发展，批判了电化二元论，这就为阿伏伽德罗分子学说的复兴和最后确立扫除了前进的障碍。

第三节　早期原子量的测定

道尔顿提出的原子学说的核心是每一种元素的原子都具有一定的重量。然而要测定不同元素原子的相对重量，决非易事，首先需要确定单质和化合物分子中元素原子的数目。道尔顿为此做了努力，并成为化学史上第一个测定原子量的人。他测定原子量的依据是根据他武断规定的不同元素的原子彼此相化合时，遵循最简单数目比组成化合物的原则。道尔顿根据这一原则，因为当时只知道氢和氧结合生成水，故他就此而确定水是二元的，也就是由 1 个氢原子和 1 个氧原子组成。他把氢原子的相对重量定为 1，作为比较其他元素原子相对重量的基础。他按照拉瓦锡对水的重量组成分析的结果：氢占 15%，氧占 85%，进行计算 15∶85 = 1∶X，X = 5.5，得出氧原子的相对重量为 5.5。当时只知道氢和氮结合生成氨，道尔顿同样确定氨是二元的，是由 1 个氢原子和 1 个氮原子组成。根据对氨的重量组成分析结果：氢占 20%，氮占 80%，得出氮原子的相对重量为 4。他把氢原子的相对重量和氧原子的相对重量加起来，得到水原子的相对重量；把氢原子的相对重量和氮原子的相对重量加起来，就得到氨原子的相对重量。

1803 年 9 月 6 日，在他的工作日记上披露了最早测定的一些原子的相对重量，见表 7-3-1。

表 7-3-1　道尔顿最早的原子量表（1803 年 9 月）

名　称	组　成	相对重量	名　称	组　成	相对重量
			一氧化氮	氮 1 氧 1	9.3（9.7）
简单原子			油　气	碳 1 氢 1	5.3
氢		1.0	亚硫酸	硫 1 氢 1	19.9
氮		4.2	硫化氢	氢 1 硫 1	15.4
氧		5.5	乙　醚		9.6
碳		4.3	笑　气	氮 2 氢 1	13.7（13.9）
硫		14.4	硝酸气	氮 1 氧 2	15.2
磷		7.2	碳酸气	碳 1 氧 2	15.3
化合物原子			煤　气	碳 1 氧 1	9.8
水	氢 1 氧 1	6.5	甲　烷	碳 1 氢 2	6.3
氨	氮 1 氢 1	5.2	硫　酸	硫 1 氧 2	25.4
磷化氢	磷 1 氢 1	8.2	酒　精	碳 2 氧 1 氢 1	15.3（15.1）

道尔顿确定化合物组成原则，显然是主观的，没有什么科学根据，这就必然铸成道尔顿在确定许多化合物复杂原子的组成错误。例如，水本来是氧 1 氢 2，而他误认为氧 1 氢 1；氨当是氮 1 氢 3，他误认为氮 1 氢 1，因此氧、氮的原子量随之也都计算错了。尽管如此，他毕竟确定了各元素的原子具有一定重量的特征，并且认识到测定各元素的原子量时，要选取一种元素的原子重量作为基准，通过比较得出其他原子的相对重量。

原子量是化学的基础。要巩固原子学说，就必须精确地测定尽可能多的元素的原子量，这样才能使原子学说推广到一切科学部门中去。当时在化学界已充分认识到这项工作的重要，认为它对化学的发展极端重要。于是很多化学家都从事这方面的研究，这项工作便成了

19世纪上半叶化学发展的一个重点。

道尔顿的原子相对重量发表后，迅速引起当时欧洲各国化学家的反应。他们不满意道尔顿对物质组成的武断规定，对道尔顿测定的各元素相对原子重量的数值表示怀疑。但是他们都认识到测定原子量的重要性，只有在各元素的原子量确定后，在化学实验中得出的一些定量关系才能得到解释，于是纷纷继道尔顿之后，从事测定原子量的工作。

道尔顿本人首先从事了原子量的测定工作，但他当时测定的原子量的科学实验依据只有化合物的重量组成。至于在化合物 A_mB_n 中 m 和 n 的数值，尚无法判断，他于是采用了最简单原则，做了一些主观武断的假定，结果错误层出，造成原子量值十分混乱。

贝采里乌斯对道尔顿在原子量测定工作中的武断假说是不满意的，并用实验证明道尔顿的分析数据也不准确。当然贝采里乌斯对化合物组成的确定也利用了最简比原则的假定，不过他时时处处注意利用其他科学研究成果做其旁证。1808年，盖－吕萨克提出了气体反应体积简比定律。与道尔顿不同，贝采里乌斯认为这一定律是正确的。由此他还进而深信盖－吕萨克定律必然反映着气体化合反应中的某种内在联系，因此认为化合物 A_mB_n 中两种原子数 m 和 n 之比即等于该化合物生成时A和B两种单质气体的体积最简比。他的这种见解是较道尔顿前进了一步，使其对原子量的测定有了一定的客观依据。他根据2体积氢气和1体积氧气合成2体积水蒸气的反应，正确地确定了水由2个原子氢和1个原子氧所组成。测定元素的原子量与确定物质的组成有关。知道了水中氢和氧的原子个数比是2∶1，测定水中氢和氧的重量比是11.1∶88.89，以氢的原子量作为1为基准，就不难正确计算出氧的原子量等于16。这是原子量测定工作中的一个重要突破，因为当时很大一批元素的原子量都是根据对其氧化物的分析而确定的，道尔顿就是因为把氧的原子量确定错了，于是造成一连串的错误。同时，贝采里乌斯鉴于氧化物的广泛存在，于是他拒绝了道尔顿以氢为1的原子量基准，而改用以氧的原子量为基准，规定它的原子量为100。这一测定原子量的基准改革很重要。这是因为“把原子量与氢的原子量比较，不能提供任何优越性，而且看来还可能引起许多不便，因为氢是太轻的气体，在无机化合物中很少见到，相反地，氧却包含了一切优点，而且可以说是整个化学所围绕的中心。它是一切有机体和大多数无机体的组成部分”。

1814年贝采里乌斯发表了他的第一个原子量表，表中列有41种元素的原子量。到1818年，贝氏分析元素数目增至47个，分析数据更加丰富且精确。表7－3－2就是贝氏第一个原子量表中的部分内容。

贝采里乌斯在制定该原子量时还做了另外一些假设。对于不挥发性金属氧化物的分子式，在无法根据气体反应的体积成简单整数比的规律时，他又不能完全摒弃武断解决物质组成的方法，于是他就将倍比定律与化合物组成的最简原则相结合来处理。例如，铁有两种化合物，与同量铁相化合的氧其重量比为2∶3，于是他便规定两种铁的氧化物组成为Fe＋2O（即 FeO_2）及Fe＋3O（FeO_3）；铜有两种化合物，与同量铜相化合的氧其重量比为1∶2，于是他便规定了两种铜的氧化物组成为Cu＋O及Cu＋2O，因此对于这两种元素的原子量，他的测定值提高了一倍。他还假设化学亲合力较小、盐基性较弱的金属氧化物中，金属原子与氧原子之比为1∶1；化学亲合力较大，盐基性较强的金属氧化物中，金属原子与氧原子之比为1∶2。因此他计算所得的碱金属、碱土金属和银的原子量都成为现代值的大约四倍或二倍。另外，他在确定化合物组成时，还参考了化合物的相似性，例如，他发现铬有两种氧化物，其低价氧化物（指 Cr_2O_3）与高价铁氧化物化学性质很相似，于是他便认为化学性质上的相似性必与原子组成比上的相似性有关。对高铁氧化物他既已规定为 Fe + 3O，因此氧化低铬的组成便被误定为 Cr + 3O、铬酸的组成便被定为 Cr + 6O，其原子量值当然也就高了一倍。

表 7－3－2　贝采里乌斯的第一个原子量表（部分，1814 年）

元素	确定原子量的根据	贝氏原子量测定值（1814 年）		现代值（1960）
		O = 100	O = 16	O = 16.000
氢	2H + O	6.64	1.062	1.008
碳	C + O，C + O_2	75.1	12.02	12.01
硫	S + 2O，S + 3O	201.0	32.16	32.066
铁	Fe + 2O，Fe + 3O	693.6	110.98	55.85
铜	Cu + O，Cu + 2O	806.5	129.04	63.54
银	Ag + 2O	2688.2	430.11	107.880
钾	K + 2O	987.0	156.48	39.100
铬	Cr + 3O，Cr + 6O	708.0	113.35	52.01
氮	N + O，N + 2O，N + 3O	79.5	12.73	14.008
钙	Ca + 2O	510.2	81.63	40.08
砷	As + 3O，As + 6O	839.46	134.38	74.91
磷	P + 3O，P + 5O	167.5	26.80	30.975
铝	Al + 3O	34.20	54.72	26.98

1819 年，法国科学家杜隆（P. L. Dulong，1785－1838）和培蒂（A. T. Petit，1791－1820）在研究了大量固体单质，尤其是多数金属，发现它们的比热与其原子量常常成反比，换句话说，就是它们的比热与原子量的乘积近似一个常数。这就是杜隆－培蒂定律。

当时杜隆和培蒂采用氧等于 1 作为测定原子量的基准，来代替过去以氧等于 100 为基准原子量的标准。这样，所测得比热与原子量的乘积大约等于 0.38 这个常数。如果以氧等于 16 为基准，这一常数约等于 6.4。于是，在测定了一元素单质的比热后，用这个常数来除，就可以得到这一元素的原子量。杜隆和培蒂根据他们新发现的这一规律，对贝氏的 1818 年的原子量值进行了修正。他们把金属铅、金、锌、碲、铜、镍和铁的原子量又都折成一半，银的原子量折成 1/4，钴的原子量折成 1/3，以符合他们的规律。这些新值除碲和钴由于他们的比热测定有误，因而不正确外，其余都修正得正确。其修正情况见表 7－3－3。

但是根据杜隆－培蒂定律所得的原子量数值只是个近似值，从表中的数值可见，各元素的比热的乘积只是一个大约的常数。同时，物质的比热因温度的不同而有显著的变化。例如，铅在三种不同温度下比热如下：－259℃，0.0075；20℃，0.031；300℃，0.034。表中所列的各元素的比热是在 0℃－100℃之间测定的。从铅在不同温度下测出的不同比热可以看出，一切物质的比热都随温度的上升而增加，随温度的降低而减少，当温度接近－273℃时，比热接近于零。根据后来另一些科学家的研究，每一元素的比热只是在一定温度范围内符合杜隆－培蒂的定律。一般地说，这个温度范围与该元素单质的熔点接近，因此在普通温度下原子量数值较小而单质的熔点较高的元素，它们的原子热容与 6.4 这个数值相差很大。例如在 20℃时，铍（熔点 1280℃）的原子热容为 3.8；硼（熔点 2300℃）的原子热容为 2.7；碳（石墨的熔点 3500℃）的原子热容为 1.9。这些数值都与 6.4 相差很大，就不适合用这一规律测定原子量。

表 7-3-3 杜隆-培蒂根据原子热容修订原子量（1819 年）

元素	比热		原子量			原子热容			
	杜-培值（1819 年）	现代值	贝氏值 O=100（1818 年）	杜-培修订值 O=1（1819 年）	现代值 O=16	杜-培值与贝值结合	杜-培计算值	杜-培与现代原子量值结合	现代值
	(1)	(2)	(3)	(4)	(5)	(1)×(3)	(1)×(4)	(1)×(5)	(2)×(5)
Bi	0.0288	0.0305	1773.8	13.30	209.00	51.07	0.3830	6.01	6.37
Pb	0.0293	0.0315	2589.0	12.95	207.21	75.86	0.3791	6.05	6.52
Au	0.0298	0.03035	2486.6	12.43	197.0	74.07	0.3704	5.87	6.25
Pt	0.0314	0.03147	1215.23	11.16	195.23	38.13	0.3740	6.11	6.29
Sn	0.0514	0.0559	1470.58	7.35	118.70	75.59	0.3779	6.11	6.65
Ag	0.0557	0.0559	2370.21	6.75	107.88	150.57	0.3759	6.01	6.03
Zn	0.0927	0.0939	806.65	4.03	65.38	74.75	0.3736	6.06	6.11
Te	0.0912	0.0475	806.45	4.03	127.61	73.54	0.3675	11.64	6.05
Cu	0.0949	0.09232	791.39	3.957	63.54	75.10	0.3755	6.02	5.88
Ni	0.1035	0.10842	739.51	3.69	58.69	76.38	0.3819	5.99	6.40
Fe	0.1100	0.10983	678.43	3.392	55.85	74.62	0.3731	6.15	6.28
Co	0.1498	0.10303	738.00	2.46	58.94	112.56	0.3685	9.83	6.29
S	0.1880	0.1712	201.16	2.11	32.066	37.38	0.3780	6.03	5.49

气体的比热又随压力的变化而不同，这一规律也不适用于它们。

这些说明利用这一定律测定原子量具有局限性。但是，这一规律在原子量测定的最初年代里，曾经起了很大的参考作用，把它与其他方法配合，可以校正一些元素原子量的数值，不失为一条测定原子量的途径。不仅贝采里乌斯利用过它，后来康尼查罗、门捷列夫等人也都利用过它。

随着对无机化合物研究的不断扩大和深入，到 1821 年以后，贝采里乌斯一方面更加相信化合物性质的相似性必根据于化合物组成，亦即化学式的相似，因此他对原子量的修正除了不断提高分析的精确度外，更多地依赖于有关无机化合物性质的研究资料。1819 年他的学生米希尔里希发现了同晶定律，立即受到了贝采里乌斯的欢迎和支持，并作为他研究和确定原子量的一个重要依据。

1818 年，德国矿物学教授米希尔里希（Ernst Eilhard Mitscherlich，1794－1863）研究了酸式磷酸钾（KH_2PO_4）与酸式砷酸钾（KH_2AsO_4），发现这两种盐有相同的结晶形状。后来他又研究了两种酸的酸式钠盐（NaH_2PO_4 和 NaH_2AsO_4）和铵盐（$NH_4H_2PO_4$ 和 $NH_4H_2AsO_4$），发现两者亦具有相同的晶形。在这些研究的基础上，他运用了归纳法总结出了同晶定律。这一定律是：同数目的原子以相同方式结合，得到相同的晶形。这种现象又称为同晶现象。

形式是一定内容的反映。米希尔里希正确地发现了晶体的形式和它的内部组成之间的关系。贝采里乌斯马上敏感地意识到他的学生这一发现的重要性。随即他们两人就很快利用这种关系推断一种盐的化学组成，用于元素的原子量测定和修订工作。例如，硫酸钾和硒酸钾是同晶，根据化学分析确定，两种化合物中各元素所占重量百分比如表7－3－4所示。

表7－3－4　硫酸钾和硒酸钾的元素百分含量

	钾	氧	硫	硒	总重量
硫酸钾	44.83	36.78	18.39	–	100
硒酸钾	35.29	28.96	–	35.75	100

如果以127.01份质量的硒酸钾计算各元素所占重量百分比，则有表7－3－5的结果。

表7－3－5　硒酸钾元素含量

	钾	氧	硒	总重量
硒酸钾	44.83	36.78	45.40	127.01

这样，在100份质量的硫酸钾中和127.01份质量的硒酸钾中含有的钾和氧的质量相等，原子个数相同，根据同晶规律，硫的原子数和硒的原子数也应相同，因此得出：

硫的原子量：硒的原子量＝18.39：45.40。

已知硫的原子量为32，代入上式，得出硒的原子量＝79.00。

不过，这种测定原子量的方法只限于应用在晶体物质中，而且同晶现象也有例外，有些物质在不同条件下可能有两种或多种形式的晶体，所有化学组成相同的物质并不一定都具有相同的晶形，例如 $NaNO_3$ 和 KNO_3、NaCl 和 NaI 等就不是同晶体。同时，利用这种方法测定两晶体中所含一元素的原子量时，必须先知道其中的一个。因此利用这一规律测定元素也有局限性。

但是，这一规律也和杜隆、培蒂发现的规律一样，在测定元素原子量中用来校正一些元素的原子量，起了很大作用，也不失为测定原子量的一种途径。贝采里乌斯用米希尔里希同晶定律，根据铬酸盐与硫酸盐具有同晶的事实，重新校订了铬的原子量当为他在1818年所测定原子量的一半。又因氧化铬的性质与氧化高铁、氧化铝性质相似，且又属同晶，贝采里乌斯又将铁和铝的原子量亦相应修订为1818年数值的一半。根据同理，他又把锌、镁、钙、钴、镍的原子量也相应正确地修订为1818年数值的一半。大约在1828年，贝氏结合杜隆－培蒂定律和同晶定律，把它长期弄错了的钾、钠、银的原子量纠正了过来。

第四节　康尼查罗论证原子－分子学说

要讲康尼查罗（S. Cannizzaro，1826－1910）对化学的贡献，这就要了解康尼查罗时代化学理论所处的状况。道尔顿是化学史上第一个测定原子量的人，但他所测的原子量则绝大多数不正确。贝采里乌斯运用当时已知的化学成果来测定原子量，到1828年左右，已测得近50种元素的原子量。若以氧原子量等于16为标准，其大多数与现代值接近，这本来是十分可喜的形势，但是在19世纪30年代，情况逐渐发生了变化。

一是大批有机化合物的出现，使过去测定原子量的方法不适用了。于是杜马发明了蒸气密度法来求原子量。当把这个方法施行于氯、溴、碘等元素时，它求得的值与贝采里乌斯相吻合，可见这个方法的正确性。但后来发生了一些反常现象动摇了人们对蒸气密度法测定原子量的信心。如采用此法测得磷的原子量值为贝采里乌斯的三倍、硫和砷的值均为二倍、汞的值为二分之一。这些都是杜马所不能解释的。

二是法国化学家勒瑙（H. V. Regnault，1810－1878）于1840年发现了杜隆－培蒂定律对碳、硼、硅等元素不适用，这又动摇了贝采里乌斯修订原子量的基础。于是人们不但对贝采里乌斯的原子量发生了怀疑，而且对究竟能不能测得准确的原子量也怀疑起来。

三是英国物理学家和化学家法拉第在1833年建立的电化当量定律使当量学说大大复活起来。早在1791年，德国化学家里希特就提出了酸碱当量的概念。英国化学家武拉斯顿认为道尔顿的原子量没有什么实验基础，不如使用每种元素的当量。德国化学家格美林（L. Gmelin，1788－1853）在自己影响很大的《化学教科书》和《化学手册》中就用当量来代替原子量。当一种元素有两种以上的当量时，采用其中最小者。糟糕的是，使用者有时并不称它为当量，而称它为“格美林原子量”，或者干脆就叫“原子量”。

对于当时的化学家来说，不知道是使用原子量好，还是使用当量好？哪一种概念更简单和可靠呢？显然是后者，因为它直接来源于实验而不需要任何假说。连当时的化学界权威德国化学家李比希也认为，任何时候都不能确定真实的原子量，所以最好还是使用当量。

由上所见，在康尼查罗所处时代，由于各家测定原子量标准不一致，致使原子量测定处于非常混乱的状态；正因为这样，又出现了原子量和当量的混用，随同各个化学家的爱好兴趣而定夺，甚至有的化学家由此怀疑原子量的真实性。这是康尼查罗所处时代，化学混乱状况之一。

由于存在贝采里乌斯原子量和格美林当量两套系统，使得当时表示化学物质的化学式也处于十分混乱状况。贝采里乌斯将水和磷酸的化学式表示为H^2O、P^2O^5。这里，H^2O表示水由二原子氢一原子氧组成，P^2O^5表示磷酸由二原子磷五原子氧组成，如此等等。格美林按其当量来写化学式。水由1份氢8份氧组成，水的化学式应为HO；磷酸由31份磷和40份氧组成，磷酸的化学式应为PO^5。显然，格美林这种化学式表示法与道尔顿的原子论无多大关系，只要它直接导源于实验就行了。

为了澄清化学理论的混乱局面，由凯库勒等人发起召开了国际化学家代表大会。会议于1860年9月3日至5日在德国卡尔斯鲁厄举行。有140名化学家出席了会议，康尼查罗也在邀请之列。与会的化学家还有法国的武尔兹（A. Wurtz）、德国的J. L. 迈尔（J. L. Meyer，1830－1895）、俄国的门捷列夫、英国的罗斯科（H. E. Roscoe，1833－1915）等人。

会议经过激烈的辩论，未能统一化学理论的各种分歧。快散会的时候，意大利化学家帕维塞（A. Pavesi）散发了其友人康尼查罗的著作《化学哲学教程提要》的单行本。正是这一举动，产生了富有戏剧性的效果。

《化学哲学教程提要》一开始就讲道：“我知道，近年来科学的进步，已经证实了阿伏伽德罗、安培和杜马关于气态物质具有相似结构的假说，即同体积的气体，无论是单质还是化合物，都含有相同数目的分子，而不含有相同数目的原子，因为不同物质的分子以及在不同状态下的相同物质的分子可能含有不同数目的原子，其性质也可能相同，也可能不相同。”接着，康尼查罗在《化学哲学教程提要》一书中着重介绍了求原子量和分子量的基本方法。

康尼查罗指出：“应用阿伏伽德罗和安培的假说，甚至在物质的组成尚不知道的情况下，也可以测定它的分子量。根据上述假说，分子量与气态物质的密度成正比。”康尼查罗在测定物质分子量时，选取气体中最轻的氢气作为比较的基准。他规定氢气的密度为2，这样，氢的分子量就是2。因为他认识到氢分子中含有2个氢原子，如果规定氢分子为1作为基准，氢的原子量就将是1/2了。表7－4－1是他测定的氢气和其他一些物质的分子量。

表7－4－1　康尼查罗测定的一些物质的分子量

物　质	分子量	物　质	分子量
氢	2	溴	160
普通的氧气	32	砷	300
臭氧	128	汞	200
1000℃以下的硫	192	水	18
1000℃以上的硫	64	氢氯酸（氯化氢）	36.5
氯	71	醋酸	60

康尼查罗随即转入求原子量的问题，他指出："含在不同的分子中的同一元素的量总是某一个量的整数倍，而这个数总是整个地参加化学反应，这个量就是原子。"他指出，"为了找出每一种元素的原子量，首先必须知道所有的或大部分含有该元素的分子量和它们的组成"。康尼查罗举例求出氢的原子量为1，氧为16，氯为35.5，与它们各自的分子量比较，显然它们都是双原子分子。

但是阿伏伽德罗把"双原子分子"概念推广至金属和某些非金属因而弄出了很多错误。针对这种情况，康尼查罗指出："即使不知道某元素的分子量，也可以弄清楚它的原子量。碳的情况就是如此。碳的大量化合物是挥发性的，将其分子量和它们的组分的量进行比较就可以看出来；它们所含的碳量都是12的整倍数，这个量就是碳的原子量，可用符号C表示；然而，由于我们不能测定游离碳的蒸气密度，所以我们无法知道它的分子量，也无法知道它一个分子含有多少个原子。"康尼查罗进一步指出，对于大多数金属来说，由于不能求得其在游离态的蒸气密度，也就不可能求得其分子量。

康尼查罗还研究了应用杜隆－培蒂定律，以此验证自己所求原子量正确与否。

康尼查罗首先用蒸气密度法求得在甘汞和升汞的蒸气分子中汞的含量都是200，在汞的两种碘化物中也是如此，这个数量究竟相应于一个汞原子还是几个汞原子呢？他指出："在上述化合物中，这个数量的汞既与一个或两个原子的氯，又与一个或两个原子的碘相化合，这种情况使我们相信，正是这个数量总是作为一个整体进入所有的汞分子中，它就是汞原子。"随即，他用杜隆－培蒂定律进行验证，以汞的原子量为200乘以固态汞的比热0.03241，得到其原子热容为6.4820，与杜隆－培蒂定律完全符合。然后，康尼查罗又求得了铜、钾、钠、银、金、铁、锰、钡等金属元素的原子量，再用杜隆－培蒂定律进行验证。把阿伏伽德罗假说与杜隆－培蒂定律联系了起来。

在此基础上，康尼查罗还明确指出了当量和原子量的不同，当量在复分解反应时可以相互替换，而原子量则不能；而且同一原子有自己不变的原子量，但可能具有不同的当量。以汞原子为例，在甘汞中相当于一个当量氢原子，而在升汞中却相当于两个当量氢原子。

在书的后面部分，康尼查罗还讨论了有机化学和无机化学的统一性问题。他将金属有机化合物和金属无机化合物做比较，论证了他所求得原子量的正确性，证明了每一元素只能有一种原子量，不管是在有机化学中还是在无机化学中都同样适用。

康尼查罗在解决了测定分子量和原子量，以及区别了当量与原子量之后，还解决了确立书写化学方程式的原则。他认为，写分子式时，右上角的数字表示一个分子中含有几个原子，而分子式前面的系数只是表示分子的个数。例如，他写 $2H^2$ 表示 2 个氢分子中共有 4 个氢原子，但绝不能写成 H^4。他认为，写化学反应方程式时，方程式两端的原子数一定要相等。他曾写出下列方程式：

$$H^2 + Cl^2 = 2HCl$$

$$\begin{array}{l}NaCl\\NaCl\end{array} + H^2SO^4 = \begin{array}{l}HCl\\HCl\end{array} + Na^2SO^4$$

$$\begin{array}{l}C^2H^5Cl\\C^2H^5Cl\end{array} + 2Zn = \left.\begin{array}{l}C^2H^5\\C^2H^5\end{array}\right\} Zn + Zn \left\{\begin{array}{l}Cl\\Cl\end{array}\right.$$

$$K^2 + \begin{array}{l}HCl\\HCl\end{array} = H^2 + \begin{array}{l}KCl\\KCl\end{array}$$

这些式子和我们今天所写的化学方程式已经没有多大区别了。从此，书写化学方程式有了个可遵循的原则。

总的说来，康尼查罗对原子－分子学说做了如下论证和总结：①在阿伏伽德罗假说的基础上，重申了应用蒸气密度法求物质分子量的方法；②在原子学说的基础上，提出了从分子量求原子量的方法；③指出了某些金属和非金属的分子量是不可能求得的；④指出了阿伏伽德罗假说与杜隆－培蒂定律的联系；⑤指出了原子量和当量的区别和联系；⑥论证了有机化学和无机化学的统一性；⑦确立了书写化学式的原则。康尼查罗是通过研究化学史来论证原子－分子学说的，他的方法充分体现了逻辑和历史的统一。由于《化学哲学教程提要》清晰和合乎逻辑的阐述，它一直被列入化学史的经典著作之一。

自从道尔顿于 1803 年提出原子学说，1811 年阿伏伽德罗提出分子假说以来，化学理论历经半个多世纪的崎岖迂回，康尼查罗为澄清其混乱，做出了十分有意义的贡献，合理论证、并最终确立了原子－分子学说的正确，随即这一学说得到了化学界的普遍承认。原子－分子学说的确立是化学史上的重大事件。它的直接后果就是导致了元素周期律和化学结构理论的诞生，可以毫不夸张地说，没有正确的原子量和分子式，周期律和化学结构理论简直是不可想像的。对此，元素周期律发现者门捷列夫做出了肯定性的回答：“我的周期律的决定时刻在 1860 年。我参加了卡尔斯鲁厄代表大会，在会上我聆听了意大利化学家康尼查罗的演讲，正是他发现的原子量给我的工作以必要的参考材料……而正是在当时，一种元素的性质随原子量递增而呈现周期性变化的思想冲击了我。”化学结构理论的创立者之一的布特列洛夫也说：“分子学说的建立是对以往化学的全部总结，所以现代化学确实可称为分子化学。”随着原子－分子学说的确立，化学史翻开了崭新的一页。

第八章 有机化学的诞生

19 世纪，是人类值得骄傲的一个世纪。在这个世纪里，欧洲经历了一场空前规模的技术革命——可称之为工业革命，实现了从手工业到机器工业的转变，推动了生产力的发展，促进了资本主义的经济繁荣，钢铁、冶金、纺织、煤炭和化工等工业得到了迅速的发展。一方面，技术的进步要求科学的帮助，加强了对科学的依赖性。另一方面，技术上的进步又直接推动了科学的发展。这样，19 世纪也就成为近代自然科学的盛世。化学，也毫不例外地得到了巨大的发展，而有机化学正是在这样的年代里诞生和发展起来的。

一方面，有机化学是时代的产物。例如工业革命的先锋——纺织工业的发展，带来了染料需求量的激增。天然染料无论是从数量上还是品种上都远远满足不了生产的需要，这就促使人们去寻求获得染料的其他途径——促进了有机合成的发展。又如，煤炭工业的副产品煤焦油，作为“废品”到处堆置。煤炭工业发展得越快、规模越大，“废品”带来的环境污染等问题就愈加严重。对“废品”的利废处理——促进了有机提纯和有机分析的发展。总之这种社会需求是多方面、多领域、多渠道的，如在农业、医药、炸药、香料等部门和领域都有所表现。所以有机化学的产生和发展是与当时的社会、经济等因素分不开的。并且，有机化学本身的发展，又反过来促进了煤炭、纺织、化工等工业的进一步发展，特别是精细化学工业的发展。化学工业成为 19 世纪与机器制造业、电力工业并列的三大重要工业部门之一。

另一方面，从科学发展本身来讲，千百年来，人们对有机物的认识也积累了大量的实证知识材料，已达到了有必要进行系统地分析和整理的阶段。这也是 19 世纪整个自然科学发展的一个特点，有机化学也就应运而生了。

第一节 早期有机化合物的提取和离析

直到 18 世纪末，作为近代化学一大分支的有机化学，还比不上已初具规模的无机化学，还未能充分显露出其作为一门相对独立的学科分支。然而，就化学整个学科来讲的许多早期事实和知识，确实首先是在有机物当中发现和产生的。

一、早期有机物的认识

我国早在原始社会末期，随着社会分工，部分上层富有者就用谷物酿酒作乐。以后，随着所用原料和酿造方法的不同，出现了各种不同种类的酒，并且学会了使用“曲”。在这时期，人们还酿造出了醋、酱及酱油。在周代，人们就学会用靛蓝、茜草等来染色。1800 多年前，我国人民已经知道石油可用做燃料，以后又学会了用石油做润滑剂、照明、入药等，同时还学会了用天然气做燃料。在西汉就已发明的造纸术则是用化学方法制得较纯的纤维素高分子材料的一项重要成就。在历史悠久的本草学中，制备的有机药物包括：生物碱、甙、有机酸、脂肪、维生素、激素、醇类及蛋白质等。中国古代所用的香料与化妆品则含有许多有机物，如挥发油、樟脑等。中国至晚在公元前 1000 年左右就已知道从粮食制取麦芽糖，唐朝以后学会了生产蔗糖。中国在很早就开始生产和使用动物油和植物油了。

在其他一些国家和地区，人们很早也得到一些有机物的知识，如在埃及、印度、巴比伦和波斯等古国，也已会酿酒、染色，已熟悉其他一些有机物，如植物油、脂肪、糖、淀粉、树胶等。

古代对有机物的认识，主要是基于实用的目的。由于有机物与日常生活的衣、食、住、行密切相关，所以人们必定会对它们产生一定的认识。但同时限于生产水平和生活水平的低下，也就不可能对有机物有一个全面、深入、系统的认识，不可能把有机物作为一类特殊的物质来看待，只能是有机物的直观知识，而在实际研究和操作方面所能达到的也只是对有机物的提纯——这也是现代有机化合物研究的第一个步骤。而且，这个时期的有机物提纯常常是相当简单而粗糙的。只是到了近代，提纯技术才得到了较大的改进和提高。

二、早期有机物的离析

有机化学在近代欧洲得到了系统发展。

在燃素说时期，物质被划分为矿物、植物和动物三大类，这是法国的勒梅里（Nicolas Lemery，1645－1715）在1675年提出来的，也可看做是无机物与有机物的初步分类。但这种根据物质来源的分类法常常出错，例如把有机物醋酸列入了矿物部分。

这一时期的代表人物施塔尔给有机化学下的定义则含糊不清：有机化学，“不同于炼金术或分合术，是将混合物、组合物或集合物分解成元素，并由元素中得到这些物质的技艺”。[①] 所以，这一时期所谓的有机化学远远还不是现代意义上的有机化学。这样，直到燃素说末期为止，无论是在理论上还是在实践上，有机化学都没有多大进展。

18世纪下半叶，有机化合物的提纯分离技术得到了提高和发展。从事这方面工作的首推瑞典的舍勒，由于他长期从事药物的提炼和配制工作，具有出色的操作技术，先后分离提纯了大量的有机化合物：酒石酸（1770）、草酸（1776）、乳酸（1780）、尿酸（1780）、柠檬酸（1784）、苹果酸（1785）及乙醛（1782）、甘油（1783－1784）等。到19世纪上半叶，人们已离析出了许多重要有机化合物，如吗啡、胆固醇、金鸡纳碱等。

不仅在有机物的知识方面，而且就整个化学知识来说，我国在古代许多方面确实超过了同时代的欧洲。然而，在近代中国科学也确实落后了。近代科学在欧洲产生。中国近代化学主要是对欧洲化学的输入和吸收，而自己没有什么创见。

中国近代化学史上杰出的学者，我国近代化学的启蒙者——徐寿（1818－1884，江苏无锡人，号雪邨），从欧洲引进、翻译和编纂了许多化学方面的书籍。其中《化学鉴原续编》就是一部专讲有机化学的书。有机化合物的许多汉语名是当时通过音译或意译产生出来而流传使用至今。

① C.肖莱马著，潘吉星译，《有机化学的产生和发展》，10页，科学出版社，1978。

第二节　早期有机化合物的分析

分离提纯技术的发展，新的有机物不断被发现，随之而来的问题就是：这些有机物到底是由什么元素组成，如何组成等，这就构成了有机分析的课题——也是现代有机化合物研究过程的第二个步骤。人们的认识就是历史和逻辑的统一。

一、早期有机元素分析

在近代化学史上功绩卓著的拉瓦锡对有机分析也做了奠基性工作。1781 年，他把燃烧理论用在了有机化合物的分析上。他将有机化合物完全燃烧，用钾碱液吸收生成的气体。在分析了大量有机物后，发现它们燃烧后都生成了二氧化碳和水。但拉瓦锡的有机物定量分析结果一般比较粗糙。

1810 年，法国的盖 - 吕萨克和泰纳（Louis - Jacques Thenard，1777 - 1857）改进了有机分析方法，得出了比较满意的结果。如蔗糖分析结果是：碳为 41. 36%，氢为 6. 39%，氧为 51. 14%。理论值分别为 42. 10%，6. 44% 和 51. 46%，可见二者相当接近。他们的分析方法是把有机物与氯酸钾混合干燥后，放在热管中强热使其燃烧，然后通过测量生成气体的体积来计算元素含量。

1814 年，贝采里乌斯进一步改进了分析方法。因为盖 - 吕萨克和泰纳的方法不适于易挥发的有机物，而且有机物与氯酸钾作用有时会发生爆炸，不够安全。贝采里乌斯用钾碱吸收二氧化碳，用氯化钙吸收水，这样可以直接称量生成的二氧化碳和水。他还在氯酸钾和有机物的混合物中加入食盐以减缓反应，避免爆炸危险。

在盖 - 吕萨克和泰纳的方法中，由于使物质干燥有困难，影响测量结果，所以盖 - 吕萨克在 1815 年就用氧化铜代替了氯酸钾。

二、有机元素分析方法的确立

使得有机分析发展成为精确系统的定量分析技术则是由德国化学家李比希(Justus von Liebig,1803 - 1873)来完成的。他集盖 - 吕萨克、泰纳和贝采里乌斯及其他的分析方法之长,结合自己的亲身化学实验活动,形成了有机化学中至今仍使用的常规分析标准。他对许多有机化合物的分析结果相当精确。作为德国一代化学宗师的李比希奠定了有机分析的基础。

在这以前，有机分析主要是碳氢分析。1830 年，继拉瓦锡和盖 - 吕萨克之后的法国又一代名流杜马提出了定量测定氮的方法。它的原理是把化合物中的氮变为氮气，并设法与其他组分分离而测量氮的体积。有机化合物的基本分析方法就这样建立起来了。

三、有机与无机之分

随着有机物研究手段的不断提高和完善，人们对有机物的性质有了愈来愈深刻的了解。例如拉瓦锡在研究了有机物后指出：“我已观察到，在矿物界中，几乎一切可氧化的和成酸的根都是单质；反之，在植物界中，尤其是在动物中，没有一种根不是至少由两种物质——氢和碳所组成，这些根常有氮和磷与之结合，结果形成四元根。”①

可见，拉瓦锡对无机物与有机物的区别已有了一定认识。但这里“根”或“基”的概

① C. 肖莱马著，潘吉星译，《有机化学的产生和发展》，12 页，科学出版社，1978。

念则是片面的。他把“根”或“基”定义为化合物中与氧结合的那些组分。这是典型的拉瓦锡化学——即他认为化学就是氧及其化合物的学问，对有机物也不例外。曾使化学获得新生的拉瓦锡，当他的思想一旦陷入僵化，无限制地推广他的氧化学说时，就免不了发生错误，并且这种思想对后来有机化学的发展也产生了不利的影响。

1780年，瑞典化学家贝格曼（Torbern Odlf Bergman，1735－1784）第一次明确提出“有机物”。他把物质划分为无机物、有机物和介于二者之间的复杂化合物。但他所说的“有机物”不完全是现代意义上的。“有机化学”一词则是由贝采里乌斯首先在他的教科书中提出来的，但他主要指的是我们现在所说的生物化学。

18世纪末，瑞士人葛伦（Friedrich Albert Carl Gren，1760－1798）给有机物下了一个定义：有机物就是那些只由有限数目的元素按多种比例构成，而不能由人工制取的动植物体中的直接组成。

当以后人们发现某些化合物既存在于植物界，也存在于动物界，因而植物化学与动物化学之间并无原则区别时，也就普遍同意了把化学划分为无机化学和有机化学。

必须指出，葛伦对有机物的定义虽然反映了一定的化学事实，但总的来说仍是含糊不清的。而其定义最大的不足或错误还在于，它包含了一个后来的有机化学所不能接受的观点——活力论。

第三节　早期有机化合物的合成与活力论

一、活力论

对无机化学和有机化学之间的界限，长时间内一直存在着意见分歧。无机物及一些被认为是有机物的物质，分析结果表明其组成符合定比与倍比等化学定律。然而大多数有机化合物，正如贝采里乌斯在1811年所说，似乎不服从这些定律。产生这种认识的一些客观因素是：第一，当时人们对有机化合物的认识毕竟是初步的，无论是从有机物的种类和数量来说，还是对有机物组成的认识而言，比起后来发展起来的有机化学体系可谓沧海一粟。第二，当时所能得到的有机化合物几乎全部来自有生命的动植物体内，而许多无机物则已可从单质或其他化合物经化学反应合成制得。这样无形中就在无机物和有机物之间设下了一道似乎不可逾越的鸿沟。而且，当时生物学对生命本质还谈不上有什么科学见解。

基于这种情况，18世纪末和19世纪初，在生物学界就产生并流行着一种“活力论”或“生命力论”，即动植物有机体具有一种神秘的活力（或生命力），正是靠它动植物才能生存。这种“活力论”直接影响和流传到有机化学领域，所得出的结论是：有机物质正是靠这种活力生成的，所以有机物只能在生命体——即动植物体内产生，而在生命体外——生产中或实验室，则只能合成无机物，得不到有机物，尤其是不能从无机物合成有机物。

这种“活力论”观点妨碍了有机化学的发展，因为它使得许多化学家放弃了在有机合成道路上的主动进取，减缓了有机合成前进的步伐。

二、有机合成的诞生和对活力论的冲击

无论科学的道路多么曲折复杂，科学总还是要进步的。“活力论”作为人们一种“无知”的表现，那么它就必定要被“有知”所代替。

为了解决有机物是否符合定比与倍比定律的问题，贝采里乌斯进行了许多重要研究。1814年他对分析方法进行了改进并分析了大量有机化合物，就抱有这个动机。他的研究结果表明，虽然有机化合物的化学式往往很复杂，但定比与倍比定律以及原子学说对有机化合物仍然适用。

化学史上惟一活过百岁的老人，法国化学家切夫留尔（Michel Eugene Chevreul，1786－1889）从1813年开始研究天然脂肪。从他的系统研究结果中也得出结论：无机化合物和有机化合物的反应都服从相同的定律。巴黎当时之所以能成为有机化学这门新科学的研究中心，是与切夫留尔、盖－吕萨克和沃克兰（Louis Nicolas Vauquelin，1763－1829）等人的研究工作分不开的。他们对未来化学发展的影响，尤其是对德国化学发展的影响，胜过了当时的化学权威贝采里乌斯。但贝采里乌斯也不愧为当时化学界的领袖，他的研究工作横跨众多领域，他的大部头教科书具有权威性，而他向瑞典科学院所做的化学进展的年度报告（1821－1849）则有效地影响着当时化学的发展。

给予“活力论”第一次沉重打击的是1828年首次从无机物人工合成了有机化合物——尿素，这也是有机合成的开端。这个工作是由当时德国年轻的化学家维勒（Friedrich Wohler，1800－1882）完成的。起初当他使氰酸与氨水作用时，并未想要得到尿素。只是当分析产物时，发现了一种肯定不是氰酸铵的白色结晶物，后经一系列的实验分析证明它确实是同天然有机物尿素完全相同的物质。并且他还从不同途径合成了尿素。总的合成原理是从其他无机化合物制得氰酸铵（NH_4CNO），然后使氰酸铵受热则转变为尿素（$CO(NH_2)_2$）。

尿素的人工合成，突破了无机物与有机物之间的绝对界限，动摇了“活力论”的基础，开创了有机合成的道路，对于整个有机化学，乃至整个化学学科的发展都有重大的现实意义和历史意义。它也有助于生命科学的发展，启迪人们的哲学思考。

但习惯势力总是不会轻易退下历史舞台。一些“活力论”者认为作为动物排泄物的尿素不能算是真正的有机物，而是介于无机物与有机物之间。从无机物人工合成更复杂的真正有机物则是不可能的。况且，合成尿素的无机物如氰酸，总还是要依靠某些有机物，如动物的活性炭来制取。

三、有机合成的发展

最能反映有机化学形成标志的是有机合成的成长壮大。因为它相比有机物提纯、分析技术的发展，更是前所未有，它显得更有前途、更有生命力，它也确实成为有机化学的主要方面之一。如果从某种意义上讲，19世纪的化学主要是有机化学，那么从一定意义上说，19世纪后半叶的有机化学，主要就是合成有机化学，大多数化学家都程度不等地参与了这个工作。

继维勒之后，1840年德国另一位化学家柯尔柏（Hermann Kolbe，1818－1884）第一个从单质出发实现了完全的有机合成。他用木炭、硫磺、氯及水做原料，合成了有机化合物醋酸。随后，人们又合成了葡萄酸、柠檬酸、琥珀酸、苹果酸、酒石酸等一系列有机酸。

经柯尔柏、弗兰克兰（Edward Frankland，1825－1899）和武尔兹（Charles Adolphe Wurtz，1817－1884）等人的努力，合成了许多石蜡烃。由威廉逊（Alexander William Williamson，1824－1904）、弗兰克兰和武尔兹等人的先后工作，实现了系列醇和脂肪酸的合成。在生命过程中具有重要作用的油脂类和糖类化合物则分别由贝特罗（Pierre Eugène Marcelin Berthelot，1827－1907）和布特列洛夫（Александр Михайлович Бутлеров，1828－1886）

分别在 1854 年和 1861 年合成。此外还有毒芹碱、尿酸等重要有机化合物被合成。

在 19 世纪下半叶，人们陆续合成了大量天然有机物，并且几乎都可以从无机物出发开始实现，合成途径也很多。这样，就对“活力论”形成了更大的冲击。

以上实际上只是当时有机合成化学的一部分。有机合成的另一大部类则是煤焦油的合成化学。甚至可以说，19 世纪下半叶的有机化学是煤焦油的合成化学，就像 20 世纪 40 年代发展起来的石油化学一样。

19 世纪的能源主要是煤炭。大量的炼焦和生产煤气的副产品就是煤焦油。人们从煤焦油中分离出了苯、萘、蒽、甲苯、二甲苯、苯酚、苯胺等芳香族化合物。以来自煤焦油的这些芳香族化合物为原料，化学家们进行了卓有成效的有机合成工作，合成了成千上万种染料、药品、香料、糖精、炸药等有机物质。与我们生活密切相关的染料、药品等工业，在 19 世纪蓬勃发展起来。这些有机化合物的工业生产反过来又进一步刺激了煤焦油合成化学的发展。

19 世纪下半叶，人工合成染料发展最快。如合成了苯胺染料（苯胺紫、苯胺蓝、碱性品红等）、茜根染料、靛品红等。德国化学家拜尔（Adolf von Baeyer，1835 - 1917）于 1870 年与他人合作首次合成靛蓝。由于他对靛蓝及其衍生物的深入研究工作，而荣获 1905 年的诺贝尔化学奖。

水杨酸及其衍生物（如阿司匹林）是当时重要的药品合成物。此外，安息香酸、苦杏仁油、香豆素、香草醛、硝化甘油、苦味酸、TNT 等都为人工合成。

1862 年，维勒发现碳化钙并从中制得了乙炔。同年，贝特罗成功地从单质碳和氢气合成了乙炔，四年后，他又实现了乙炔聚合成苯的反应。1884 年，俄国化学家库切洛夫（M. Г. Кучеров，1850 - 1911）发现在含有汞盐的硫酸存在下，可实现乙炔水合变为乙醛的反应，使乙炔成为现代合成醋酸的主要原料。其后，人们又从乙炔合成了许多其他化工原料。到了 1888 年，乙炔则成为有机合成的一个基础原料。工业上的乙炔是用电石（碳化钙）制得的，电石的原料则主要是焦炭。所以，19 世纪的有机物原料来源主要是煤，而不是动植物有机体了。

作为合成有机化学奠基人之一的贝特罗，完成了大量的有机化合物合成工作，例如他还合成了乙醇、甲烷、甲醛、乙烯、冰片等。

这时，人们已不但能合成出天然有机物，还合成了天然不存在的有机物。正如贝特罗所预见的有机合成的威力，它体现为在一个“旧的自然界”旁边，再放进一个“新的自然界”，并且“新的自然界”远远超过了“旧的自然界”。这也是为什么要把有机化学单独作为化学一个分支的原因之一，即有机化合物的种类和数量远远超过了无机化合物，虽然它仅仅由不多的元素组成。

然而，我们又如何解释不多的元素却形成了数以万计的化合物呢？19 世纪的有机化学就是在纯经验的背景下进行的吗？这些构成了 19 世纪有机化学发展的另一个方面——有机化学理论的进展。

第九章　早期有机化学理论的发展

1835 年，维勒在给他的老师贝采里乌斯的信中讲到："现在，有机化学几乎使我发狂。对我来说，它看来像是一个原始的热带丛林，充满着最诱人的东西；也像是一个可怕的无穷尽的丛林，看来似乎无路可出，因而使人不敢入内。"①

19 世纪上半叶有机化学的图景确实是这样。有机物的提纯、分析技术臻于完善，有机合成的不断发展，有机化学呈现出了辉煌的前景，吸引了大批优秀的化学家。但是尚缺乏理论，多是些感性知识。人们所看到的只是"茂密森林"的外表。这需要人们勇敢地走进去，清除地面的树丛杂叶，开辟前进的道路，开采诱人的宝藏，揭示那无穷的奥秘，使人们零散、经验性的知识系统化、理性化。担当这个重任的就是有机结构理论。我们现在首先考察一下有机结构理论产生前的准备和萌芽时期。

第一节　基团理论——第一个有机化学理论

由第八章第二节知道，拉瓦锡已使用了"基"的概念。他认为无机化合物是单基与氧化合，而有机化合物是碳和氢的复基与氧结合。

1815 年，盖-吕萨克在对氰及氰化物的研究过程中，发展了基团概念。他指出，氰基（CN）在一系列同氯或碘参加的反应十分类似的反应过程中仍能不起变化。氰基实际上是"一个整体，虽然也是化合物，但它与氢和金属结合时，起的是单质的作用"。② 这在很大程度上反映出了现代基团概念的意义。

贝采里乌斯接受了拉瓦锡的观点，并发展出了他的电化二元论。在 19 世纪初期，二元论几乎解释了当时已知的全部无机化合物，所以，至 1820 年左右，即已为化学界所普遍接受。当得出有机物与无机物遵循相同的化学规律的结论时，他就试图把电化二元论推广到有机化学中，"氧是电负性最大的物质"，他就把含氧的有机化合物都写成了氧化物的形式，即带正电的基与负电的氧相结合，这可看做是基团论的雏形。

但是，在 19 世纪上半叶前期化学界具有最高声望的贝采里乌斯在这里犯了一个类似于拉瓦锡的错误：再多走一步，真理就变成了谬误。电化二元论能够解释离子化合物——如无机化合物的大多数，但把它无限制地推广到共价化合物——如有机化合物的大多数，就不适用了。

1828 年，杜马和他的助手布莱（Polydore Boullay，1806-1835）提出了以太林学说。他们认为可以把乙醇及其许多衍生物看做是以乙烯作为其直接组分的化合物。乙烯的现代式是 C_2H_4，但他们当时写作 C_4H_4，因为他们采用的原子量是 C=6，H=1，O=16。当时采用的原子量很乱，没有统一标准。

① R. T. 莫里森等著，《有机化学》上册，2 页，科学出版社，1980。

② 亨利. M. 莱斯特著，吴忠译，《化学的历史背景》，193 页，商务印书馆，1982。

依照以太林学说，杜马他们的化学式就有如下写法：

$C_2H_4 \cdot H_2O$	$(C_2H_4)_2 \cdot H_2O$	$C_2H_4 \cdot HCl$
乙醇	乙醚	氯乙烷

这种观点还推广到了像糖这样的许多其他化合物中。贝采里乌斯起初反对这个学说，但他却把乙烯命名为以太林（aetherin）基。以太林学说虽是第一次从单一观点考察大量有机物，强调了基团的作用，但它没有得到普遍公认，因为它不能推广到更多的化合物中。

德国著名化学家李比希和维勒在1823年分别研究了雷酸盐和氰酸盐，其结果几乎同时在盖-吕萨克主持的刊物《化学年刊》上发表，从此他们相互结识。正是他们所发现的雷酸银和氰酸银具有相同的化学式这种有趣的现象使贝采里乌斯认识到了同分异构现象。

李比希和维勒是德国化学振兴的攸关人物。他们分别在1822年和1823年赴当时的两个化学圣地巴黎和斯德哥尔摩向两位化学名家盖-吕萨克和贝采里乌斯学习。他们学成回国后，尤其是李比希，开创了德国化学的新纪元，形成了自己的独特风格。他21岁就担任了化学教授，并创立了世界上第一个真正能用于教学的实验室。在这里，形成了著名的李比希学派，造就了许多左右化学发展的一流化学家，并使得化学中心从法国转移到了德国。李比希在1832年主办《药学年鉴》刊物，1840年改名为《化学和药学年鉴》。在他逝世后的1874年起改为《李比希化学年鉴》。这是19世纪中期首屈一指的化学杂志。它后来的宗旨是专门刊登有机化学方面的论著。

1832年，维勒和李比希发表了经典研究报告《关于安息香酸基的研究》，对基团理论做出了重要发展。他们在文中指出：在苦杏仁酸、安息香酸、安息香酰氯及它们的许多衍生物中，存在着一个共同的基——安息香酸基（即苯甲酰基 C_6H_5CO），在一系列化学反应中，这个基的组成保持不变。由于他们分析安息香酸银时采用的银的原子量为现在的二倍，所以他们当时得到的安息香酸基的化学式是 $C_{14}H_{10}O_2$。

维勒和李比希的这次研究工作当时在化学界引起了强烈反响。贝采里乌斯在给他们的信中是这样讲的："你们所肯定的事实，使人产生这样的想法：它们可以看做是植物化学中一个新的时代的开端。"①

正是维勒和李比希的工作确立了基团理论在化学中的地位。他们这项工作的另一个重要意义，就是它使得氧从拉瓦锡时代获得的至高无上的优越地位，已不能再保持下去了，因为在苯甲酰基中已含有了氧。正是这一点，信奉拉瓦锡学说的贝采里乌斯不愿把苯甲酰基写为 C_7H_5O，而是把它看做是一个无氧的基 C_7H_5。这就是双重心理特性的贝采里乌斯，他既欢迎给予有机化合物理性解释的基团论，又不肯放弃陈旧的观点。

在19世纪前半叶后期取代贝采里乌斯曾经享有的最高化学权威的李比希和杜马，在1837年合作发表的论文中断言："无机化学中的基是简单的，有机化学中的基是化合物——这是惟一不同点。化合的规律和反应的规律在这两个化学的分支中都是完全一样的。"② 并且，他们跟一些年轻的化学家一道，为自己提出了致力于发现其他基的任务。他们把原子基团看做是有机化学的元素，相信这些基团包含着有机化学的全部秘密。

例如1834年李比希提出了乙基说，把乙醇、乙醚和盐酸醚等看做是乙基（C_2H_5）的化

① C. 肖莱马著，潘吉星译，《有机化学的产生和发展》，17页，科学出版社，1978。

② J. R. 柏廷顿著，胡作玄译，《化学简史》，245页，商务印书馆，1979。

合物。同年，杜马和他的法国同仁贝利古（Eugene Melchior Peligot，1811－1890）提出了甲基说，进而，李比希又把以太林说和乙基说结合了起来。

1838 年，李比希给基下了定义：①基是化合物中经一系列变化仍保持不变的部分；②基可被元素置换；③当基与一种元素形成化合物时，这种元素可以分出或被另一元素代替。

李比希的研究工作正是遵循这样的思想："在任何科学发展史中，某一时期的研究，完成了某些一般的叙述，这些叙述随时都因新的发现而不断改善和完善。这就使人们努力整理新发现的事实和寻找将这些事实串联在一起的共同纽带。"①

基团理论得到了德国化学家本生（Robert Wilhelm Bunsen，1811－1899）关于二甲胂基的经典工作的支持。在这次研究中，由于实验爆炸而使得他的一只眼睛部分失明。从 1837 年开始关于有机砷化合物的研究是他从事有机化学方面的惟一工作，但却是第一流的工作。他研究了大量的二甲胂基化合物，并真正离析出了二甲胂基自由基。这是基团理论的伟大胜利，正如本生所说，这终究是个事实。他还得出了正确的化学式 $C_4H_{12}As_2$，而二甲胂基则是贝采里乌斯命名的。

作为解释有机化合物性质的第一个理论——基团理论，在当时起到了初步统一有机化学事实的作用，是向"热带丛林"迈进的可喜的一步。基团概念就是现代官能团概念的先声。

贝采里乌斯所预示的有机化学的新时代似乎在顺利地到来，基团理论不断得到完善和巩固。然而乌云已在基团理论的上空出现。

第二节　取代学说——化学权威的弊端

早在 1815 年盖－吕萨克研究氰化物时，就谈到氯取代氢氰酸（HCN）中的氢而变成了氯化氰（CNCl），预示了取代学说。

1821 年，法拉第（Michael Faraday，1791－1867）指出，荷兰油（$C_2H_4Cl_2$）在氯的连续作用下变成了六氯化二碳（C_2Cl_6），即氢被氯所取代。

1832 年，维勒和李比希发现氯与苯甲醛（C_7H_6O）反应变成了苯甲酰氯（C_7H_5ClO），他们认为是氯取代了氢。

当时已发现许多这样的取代作用现象，它们已与基团理论有了出入。基团理论认为基应是稳固的，在化学反应中保持不变，但事实上基中的氢可被取代。并且，虽然许多人声称制造出来了这样那样的基，但实际是一般的化合物而不是自由基。直到 19 世纪末，对自由基能否独立存在还有争议。在跨入 20 世纪的第一个年头，戈姆杰（Gomberg）才通过严格的化学实验证明了自由基的存在。以后人们又合成了许多安定的自由基。不稳定自由基则可由顺磁共振谱检测到。

然而，当时这些不符合基团理论的零散事实并未引起化学家们的足够重视。只是到了 1834 年，杜马系统研究了氯代反应，人们才注意到了这以前的事实。

杜马发现，氯与乙醇作用，取代了氢，生成了氯醛。氯还可取代醋酸中的氢。于是，他在前人和自己工作的基础上，提出了取代学说：含氢有机化合物受卤素或氧作用后，失去一

① C. 肖莱马著，潘吉星译，《有机化学的产生和发展》，20 页－21 页，科学出版社，1978。

个氢原子，必然要得到一个卤素原子或半个氧原子。

最先赞同和积极提倡取代学说的是杜马的学生罗朗（Auguste Laurent，1808－1853），似乎他比老师更敏锐地意识到取代学说的意义。他进一步修正和发展了取代学说。他认为杜马的观点不充分，也不总符合事实。例如他指出：在许多情况下，添加的氯或氧原子的数量，比排出的氢原子的数量显得多些或少些。以致就取代学说提出的优先权问题，杜马和罗朗发生了争执。

在取代学说的初期，曾受到了像贝采里乌斯、李比希和维勒等这样有影响的人物的攻击。此时杜马声称罗朗把他的理论加以夸大地推广而出现了错误。后来事实证明所谓“推广”基本上是正确的，杜马则又声称罗朗抄袭了他的理论。罗朗则一直极力证明他的理论与杜马的理论完全是两回事。这件事可能是日后罗朗长期受到法国同行排挤的原因之一，因为杜马是法国化学界乃至整个科学界的权威，并曾出任过政府教育部长、农商部长等要职。

1836年，罗朗发表了他的“核”理论。他把有机化合物看成是某些烃或初始基的衍生物，衍生物是靠其他元素取代氢得到的。他认为每一种有机化合物都有一个核心。他把这些烃或初始基称为基本核，基本核中的氢被其他基团或元素取代后则形成衍生核。取代产物与原来的物质相类似。罗朗的这种“核”理论，后来曾成为有机化合物分类的基础。他本人也亲自做了这方面的工作，只是在他死后才发表。

贝采里乌斯认为，取代学说就是电负性的氯取代了电正性的氢，却没有发生根本性质上的变化。这是他的电化二元论所不允许的，所以贝采里乌斯极力反对取代学说，致使取代学说在化学界一个时期内遭到冷落。贝采里乌斯的弟子维勒曾发表了一封匿名信，对取代学说挖苦之极无与伦比。

取代学说是与电化二元论相对立的，人们就又把杜马和罗朗等人共同发展起来的取代学说称为“一元论”。但愈来愈多的实验事实证明了取代作用的存在。贝采里乌斯为了保住日益与事实相背的电化二元论，不得不借助于一大堆新的和越来越复杂的假说，使得问题更加混乱，愈加暴露出电化二元论的不足。人们也就最终放弃了电化二元论，接受了取代学说。但此时人们又采取了“泼洗澡水，连同婴儿也倒掉了”的做法，把电化二元论的合理部分也给否定了。

贝采里乌斯至死也未放弃电化二元论。像类似于这样的“思想僵化”的情况在科学史上是屡见不鲜的。贝采里乌斯在晚年曾参加了多次学术上的论战，但大都以失败告终。更不幸的是，历史似乎总是嘲弄人们，贝采里乌斯本人在1827年48岁时曾对这种思想僵化进行了揭露：“拘泥于一种见解，常使人完全坚信其正确，它掩盖了缺陷，并使我们不能接受与它相反的证据。”①

当时的有机化学理论有三条路：①仍然坚持电化二元论的观点，设法保持基团理论。贝采里乌斯就是这样做的。②仍然坚持电化二元论的观点，但修改和补充基团理论和电化概念。贝采里乌斯的信徒们走的就是这条路，如柯尔柏等人。③完全抛弃电化二元论，建立新的学说。当时大多数化学家走的就是这条路，所以有机化学理论在这个方向上走得更远些。

1839年，杜马又提出了类型论，其实这是以取代学说为基础的。他认为：“有机化学中

---

① C.肖莱马著，潘吉星译，《有机化学的产生和发展》，35页，科学出版社，1978年。

存在着某些类型，即使它们所含的氢被等当量的氯、溴或碘所置换，这些类型式仍保持不变。”他又把类型区分为化学类型和机械类型。同一化学类型是指化学式相似，化学性质也相似的一类化合物，如醋酸（$C_2H_3O_2H$）和氯醋酸（C_2H_3OCl）。同一机械类型是指化学式相似，但化学性质相差较大的一类化合物，如醋酸（$C_2H_3O_2H$）和酒精（C_2H_5OH）。

从基团理论、取代学说到杜马类型论的进程中，人们愈来愈重视对有机化合物进行分门别类的认识。分类在有机化学中的重要性是显而易见的。假若现代有机化学没有一套完整的分类系统，那么对有机化学这门科学的学习和掌握几乎是不可能的。但有机化学发展到目前为止，相比人们已认识的有机物的种类和数量来说，分类就显得很不适应，妨碍了有机化学的进一步发展。所以，化学家们的探索必然要更多地朝这个方向努力。

化学权威的积极作用是显而易见的，他们特殊的地位促进了化学的进步，贝采里乌斯、李比希、杜马等成为近代化学的重要奠基人。然而，一旦这些化学权威思想僵化，就会影响化学前进的步伐，这在以杜马为代表的法国化学权威身上表现得尤其明显，他们排斥异己，垄断有限的科学资源，成为世界化学中心由法国转向德国的重要因素之一。

第三节　类型理论——有机结构理论的前奏

当时的化学界充斥着混乱。化学家们各自有一套原子量，同一种化合物可以有几个不同的化学式。凯库勒甚至能写出醋酸的 19 个不同化学式。况且阿伏伽德罗分子假说当时正受到冷遇，因而原子和分子概念不清，原子量、当量和分子量之间的关系不明确。这就是化学家继续进取的化学背景。

一、早期的类型思想

1839 年，法国年轻一辈化学家日拉尔（Charles Gerhardt，1816－1856）提出了残基理论，用来说明被他注意到的一类新型反应——复分解反应。他认为这类反应，首先是双分解——每个分子分解成两部分，其中一部分化合成简单的化合物（如水、氯化氢等），同时其余的部分——即残基，相互结合成新的化合物。例如

$$\underset{\text{苯}}{C_6H_5H} + \underset{\text{硝酸}}{HO \cdot NO_2} = \underset{\text{水}}{HOH} + \underset{\text{硝基苯}}{C_6H_5NO_2}$$

他认为残基不一定能存在于自由态，它们只表示化学反应的可能方式。同一个化合物，参加不同类型的反应，可能就有不同的方式，所以一个化合物，可能有几个化学式。

1843 年，日拉尔提出了确定化合物化学式的两体积标准。他把化合物的化学式量定义为和 2 克氢（H_2）占有的体积相同的化合物蒸气的重量，这样导出的化学式就是两体积式。结果使得当时流行的许多有机化合物的化学式减半，如醋酸 $C_4H_8O_4$ 应改为 $C_2H_4O_2$，这样就与现代分子式相同了。

1846 年，罗朗基本遵循阿伏伽德罗分子假说，并运用日拉尔的两体积标准，初步确定了原子量、分子量和当量，分清了原子和分子的区别。

日拉尔在 1843 年提出了有机化学中的一个重要概念——同系列概念。他指出，在同系列中，化合物的化学性质相似，“这些化合物按相同的化学方程式进行反应，只要知道其中

某一个物质的反应就可以预言其他物质的反应。”[①] 正如英国化学史家柏廷顿（J. R. Partington）所说，“这点在理论上和实践上都构成有机化学的魅力之一”。

1848 年，日拉尔阐述了他的“一元论”观点：所有物质都可看成是单一的分子，其中原子排列成一定的顺序，每一种单质或化合物可以看做是一个建筑物，看成一堆原子形成的系统。这种系统就叫做一个物体的分子。

日拉尔的思想发展是前后呼应，环环紧扣，步步深入的。他曾投师于李比希等德国化学家名下，集德法两国学者之长于一身，对有机化学发展做出了卓越的贡献。但就是这样一位才华横溢的化学家，在当时的法国受到排挤，甚至弄不到实验室。他和罗朗称得上是同时代、共命运者。他们有着密切的合作关系。但由于他们的许多观点同当时以杜马为首的大多数权威存在分歧，所以，他们的见解长时期得不到公认，虽然终究还得承认他们是正确的。

日拉尔仅活了 40 岁，罗朗也只有 45 岁，这与他们长期遭受精神上的压抑、生活中的磨难不无关系。但他们能够在逆境中不懈努力，并做出了重大贡献，赢得了后人的敬佩和怀念。

二、日拉尔类型理论

1849 年，德国化学家，李比希的高徒霍夫曼（August Wilhelm Hofmann，1818 – 1892）在武尔兹工作的基础上，对一系列胺类化合物进行了大量研究，经过与氨的比较，得出了有机化合物的一个类型，“氨型”有机化合物：

$N\left\{\begin{matrix}H\\H\\H\end{matrix}\right.$	$N\left\{\begin{matrix}C_2H_5\\H\\H\end{matrix}\right.$	$N\left\{\begin{matrix}C_2H_5\\C_2H_5\\C_2H_5\end{matrix}\right.$	$N\left\{\begin{matrix}C_6H_5\\H\\H\end{matrix}\right.$
氨	乙胺	三乙胺	苯胺

1850 年，曾师从李比希的英国化学家威廉逊把 1846 年罗朗就已产生的想法加以推广，通过对醇、醚等化合物的反复实验，并与水的组成形式进行类比，得出“水型”化合物：

$O\left\{\begin{matrix}H\\H\end{matrix}\right.$	$O\left\{\begin{matrix}CH_3\\H\end{matrix}\right.$	$O\left\{\begin{matrix}CH_3\\CH_3\end{matrix}\right.$	$O\left\{\begin{matrix}C_2H_5\\CH_3\end{matrix}\right.$
水	甲醇	甲醚	甲乙醚

从中受到启发的日拉尔在“氨型”和“水型”的基础上，1852 年又引出了“氢型”和“氯化氢型”有机化合物：

$\left\{\begin{matrix}H\\H\end{matrix}\right.$	$\left\{\begin{matrix}C_2H_5\\H\end{matrix}\right.$	$\left\{\begin{matrix}C_2H_3O\\H\end{matrix}\right.$	$\left\{\begin{matrix}C_2H_3O\\C_2H_3O\end{matrix}\right.$	$\left\{\begin{matrix}H\\Cl\end{matrix}\right.$	$\left\{\begin{matrix}C_2H_5\\Cl\end{matrix}\right.$	$\left\{\begin{matrix}C_2H_3O\\Cl\end{matrix}\right.$	$\left\{\begin{matrix}C_6H_5\\Cl\end{matrix}\right.$
氢	乙烷	乙醛	丁二酮	氯化氢	氯乙烷	氯酰	氯苯

日拉尔认为所有有机化合物都是由这四种类型创立出来的，有机化合物可看成是简单无机化合物中一个氢或数个氢被取代后得到的衍生物。这些类型用来表示复分解反应。“因此，类型是所有物体的比较单位，同类型的物体容易进行相似的变化或者从相似的变化产生出来。”[②]

1856 年，日拉尔把各种有机化合物归了类，形成了一个比较系统的分类体系。

---

① J. R. 柏廷顿著，胡作玄译，《化学简史》，268 页，商务印书馆，1979。

② J. R. 柏廷顿著，胡作玄译，《化学简史》，276 页，商务印书馆，1979。

（1）氢型：包括碳氢化合物、醛、酮和金属有机化合物等。

（2）氯化氢型：包括有机氯化物、溴化物、碘化物、氰化物和氟化物等。

（3）水型：包括醇、醚、酸、酸酐、酯和硫化物等。

（4）氨型：包括胺、酰胺、亚酰胺、胂、膦等，亦即有机氮化物、砷化物和磷化物等。

新类型论是把基团理论、取代学说和老的类型论思想揉和在一起的，并融会了日拉尔的残基理论、两体积标准和一元论观点。

1857 年，德国化学家凯库勒又提出了“沼气型”化合物：

$$C\left\{\begin{matrix}H\\H\\H\\H\end{matrix}\right. \quad C\left\{\begin{matrix}Cl\\H\\H\\H\end{matrix}\right. \quad C\left\{\begin{matrix}Cl\\Cl\\Cl\\H\end{matrix}\right. \quad C\left\{\begin{matrix}Cl\\Cl\\Cl\\Cl\end{matrix}\right.$$

沼气　　氯甲烷　　氯仿　　四氯甲烷

此外，当时还有人提出过稠聚型、混合型等类型。

类型理论的发展使得有机物的分类体系也逐步建立起来了，这样对有机化合物就有了一个初步的系统认识。由于揉进了基团理论，把卤化物、醇、胺等分在了不同的类型里，已有了现代按官能团分类的思想萌芽。分类过程主要是运用了类比法，这也是当时整个化学领域普遍使用的一种方法。从无机化合物引出有机化合物分类类型，对人们认识无机物与有机物之间的联系和区别也有帮助。

另外重要的一点是，这个分类方案已有了预示新的有机化合物的作用，这就是由其他原子或基取代类型中的氢生成新的更复杂的化合物。例如当时威廉逊和日拉尔把醋酸划入了水型：

$$O\left\{\begin{matrix}C_2H_3O\\H\end{matrix}\right.$$

他们预言有可能制出下面的化合物：

$$O\left\{\begin{matrix}C_2H_3O\\C_2H_3O\end{matrix}\right.$$

其实日拉尔 1852 年已制得了它，并做了重要研究，只是没有意识到它就是后来所说的醋酸酐。

日拉尔的类型理论可以说也是结构理论的前奏，因为结构理论最重要的特征之一就是预言可能会出现的各种反应和生成新的化合物。类型论给出的类型式已有些接近现代结构式了，虽然这只是经验和类比的结果，但对引起人们注意原子之间的关系是有意义的。

当然，类型理论必然受到历史条件的限制，存在不足和错误。如对于多官能团有机化合物，其分类就发生了困难，使得一个化合物可以写出两个或多个类型式，带来了主观臆测的可能性。属于同一类型的化合物，大多数只有机械的形似，并无一定的化学反应或结构上的关系，从这里我们既能看到类比方法在科学研究中行之有效的作用，同时也看到了它固有的缺陷。

正如德国化学家迈尔（Juliu Lothar Meyer，1830 – 1895）所说：“日拉尔的类型在这门科学的发展中起了很大的作用，但只能看做是一部分脚手架。这部分脚手架，在建立有机化学体系方面获得了充分进展以致可以不再需要它时，就被拆掉了。”① 而这种充分进展就是经典有机结构理论的建立。

① C. 肖莱马著，潘吉星译，《有机化学的产生和发展》，54 页，科学出版社，1978。

第十章　经典有机结构理论的建立

经典有机结构理论的首要内容——化合价理论，是有关原子之间化合能力的学说。然而从基团论产生到最近的类型论，有机化学理论似乎一直未顾及过原子之间化合的问题。但实际并非如此，可以说它也是个老生常谈之题了。

早在燃素说时期，就已产生了用来解释化学反应——物质之间的化合与分解的亲和力学说了，但它只是定性的和经验的，并且明显受牛顿的机械论思想的影响。后来的当量理论就是在这种亲和力论影响下发展起来的。贝采里乌斯在 1811 年 - 1814 年提出的电化二元论是探讨化学亲和力的又一次浪潮。它波及范围更广，影响深远。

但有机化学的发展一次又一次地冲击着电化二元论，特别是发展起来了取而代之的一系列有机化学理论。基团理论把注意力放到了“基团”或“原子团”身上，一元论的出现更是把整个分子作为了一个整体来看待，类型论则倾向于认为有机化合物的性质取决于其简单原子的排列而非取决于这些原子的性质。从而，对化学亲和力研究的这次浪潮又衰落了下去。况且，从总体上讲，当时原子量、当量和分子量仍混淆不清，化合物的化学式不确定，这种情况下，人们怎么有可能弄清原子之间的结合方式呢？当然也就不会激起化学家对原子本身研究的兴趣了。

但到 19 世纪中叶左右，形势开始扭转。一方面，愈来愈多的化学事实与已发展起来的有机理论发生冲突。这就需要新观点、新思想的产生，而新的化学事实和经验也确实提供了新学说产生的可能性，化学亲和力问题就有可能被重新列到议事日程。另一方面，化合价理论产生之前或同期的一些其他工作也起到了催化作用。例如类型理论的一些工作和结论对化学家的研究工作方向就有一定的启示。特别是阿伏伽德罗分子假说的重要性越来越深入人心，并广为接受。

第一节　化合价理论——化学价键理论的基础

一、化合价概念

当时化学界由于电化二元论与类型论的对立而分成了贝采里乌斯学派和日拉尔学派。德国化学家柯尔柏和英国化学家弗兰克兰属于前一学派。虽然在开始从事他们的研究时贝采里乌斯的思想已偃旗息鼓了，但当他们完成自己的研究工作后却使日拉尔的类型理论解体了。他们的工作时间几乎与类型论的发展相重合。

还在电化二元论遭到杜马等人的驳斥时，贝采里乌斯曾提出过“偶合”说，以弥补其理论与实验事实的出入。他认为有机酸是基和草酸的偶合物。曾从师于维勒的柯尔柏继承了这个观点，但他把有机酸都看成是从无水碳酸，即二氧化碳（柯尔柏的式子是 C_2O_4，他采用原子量为 C = 6，O = 8，H = 1）衍生出来的。接着他又把醇、醛、酮等也归于此类。他此时写出的化学式已与现代结构式极为相近了，例如：

$$HO + \left.\begin{matrix} C_2H_3 \\ H_2 \end{matrix}\right\} C_2, O, \qquad HO + C_2H_3\ (C_2O_2)\ O$$

乙醇　　　　　　　　乙酸

由于他采用了 C=6，O=8，所以式中的 C_2 和 O_2 分别相当于 C=12，O=16 式中的 C 和 O。并且，他还不得不常常多加一个 OH 来表示氧的正确数目，以致他的式子显得有些古怪。但若是我们把 C_2 和 O_2 分别换为 C 和 O，则有：

$$\left.\begin{matrix} CH_3 \\ H_2 \end{matrix}\right\} C + OH, \qquad CH_3CO + OH$$

乙醇　　　　　　　　乙酸

现代结构式则为：

$$CH_3CH_2OH \qquad CH_3COOH$$

乙醇　　　　　　　　乙酸

二者几乎相差无几，以致在凯库勒明确提出碳是四价后，柯尔柏指出他的那些化学式中的 C_2 总是同四个当量的氢、氧或醇基化合，是比凯库勒优先提出碳是四价。当然我们很难承认他的这种要求是合理的，但柯尔柏对化合价理论的建立做出了贡献也是不可否认的。对科学历史的评价就应持实事求是的态度和历史的观点。

作为柯尔柏的学生和同事的弗兰克兰则是青出于蓝而胜于蓝。他也曾是本生和李比希的学生。当时柯尔柏仍认为基或元素对化合物的性质只有次要的影响，但 1852 年弗兰克兰证明这种见解并不正确。他通过考察有机金属化合物，得到的结论是：金属与烃基结合，烃基就能改变金属的饱和能力，也就是我们今天所说的化合能力。他所得到的更重要的认识是：如果考察无机化合物的化学式，就会看到氮、磷、砷、锑的化合物特别表现出一种倾向，就是这些元素与 3 个当量或 5 个当量其他元素生成化合物。并且，不管所结合的原子特性如何，吸引元素的化合力总是为相同数目的结合原子所满足。当时，人们曾用“原子数”或“亲和力单位”等不同术语来表示“化合力”，后来发展成为“化合价”或“原子价”等名称。

进而弗兰克兰很有眼光地讲到：“有机金属化合物的生成和检验可以促使两个学说融合在一起，这两个学说长期以来使得化学家意见分歧，并且过分轻率地被看成是不可调和的。”① 这两个学说就是指电化二元论和类型理论。确实，类型论把“电”的因素完全抛弃了，弗兰克兰则认为，化合物的性质不仅依赖于类型论所注重的原子的相对位置，而且依赖于每个原子的“电化学”特性。事实上，20 世纪的化学键理论阐明了“电化学”特性的本质。

这样，化合价概念的使用，使得有机化学乃至整个化学把注意力从基团或类型返回到了原子，把原子看成是决定化学变化的真正因素，并且再次显示了化学亲和力问题的重要性。只是限于历史的局限性，对化合价形成的原因就只能留待下一个世纪的化学家来回答了，但毕竟已迈开了有机化学结构理论的关键一步。

① J. R. 柏廷顿著，胡作玄译，《化学简史》，294 页，商务印书馆，1979。

二、碳四价和碳链

属于日拉尔学派的凯库勒（F. A. Kekule，1829 – 1896）曾先后从学和求教于李比希、杜马、威廉逊和日拉尔等著名化学家。他深深懂得化合价的真正意义并贯穿于自己的研究工作中，正像 A. W. 霍夫曼受李比希影响而从哲学和法律专业改学化学一样，凯库勒也是受李比希影响才从建筑学专业改为化学专业。而他的建筑学知识肯定有助于他在创立结构理论时的几何形象思维。同时他又善于捕捉“直觉”与“灵感”，据他自己说他是在马车上想出结构理论的。

当凯库勒 1857 年还在英国提出“沼气型”观点时就已提到了碳是四价的学说。次年回到德国后，则发表论文把“沼气型”扩充到了几乎所有碳的化合物上面，并进一步系统阐述了碳四价理论，提出了碳原子间可以连成链状的学说。他是这样想的：与一原子碳化合的化学亲和力单位等于四，这事实使我们引出碳是 4 价的概念。诸碳原子可以彼此连接在一起。碳原子结合的最简单而最可能的情形是一个碳原子的一个单位亲和力和另一个碳原子的一个单位的亲和力结合，从而形成碳链。

凯库勒特别强调，考虑化合能力时，必须回到原子，“基和化合物的性质必是从元素的性质导出来”。[①] 凯库勒并不否认他是在前人工作基础上进行的，“我必须反复强调，我不认为这些见解的大部分是由我创造的”。

1858 年，英国化学家库珀（Archibald Scott Couper，1831 – 1892）独立地提出了碳是四价和碳原子之间可以相连成链的学说。如同凯库勒一样，他也不是在本土而是在法国从学于武尔兹时提出这些见解的。然而，当他回到英国后却病倒了，未能继续发展自己的思想。

库珀使用了结构式来表示化合物。我们不妨把柯尔柏的、库珀的和现代的乙醇式子对比一下，看一看结构式的历史变迁：

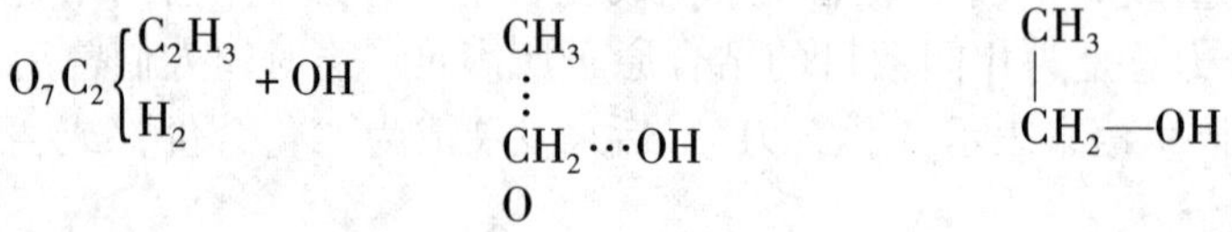

(C = 6　O = 8)　柯尔柏式

(C = 12　O = 8)　库珀式

(C = 12　O = 16)　现代式

图 10 – 1 – 1　乙醇的结构式

但库珀的表示法长期不为人们注意。凯库勒受日拉尔思想影响很深，他长期使用的是类型式。直到 1861 年出版一本化学教程时，他用的仍是圆球图像式来描述化合物结构，但他对有机化学却用现代语言下了一个定义：有机化学就是研究碳化合物的化学。显然这已没有活力论的痕迹了，虽然当时活力论还未灭绝。

库珀还知道碳是两个化合价，一氧化碳中的二价，二氧化碳中的四价。弗兰克兰也认为元素的化合价是可变的。但凯库勒却认为化合价应是常数。

凯库勒和库珀提出的碳四价和碳成链的学说，奠定了有机化学结构理论的基础。只是碳四价学说的建立，才真正开始认识有机化合物中原子间的结合方式。而碳碳之间可以成链所构成的骨架结构正是有机化合物的基础，它使得日拉尔发现的同系列现象得到解释，它也使

① J. R. 柏廷顿著，胡作玄译，《化学简史》，297 页，商务印书馆，1979。

仅仅不多几个元素却组成了庞大的物质种类的有机化学之谜开始得到解答。

第二节　苯的结构学说——化学直觉的范例

此时，开链状的所谓“脂肪族化合物”（此名由 A. W. 霍夫曼创立）的性质得到了比较满意的解释，但另一类重要的物质——“芳香族化合物”（此名由凯库勒所创）并没有因此而解除疑难。它们表现出与脂肪族化合物大不相同的性质，而它们自己却表现出一些共同的特性。

作为“芳香族化合物的沼气”的苯是在1825 年由法拉第首先发现的，并分析确定了其实验式为 CH。分子式 C_6H_6 则是由日拉尔等推测出来的。

凯库勒在 1858 年就认识到苯中碳原子彼此之间比大多数有机化合物中的碳之间要靠得更近。1865 年他进一步指出：“我们如果要弄清芳香化合物的原子结构，那么就有必要解释下列事实：①所有的芳香族化合物，甚至最简单的芳香化合物都比相应的脂肪族有较多的碳；②在芳香族化合物和脂肪族化合物中，都存在着大量的同系物；③最简单的芳香化合物至少也含有6 个碳原子；④所有芳香族的衍生物都具有某种同族的共同点，它们都属于‘芳香化合物’族。它们在发生更剧烈的反应时，常会分解出一部分碳，但主要产物至少含6 个碳原子。除非有机基团被完全破坏，否则随着这些产物的形成，分解过程即行停止。”①

他根据这些化学事实，提出了假说：“所有芳香化合物都含有一个共同的原子团，或者含有六个碳原子组成的共同的核。在此核内，碳原子结合得更为紧密。碳原子更紧密地结合在一起是芳香化合物之所以含有更多的碳的原因。其余的碳原子则可能按脂肪族化合物的那种方式和规律与这个核相连接。而且同系化合物的存在也能用这种方式加以解释。”②

凯库勒在苯的结构研究过程中，又充分发挥了他的“建筑学”特长和“灵感”、“直觉”之验。他是这样描述他的发现的：有次在书房中打瞌睡，梦见碳原子的长链像蛇一样盘绕卷曲，忽见一个抓住自己的尾巴，这幅图像在眼前嘲弄般地旋转不已。这就是著名的“苯环结构”：苯分子中的 6 个碳连成环状，碳之间以单、双键交替结合，每个碳与一个氢相连，这样既满足了碳 4 价，又符合分子式 C_6H_6。

凯库勒曾先后用图 10－2－1 所示的几个式子来表示苯的结构：

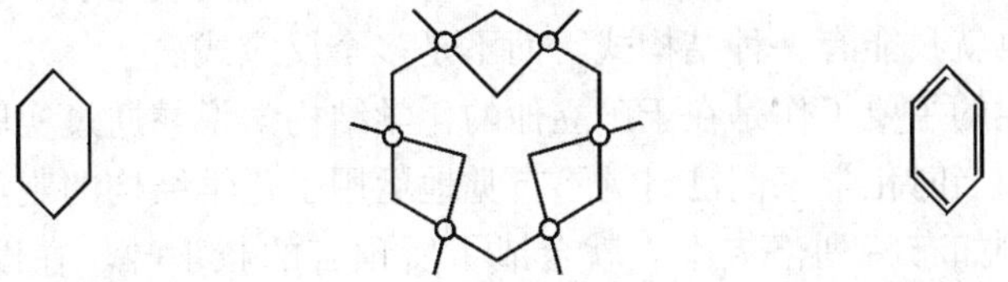

Ⅰ　　Ⅱ　　Ⅲ

图 10－2－1　苯的结构式

Ⅲ式就是现代有机化学中所说的凯库勒式。

① C. 肖莱马著，潘吉星译，《有机化学的产生和发展》，112 页，科学出版社，1978。
② C. 肖莱马著，潘吉星译，《有机化学的产生和发展》，113 页，科学出版社，1978。

苯的环状结构学说在有机化学史上获得了巨大成功。它对理论化学、实验化学和化学工业发展的影响是如此之大，以致在 1890 年 3 月 11 日——苯环结构学说问世 25 周年之际，各个阶层和各种国籍的化学家都把这一天当作一个盛大的化学节日来庆祝。正像当年伦敦化学学会指出的："苯作为一个封闭链式结构的巧妙概念，对于化学理论发展的影响，对于研究这一类及其相似化合物的衍生物中的异构现象的内在问题所给予的动力，以及对于像煤焦油染料这样巨大规模的工业的前导，都已为举世公认。"①

当然，凯库勒的苯的结构学说也存在不足。例如，按凯库勒式，就不能对苯的取代衍生物的异构体数目做出正确解释。为此，当时化学家们又提出了许多其他的结构式，但都未能取得成功。问题关键在于当时还未能触及化学键的本质。

第三节　化学结构学说——结构与功能的关系

对这些新的结构学说表现出极大热情的俄国著名有机化学家布特列洛夫于 1861 年明确提出了"化学结构"这一概念。而他在这之前的 1857 年 - 1858 年间曾在武尔兹实验室工作。

"结构"这个概念其实早已被化学家广泛引用了，只是各自对它的理解有所不同，如日拉尔和凯库勒所理解的结构是要求把分子看做是一个由各种原子结合起来的"建筑物"，原子就好像木架和砖石等，这就是建筑观点的分子结构。虽然这种观点是正确的，但当时这样的结构是难以测定的。所以他们认为写在纸上的那些式子只不过是表示了一个分子的自身和其他化合物的关系，只不过是代表该化合物的某一反应式而已。一个分子发生反应后，化合物的整个结构就发生变化了，一个化合物在不同的反应中就可以有不同的反应式。

对类型论思想持怀疑态度的布特列洛夫则与日拉尔派不同，他提出的"化学结构"则是强调了化合物的化学性质，而不计较那些物理原子概念。他说："假定一个化学原子具有一定的和有限的化学亲和力值，化学原子借这种亲和力来参加形成物质。那么，我拟将这种化学关系，或者说在所形成的化合物中各原子间的相互连接，用'化学结构'这个词来表示。""一个分子的本性，取决于组合单元的本性、数量和化学结构。"②

所以他得出结论：可以从分子的化学结构去了解或预测它的许多化学性质；反过来，也可以从化学性质去确定分子的化学结构。这样抽象出来的结构式是表示化学结构真正的理性式子，一种化合物也就只能有一种结构式，而不是多个反应式。

布特列洛夫一生的主要工作是在于确立他的化学结构学说并通过实验——有机合成来证实他的学说。确实，当时化学家们已自觉不自觉地运用了化学结构的观点，曾预言并合成了一些有机化合物。例如布特列洛夫本人就合成了所预言的叔丁醇。在以后有机合成的发展中，这方面则大大加强了。而在物理测试技术还不发达的年代里，我们则是长期通过认识化合物的化学性能来确定化学结构的。

随着测试技术的进步，尤其是 20 世纪 X 射线照相技术的产生，使得"建筑式"分子结构的认识也成为可能。但在这之前还产生了立体化学理论。

① 《化学发展简史》，185 页，科学出版社，1980。
② A. M. Butlerov, "On the Chemical Structure of Substance", J. Chem. Educ., 48, 289 (1971).

当时对碳的四个价是否等价存在争议，由此带来一系列的异构体问题。布特列洛夫就认为碳的四个价是不等同的。但德国化学家肖莱马（Carl Schorlemmer，1834－1892）基于对有机结构理论和异构现象的正确理解，用充分的实验事实证明了碳的四个价是等同的。他对脂肪烃做过系统的研究，并在1874年成为英国的第一个有机化学教授。

1864年，英国化学家布朗（Alexander Crum Brown，1838－1922）和德国化学家L·迈尔提出了双键概念和表示法。1862年德国的艾伦迈尔（Emil Erlenmeyer，1825－1909）认识到乙炔中存在三键。

布特列洛夫在其化学结构学说中贯彻的一个观点就是运动的观点，认为分子不是一个僵死的体系，而是发生着一种经常处在平衡状态下的异构化作用。这有助于他在1877年预言互变异构现象的可能存在。其实凯库勒当年为摆脱苯的凯库勒式所遇到的困境，也曾提出过运动－平衡的思想。

1882年，拜尔在研究靛蓝时发现了互变异构现象，即仿佛同一种物质可有两个不同的结构式。德国化学家拉尔（Peter Conrad Laar，1853－1928）于1885年提出了互变异构理论解释这种现象。互变异构物、互变异构现象等名称就是他提出来的。以后又有德国的雅库森（Paul Jacobson，1859－1923）和韩齐（Arthur Rodolf Hantzsch，1857－1935）等进一步研究了互变异构现象并提出了一些新的见解，例如他们把这种现象称为动态异构及稳态异构。

这个时期化学家也已注意到了共轭效应这个现象，并试图做出解释。这有1887年俄国化学家伊林斯基（M. Нльинский，1856－1941）提出的价键可分性概念，1889年德国化学家泰勒（Johannes Thiele，1865－1918）提出了剩余化合价学说等。但由于这些观点都只是基于有机化合物的理化性质或表面的反应现象，所以对共轭效应现象也就很少能做出成功的说明。

在西欧发展起来的正统的结构理论，一直忽视了分子中原子之间的相互影响这个问题，但在俄国却受到了重视。起初布特列洛夫注意到了这个问题，但最后是由他的学生马可夫尼柯夫（Владимир Василвевич Марковинков，1838－1904）做了定论性的研究，这就是他1869年提出来的马可夫尼柯夫法则。可以说，马氏法则是20世纪从电子结构角度揭示有机化学反应本质研究工作的先导，因为电子理论对马氏法则做出了满意的说明。

第四节　立体化学理论——从二维到三维空间

19世纪的化学具有整个自然科学的发展所呈现出的一个特点，即科学理论的提出总是在科学事实、现象的发现后面（20世纪的科学发展则不完全是这样了）。作为19世纪下半叶产生和发展起来的有机结构理论的一个重要分支——立体化学，当然也在其列。

一、旋光异构现象

在1815年－1835年间，法国人比奥（Jeam Baptiste Biot，1774－1862）观察到一些天然存在的有机化合物，像松节油、樟脑、糖及酒石酸，不仅它们的晶体表现出前人已发现的旋光性，而且它们的液态或溶液也能使偏振光的平面向一方或另一方旋转，所以他指出：“有机化合物在非结晶状态下所具有的旋光性，一定是它的分子所固有的性能。”①

1844年，贝采里乌斯的德国学生米希尔里希发现，虽然一种酒石酸和另外一种酒石酸有相同的化学成分，但前者及盐有旋光性，后者却没有，其实这就是后来认识到的外消旋酒石酸。

1848年，法国的巴斯德（Louis Pasteur，1822－1895，曾是杜马的学生）注意到一个非常重要的事实：酒石酸盐有特殊的半面晶面（这被米希尔里希所忽视），并且所有酒石酸盐的半面晶面与它的旋光性可能存在一定的关系，既然这样，那么没有旋光性的那种酒石酸就应该是对称的。他进一步发现，这种没有旋光性的酒石酸也有半面晶面，“我小心分开半面晶面向右的晶体和半面晶面向左的晶体，然后用偏振装置分别地检查它们的溶液，我又惊又喜地看到半面晶面向右的晶体使偏振光平面向右旋，半面晶面向左的晶体使偏振光平面向左旋。把两种晶体各取等重制成的混合溶液，由于两种偏转相等、方向相反而抵消，所以对光不产生影响。”② 这就是外消旋酒石酸。

1860年，巴斯德进一步指出：左旋酒石酸和右旋酒石酸像左右手的关系一样不能重叠。这些物质中的原子存在着一种非对称排布。他已试图从现象出发，进而提出假说来解释所观察的现象。

当时对旋光性研究较多的是另一个有机化合物——乳酸。从酸牛乳中提纯得到的发酵乳酸与从肌肉的水提液中提纯得来的肌肉乳酸是一对旋光异构体。德国有机化学家威利森努斯（Johanne Wislicenus，1835－1902）在对乳酸进行了一系列研究后指出：“如果分子在结构上可以是等同的，可是具有不同的性质，那么这种差别，就只有认为是由于原子在空间有不同的排布，才能加以解释。”③

人们已逐渐地由现象伸向本质。由于有机结构理论一直主要是限于平面空间，或者偶尔有过“立体”思想的火花，但因为化学现象在二维空间里已能得到比较满意的解释，所以在三维空间也就没有进行什么实质性探讨。就是善于几何构造的凯库勒在这方面也未能大展宏图。不过愈来愈多的旋光异构现象已向平面型的有机结构理论发起了挑战。

当时还有一些其他现象得不到结构理论的解释。例如对于甲烷衍生物CH_2R_2，按当时的有机结构理论，它的异构体应有两个：

但事实上它不产生异构体。这类异构现象的问题是普遍存在的。

二、碳的四面体构型学说

虽然长于有机结构理论的凯库勒继苯环结构理论之后未能在这个领域再有所建树（公正地讲，对于一个科学家，特别是一个理论化学家，在科学上能达到他这种境地已是凤毛麟角，无可非议了），但深受他的思想影响的荷兰化学家范霍夫（Jacobus Henricus van't Hoff,

① 《化学发展简史》，178页，科学出版社，1980。
② J. R. 柏廷顿著，胡作玄译，《化学简史》，310页，商务印书馆，1979。
③ 《化学发展简史》，179页，科学出版社，1980。

1852－1911）不负师望，写下了有机结构理论新的光辉的一页。

1874 年 9 月，范霍夫发表了论巴斯德旋光异构成果的小册子《化学的结构式……空间分布论》。次年又有增补本《立体化学》。在这些书里，他系统阐述了自己的理论观点。他指出，之所以出现如我们上面所列举的那些问题，是由于人们对原子在分子中的实际位置理解得还不够而产生的。如果假定碳原子的四个价指向四面体的顶点，碳原子本身占据四面体的中心，异构体的数目就减少了，如对于 CH_2R_2 来说，就只有一个（图 10－4－1）。

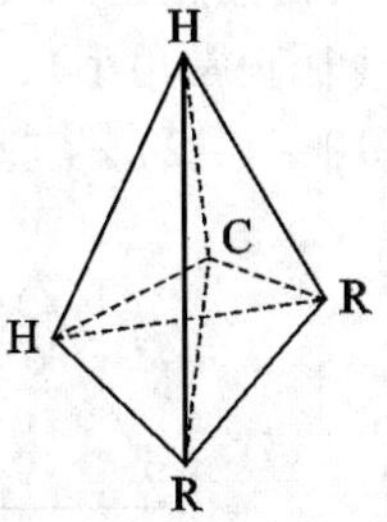

图 10－4－1

CH_2R_2 的立体结构

他又举例说，如果一个碳原子的四个亲和力为四个不同的一价基所饱和时，可得到两个也仅有两个四面体，它们互为对方的镜像。但按二维空间结构式来看，则有三个异构体。

范霍夫认为，“每个碳的化合物的溶液如能引起偏振面旋转，则具有不对称的碳原子”①，即与碳原子相连的四个基完全不同，例如：

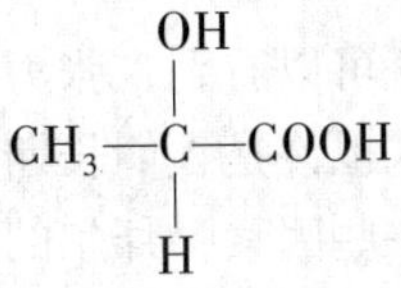

乳酸

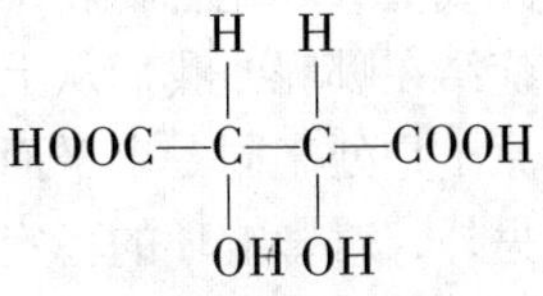

酒石酸

他还进一步指出，可以根据结构和旋光性之间的关系来推测有机化合物的合适的结构式，如旋光性的戊醇应含有一个不对称的碳原子，因而有下式：

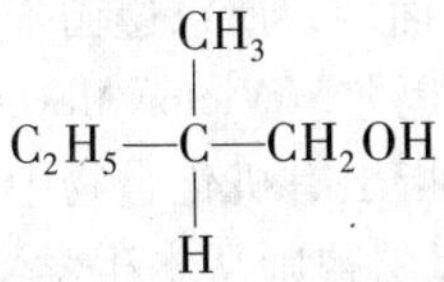

在应用这些观点方面，威利森努斯、费歇尔（Emil Fischer，1852－1919）、拜尔和瓦拉赫（Otto Wallach，1847－1931）等人的研究工作使不对称碳原子的理论建立在稳固的基础上。例如作为凯库勒和拜尔的学生的 E. 费歇尔，对异构糖类的结构做出的解释是立体化学理论的一次重要的实际运用。他的研究成果为碳水化合物化学打下了基础。

就在范霍夫于 1874 年 9 月在他本国的乌特勒支发表碳四面体构型学说后不到两个月，法国化学家勒贝尔（Joseph Achille Lebel，1847－1930）在巴黎也独立地发表了论文，阐述了几乎完全相同的观点，只是他们的推理方式有些不同。这使我们想起碳 4 价和碳链理论也是由两个人在不同的国度里各自独立提出来的。类似这样的事情在科学史上是常有的。它说明科学的发展也是有其自身规律可循的。

三、立体化学的不断发展

1885 年，曾受教于本生而同凯库勒合作过的拜尔注意到脂环化合物中，五元环、六元环化合物较稳定，而三元环、四元环化合物较活泼的现象。他依据碳的四面体构型观点，提出了解释这种现象的张力理论：环状化合物的稳定性取决于它们的价键角偏离碳四面体正常

① J. R. 柏廷顿著，胡作玄译，《化学简史》，313 页，商务印书馆，1979。

价键角的程度。偏离越大，张力越大，则愈不稳定。五元环化合物计算结果其价键角与正常价键角相差无几，所以比较稳定，而四元、三元环的价键角偏离正常价键角就比较大了（比正常角小），所以就产生张力，表现为自身不稳定，即化学性质活泼，易发生反应（图10－4－2），实验事实支持了这些结论。

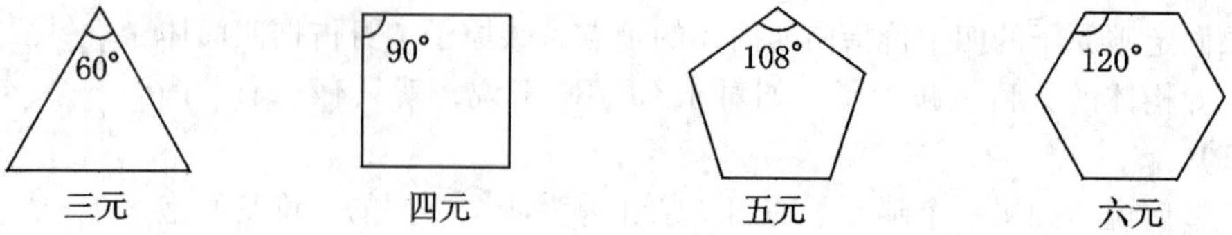

图 10－4－2　多元环的价键角

因为正常价键角是109°28′，所以推论应是六元环也有一定的张力，表现为自身不稳定。但一切实验事实都证明环己烷是相当稳定的化合物，而没有表现出张力理论所预言的性质。所以，张力理论对六元或更大环化合物就不适用了。

那么张力理论的症结在哪呢？我们从上面的图式就可以看到，张力理论的一个假定条件就是碳环上所有的碳原子是处于同一个平面之内——这也许是人们长期习惯于平面型思维方式所带来的结果吧。另外，对影响环的稳定性的其他一些因素，拜尔的张力理论也未考虑。

为此，1890年，萨赫斯（Ulrich Sachse，1854－1911）提出了无张力环的概念，认为在环己烷中，如果碳原子不在同一个平面，就仍可保持正常的键角，形成了无张力环，环己烷就表现出稳定性质。20世纪的X光照相技术证明了这个推测的正确性，并且同时也证明了五元以内的环的碳原子基本在一个平面内，所以遵循张力理论。

1894年－1897年，德国化学家迈尔（Victor Meyer，1848－1897）及其学生研究“位阻”现象，提出了“位阻理论”。它指出有机化合物中的大型取代原子团，由于它们很大，会阻碍相邻的碳原子参加反应。V. 迈尔曾师从本生学习并成为助手，同拜尔合作过。他既是一位不倦的研究者，又是一位卓越的教师。

19世纪末，英国化学家波普（William Jackson Pope，1870－1939）制得氮、硫、硒等的不含不对称碳原子的旋光化合物。瑞士化学家维尔纳（Alfred Werner，1866－1919）也制得不是由碳原子引起的旋光性物质。从而说明旋光性不是由于存在不对称碳原子，而是来自对映的分子构型。这样，立体化学已不是仅限于研究碳的化合物了，而是向化学的各个领域延伸。

第十一章　无机化学的系统化

18 世纪中叶至 19 世纪中叶的 100 年间，无机化学有了很大的发展，化学家们系统地分析了人类能接触到的各种物质。到 1869 年，共发现了 63 种化学元素。但是对这些元素的分类以及它们的相互联系，尚缺乏研究。在各种元素大量发现的基础上，系统地研究化学元素就成了一个十分紧迫的任务。

第一节　化学元素大发现——分析方法进步的胜利

由于化学的发展，化学家们陆续发现了许多化学元素，元素发现多了，自然而然地要寻求各种化学元素的内在联系。所以，各种化学元素的发现，是进一步发现化学元素周期律的必要条件。

在化学元素周期律发现之前，化学家们发现的 63 种化学元素，按其发现方法，大体上可以分为以下几个阶段。

一、感性的直观方法

这个时期大约从人类懂得用火以后就逐步开始了，到炼金术时期为止。在中国、埃及、印度、希腊这些古老国家中，都在生产实践中懂得了用火冶炼，用碳还原，制取一些金属，但当时对各种元素的认识仅是感性的直观。仅仅停留在定性的阶段，停留在对元素的表面的宏观性质的粗浅认识上。在这段漫长的历史中，人类发现的元素有金、银、铜、铁、铅、锡、锌、汞、碳、硫等。

后来，在炼金术的时期，尽管有其荒诞的一面，但一些炼金术士在黑暗的摸索中也积累了一些化学资料，到 1669 年止，共发现了四种元素，即砷、锑、铋和磷。

二、古典化学分析的方法

古典化学分析是由波义耳、普利斯特里、舍勒、拉瓦锡以及后来的贝采里乌斯等人逐步创立的，这个时期从 17 世纪下半叶到 19 世纪初，经历了 100 多年。

化学分析对元素的发现是非常重要的，进行化学分析需要分析仪器和化学试剂。玻璃仪器精巧而透明，同时一般不和反应物发生化学变化，便于操作和观察；化学试剂可以进行具有特征性的化学反应，便于检出化学元素。玻璃仪器和化学试剂的创造和使用，建立了系统化学分析方法，促进了分析工作的发展，使化学家们能够把过去难以分解的化合物加以分解，能够把过去不易识别的元素识别出来。而天平的使用则使分析工作从定性走向了定量。

古典化学分析时期发现了许多元素，如钴、镍、锰等就是用典型的化学分析方法发现的。此外还发现了铂、氢、氮、氧、氯、铬、钼、钨、铀、碲、硒等，共计 14 种。

三、电解法

1782 年 – 1800 年的 18 年间，元素发现经历了一个历史的低潮，这是由于单单用古典化学分析的方法已经很不够了，迫切需要一种更强有力的分析方法和工具。1799 年伏打制成了直流电源，即伏打电堆，1807 年戴维利用 250 对锌片和铜片组成的电堆，成功地电解熔融苛性碱得到了钾和钠，后来又用类似的方法电解钙、镁、锶、钡的盐而获得它们的单质。特别是活泼金属钾、钠的制成有重要意义。因为人们可以利用钾、钠作为强还原剂，还原其他金属。

电解法发明之后，出现了发现新元素的高潮。44 年间，发现了 31 种新元素。计有钾、钠、锂、钙、锶、钡、镉、铈、硼、硅、钛、锆、钽、硒、碘、铑、钯、锇、铱、铍、铝、钇、镧、铌、钼、钍、钒、铽、溴、钌、镁等。在这些元素的发现中，电解法起了重大作用。同时，古典化学分析方法，也仍然继续使用，而且还得到了发展。

四、光谱分析法——光谱仪的发明和应用

1844 年钌被发现之后，一直到 1859 年，15 年间一种新元素也没有发现，元素发现史上又出现了一段空白时期，这表明，仅用传统的化学分析方法和电化学方法又显得不够了，这就需要改进方法，革新工具。

1860 年德国化学家本生和物理学家基尔霍夫（G. R. Kirchhoff，1824－1887），合作制成了第一台光谱分析仪，开创了光谱分析的新时代。运用光谱分析，首先发现了铯和铷，紧接着又发现了铟和铊。利用光谱分析不仅发现了一大批新元素，同时还对过去已发现的元素进行了系统的验证。

总之，随着历史的前进和大量的化学元素的发现，人们逐步开始系统地思考各种元素的内在联系，这个过程也是一个十分漫长而艰难的历史。

第二节　化学元素分类研究——周期律发现的前奏

首先对化学元素进行分类研究的是拉瓦锡。他在 1789 年出版的《化学大纲》中，对 33 种化学元素进行了分类，他认为这 33 种化学元素可分为四类：

（1）气体元素：氧、氮、氢、光、热。

（2）金属元素：银、锡、铜、砷、锑、铋、镍、金、钴、铁、钼、钨、锰、铂、铅、锌、汞。

（3）非金属元素：硫、磷、碳、盐酸基、氟酸基、硼酸基。

（4）能成盐的土质元素：石灰、镁土、钡土、铝土、硅土。

由于拉瓦锡受时代的限制，把一些不是元素的东西也当成元素。如，光、热、石灰等等。同时，又把元素分为“土质元素”，这显然含有亚里士多德水、火、土、气四素说的思想痕迹。

进入 19 世纪以后，许多化学家都陆续研究过化学元素的分类问题。

1829 年，德国化学家德贝莱纳（J. W. Döbereiner，1780－1849），通过系统地研究当时已经发现的 54 种化学元素的性质，发现了几组元素，每组包括三种性质相似的元素。其中有：①锂、钠、钾；②钙、锶、钡；③氯、溴、碘；④硫、硒、碲；⑤锰、铬、铁等。他把这种三个性质相似的元素小组称为“三元素组”。他还经过进一步研究发现，在三元素组中，居于中间的元素的原子量，近似的等于两端两个元素原子量的平均值。例如，在第①组中，$Li=95$，$Na=290$，$K=490$，$\frac{Li+K}{2}=\frac{95+490}{2}=292.5$（接近钠的原子量），其他各组的

情况也都差不多。德贝莱纳确实发现了一些元素的分类规律，但他没有能把所有元素都系统地归纳为一个体系。从他的一些著作中来看，他似乎还没有试图把所有元素都归纳为一个体系的想法。

进一步研究化学元素分类的是德国药物学家培顿科弗（M. J. von Pettenkofer，1818－1901）。他认为，性质相似的元素不一定只有3个，他还发现，性质相似的元素的原子量之差，往往是8或者8的倍数。1850年，他曾认真地阐述过他的见解。

1854年，美国化学家库克（J. P. Cooke，1827－1894）曾把化学元素分为六类。1857年，英国化学家欧德林（W. Odling，1829－1921）曾把化学元素分为13类。这些分类都有一定的根据，但都比较粗浅，再加上当时原子量的测定有许多是不精确的或错误的，因而使这些分类有些地方显得更为牵强附会。

19世纪50年代末60年代初，化学家们对原子量的测定逐步精确了一些，这就为正确地进行元素分类创造了条件。1862年，法国化学家尚古多（B. de Chancourtois 1820－1886）提出，元素性质的变化就是数的变化的观点。他创造性地把当时62种化学元素，按原子量大小的顺序，标记在绕着圆柱体上升的螺旋线上，从而他惊奇地发现，化学性质相似的元素，都出现在同一条母线上，如Li－Na－K；Cl－Br－I等等。当时，他把画出的这个图称为《螺旋图》。尚古多的螺旋图，比前人高明之处在于，他能从整体上去探索化学元素的原子量和性质的统一关系，并且通过他的螺旋图说明了化学元素性质的周期性，这已经走到了化学元素周期律的门前了。

在尚古多提出螺旋图的第二年，英国化学家欧德林，又把自己的元素分类研究向前推进了一步。发表了一个《原子量和元素符号表》，表中列出元素49个，还留出了9个空格。这个表似乎在一定程度上反映出了化学元素性质变化依赖于原子量的变化，并呈现周期性。但他没有能把当时已知的化学元素都收进来，也没有对该表和表中的空格做出说明。从表的形式上看，它比螺旋图更接近于化学元素周期表。

在周期律的发现方面进一步做出贡献的是德国化学家J. L. 迈尔。迈尔本是一位医学博士，但他从未给别人看过病。他对化学非常感兴趣，后来就拜本生为师研究化学。1864年，他出版了《现代化学理论》一书，书中按原子量递增的顺序研究各种化学元素的性质，还列出了一个"六元素表"。迈尔的"六元素表"已具备了化学元素周期表的雏形，并且还给未发现的化学元素留出了空位。但是，这个六元素表中所开列出的元素还不及当时已知元素的一半，只有29种，加上空格在内才36种，这显然是很不完全的。

1865年，英国化学家纽兰兹（J. A. R. Newlands，1837－1898），独立地从另一角度研究化学元素的分类。纽兰兹是伦敦学院的化学教授，也是制糖化学的权威。他把化学元素按原子量递增的顺序排列起来，发现每隔8个元素，元素的物理性质和化学性质就会重复出现。这样他就把各种化学元素按着原子量递增的顺序排列起来，形成若干族系和周期。他把化学元素的这一规律称为"八音律"，这就好像音乐里的八度音程一样。纽兰兹把他的发现写成论文，并在英国化学学会上做了介绍。但是，除了引起普遍的嘲笑以外，什么也没有得到。英国化学学会拒绝发表他的论文，一位物理学家还挖苦地对他说："如果把各种元素按着开头字母的顺序排列起来，是否也能得到什么规律。"但是后来门捷列夫（Д. И. Менделеев，1834－1907）和迈尔的化学元素周期律得到承认，并且二人同时获得戴维科学奖，英国皇家学会才纠正了他们对纽兰兹的不公正态度。还颁发给纽兰兹一枚戴维奖章，以鼓励他的进取精神。纽兰兹在1898年7月29日因患流感逝世，享年62岁。

总之，到19世纪60年代，由于化学元素的大量发现和原子量的精确测定，对元素系列的正确分类已经成为可能，许多化学家互相独立地从不同的侧面探寻化学元素系列和化学元素分类的规律，都取得了一定的进展，这表明，人类在发现化学元素周期律的道路上是一个不断向真理逼近的过程。

第三节　化学元素周期律的发现——门捷列夫由量到质的思维

19世纪60年代末，70年代初，已经具备了发现化学元素周期律的条件。这一发现由迈尔和门捷列夫共同完成了。

门捷列夫1834年2月7日出生在西伯利亚的托波尔斯克。据美国化学史家韦克斯（M. E. Weeks）考证，门捷列夫是中国的蒙族人和俄国的俄罗斯人的后裔[①]。他的父亲是个中学校长，母亲也非常能干，担任一个玻璃厂的厂长。

门捷列夫担任彼得堡大学教授以后，为了系统讲好无机化学课程，想编写一本《化学原理》教科书，他仔细地研究各种元素的物理性质和化学性质。试图对化学元素进行系统的分类，他用一些厚纸剪成像扑克牌一样的卡片，然后把各种化学元素的名称、原子量、氧化物以及各种物理性质与化学性质分别写在卡片上，这样，一个元素占一张卡片，只要拿到某一元素的卡片，它的一切情况就一目了然了，当时共有63种元素，因此门捷列夫写了63张卡片。

门捷列夫为了把各种元素进行分类，他就用各种不同方式去摆那63张卡片。首先，他像德贝莱纳那样，试着把元素分为三个一组，但没有理想的结果。他又试着把金属元素摆在一起，把非金属元素摆在一起，还是不行。1869年2月17日晚上，门捷列夫试着按原子量递增的顺序，把当时的63种元素排成几行，再把各行中性质相似的元素上下对齐。这样，所有化学元素的内在联系终于表现出来了：每一横行化学元素的性质都相近：每一纵行化学元素的性质都从金属变为非金属。整个元素系列呈现出周期性的变化。门捷列夫坚信，他已经摸到了自然的脉搏，已经发现了自然界中最伟大的规律，他对自己发现的规律深信不疑。当时有些原子量和它们的性质不符。他就大胆地修正了原子量，有些元素之间性质跳跃太大，他就大胆地预言了当时尚未发现的元素，并为这些元素留下空位。

门捷列夫把他2月17日的发现首先写在一个旧信封上，第二天他又进行了整理。最后制成了一个周期律图表（表11－3－1），这是人类历史上第一张化学元素周期表。这个表中，周期是纵排，族是横排的。

---

① M. E. 韦克斯著，黄素封译，《化学元素的发现》，308页，商务印书馆，1965。

表 11－3－1　门捷列夫的第一个周期律图表（1869 年）

			Ti = 50	Zr = 90	? = 180
			V = 51	Nb = 94	Ta = 182
			Cr = 52	Mo = 96	W = 186
			Mn = 55	Rh = 104,$_4$	Pt = 197,$_4$
			Fe = 56	Ru = 104,$_4$	Ir = 198
			Ni = Co = 59	Pd = 106,$_6$	Os = 199
H = 1			Cu = 63,$_4$	Ag = 108	Hg = 200
	Be = 9,$_4$	Mg = 24	Zn = 65,$_2$	Cd = 112	
	B = 11	Al = 27,$_4$	? = 68	U = 116	Au = 197?
	C = 12	Si = 28	? = 70	Sn = 118	
	N = 14	P = 31	As = 75	Sb = 122	Bi = 210?
	O = 16	S = 32	Se = 79,$_4$	Te = 128?	
	F = 19	Cl = 35,$_5$	Br = 80	I = 127	
Li = 7	Na = 23	K = 39	Rb = 85,$_4$	Cs = 133	Tl = 204
		Ca = 40	Sr = 87,$_6$	Ba = 137	Pb = 207
		? = 45	Ce = 92		
		? Er = 56	La = 94		
		? Yt = 60	Di = 95		
		? In = 75,$_6$	Th = 118?		

门捷列夫发现了化学元素周期律之后，他把他的周期表首先用俄文和法文印出，分寄给俄罗斯化学学会和其他一些科学家。1869 年 3 月 6 日，门捷列夫本应当亲自在俄国化学学会的会议上报告他的发现，但遗憾的是在会议前夕，他突然病倒了。不得不请他的朋友门舒特金（Н. А. Меншуткин，1842－1907）代他宣读了题为《元素属性和原子量的关系》的论文，文中的主要观点可以归结为如下四点：

（1）化学元素原子量的大小决定着化学元素的性质，这就好像质点的大小决定复杂物质的性质一样。

（2）把各种化学元素按着原子量的大小排列起来，在化学性质上呈现明显的周期性。

（3）按着原子量由小到大的顺序排列各种元素，在原子量跳跃过大的地方会有新元素被发现，因此周期律可以预言尚未被发现的元素。

（4）当排列周期表时，根据元素的性质和它们在周期表中的位置，可以修正测得不准确的原子量。

比门捷列夫发现化学元素周期律稍早几个月，德国化学家迈尔修订了他的“六元素表”，于 1868 年提出了著名的《原子体积周期性图解》。如图 11－3－1 所示。

迈尔的《原子体积周期性图解》已经十分精彩地体现出化学元素周期律。图解的曲线呈现五个波峰、五个波谷，显现出化学元素的五个周期（包括最简单的第一周期），比门捷列夫的第一张化学元素周期表定量化程度要强，因而比较精确。但是，迈尔没能系统说明他

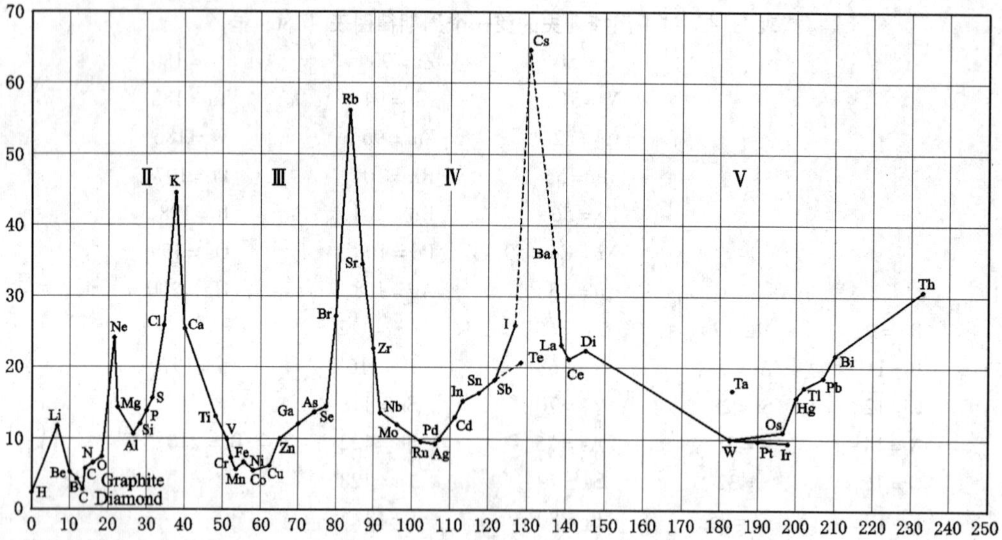

图 11－3－1 J. L. 迈尔的原子体积——原子量图（1868 年）

的曲线，这个曲线又主要体现了化学元素的物理性质。在 1869 年 10 月，迈尔把各种化学元素横排成一个表（表 11－3－2），这个表比 1869 年 3 月门捷列夫的表要好一些。

表 11－3－2 J. L. 迈尔的化学元素周期系（1869 年 10 月作，1870 年发表）

Ⅰ	Ⅱ	Ⅲ	Ⅳ	Ⅴ	Ⅵ	Ⅶ	Ⅷ	Ⅸ
	B＝11.0	Al＝27.3				? In＝113.4		Tl＝202.7
	C＝11.97	Si＝28				Sn＝117.8		Pb＝206.4
			Ti＝48		Zr＝89.7			
	N＝14.01	P＝30.9		As＝74.9		Sb＝112.1		Bi＝207.5
			V＝51.2		Nb＝93.7		Ta＝182.2	
	O＝15.96	S＝31.98		Se＝78		Te＝128?		
			Cr＝52.4		Mo＝95.6		W＝183.5	
	F＝19.1	Cl＝35.38		Br＝79.75			J＝126.5	
			Mn＝54.8		Ru＝103.5		Os＝198?	
			Fe＝55.9		Rb＝104.1		Ir＝196.7	
			Co＝Ni＝58.6		Pd＝106.2		Pt＝196.7	
Li＝7.01	Na＝22.99	K＝39.04		Rb＝85.2		Cs＝132.7		
			Cu＝63.3		Ag＝107.66		Au＝196.2	
? Be＝9.3	Mg＝23.9	Ca＝39.9		Sr＝87.0		Ba＝136.8		
			Zn＝64.9		Cd＝111.6		Hg＝198.8	

迈尔的横排表，给未发现的化学元素留下了空位，有了族和周期的划分，比门捷列夫第一张表有明显的优点。

门捷列夫在第一张的基础上，经两年的努力，于1871年12月，又发表了第二张表（表11-3-3）。门捷列夫的第二张表，改竖排为横排，使同族元素处于同一竖行中，这样更突出了化学元素性质的周期性。此外，他还把同一族元素分为主族和副族，横排就是周期。每一族中，他还把典型的氧化物和氢化物的形式写在上边。门捷列夫的第二张周期表，收在《化学元素周期性依赖关系》的论文中，他在文中指出："元素（以及由元素形成的单质或化合物）的性质，周期性地随着它们的原子量而改变。"门捷列夫的第二张表已非常接近现代周期表的形式。

表11-3-3 门捷列夫化学元素周期表（1871年12月）

最高氢化物 最高氧化物	Ⅰ族 R_2O	Ⅱ族 RO	Ⅲ族 （RH_5？） R_2O_3	Ⅳ族 RH_4 RO_2	Ⅴ族 RH_3 R_2O_5	Ⅵ族 RH_2 RO_3 或 R_2O_6	Ⅶ族 RH R_2O_7	Ⅷ族 RO_4 或 R_2O_8
	H = 1	–	–	–	–	–	–	–
典型元素	Li = 7	Be = 9.4	B = 11	C = 12	N = 14	O = 16	F = 19	
第一周期 1类	Na = 23	Mg = 24	Al = 27.3	Si = 28	P = 31	S = 32	Cl = 35.5	Fe = 56 Co = 59 Ni = 59 Cu = 63
2类	K = 39	Ca = 40	– = 44	Ti = 50?	V = 51	Cr = 52	Mn = 55	
第二周期 3类	（Cu = 63）	Zn = 65	– = 68	– = 72	As = 75	Se = 78	Br = 80	Ru = 104 Rh = 104 Pd = 104 Ag = 108
4类	Rb = 85	Sr = 87	（? Yt = 88?）	Zr = 90	Nb = 94	Mo = 96	– = 100	
第三周期 5类	（Ag = 108）	Cd = 112	In = 113	Sn = 118	Sb = 122	Te = 128?	I = 127	
6类	Cs = 133	Ba = 137	– = 137	Ce = 138?				
第四周期 7类	（–）	–	–	–	–	–	–	
8类	–	–	–	–	Ta = 182	W = 184	–	Os = 199?
第五周期 9类	（Au = 197）	Hg = 200	Tl = 204	Pb = 207	Bi = 208	–	–	Ir = 198 Pt = 197
10类	–	–	–	Th = 232	–	Ur = 240	–	Au = 197

1871年，门捷列夫第二张化学元素周期表公布以后，化学元素周期律的发现工作就完成了。公正地说，化学元素周期律应当是迈尔和门捷列夫二人分别发现的。他们二人在发现元素周期律时所做的贡献都是伟大的。相比较而言，门捷列夫对化学元素周期律的信念更为坚定，因而他的胆识更为杰出。他在制作周期表时，曾不顾当时公认的原子量，大胆而正确地改排了一些元素（如Os、Ir、Pt、Au；Te、I；Ni、Co等），还根据周期表中合理的位置果断地修正了一些元素的原子量（如In、Ca、Y、Er、Ce、Th、U等）。他还大胆地在周期表中留下空位，并根据这些空位预言了十几种尚未发现的化学元素。特别是对镓（Ga）、钪（Sc）和锗（Ge）的预言，准确得令人惊奇。

第四节　化学元素周期律的验证
——化学理论预见性的价值

在人类探索周期律的过程中和周期律发现的早期，旁观者们有的怀疑，有的讥讽。但随着根据周期律预言的一些元素被发现，人们终于都承认了周期律。

门捷列夫根据他的元素周期表的空格，预言了"类铝"、"类硼"和"类硅"三种未发现的化学元素的存在。

第一个发现的预言过的化学元素是“类铝”（Ea），即镓（Ga）。1875 年 8 月，法国化学家布瓦博德朗（Boisbaudran，1838 – 1912）在用光谱法分析了阿哲尔山谷（Argeles Valley）中的彼尔菲特（Pierrefitte）矿区的闪锌矿。他看到了两条新的谱线。他在实验报告中写道：“1875 年 8 月 27 日深夜三四点钟之间，当我将彼尔菲特矿区采来的闪锌矿作化验时，我认为可能有一种新的单体存在。”“这种物质在我的手头分量绝少，不容许我从混在一起的过量的锌中把它分离出来。所以我把它浓缩在几滴氯化锌中，这几滴氯化锌在电火花的作用下所显示的光谱，主要由狭而易见的紫色光线所组成，其位置大致在波长标度为 417 的地方。此外在 404 处也能看见一种极淡的光线。”1875 年 11 月 6 日，布瓦博德朗制取了 3.4 毫克的镓，献给了法国科学院。

布瓦博德朗在发现镓时，并不知道门捷列夫的预言。1875 年 11 月 22 日，门捷列夫在《科学报告》中读到了布瓦博德朗关于发现镓的论文，他确信，镓就是他所预言的“类铝”。门捷列夫给布瓦博德朗写了一封信，信中指出：镓的比重不是 4.7 而是 5.9。

布瓦博德朗读了门捷列夫的信以后，感到十分惊奇。他怎么也不明白，世界上只有他自己手中有少量的镓，别人连见都还没见过，门捷列夫怎么知道比重测错了呢？不过，他以科学家的负责精神，对镓的比重又进行了重新测定，结果和门捷列夫的预言非常接近。不仅是比重，镓的其他物理化学性质，门捷列夫预言的和实际测得的也都非常接近，这从表 11 – 3 – 4 中可以看得很清楚。

表 11 – 3 – 4　镓的属性的预测与实测对照表

门捷列夫预言“类铝”（Ea）的各种特性（1871年）	布瓦博德朗所测得的镓的各种特性
① 原子量约 68*，原子体积 = 11.5。	① 原子量 69.9，原子体积 = 11.7。
② 金属的比重为 5.9 – 6.0，非挥发性，不受空气作用，烧至红热时，能分解水气。将在酸液和碱液中逐渐溶解。	② 金属体（固体）比重为 5.94，在常温下不挥发，在空气中不起变化，对于水气的作用尚不明。在各种酸和碱中可逐渐溶解。
③ 氧化物公式 Ea_2O_3，比重 5.5，必能溶于酸中生成 EaX_3 型的盐。其氢氧化物必能溶于酸和碱中。	③ 氧化物 Ga_2O_3，比重犹未查出，能溶于酸中，生成 GaX_3 型的盐类，其氢氧化物能溶于酸和碱中。
④ 盐类有形成碱式盐的倾向。硫酸盐能成矾。其盐类能被 H_2S 或 $(NH_4)_2S$ 所沉淀。其无水氯化物较氯化锌更易挥发。	④ 其盐类极易水解并生成碱式盐。所成矾类已了解到。其盐类可能被 H_2S 和 $(NH_4)_2S$ 所沉淀。无水氯化物比氯化锌更易挥发，沸点为 215℃ – 220℃。
⑤ 本元素或将被分光分析法所发现。	⑤ 镓是通过分光镜发现的。

*镓原子量的现代值（1955 年）为 69.72（O = 16）

第一个预言过的化学元素——镓发现之后，科学家们感到惊奇。布瓦博德朗也认为：“没有必要再来说明门捷列夫这一理论的巨大意义了。”此后，化学元素周期律就得到了普遍的重视，门捷列夫的文章和有关周期律的理论著作，迅速被译成法文和英文，世界上有更多的人知道了周期律的内容。

1879 年，也就是在镓发现 4 年之后，门捷列夫预言的另一个新元素——类硼（R），又被发现了。

类硼也就是钪（Sc），这一元素的发现者是瑞典化学家尼尔森（L. F. Nilson，1840 – 1899）。尼尔森生于瑞典的戈特兰岛上，他 19 岁考入乌布萨拉大学，25 岁获得博士学位，发现钪时，年仅 39 岁。尼尔森测得的钪的物理化学性质，和 8 年前门捷列夫预言的类硼的特性十分吻合，这从表 11－3－5 中可以清楚地看到。

表 11－3－5　钪的属性的预测与实测对照表

门捷列夫预言的类硼的特性	尼尔森测得的钪的特性
① 原子量44。	① 原子量44。
② 氧化物 R_2O_3，氧化物比重3.5。碱性比 Al_2O_3 强，但不如氧化镁强，不溶于碱类（溶液），能否分解氯化铵还是疑问。	② 氧化钪为 Sc_2O_3，比重3.68，这种氧化物碱性强于 Al_2O_3，低于 MgO，不溶于碱，不能分解氯化铵。
③ 它的各种盐类都是无色的，与 KOH 和 Na_2CO_3 反应生成胶状沉淀，各种盐类都不能形成很好的晶体。	③ 钪盐皆无色，能与 KOH、Na_2CO_3 形成胶状沉淀。它的硫酸盐极难结晶。
④ 类硼的碳酸盐不溶于水，可能形成碱性盐的沉淀。	④ $ScCO_3$ 不溶于水，且易失去二氧化碳。
⑤ 各种碱性硫酸复盐可能不成为矾类。	⑤ 各种碱性硫酸复盐，均非矾类。
⑥ 无水氯化物 RCl_3 的挥发性较氯化铝低，但其水溶液则较氯化镁更易起水解作用。	⑥ $ScCl_3$ 在850℃时升华。而 $AlCl_3$ 超过100℃时就升华，在水溶液中 $ScCl_3$ 会水解。
⑦ 类硼恐不能用光谱学加以发现。	⑦ 钪的发现不是用光谱分析完成的。

尼尔森发现钪之后，化学元素周期律更引起人们普遍的关注。这一理论惊人的预言性和强大的逻辑力量，使许多化学家为之叹服。

门捷列夫预言的第三个元素类硅（Es），即锗（Ge），在1886年被德国化学家文克勒（C. A. Winkler，1838－1904）发现，为了纪念德国，他把这一元素命名为锗。

文克勒是德国夫赖堡大学教授，他曾独立地制出单质钴和镍，还曾系统地研究过金属铟。1885年，文克勒在分析夫赖堡附近发现的新矿石时，发现各种成分的总含量少了7%，他对这个问题始终萦绕在怀，经过4个月的努力研究，终于在1886年2月6日发现了新元素锗。文克勒测定的锗的各种性质，和门捷列夫预言的绝大部分都十分吻合，只有一点门捷列夫预言得有些出入，即门捷列夫预言锗是难以液化的，但实际上锗是比较容易液化的。但总的来说，门捷列夫在发现锗15年前预言它的各种性质，居然惊人地与实际相符合，这一点从表 11－3－6 中可以看出。

表 11－3－6　锗的属性的预测与实测对照表

元 素 名 称	类 硅（Es）（1871 年）	锗（Ge）（1886 年）*
原子量	72	72.32
比重	5.5	5.47
原子体积	13.0	13.22
原子价	4	4
比热	0.073	0.076
氧化物之比重	4.7	4.703
氯化物之比重	1.9	1.887
四氯化物之沸点	100℃以下	86℃
乙基化合物之沸点	160℃	160℃
乙基化合物之比重	0.96	1.0
	EsO_2 易溶于碱，并可以用氢和碳把它还原为金属	GeO_2 易溶于碱，并可用氢和碳还原为金属

*1886 年文克勒测得的结果。

锗发现以后，再一次证明了化学元素周期律的正确性，此后化学元素周期律进一步获得了承认。

从镓、钪、锗三个元素在门捷列夫预言以后的第 4 年、第 8 年、第 15 年陆续被发现来看，门捷列夫是周期律的发现者，布瓦博德朗、尼尔森、文克勒三人则是周期律的宣传者和证实者，有了这些发现的证明，周期律才获得了普遍承认。

门捷列夫周期律的发现具有十分重大的意义。

（1）在门捷列夫化学元素周期律发现之前，化学家还只是一个又一个地发现各种化学元素，孤立地研究各种化学元素的性质。周期律发现之后就把各种化学元素纳入一个完整的体系之中，使化学的研究进入了系统化阶段。同时，对物理学的发展也有巨大的促进作用，特别是为光谱学、原子物理学的研究提供了强有力的理论依据。

（2）化学元素周期律的发现，是化学上，特别是无机化学，一次重大的综合。将过去研究过的各种无机物，如氧化物、氢化物，以及酸、碱、盐等等，都纳入一个统一的理论体系之中，对各种化学元素以及化合物的性质提供了统一的说明。把各种元素的性质和它们在周期表中的位置对应起来了，把各类元素的自然体系，用周期表的逻辑体系反映出来。这本身在化学的发展中就具有划时代的意义。

正因为门捷列夫按着周期律的体系撰写了著名的《化学原理》，才第一次完整而又系统地综合和总结了无机化学研究的一切积极成果，从而也就为无机化学奠定了正确的理论体系。

（3）化学元素周期律具有强大的逻辑力量和惊人的预见性。这样一来，在周期律发现之后，对化学元素和有关化合物的研究，就使人们从盲目性中解放了出来，从而增强了无机化学研究的目的性和自觉性。此后，人们可以根据周期表的“空位”去寻找尚未被人类发现的新元素，或合成自然界中没有的元素。化学元素周期律的这种理论价值，至今还仍然存在。

（4）化学元素周期律揭示了自然界的伟大规律，它指出了化学元素的发展具有惊人的周期性。而从化学的角度来看，化学元素又是构成化学世界的基础，如果它的变化具有周期性，那么，各种复杂的化学物质的运动变化，也都会具有程度不同的周期性。这样，从广义上来说，周期律又成了人类探寻自然界周期发展的钥匙。

（5）化学元素周期律的发展还有十分重大的哲学意义。

周期律表明，各种元素随着原子量（后来证明是核电荷）的增加，而引起化学元素性质周期性的变化。量的增加引起质的飞跃，这一点在自然界中具有普遍的意义。这就用科学的事实证明了辩证唯物主义中的质量互变的规律。

同时，周期律不仅揭示了质量互变的规律，还表明了化学元素发展的趋势是从肯定到否定，再到否定之否定，这样波浪式、螺旋式、周期性地向前发展的。这种运动变化的过程和趋势，正是唯物辩证法否定之否定的规律所揭示的内容。所以说周期律的辩证内容证实和丰富了辩证唯物主义哲学的基本结论。

恩格斯对门捷列夫周期律的发现，给予很高的评价：“门捷列夫证明：在依据原子量排列的同族元素的系列中，发现有各种空白，这些空白表明这里有新的元素尚待发现。他预先描述了这些元素之一的一般化学性质，他称之为亚铝，因为它是在以铝为首的系列中紧跟在铝的后面；他并且大胆地预言了它的比重和原子量以及它的原子体积。几年以后，勒科克·德·布瓦博德朗真的发现了这个元素，而门捷列夫的预言被证实了，只有极不重要的差异。亚铝体现为镓。门捷列夫不自觉地应用黑格尔的量转化为质的规律，完成了科学上的一个勋业，这个勋业可以和勒维烈计算尚未知道的行星海王星的轨道的勋业居于同等地位。”① 从这段话可以看出，恩格斯充分肯定了化学元素周期律的科学意义和哲学意义。

① 恩格斯著，《自然辩证法》，51页-52页，人民出版社，1971。

第十二章　物理化学的形成
——科学史上第一门边缘学科

物质的化学运动形式和物理运动形式是相互联系的。早期的物理学家和化学家并没有十分明确的分工。化学家波义耳在物理学上曾做出十分重要的贡献；而物理学家牛顿在化学上虽然没有取得什么成就，但却全盘接受了波义耳的化学思想，他用在炼金术和化学上的时间比用在物理学上的时间还多。既是物理学家又是化学家的罗蒙诺索夫就曾使用过“物理化学”这一术语，还提出了这门学科的性质和研究范围。从19世纪初开始，这种情况发生了很明显的变化。道尔顿及其后继者们力图用唯象的质量单元去理解物质变化，而不像牛顿及其同时代人那样企图用物理学上的力去理解这样的变化①。化学家们和物理学家们走上了不同的道路。物理学家们使用化学物品只是为了概括出物理概念和定律，化学家们对物理学的成就则不甚关心。特别是“在分子科学和原子科学的接触点上，双方都宣称与己无关，但是恰恰就在这个地方可以期望取得最大的成果。”②

但是，从18世纪中期到19世纪，以蒸汽机和电力的广泛使用为标志的技术革命对自然科学产生了强烈的影响，物理学中逐步发现的与化学现象相关的一些物理效应所遵循的规律，以及化学中形成的一些至今仍很重要的基本学说和发现的一些重要事实，客观上促使两门学科在新的基础上逐步结合，终于导致19世纪下半叶形成了第一门边缘学科——物理化学。

第一节　动态平衡观念与质量作用定律
——早期物理化学思想

化学作用的本质是化学领域中最古老又最有吸引力的课题。古希腊人认为导致物质化合和分解的是“爱”和“憎”。后来的炼金术士和早期化学家们接受了这种观点，把导致化学反应得以发生的力称为化学“亲合力”。许多化学家在这种特殊力的研究上付出了精力。近代有较大影响的亲合力理论不下15种，仅18世纪人们就列出过好几种不同的亲合力表。对于我们这一章的内容来说，在亲合力的研究方面具有特殊意义的有两个方向，一个方向是用反应速率来定量地测定亲合力的尝试，另一个方向是用反应热效应来量度亲合力的努力。前一个方向的研究导致质量作用定律的发现和动态平衡观念的确立，后一个方向的研究导致化学与热力学的结合。本节讨论前一个问题，后一个问题留待第二节讨论。

瑞典化学家贝格曼曾于1775年列出一个化学亲合力表。他已经认识到试剂的数量对反应结果的影响。瑞典医生文策尔（Carl Friedrich Wenzel，1740－1793）于1777年也列出了一个化学亲合力表，并指出金属在酸中溶解的速度与酸的“有效质量”成正比。

---

① D. W. Theobald, Some Considerations on the philosophy of Chemistry, Chemical Society Reviews, Vol. 5 (1976), No. 2, P. 207－208.

② 恩格斯著，《自然辩证法》，268页，人民出版社，1971年。

法国化学家贝托雷1798年随拿破仑远征埃及，他发现当地盐湖沿岸有碳酸钠，便设想这是湖水（主要成分NaCl）与岩石（主要成分$CaCO_3$）作用的产物。他由此猜测到，当产物过量时，化学变化会逆向进行。贝托雷用这种观点重新研究了化学变化。第二年，他在开罗由一些远征者建立的开罗学院的学术会议上宣读了题为《亲合力定律的研究》一文，该文于1801年出版。这篇论文中的思想在他1803年出版的两卷本著作《化学静力学》中得到进一步推广。贝托雷比较全面地认识到化学反应中的“质量效应”：首先，他发现化学反应可以达到平衡状态，在这种状态下，存在着产物变回反应物的趋势；其次，他看到不仅是反应物，而且产物的质量（浓度）也会对反应发生影响，产物过量可使反应向相反方向进行；最后，他指出了物质的挥发性和溶解度等影响物质浓度的性质对反应的影响。贝托雷曾把上述观点称为传热学中的牛顿定律。

贝托雷提出他的见解后的半个世纪内，一些杰出的化学家对此发表了不同看法，但没有在此基础上做出更好的工作。其中一个重要原因如本书第六章第二节所言，化学家们由于贝托雷坚决抵制定比定律而把贝托雷的上述合理见解也否定了。

1850年，法国化学家威廉米（Ludwig Wilhelmy，1812－1864）通过考察溶液旋光性的变化，研究了蔗糖的加酸水解，发现在大量水存在的情况下，在时间间隔dt内，蔗糖的变化（dM）与其时的蔗糖量（M）成正比：

$$-\frac{\mathrm{d}M}{\mathrm{d}t}=kM\text{（}k\text{ 为常数）}$$

这是表示物质浓度与反应速度关系的第一个数学表达式。同年，英国化学家威廉逊指出，化学平衡是正反应速度与逆反应速度相等的状态。

但是，动态平衡概念的重要意义并没有被当时的化学家们马上意识到。11年后，法国化学家贝特罗和他的助手圣·吉尔（L. Péande St. Gilles，1832－1863）研究了酸与醇生成酯和水的反应。他们发现正反应（酯化反应）和逆反应（皂化反应）都不能进行到底，还得出了反应速度的数学表达式。遗憾的是，他们面对这个最典型不过的可逆反应，却置逆反应速度于不顾，他们的反应速度仅包括正反应速度。

挪威的应用数学家古德贝格（Cato Maximilan Guldberg，1836－1902）和化学家瓦格（Peter Waage，1833－1900）受动态平衡观念的影响，在前人工作的基础上，合作进行了认真的研究，才真正确立了质量作用定律。在1862年至1864年间，他们做了差不多300个实验，于1864年用挪威文发表了他们的研究结果。古德贝格和瓦格主张，影响化学反应的是所谓“活动质量”，即单位体积内的质量，而不是物质的绝对质量。他们指出：在反应$A+B=A'+B'$中，A和B作用生成A′和B′，同时，A′和B′也反应生成A和B。生成A′和B′的力与亲合力系数k成比例增加。另外，这个力还与A和B的活动质量（分别用p和q表示）的乘积成正比。所以，生成A′和B′的力等于kpq。同理，若用k'表示A′和B′反应生成A和B的亲合力系数，用p'和q'分别表示A′和B′的活动质量，那么，生成A和B的力等于$k'p'q'$。整个反应是合力作用的结果。当反应平衡时，以上二力应相等，即$kpq=k'p'q'$。若通过实验测得p、q、p'和q'，就可求出k与k'之比。

可见，古德贝格和瓦格已经全面阐述了质量作用定律，只是他们对这个定律的表述与我们今天的表述有所不同。他们所说的活动质量，实际上是我们所说的浓度。因此，浓度对反应速度影响的规律被称为质量作用定律，这个名称沿用至今。当然，我们现在知道，这个定律只适用于基元反应。古德贝格和瓦格所接受的动态平衡观念是从力学意义上理解的，他们的规律所描述的仍然是亲合力。由于荷兰化学家范霍夫后来的工作，我们才知道这个特殊的力应当用反应速度来代替，k/k'就是平衡常数 k。从这里，可以看出物理学与化学早期结合的某些特征及其意义。

古德贝格和瓦格的研究结果发表后，起初并没有引起人们的注意。1867 年，他们用法文出版了《化学亲合力研究》一书，仍然没有引起人们的重视。后来，范霍夫和德国化学家霍斯特曼（August Friedrich Horstmann，1842－1929）分别从热力学导出了平衡常数关系。古德贝格和瓦格在他们用法文发表著作后 12 年，即 1879 年，又在德国的一个重要刊物上全面阐述了他们的结果。此后，这个定律才引起化学界的重视。从贝托雷提出基本思想到古德贝格和瓦格完成这项工作，经历了 60 余年；从这个定律的确立到它得到重视，又经历了 15 年。这段历史是值得思考的。

第二节　热化学和热力学基本定律——物理化学的基础

上一节已经提到，用化学变化的热效应来量度化学亲合力的研究，促使化学与热力学的结合。实际上，早在 1780 年，拉瓦锡和拉普拉斯（Pierre Simon Laplace，1749－1827）就在他们的论文中报道了他们关于化学反应热的研究。由于受到热质说的影响，这方面的研究后来中断了 50 多年。热质说把热视为一种运动着的微粒性的实在物质，而从 17 世纪的伽桑狄、培根、波义耳、胡克，到 18 世纪的牛顿、欧拉（Enler）、马拉（Marat）、拉瓦锡，贝采里乌斯，都赞同热质说。直到 19 世纪下叶热力学理论基本奠定以后，热质说才逐渐被科学界所摒弃。而 19 世纪 60 年代以前，热化学研究与蓬勃兴起的热力学研究热潮又几乎没有结合起来。

1836 年，瑞士化学家黑斯（Germain Henri Hess，1802－1850）在俄国测量了许多反应的热效应，总结出一条规律：一个化学过程，不论经过多少中间步骤完成，其热效应总是相等的。黑斯出生于日内瓦，在俄国长大并接受了医学教育，曾从师于贝采里乌斯，后任彼得堡工艺学院教授。1840 年，他在圣彼得堡发表了他的研究结果，并将其称为“总热量守恒定律”，后来人们以他的名字将这个规律命名为“黑斯定律”。这是热化学领域发现的第一个定律，也是在自然科学上首先得出的能量守恒和转化的规律性结论①。不过，后来发现的热力学第一定律是更为一般的结论。

19 世纪五六十年代，贝特罗和丹麦化学家汤姆生（Dane Julius Thomson，1826－1909）根据黑斯定律，又测定了许多反应的热效应，提出吸热和放热概念，把反应热作为反应物化学亲合力的量度。贝特罗并提出了“最大功原理”，认为凡无外部能量输入的化学变化，都向产生可释放出更多热量的物质或物系的方向进行。德国科学家赫尔姆霍兹（Hermann Helmholtz，1821－1894）对贝特罗的观点提出质疑，引起了很大争论，促进了热力学的发展。

① 法国学者笛卡儿（René Descartes，1596－1650）在 1644 年曾从哲学上得出过运动不灭的结论。

在热化学家们研究反应热效应的前后，热力学接连取得不少成就。其中特别重要的是热力学第一定律和第二定律。

18 世纪末到 19 世纪初，随着蒸汽机在生产中的广泛使用，如何充分利用热能来推动机器做功成为重要的研究课题。到 19 世纪前 30 年，不少人已意识到各种运动形式是可以转化的。1841 年，德国医生迈厄尔（Julis Robert Mayer，1814 - 1878）主要受病人血液颜色在热带和欧洲的差异及海水温度与暴风雨关系的启发，提出热与机械运动之间相互转化的思想。1842 年，他做了些简单的实验，并由空气的热容商及恒压热容计算出热功当量，明确提出热功转化规律。英国酿酒商焦耳（James prescott Joule，1818 - 1889）巧妙设计了大量实验，精确测定了电热当量和热功当量，于 1840 年和 1849 年分别发表了两篇论文，以确凿无疑的定量实验结果为根据，论述了能量守恒的转化定律。然而，在这期间，英国皇家学会曾多次拒绝接收焦耳的论文。1847 年，物理学家和生物学家赫尔姆霍兹发表《论力的守恒》一文，全面论证了能量守恒和转化定律。1853 年，英国物理学家开尔文（Lord Kelvin），原名威廉. 汤姆生（William Thomson，1824 - 1907）把能量转化与物系的内能联系起来，给出了热力学第一定律的数学表达式。“能”（Energy）这一术语是在 19 世纪中期开始被引入物理学并逐渐被广泛接受。

热力学第一定律回答了能量能否无中生有的问题。但能否把热量全部转化为功呢？对热机效率的研究回答了这个问题。当英国的科学家热衷于蒸汽机的改进时，法国的一批工程师则把精力倾注于热的研究。

1824 年，法国陆军工程师卡诺（Nicolas - Léomard Sadi Carnot，1796 - 1832）发表《关于火的动力研究》的论文。他构想了一个既不对外传热又没有摩擦的理想热机，让工质在两个温度不同的热源之间进行简单循环。通过对这个循环（即卡诺循环）的分析，他得出结论：热机必须在两个热源之间工作，热机的效率只取决于两个热源的温差；工作于两个一定温度热源之间的所有热机，其效率都超不过可逆热机，热机效率在理想状态下也不可能达到百分之百。这就是卡诺原理。

卡诺的论文发表后，没有马上引起人们的注意。过了 10 年，法国工程师克拉珀龙（Benol Paul Emile Clapeyron，1799 - 1864）把卡诺循环以解析图的形式表示出来，并用卡诺原理研究了气 - 液平衡，导出了克拉珀龙方程 $pV = RT$。

但是，在当时不少人看来，既然根据热力学第一定律热功可以按当量转化，而根据卡诺原理热却不能全部变为功，这就意味着二者之间存在着根本性的矛盾。1850 年，德国物理学家克劳修斯（Rudolf Clausius，1822 - 1888）进一步研究了热力学第一定律和克拉珀龙转述的卡诺原理，发现二者并不矛盾。他指出，热不可能独自地、不付任何代价地从冷物体转向热物体，并将这个结论称为热力学第二定律。开尔文起初认为卡诺原理是正确的而拒斥热力学第一定律，后来他认识到二者都是正确的。1851 年，他指出，不可能从单一热源取热使之完全变为有用功而不产生其他影响。这是热力学第二定律的另一种说法。此后，克劳修斯在 1854 年给出了热力学第二定律的数学表达式，1865 年提出“熵”的概念。1877 年奥地利物理学家玻尔兹曼（Ludwig Edward Boltzmann，1844 - 1906）导出熵函数与几率的关系式，揭示出熵的物理意义。

热力学第一定律和第二定律的确立，不仅丰富和深化了人们对自然界的具体认识，而且为科学的发展提供了新的思想。第一定律强调的是能量转化时的守恒性和等值性，它要求从能量的转换恒等性上把握运动形式的变化，突破了仅用物质要素和成分解释世界的僵化模式，为边缘学科的形成提供了基础。第二定律强调的是能量实际转化的不可逆性，它要求给予时间的流逝以物理意义和方向，否定了从牛顿理论中衍生出来的用时间可逆和时间反演对称的观点处理一切问题的简单方法。

需要指出的是，克劳修斯在1865年提出熵概念时，不适当地把第一定律和第二定律做了推广，得出“宇宙的能量恒定不变”和“宇宙的熵趋向极大值”的结论。1867年，他在题为“关于热力学第二定律”的演讲①中更明确地提出，功可以全部变为热，而热不可能全部变为功，最后宇宙将会达到热平衡状态。这就是著名的“热寂说”。恩格斯大约在1875年，严肃批判了热寂说的错误。由热寂说引起的争论，波及到哲学、神学、物理学、化学、宇宙学和社会学等许多领域。现在，相信热寂说的人几乎没有了，但对热寂说错误的原因仍有不同看法。

从19世纪50年代开始，热力学第一定律和第二定律在学术界的影响越来越大。但直到1869年，由霍斯特曼的工作开始，化学家们才逐步把热力学的成果引入化学研究之中。霍斯特曼用热力学第二定律研究了热分解反应中分解压力与温度的关系，研究了升华过程的热力学，建立了最大功与反应热之间的关系。随后，越来越多的物理学家和化学家走进了热力学和化学结合的领域，终于形成了物理化学的重要分支——化学热力学。在化学热力学的形成过程中，吉布斯（Josiah Willard Gibbs，1839－1903）做出了特别突出的贡献。

第三节　相律和溶液理论——化学热力学

吉布斯是美国耶鲁大学数学物理学教授。1873年他在《康涅狄格科学院院报》上分别发表了题为《流体的热力学图解法》和《物质的热力学性质的曲面表示法》的论文。1876年和1878年，他分两部分在同一刊物上发表了题为《论多相物质之平衡》的第三篇论文。他在熵函数的基础上，引出了平衡的判据；用内能、熵和体积作为描述体系状态的变量，在坐标图中给出了描述体系全部热力学性质的曲面；提出热力学势的重要概念，用以处理多组分的多相平衡问题；导出相律，得到一般条件下多相平衡的规律。吉布斯的工作，把热力学和化学在理论上紧密结合起来，奠定了化学热力学的重要基础。

但是，美国科学传统的功利主义性质限制了美国人的眼界。他们认为布吉斯的理论研究似乎没有实际用处，在耶鲁大学掀起了撤换吉布斯的运动。在为数不多的吉布斯工作的赞同者当中，能真正理解其工作意义者也很少。吉布斯的论文以博大精深的内容、严密的逻辑推理和严谨的数学形式，改变了化学的面貌。其中最重要的第三篇论文长达323页，包括700个公式，当时的绝大多数化学家不知所云。吉布斯的一位同事说，当时康涅狄格科学院没有一个人能读懂他有关热力学的论文，他们了解他并承认他的贡献完全是盲目的。吉布斯发表论文的刊物发行不久且不太出名，外国学者一时也很不容易注意他的工作。吉布斯十分明确地得出的一些结论，后来竟被比吉布斯出名得多的人如赫尔姆霍兹、范霍夫等重新发出。但

① 中译文为王竹溪译，见《自然科学争鸣》，1975年，第1期，70页－75页。

吉布斯不大介意读者的多少，只希望找到知音。他将论文的复印本寄给各国有影响的科学家，其中包括英国的麦克斯韦（James Clerk Maxwell，1831－1879），可以说他是吉布斯论文最热忱的读者。

十几年后，吉布斯的工作在国外受到了重视。德国物理化学家奥斯特瓦尔德认为，吉布斯从内容到形式赋予物理化学整整100年。他把吉布斯的三篇论文译成德文，1892年以《热力学研究》为名出版。法国物理化学家勒夏特列认为吉布斯工作的意义可以和拉瓦锡的成就媲美。他于1899年将第三篇论文的第一部分译成法文，以《化学体系的平衡》为题出版。对气体分子运动研究很有建树的英国著名物理学家麦克斯韦向荷兰物理学家范德华（Johannss Diderik Van der Waals，1837－1923）介绍了吉布斯的工作。以修正理想气体方程式而闻名的范德华在工作中应用了吉布斯方法，并把吉布斯的著作进一步介绍给自己的学生罗泽布姆（Bakhuis Roozeboom，1854－1907）。任教于莱登大学的罗泽布姆是第一个将相律应用于实际化学问题研究的人，他应用相律对盐水体系进行了研究，取得成果。1887年，他在《多相化学平衡的各种形式》一书中，详细解释了相律的物理化学意义，说明了相律的广泛用途。此后，越来越多的学者从事相律的应用研究，相律逐渐成为冶金学和地质学研究的有力工具。

热力学与化学结合的另一重要成就，是应用热力学的概念和原理，对溶液的依数性质进行理论分析，建立起非电解质稀溶液理论。

18世纪，英国人华生（William Watson）和布拉格登（Charles Blagden，1748－1820），先后注意到盐溶于水会降低水的凝固点，降低值与盐的量成比例。19世纪初期，人们通过实验发现盐水溶液的蒸气压低于纯水的蒸气压。19世纪中期，巴布（Clemens Heinrich Lamber Babo）和马尔纳（Adolf Wullner，1835－1908）分别注意到，相对蒸气压降低与温度无关，与不挥发溶质浓度成正比。

法国化学家拉乌尔（Francois Marie Raoult，1830－1901）做了大量实验，概括出一些经验公式。他测定了29种有机化合物的水溶液的凝固点降低值，从1878年开始发表这方面的论文。1882年，他把实验结果列成表格，发现100克水中含有1克溶质的溶液，其凝固点下降值与此溶质的分子量之乘积为一常数。不久以后，人们发现溶液的沸点升高也服从类似的规律。这两个发现立刻引起有机化学家的注意，因为他们据此可以测定以前无法测定的不挥发有机化合物的分子量。这项实验工作在很多实验室里开展起来，特别是一些曾在奥斯特瓦尔德实验室工作过的化学家，如爱丁堡的瓦尔克（J. Walker）、海德堡的布莱弟格（G. Bredig）、莱比锡的贝克曼（E. O. Beckmann）、密执安的比支劳（S. L. Bigelow）等做的工作尤为重要和卓著。1886年至1890年间，拉乌尔又发表了一系列溶液蒸气压的实验结果，发现溶液相对蒸气压降低值等于溶质之克分子分数。

1748年，法国人诺勒（Abbé Nollet，1700－1770）用膀胱作半透膜，发现渗透现象。1827年，法国人杜特罗夏（René Dutrochet，1776－1847）仍然用膀胱作半透膜，首先定量测定了渗透压。德国生理化学家特劳贝（Moritz Traube，1826－1894）1867年做人造植物细胞实验时，用亚铁氰化铜做出很严格、承受力很大的半透膜。1877年，德国植物学家浦菲弗（Wilhelm Pfeffer，1854－1920）用这样的半透膜做出很准确的实验。他发现，溶液的渗透压（p）与溶液的体积（V）成反比，与绝对温度（T）成正比：

$$pV = kT\ (k\ 为常数)$$

这一结果为生物学家们所熟知，化学家们则不大了解。范霍夫在与同事植物学家德夫利斯（Devries）教授交谈时，得知蒲菲弗的工作。他注意到上式与理想气体状态方程式极为相似，便将二者进行比较研究，于1886年发表《气体与稀溶液体系的化学平衡》一文。他指出，渗透压与温度的关系符合盖-吕萨克定律，渗透压与体积的关系符合波义耳定律。他还利用蒲菲弗的数据进行计算，发现上式中的 k 值等于理想气体常数 R，说明阿伏伽德罗定律同样适用于稀溶液。范霍夫将稀溶液与理想气体进行类比，把溶质分子与气体分子相对应，认为气体分子冲击器壁产生气压，溶质分子冲击半透膜产生渗透压。这样，他就建立起稀溶液理论。

由于理想的半透膜不易找到，直接精确地测定渗透压很困难。范霍夫的工作很容易使人联想到溶液的渗透压与其蒸气压之间可能存在某种联系，因为 pV 代表恒温可逆过程中通过半透膜把 V 体积的溶剂从溶液中分离出来所需之功，而相同体积的溶剂也可以通过加热蒸发出来。范霍夫用热力学方法，从渗透压公式导出凝固点降低和蒸气压降低公式，证明了它们之间的联系。这个结果把溶液依数性质变化的各个经验定律统一起来，揭示出拉乌尔公式中常数的热力学意义，而且提供了通过测定凝固点或沸点来计算渗透压的有效办法，进一步证明了稀溶液理论的实际意义。

范霍夫建立稀溶液理论在方法上有其特点。他运用热力学工具，不是简单地套用热力学公式，全靠演绎推理，在类比和想像的引导下，利用热力学提供的概念和思想去分析前人的经验结论，从中概括出新的概念和思想，找出关系之间的关系。

但是，范霍夫的理论有例外。拉乌尔较早就注意到，盐溶液的凝固点降低和蒸气压降低值比克分子浓度相同的有机化合物的溶液的高。因此，他于1887年在酸、碱、盐溶液的渗透压公式中引进一个校正系数 i：

$$pV = iRT\ (i > 1)$$

揭示 i 的物理意义，仅靠热力学分析已经不够，有赖于对溶液的电学性质的认识。这一工作是瑞典物理化学家阿累尼乌斯（Svant Arrhenius，1859－1927）完成的。

第四节　电解定律和电离理论——电化学

人类接触电现象很早，但到18世纪末，对电的认识只限于静电现象。18世纪80年代，意大利解剖学教授伽伐尼（Aloisoo Luigi Galvani，1737－1798）发现电流。1799年，伏打发明电池。这两个成就激起了19世纪的人们利用电流和研究电流的极大热情。化学家们马上利用电流研究化学现象。1800年，尼科尔森和卡里斯尔（Anlhony Carlisle，1768－1840）电解水成功。1807年，戴维用电解法发现金属钾和钠。

戴维的助手法拉第（Wichael Faraday，1791－1867）继戴维之后，对电和电化学现象进行了广泛研究。1832年，他用实验证实了由不同方式产生的各种电在本质上的同一性。他在1834年发表的《关于电的实验研究》一文中，制定了一套新名词，提出“电极”、“阳极”、“阴极”、“离子”、“阳离子”、“阴离子”、“电解”、“电解质”等概念。在这篇论文中，他还将复杂的电解实验现象归纳成为两条结论：电解时，在电极上起反应物质的量与通过溶液的电量成正比；当以相同的电量分别通过不同的电解质溶液时，各电极上起反应物质的量与它们的化学当量成正比。这就是法拉第电解定律。

这两个定律是由实验总结得出的。与一般的经验定律不同，这两个定律很准确。不论电解质或电极的性质如何，也不论在什么压力和温度下，水溶液、非水溶液或熔盐中进行的电解过程其电极反应所得产物的量都严格服从法拉第定律。

在法拉第发现电解定律之前，就有两个基本的问题困惑着物理学家和化学家们。一个问题是电池产生电流的原因是什么，另一个问题是水和电解质是如何被电解的。对于第一个问题，物理学家们主张“接触说”，认为金属含有“电流体”，接触后就会从高张力金属流向低张力金属；化学家们主张“化学说”，认为金属-溶液界面发生化学反应，才能产生电流。由于客观条件不具备，这两个学说的争论在19世纪没有得到解决。对于第二个问题的研究，导致对电解质稀溶液的正确认识。

1805年德国化学家格罗特斯（Theodor von Grotthuss，1785-1822）指出，电解质分子的两端带相反电荷，通电后电解质分子呈链状排布，某分子带负电的一端趋向正极，与正极接触中和形成电解产物，然后该分子带正电的部分与相邻分子带负电的一端化合，如此交替反应，负极便得另一电解产物。按照这种解释，每次分解后，全部电解质分子都得翻过头来，使每个分子所带与电极相反电荷的一端转向电极。这显然不能自圆其说。但这种观点认为通电之前电解质仍以分子形态存在于溶液之中，很能为化学家所接受，所以流行了数十年。

威廉逊于1851年、克劳修斯于1857年提出另一种看法。他们认为，电解质在溶液中不断离解成“基”，这些基又不断化合成电解质分子，二者处于动态平衡之中，所以通电后才能发生电解。但克劳修斯认为，溶液中大量存在的是分子，只有少量的基。

在法拉第提出离子概念后，从1853年到1859年，德国化学家希托夫（Johann Wilhelm Hittorf，1824-1914）做了大量实验，发现电解时阳离子与阴离子的移动速度不同，载运的电流亦不相同，并提出了迁移数的概念。从1867年到1875年，德国维尔茨堡大学教授柯尔劳希（Friedrich W. Kohlrausch，1840-1910）发表一系列文章，最后提出离子独立运动规律，即稀溶液的当量电导是两个常数之和，一个只依赖于阳离子，另一个只依赖于阴离子。他的工作也进一步证实了希托夫的发现。柯尔劳希的工作说明，电解时正负离子是各自独立运动的。希托夫甚至已经提到电解质的离子在溶液中不能形成稳定的分子。由他们二人的发现来看，似乎不论是否有电流通过，电解质在溶液中均以离子形态存在。1885年，拉乌尔提出，组成盐的正电基部分和负电基部分以简单的混合状态存在于溶液中。

1882年，阿累尼乌斯在选择博士论文题目时，想起他的老师乌普萨拉大学化学家克列维（P. T. Cleve，1840-1905）教授讲课时曾说过，像蔗糖那样不能变成气态的物质的分子量无法测定。当时他还不知道拉乌尔的工作，便想利用溶剂分子量愈大电解质阻力愈强的原理，通过测定溶液中盐的电导率来确定分子量。当他着手这一实验时，感到首先应当对电解质溶液的电导率问题进行必要的研究。这一年，他对多种电解质的稀溶液的电导率进行了测定。1883年春，他结束实验工作，回到家里阅读了威廉逊、克劳修斯和柯尔劳希的著作，受到很大启发。他对自己的实验数据进行分析，于是年5月17日夜里产生了电解质在溶液中离解成离子的想法。阿累尼乌斯意识到这个想法很可能与一般化学家们的观念格格不入，便以不太明确的语言把这个想法写进论文之中。他在论文中提出，电解质的水溶液包括三个部分，即水、活动的带电部分和不活动不带电的部分，溶液稀释时活动部分增多。尽管这样，阿累尼乌斯在博士论文答辩中和论文发表后，在国内仍然得不到支持，反而受到许多教授的攻击，甚至他的老师克列维也怀疑他的学说。因此，他只好把论文寄给国外的一些权威学者，如克劳修斯、奥斯特瓦尔德等。

1887 年 3 月，阿累尼乌斯读到范霍夫关于电解质稀溶液渗透压公式的论文，马上意识到式中的系数 i 是由于电解质的电离引起的。他用许多电导数据计算得出的 i 值与由凝固点降低数据得到的 i 值符合得很好。他还对希托夫的迁移数和柯尔劳希的离子独立运动规律做出了合理的解释。阿累尼乌斯于同年发表《关于溶质在水中的离解》的论文，明确指出，电解质溶于水中就大量离解成离子；溶液愈稀电离度愈高；由于正负离子各自独立运动，溶液的电导就是它们电导的加和；分子离解成离子，增加了溶液中的独立粒子数，所以引起渗透压等依数性质变化反常。这就是阿累尼乌斯关于电解质稀溶液的电离理论。

电离理论引起很大争论。门捷列夫和特劳贝等人竭力反对它，门捷列夫宣称电离理论将沦落为像燃素说一样的下场；而范霍夫和奥斯特瓦尔德等人则大力支持它，奥斯特瓦尔德用电离理论成功地解释了分析化学中的许多现象，范霍夫把电离理论誉为物理化学史上的一次革命。奥斯特瓦尔德、范霍夫和阿累尼乌斯三人也从此成为亲密的朋友和当时物理化学研究的中坚力量。到 19 世纪末 20 世纪初，电离理论最终为化学界所接受。

第五节　化学反应指数定律和催化学说——化学动力学

在物质发生的实际变化过程中，既有热力学问题，又有动力学问题。早期的物理化学研究没有热力学与动力学之分，例如对质量作用定律的研究，既考虑了影响速度的因素，又考虑了速度与平衡的关系。但是，为了获得对事物的深入认识，有必要抽出实际问题的不同方面，分别加以研究。1884 年，范霍夫把化学动力学和化学热力学区别开来，这是一个进步。19 世纪化学动力学的主要成就有质量作用定律的研究、“活化”概念的提出和反应速度指数定律的建立，以及对催化现象的认识。

关于质量作用定律的确立，第一节已做介绍，此处不赘述。第一节没有提到的是，古德贝格和瓦格还曾在他们公式的各活动质量（浓度）项上带有相应指数，并用实验数据进行了检验。1884年，范霍夫建议把这些指数称为反应分子数，以区分单分子、双分子和三分子反应。1878 年，胡德（J. J. Hood）发现，实验测得的“分子数”与一些反应方程式中的计算系数不一致。1895 年，美国化学家诺伊斯（Arthur Amos Noyes，1866－1936）提出反应级数概念，指出了级数与分子数的区别。这样，我们对质量作用定律的细节，才有了今天这样的认识。

人们很早就注意到化学反应受温度的强烈影响。19 世纪中后期，许多人都力图找出温度对反应速度影响的经验关系。1889 年，阿累尼乌斯在莱比锡奥斯特瓦尔德的实验室里进行研究，发表了《在酸作用下蔗糖转化的反应速度》一文。他引入了当今化学反应速度理论中不可少的活化热或活化能这一概念，并提出了表示温度对反应速度影响的阿累尼乌斯公式，即反应速度指数定律。由实验测得，温度每升高 1℃，蔗糖转化速度增加 10%－15%。

这个数值之大是以温度引起所有分子运动增加或减弱的现象无法说明的。况且，由温度变化引起反应速度的增加是以几何级数而不是以算术级数增加的。因此，不能把它的实质看成是普通物理性质的温度变化，其中肯定存在与反应有关的物质的量，随温度的上升而大幅度增加。糖分子与酸的氢离子虽可认为是这种物质，但温度对氢离子浓度的影响并不很大。所以，势必假设在糖分子本身存在着活化分子与非活化分子的差别。阿累尼乌斯认为，活化分子与非活化分子虽处于平衡状态，但随着温度的上升，非活化分子在吸收活化热之后转化为活化分子，活化分子才是真正进入反应的物质。根据这个假设，他得出公式

$$k = Ae^{-\frac{q}{RT}},$$

式中 k 为速度常数，A 为与温度无关的频率因子，q 为活化热。这就是阿累尼乌斯公式。这个公式后来被广泛采用。

人们很早就接触到催化现象。到 19 世纪，随着对各种类型的化学物质和化学反应的广泛研究，人们注意到越来越多的催化现象。1835 年，贝采里乌斯总结了几十年间观察到的许多催化事例，提出催化和催化剂的概念。他认为催化剂在催化过程中对反应施加一种特殊的力，这个力不同于亲合力，叫做“催化力”。以后，人们又逐渐积累了更多的催化方面的实验资料。1881 年，奥斯特瓦尔德开始研究催化。1894 年，他提出，催化剂的本质在于它只改变反应速度而本身不发生变化，它在可逆反应中只加速平衡的到达而不能改变平衡常数。这种对催化剂的认识一直保留到今天。此后，催化现象日益引起人们的重视，并在工业生产中得到广泛应用。

自然科学的进步，证明了机械原子论、动力原子论和连续论统一世界的方案是行不通的，这就需要找到另外的桥梁把不同领域联系起来。① 热力学只研究能的变化，无需涉及物质的特性，例如卡诺循环就不考虑工质的性质。热力学定律可以用原子论解释，但这种解释不是必须的。这就使一些自然科学家想到，能也许能够充当这座桥梁。1881 年，奥斯特瓦尔德在里加工学院研究催化现象时，主张只能用能在质上和量上的转换而不能用原子论来说明。1892 年，他翻译吉布斯的 3 篇论文时，考察了其中有关能量的方程式，认为分子和原子只不过是为了说明能量运算的虚构，自然现象用能解释比用物质解释更有效。这种离开物质，仅用能量去统一世界的哲学思潮，被称为唯能论。1887 年，在一次演讲中，奥斯特瓦尔德公开提出要用唯能论代替原子论。以后，一些科学家和哲学家从不同的立场出发，对唯能论提出了批评。19 世纪与 20 世纪之交，原子可分性发现不久，有一些物理学家和哲学家接受过唯能论思想，列宁曾批判过这种思潮。在法国人贝仑（Jean Baptiste Perrin，1870－1942）通过对水中悬浮的藤黄小球的观察进行系统研究测得阿伏伽德罗常数之后，奥斯特瓦尔德反对原子论、坚持唯能论的态度有所改变。今天，这种思潮已经没有追随者了。

19 世纪是一个振奋人心的世纪。这个世纪沟通了化学和物理学这两大领域，形成了物理化学中化学热力学、化学动力学和电化学这三大分支，特别是经典化学热力学取得了丰硕的成果。在 1887 年以前成就的基础上，奥斯特瓦尔德和范霍夫创办了《物理化学杂志》，这是世界上第一个物理化学专业刊物，这个刊物上发表了很有影响的经典性文章。物理化学这个名词逐渐被人们接受。人们承认，物理化学学科形成了。

---

① 莫里茨·石里克著，陈维杭译，《自然哲学》，84 页，商务印书馆，1984。

第十三章　近代煤化工技术体系的形成

18 世纪欧洲的产业革命，促进了以酸碱制造技术为代表的近代化学工业的产生。19 世纪是无机化学工业和有机合成工业兴起和繁荣的时期。大规模的制酸、制碱、漂白、火药、无机盐、染料、纤维等化工技术和化学工业的兴起和发展，为蒸汽动力技术革命和电气技术革命提供了大量的原料和材料。近代化工技术是在技术革命的推动下产生和发展的，化工技术的发展又丰富了技术革命的内容，反过来推动了技术革命的发展。

化工技术与化学科学既相互区别，又密切联系，在一定条件下相互转化。一方面，二者存在明显的差异。化学是研究分子及其聚集态的组成、结构、性质和变化规律的科学，是人类的一种认识活动，是一种潜在的生产力；而化工技术是化工生产中各种操作和过程的研究与开发、化工设计、建造和操作管理的一门综合技术，是人类的一种实践活动，是一种直接的生产力。化学科学和化工技术的发展也各自具有相对独立性。另一方面，二者存在内在的联系，二者既有相对独立的发展时期，同时存在化学理论向化工技术的转化和化工技术向化学理论的转化。

第一节　酸碱工业技术——近代化工发展的基石

三酸（硫酸、硝酸、盐酸）、两碱（纯碱、烧碱）是重要化学工业中最基本的化工原料，也直接或间接地作为其他工业的原料。纯碱和硫酸的产量可以作为衡量一个国家化学工业发达程度的标志。

一、硫酸和盐酸生产技术

据考证，公元7 世纪，我国炼丹家孤刚子著《黄帝九鼎神丹经诀》卷九中有“炼石胆取精华法”，“石胆”即 $CuSO_4 \cdot 5H_2O$。这种方法是蒸馏硫酸铜，除去结晶水，再分解得到 SO_3，将 SO_3 溶于水制得硫酸。8 世纪，阿拉伯炼金术士的著作中，有硝石和绿矾（$FeSO_4 \cdot 7H_2O$）一起蒸馏，将得到的气体溶于水制取硫酸的记载。15 世纪时，人们将绿矾进行干馏制得硫酸用来制取药品，因此称硫酸为绿矾油。1666 年法国药剂师勒梅里和炼金术士勒费伏尔（N. Le Fevre）采用一种类似钟罩的装置，把硫磺放入里面燃烧，并混入硝石，制得硫酸。

1740 年英国医生瓦尔特（J. Ward）将硫磺和硝石的混合物放在铁容器内加热，将生成的气体导入一个大玻璃瓶内，用水吸收制得硫酸。他用这种方法在伦敦附近建立了第一个硫酸厂。但玻璃器皿容易破碎，这种方法未应用于大规模生产。1746 年，英国人罗巴克（J. Roebuck，1718 - 1794）成功地改造了这种装置，使生成硫酸的反应改在一个 6 立方呎的铅室内进行，再将铅室内不溶于水的气体排出。这是世界上铅室法制造硫酸的第一个雏形。18 世纪后半叶，由于纺织工业的迅速发展，原来用乳酸酸化漂白和用靛蓝染色纺织品满足不了纺织业大发展的要求。为适应社会生产的这种需要，1750 年漂白工人用硫酸代替乳酸漂白，使漂白过程由二三个星期缩短到12小时；1774年出现了用浓硫酸溶解靛蓝制得比靛蓝更容易着色的染料。这就使硫酸的需要量迅速增加。此外，当时制碱工业和有色金属工业的发展也需要大量的硫酸。

生产上的迫切需要给硫酸工业以强大的推动力，硫酸生产急剧发展，制造硫酸的技术也日益完善，1774年法国人德·拉·福里（De La Follie）提出铅室内通入蒸气；1793年克里曼特（Clement）和德索尔姆（Desormes）又将硫磺在铅室外燃烧，然后将气体导入铅室与水蒸气接触制取硫酸。1827年盖-吕萨克提出在铅室的后方设置吸硝塔，吸收来自铅室的氮的氧化物，到1842年才得到普遍应用。1859年英国的格罗弗（J. Glover，1817-1902）又设置了另一个塔，使被吸收的氮的氧化物重新被分离出来，送入铅室重复使用。至此，铅室法制硫酸的流程和设备基本定型。到20世纪初，在奥地利出现用填充磁环的塔代替铅室生产硫酸的塔式法。1930年塔式法又由法国人卡奇卡洛夫（P. Kachkaroff）改进，使硫酸和硝酸同时生产。

铅室法制造硫酸的缺点是流程复杂，效率较低，于是人们寻求将SO_2直接合成SO_3的简易方法。1831年英国人菲利浦（Philips）用装有铂的磁管加热硫磺，在有充分空气混合的条件下制得SO_3，溶在水中即得到硫酸。1875年德国化学家麦塞尔（R. Messel，1847-1920）首先利用铂作催化剂，使SO_2与O_2作用，直接氧化，得到的SO_3用浓硫酸吸收，制得发烟硫酸。从此接触法制造硫酸逐渐工业化。20世纪30年代，具有优良催化性能的矾触媒代替了铂，使接触法制硫酸又得到了进一步发展。

早在1658年德国实用化学家格劳伯（J. R. Glauber，1604-1670）在他的著作中描述了用盐及矾油（硫酸）制备“盐精”（HCl）和残渣（Na_2SO_4）。1727年英国牧师黑尔斯（S. Hales）将硫酸和氯化铵作用，也得到一种气体。1772年英国化学家普利斯特里收集了这种气体，制成盐酸，这是用硫酸制取盐酸的最初工作。1788年路布兰（N. Leblanc，1742-1806）发明的制碱法中，在制取纯碱的同时，也制得盐酸气。从工厂放出的盐酸气污染环境，腐蚀设备。1836年英国人哥塞（W. Gossage，1799-1877）创造了以焦炭填充的吸收塔将盐酸气吸收，回收有实用价值的盐酸。1866-1870年，英国人威尔登（W. Weldon）和胡尔特（F. Hurter）等人将盐酸与空气或氧气混合，制得氯气。法国人坦南特（C. Tennat，1823-1906）用氯气制造了漂白粉，这样污染环境的盐酸气又变成了重要的化工原料。

二、纯碱生产技术

人们最早使用的碱是天然碱。12世纪我国北方使用内蒙碱湖取得的天然碱，由于以张家口为集散地，所以称为“口碱”。明代李时珍在《本草纲目》中提到使用草木灰淋取的液汁中的碱。18世纪，欧洲人从草木灰、海草灰中提取碱，这种碱的主要成分为碳酸钾（K_2CO_3），称为钾碱。当时用这些碱制造肥皂、玻璃、漂洗织物等。

1. 路布兰制碱法

18世纪后半叶，由于纺织工业的发展，促使肥皂和碱的需要量大大增加，原来的天然碱和锅灰碱满足不了需要。1775年，法国科学院悬赏12000法郎征求可供工业化的新制碱法。1788年，路布兰提出以氯化钠为原料的制碱方法，经过4年努力，得到了一套完整的流程。路布兰制碱法分两步：首先是将食盐和硫酸在炉中混合加热，得到氯化氢和硫酸钠；再利用焦炭使硫酸钠还原成硫化物，接着使硫化物与石灰石反应，则得到碳酸钠和硫化钙。

其反应方程式为：

$$2NaCl + H_2SO_4 = Na_2SO_4 + 2HCl\uparrow$$
$$Na_2SO_4 + 4C = Na_2S + 4CO\uparrow$$
$$Na_2S + CaCO_3 = Na_2CO_3 + CaS$$

路布兰制碱法由于综合利用原料，不仅生产碱，还能生产硫酸、芒硝、硫代硫酸钠、苛性钠、盐酸、硫磺、漂白粉等多种产品，于是形成为一项大型综合生产的化学工业。

但是，当时由于法国长期陷于战争，使路布兰制碱工业在法国未能得到迅速推广和发展。政府没有给他悬赏的奖金就公布了他的方法，并没收了工厂。1800 年虽然把工厂还给他，但他无法筹集经营资金。路布兰晚年生活穷困，不得不流入救济院，1806 年由于绝望而自杀。直到 1886 年，法国才建立路布兰铜像于巴黎艺术馆纪念他。

路布兰制碱法的成功还为近现代化工提供了许多新式设备，如洗涤塔、旋转煅烧炉、开口式特兰锅（Thelen Pan）、善克式浸液装置等，在化工原理、化工设备等方面为现代化大型联合化学工业的发展奠定了基础。

2. 索尔维制碱法

路布兰制碱方法流程在推广中不断得到完善和发展，在世界上许多国家广为采用。但仍有不少缺点：这一方法利用的主要反应是固相反应，并且需要高温操作，生产不能连续，劳动强度大，煤耗量大，产品质量不高，设备腐蚀严重等。这就促使人们去研究新的制碱方法。如，1811 年英国人弗列斯奈尔（A. J. Fresnel）、1832 年伏格尔（Vogel）、1936 年苏格兰的汤姆（J. Thom）等提出过利用氨制碱的方法；1838 年英国达亚尔（Dyar）和海明（Hemming）也提出过氨法制碱，并指出了这种方法的主要反应方程式。还有些人用氨碱法建厂生产，但由于工艺上不成熟或设备问题而未能推广。

1861 年比利时人索尔维（E. Solvay，1838－1922）取得用盐卤与碳酸铵混合制得碳酸氢钠的专利。紧接着他建立了一个小厂，用炼焦厂的粗氨水与石灰窑的 CO_2 气为原料制出了纯碱，到 1862 年实现了氨碱法的工业化，使制碱生产实现了连续化。他的制碱方法是将 NH_3、CO_2 和 NaCl 转变成碱：

$$H_2O + CO_2 + NH_3 = NH_4HCO_3$$
$$NH_4HCO_3 + NaCl = NaHCO_3 + NH_4Cl$$
$$2NaHCO_3 \overset{\triangle}{=\!=\!=} Na_2CO_3 + CO_2\uparrow + H_2O$$

由于索尔维法制碱产品的质量纯净，而被称为纯碱，1867 年在巴黎世界博览会上获得铜质奖章，此法正式命名为索尔维法，即现今的氨碱法。1876 年又获得维也纳博览会的奖章，以后各国纷纷采用索尔维法制碱。由于索尔维法有连续生产，产量大，质量高，劳动力省，废物容易处理，原材料消耗少，成本低廉等优点，到 20 世纪 20 年代便取代了路布兰法。

但索尔维法的 NH_3 损失过多，当时合成法制氨还未问世，氨的价格比较贵；原料盐的利用率低，其中 Cl^- 完全没有利用，而 Na^+ 仅利用 73% 左右，所以原料的综合利用是急需解决的问题；此外，该法设备腐蚀严重，急待改进。

3. 侯氏制碱法

我国制碱专家侯德榜（1890－1974）对氨碱法做了重大改革，研究成功了著名的侯氏制碱法，为我国制碱工业奠定了基础。

1917 年，知名实业家范旭东（1883－1945）和陈调甫（1888－1961）先生在天津塘沽创办永利制碱公司（天津碱厂前身），花两万美金从美国一家制碱公司购回专利，聘请一位美国专家指导建厂。由于工艺落后，设备设计错误很多，建厂失败，这位美国专家便辞职而去。1921 年，范旭东聘请侯德榜担任碱厂总工程师。他对原工艺和设备设计做了重大修改，终于使碱厂在 1923 年春开工投产，1926 年生产出我国第一批质量合格的“红三角”牌纯碱。塘沽碱厂的创建和投产，标志着我国民族化学工业的崛起。同时，与纯碱有关的玻璃、肥皂、纺织、印染、食品、造纸、制革、酿造、医药等民族工业也随之迅速发展起来。

抗日战争爆发后，1938 年初侯德榜决定在四川五通桥建新厂。由于井盐制碱成本太高，而索尔维法食盐转化率很低，要提高食盐利用率，必须研究新的制碱方法。侯德榜经反复研究，提出将索尔维制碱工业同合成氨工业结合起来，同时生产出纯碱和氯化铵。当时实验条件非常艰苦，实验室设在香港，他在美国纽约收集资料，遥控指挥实验。他们进行了五百多次循环实验，分析了两千多个样品，到 1939 年底已全部摸清了新制碱法的各项工艺条件。扩大实验是分别在上海法租界、美国哥伦比亚大学、四川五通桥进行的。经过 5 年的苦心研究，600 多次反复实验，终于在 1943 年发明和创立了举世闻名的侯氏制碱法，即联合制碱法（图 13－1－1）。

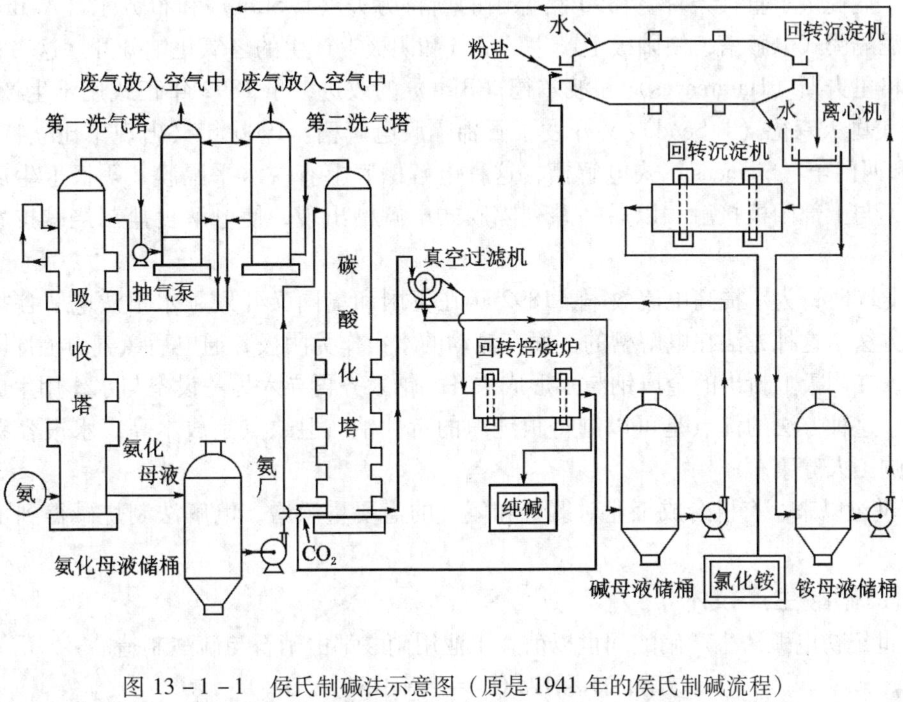

图 13－1－1　侯氏制碱法示意图（原是 1941 年的侯氏制碱流程）

这种方法，在氨的合成方面是采用半水煤气的转化来制备原料气氢和氮，并有副产品二氧化碳；在制碱方面，仍用氨碱法的制碱原理，但所用氨和二氧化碳是由合成氨系统供应。制碱过程中所生成的氯化铵，在冷冻后，以食盐使之析出。作为农业上的肥料，而食盐溶液则循环使用。全部反应式为：

$$NaCl + NH_3 + CO_2 + H_2O = NaHCO_3 + NH_4Cl$$

这种方法把制碱工业和合成氨工业联合成一体，用一套工艺流程生产出化工原料纯碱和化肥氯化铵，食盐利用率可达96%以上，降低了成本，实现了生产过程连续化。

侯氏制碱法的成功，是世界制碱技术的重大突破，在国际上得到了很高的评价，因此侯德榜得到国内外多种奖赏和荣誉。

三、烧碱生产技术

18世纪的产业革命，由于纺织、肥皂、造纸、炸药、染料等工业的发展，不仅需要大量的碳酸钠，还需要比碳酸钠碱性更强的苛性碱。1844年坦南特在路布兰制碱工厂中将碱的母液制成了烧碱，1853年英国哥塞将黑灰（主要是CaS）的浸出液制成了烧碱。这种方法制造的烧碱，其中氢氧化钠含量很低，但可用天然碱为原料，设备简单，容易加工，曾被广泛采用。19世纪70年代，氨碱法发展很快，碱厂生产纯碱，又有多余的石灰，这就为制造烧碱创造了良好的条件。

19世纪中叶，有机合成工业的发展，需要大量的氯气，又促进了电解法制造烧碱和氯气的产生。早在1800年，克留向克（W. Cruikshank）就研究过电解食盐的方法。1807年戴维电解氯化钠水溶液，在阴极的水银上得到金属钠，钠溶于水得到氢氧化钠。但当时电力不发达，这一方法未能工业化。19世纪末，由于电力工业的发展和直流发电机的制造成功，为电解工业提供了直接条件。1890年德国的斯特劳夫（L. Strof）和布劳尔（A. Brauer）开发了水泥隔膜式电解槽，使阳极上产生的氯气和阴极上产生的氢氧化钠分开。这一方法经英国的哈格里夫斯（Hargreaves）和波尔德（Bird）的改进，于1892年正式用于生产苛性钠。1905年美国人森德（T. Send）又开发了石棉隔膜电解槽。1906年又出现了比立特尔（Billiter）和西门子（Siemens）式电解槽，这种电解槽底上有一水平膈膜，阴极上生成的苛性钠下流不与上部阳极接触。以后一系列隔膜式电解槽出现，使电解食盐制烧碱技术日趋成熟。

与此同时，为了提高电流效率，1892年在英国和奥国又开发了水银法电解食盐水制苛性碱的方法。这种方法在电解槽的下面有流动的水银作为阴极，通电后氯气由上部阳极经导管引出，在阴极上析出的金属钠与汞形成汞齐，钠汞齐再导入另一设备与水作用生成苛性钠和氢气。这种方法的优点是可以制得很纯净的苛性钠。但缺点是成本高，水银容易污染环境，影响工人健康。

20世纪以来，有机合成工业对氯气和氢气的需要量激增，电解法制烧碱得到了更大的发展。

四、硝酸生产技术

20世纪初电弧法生产硝酸问世以前，工业用硝酸都由硝石与硫酸制造。

$$NaNO_3 + H_2SO_4 = NaHSO_4 + HNO_3$$

大约1785年，英国化学家卡文迪许通过实验发现，当电火花通过氮气和氧气的混合物时，有氮的氧化物生成，由此产生硝酸。1859年法国人列费巴瑞按照这一反应制得硝酸并取得专利。1904年挪威人伯克兰德（Birkeland）和艾德（Eyde）用这种电弧法设计了一个工业生产装置，并于1905年投入运行，这是第一个将大气中的氮固定下来的成功方法。在氨的氧化法制硝酸出现以后，逐渐取代了电弧法。

1900年德国的奥斯特瓦尔德研究了氨氧化反应的热力学，说明温度愈低，氧化氮的生成率愈高。1905年劳斯瑞根（Lothringen）的一家煤气工厂利用这一理论用该厂的副产品氨进行氧化试验，获得成功。1915年空气氧化炉设计成功。制出浓度为50%的硝酸。这一成果立即被德国军队采用，仅1915年德国就按此法建成30家工厂生产硝酸，用以制造军用炸药。

第二节 煤焦油化工技术
——近代有机合成工业的基础

18世纪末19世纪初，由于冶金工业的发展，需要大量焦炭，而生产焦炭时产生副产物煤焦油和煤气。煤气工业的发展也产生副产物煤焦油。当时，煤焦油被当作废物扔掉，污染环境，造成公害。随着炼焦工业和煤气工业的发展，煤焦油的堆积也愈来愈严重，煤焦油的利用就成为当时生产中迫切需要解决的一个重要问题。19世纪初，人们从煤焦油中分离出了多种重要芳香族化合物，又以这些芳香族化合物为原料合成了多种染料、药品、香料、炸药等有机产品。到19世纪中叶，形成了以煤焦油为原料的有机合成工业。

一、染料的合成

1834年，德国化学家米希尔里希用苯和硝酸作用，得到了硝基苯。1842年，俄国化学家齐宁（Н. Н. Зинин，1812－1880）及德国化学家A. W. 霍夫曼分别发现当还原硝基苯时可得到苯胺，为以后染料的人工合成奠定了基础。

1856年，英国有机化学家柏琴（W. H. Perkin，1838－1907）在实验室里将重铬酸钾氧化剂加到从煤焦油中提取出来的粗苯胺中，想得到治疗疟疾的特效药奎宁，但却得到一种黑色黏稠物。他以为实验失败了。但是，当他用酒精清洗试管时，却产生了鲜艳的紫色溶液，把布浸进溶液，立刻染上紫色，即使用肥皂洗，在太阳底下晒，也不褪色，这就是第一种人工合成的染料——苯胺紫。它能直接染毛和丝，并可与鞣酸合用染棉织品。于是18岁的柏琴获得制造苯胺紫的专利。他以实验室的成就为基础，设计出生产这种染料的方案，并于1857年6月投产。从此合成染料工业开始建立起来。

1858年，A. W. 霍夫曼用四氯化碳处理粗苯胺，得到了一种红色染料，称碱性品红。1860年，他用苯胺与碱性品红的盐酸盐共热，又得到了一种蓝色染料苯胺蓝。苯胺蓝用浓硫酸磺化，又转变成可溶性的酸性染料。以后，又合成了一些苯胺类染料，如翡翠紫、碱性蓝、醛绿、碘绿、藏红、甲基紫等。

苯的环状结构学说建立以后，指导了染料、药品、炸药等有机产品的进一步合成。1868年，德国化学家格雷贝（C. Graebe，1841－1927）和李卜曼（K. Liebermann，1842－1914），研究了茜素的结构，并于1869年以煤焦油中提取出的蒽为原料，人工合成了第一种天然染料——茜素。1882年，德国化学家拜尔由靛红还原得到靛蓝；1890年，德国的霍依曼（K. Heumann，1850－1893）又以苯胺为原料合成了靛蓝。

这一时期还合成了一些偶氮染料。1858年，德国格里斯（Griess）发现了重氮化反应，并于1864年将重氮盐进行偶合，这就为一系列偶氮染料合成奠定了基础。1884年，波蒂格（Beettiger）首先由联苯胺合成刚果红染料。这类染料至今在染料工业中仍占有重要地位。

到19世纪后半叶，合成染料工业已成为有机合成工业的一个重要方面，被称为“化学工业王冠”。

20世纪初，染料工业发展取得了新的重要成果，蒽醌染料、硫化染料、酞菁染料、分散染料、活性染料等先后合成，并得到了广泛应用。

二、药品的合成

煤焦油化学的发展和有机结构理论的建立，促使人们以煤焦油的产品或染料工业中间体和副产品为原料，合成了许多新药品，开辟了医药化工新领域。

水杨酸及其衍生物是人工合成药品的典型代表。1838年，法国人皮里亚（R. Piria，1815－1865）加热水杨醛和苛性钾，制得水杨酸；1859年，德国化学家柯尔柏研制出用苯酚制取水杨酸的方法。1889年，德国化学家霍夫曼（F. Hoffmann，1866－1956）用水杨酸和醋酸酐合成乙酰水杨酸，这就是人们熟知的解热镇痛药阿司匹林（Aspirin）。1883年德国的诺尔（Knorr）合成安替匹林（Antipyrinum）退热药，1886年合成另一退热药非那西汀（Phenacetin）。

20世纪初，由于对药理作用的深入研究，人们又制造了一些新的化学合成药。1911年，德国生物化学家艾里希（P. Ehrlich，1854－1915）等人合成了治疗梅毒的有效药物“胂凡纳明”（又称“洒尔佛散”，即二氨基二氧偶砷苯），商品名“六〇六”。继“六〇六”以后最重要的合成药是磺胺类药物，1935－1944年间，先后合成了百浪多息（Prontosil）、磺胺吡啶（SP）、磺胺噻唑（ST）、磺胺嘧啶（SD）等。

三、炸药的合成

军事和生产的需要推动人们用化学方法合成炸药去代替黑火药。1846年，瑞士化学家申拜恩（C. F. Schönbein，1798－1868）利用棉花和硝酸作用，制得硝酸纤维素，它不仅是人造纤维，也是一种炸药。1865年英国化学家阿贝尔（F. A. Abel）制得化学性质安定的硝化棉。1868年阿贝尔等建议把压缩的硝化棉用作高级炸药。从此硝化棉在军事上的应用才取得了进展。硝化棉火药不仅爆炸时无烟，而且能量高于黑火药几倍，优越性大大超过了黑火药，因此很快取代了黑火药在炸药中的独占地位，为近代炸药发展奠定了基础。

在人们发现硝化棉的同时，还发现了硝化甘油，它对炸药工业发展具有重大意义。早在1830年就有人开始进行甘油硝化的尝试。到1846年，意大利化学家索布赖罗（A. Sobrero，1812－1888）用硝酸和硫酸的混酸在低温下和甘油作用，然后将全部物料倒入水中，油状的硝化甘油沉到底部，再进行分离，用水洗涤除酸，制得硝化甘油。但他没有找到安全使用硝化甘油的方法。1854年，俄国化学家齐宁首先提出用多孔物质吸收硝化甘油的方法，试验也未成功。1867年，瑞典化学家诺贝尔（A. Nobel，1833－1898）用多孔的硅藻土吸收硝化甘油制成代拿买特（dynamite）炸药，成为安全使用硝化甘油的第一个人。他的第一号硝化甘油炸药即黄色炸药，含75%硝化甘油和25%硅藻土。

但是，硅藻土和硝化甘油混合后，爆炸力有些减弱。诺贝尔反复思考，能不能发明一种既具有硝化甘油的爆炸力，又具有黄色炸药的安全性的炸药呢？在1875年的一次试验中，他发现硝化甘油能够溶解一定品种的硝化纤维素而构成胶质，他称为“爆胶”。这种新式炸药既有硝化甘油那样大的爆炸力，又有黄色炸药那样的安全性，是硝化甘油和黄色炸药优点的综合。1887年，他又经过多次试验，研制成巴里斯太特（ballistite）双基无烟药。

“TNT”即三硝基甲苯是一种黄色固体物质。1863年，威尔布兰德（J. Willbrand）在接近沸点的温度下用硝酸和硫酸的混酸硝化甲苯首先制得“TNT”。1880年，德国人赫普（E. Hepp,1851－1915）用硝酸和浓硫酸的混合酸处理甲苯，经过三个步骤合成了它。从1904年开始把它作为军用猛炸药。继“TNT”之后，发现的一系列猛炸药中，比较重要的是特屈儿（Tetryl）、太安（PETN）、黑索金（Hexogen）和奥克托金（Octogen）。

四、电石化工

20世纪初，由于电力工业的发展，又发展了电石化学。早在1839年，美国人黑尔（Hare）曾将氰化汞与石灰混合，用电弧加热，所得产物遇水时产生一种气体，这便是最早获得的电石和乙炔。1892年，美国人威尔逊（T. L. Willson，1860－1915）发明了以石灰和煤为原料在电炉中加热制取电石的办法，并于1895年在美国建立了世界上第一个电石工厂。

乙炔可以作为合成许多复杂化合物的基本原料。1870年，法国人贝特罗在实验室中曾以乙炔、乙醇、乙酸等通过热管反应首次得到苯、苯酚、萘等。1881年，俄国人库切洛夫将乙炔与水反应合成了乙醛，找到了现代合成醋酸的主要原料。以后，化学家们又从乙炔出发成功地制出了乙醛、醋酸、氯乙烯、醋酸乙烯、乙烯基乙炔、丙烯腈、四氯乙烷、丁二烯等化工原料，并很快地投入了工业化生产。20世纪初，从乙炔出发合成塑料、橡胶、纤维及合成树脂，使乙炔的应用更为广泛。这时，煤焦油化工和乙炔化工成为有机化工的两大支柱。

第三节　化肥工业技术——引发农业绿色革命

在化学工业发展的早期，还没有化学肥料。19世纪以前，农业上所需的肥料主要来自有机物的副产品，如粪便、河泥、种子饼、废鱼、肉粉、骨粉及屠宰场的废料等。氮肥主要来自天然硝石，1809年智利发现大的硝酸钠矿床，很快被开采，据估计，1850年－1900年智利硝石供应了世界氮肥的70%。1837年德国化学家李比希通过对植物灰分的分析指出，植物机体中的钾、磷酸盐等成分都来自土壤，提出了恢复土壤肥力的施肥化学原理。1840年李比希又提出合成肥料理论。1842年在英国建立了最早的化学肥料工厂，开始进行过磷酸肥料的生产。19世纪50年代开始。氮肥、磷肥、钾肥的生产技术都有了很大的发展，这是19世纪化工技术的又一重大成果。化肥在20世纪农业上的广泛使用，使世界粮食产量大幅度提高，号称“绿色革命”。

一、磷肥生产技术

欧洲最早使用骨肥，1669年从尿素中发现磷以后，1766年确定了磷酸钙是骨骼的主要成分。为了使骨粉中有肥效的磷元素更容易溶于水，1840年李比希以硫酸处理骨粉，制成了易溶于水的过磷酸钙磷肥。1842年，约翰·劳韦斯（J. Lawes）建立起第一个用骨粉和硫酸生产过磷酸钙的工厂，这是化学肥料工业的开端。1843年，英国和法国先后用古代遗留下来的含有磷酸三钙的粪化石代替骨粉生产过磷酸钙肥料。1856年李比希提出，用硫酸处理其主要成分为磷酸三钙的天然磷矿，使矿中的磷酸三钙转变为水溶性的磷酸一钙。磷酸一钙与石膏混合即得过磷酸钙。

1884年，德国人荷耶尔曼（Hoyermann）考察了托马斯炼钢法所得的炉渣，发现其中含有易为农作物吸收的磷成分而具有肥效。1889 年全欧洲托马斯磷肥总产量就达到 70 万吨。随着磷肥生产的发展，各种高浓度磷肥，如富过磷酸钙、重过磷酸钙、磷酸二钙等，也相继研制成功。

二、钾肥生产技术

历来钾肥都是以草木灰的形式施用的。直到明确了氮、磷、钾在植物生长中的作用机理以后，才转向使用无机钾盐，并出现了大规模生产钾盐的工业。1861 年在德国的斯达斯非特（Stassfurd）发现了世界上著名的钾矿，矿床表层是含有氯化钾和氯化镁的光卤石。19 世纪 90 年代，开始建设从光卤石提取氯化钾的工厂。加工光卤石的方法，是根据氯化镁的溶解度比氯化钾大，把光卤石中的 KCl、$MgCl_2$ 溶解，然后冷却溶液，大部分氯化钾就结晶出来。

第一次世界大战前，德国是钾盐工业的主要生产国。在此以后，各国根据自己的资源情况又建设了从钾石盐矿（$KCl \cdot NaCl$）生产氯化钾，从盐湖、海水的卤水中提取氯化钾的工厂。

三、氮肥生产技术

19 世纪初，由于炼焦工业的发展，在焦炉煤气回收煤焦油的过程中，发现其中有氮存在。于是出现了用硫酸直接吸收煤气中氨以生产硫酸铵的生产工艺。到 19 世纪后半期，很多国家进行了硫酸铵的生产和应用。到 20 世纪初，硫酸铵产量占了世界化肥生产的首位，取代了智利硝石在氮肥中的地位。

随着农业发展和军工的需要，迫切要求建立规模巨大的生产氮化合物的工业。为此，许多科学家探索把大气中的氮固定下来。前面已经介绍，空气在电弧形成的高温下，其中的氮和氧化合生成一氧化氮，将一氧化氮进一步氧化成二氧化氮并使之溶于水生成硝酸，再与石灰石作用就生成硝酸钙。硝酸钙是一种与智利硝石相当的速效肥料。但它消耗电能太高，设备庞大。1898 年，德国人弗兰克（A. Frank，1834 – 1916）、卡洛（N. Caro）和罗特（F. Rothe）发现氮能被碳化钙固定而生成氰氨基钙。弗兰克又于 1900 年发现以过热蒸气水解氰氨基钙可得到氨，于是他建议把氰氨基钙用为肥料，这种方法称氰氨法。1904 年德国建立了第一个工业装置，1905 年意大利也建立了类似装置。到 1918 年，由于战时军需，年产量达到了 60 万吨。但这种方法设备笨重，电力消耗大，氨成本过高。

氨是制造各种氮肥的原料，氨本身也是一种氮肥。从空气中的氮和水中的氢来合成氨一度是个难题。1795 年，希尔德布兰德（J. H. Hildebrand）曾试图在常压下合成氨。其他人也曾试过高达 50 大气压的条件，但由于反应过慢，结果都失败了。1823 年德贝莱纳尝试用加催化剂的办法，也长时期没有突破。以致有人得出由氮和氢合成氨是不可能的错误结论。直到 19 世纪下半叶，由于物理化学的研究有了较大的进展，质量作用定律、化学平衡原理、化学热力学和化学动力学等基础理论的研究成果，为解决合成氨遇到的困难给予了理论指导，使人们认识到：氮 – 氢合成氨的反应是可逆的；增加压力会使反应向生成氨的方向进行；提高温度又会使反应向相反的方向进行，但温度过低又使反应速度过小；催化剂对得到有实际价值的反应速度则是一个主要的手段。这就在理论基础上解决了氮和氢合成氨的问题。

20 世纪初，德国化学家哈伯（F. Haber，1868 – 1934）、能斯特（H. W. Nernst，1864 –

1941）和法国物理化学家勒夏特列（H. L. Le Chatelier，1850－1936）对合成氨的工艺条件和理论进行了大量的实验研究。哈伯经过多次失败后，终于在1909年7月2日成功地建立了每小时能产生80克氨的实验室装置（图13－3－1），用锇作催化剂，氨浓度达到6%，使合成氨取得重大突破。

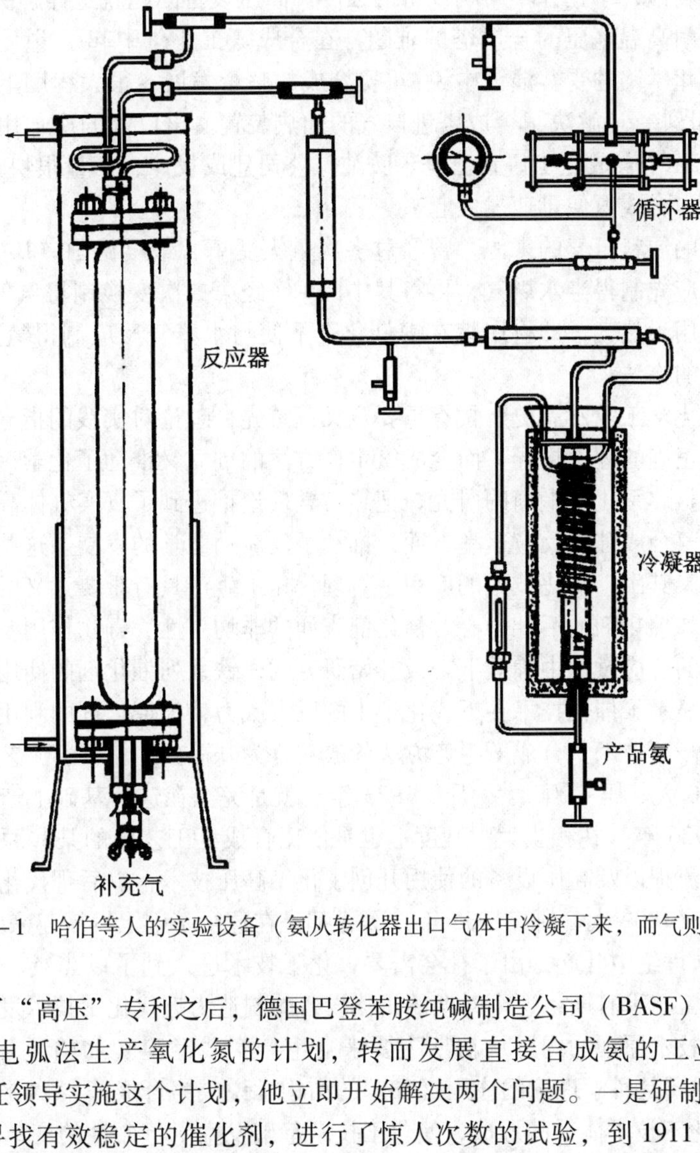

图 13－3－1　哈伯等人的实验设备（氨从转化器出口气体中冷凝下来，而气则循环回去）

哈伯申请了"高压"专利之后，德国巴登苯胺纯碱制造公司（BASF）立即决定撤消其原来制定的由电弧法生产氧化氮的计划，转而发展直接合成氨的工业装置。由博施（C. Bosch）担任领导实施这个计划，他立即开始解决两个问题。一是研制比锇价廉易得的催化剂。为了寻找有效稳定的催化剂，进行了惊人次数的试验，到1911年，大约进行了6500次试验，测试了2500种不同的配方。在这些工作的基础上，米塔希（A. Mittash）选择了含有铝镁促进剂的铁催化剂。其后还进行了催化剂遭受硫、氧等杂质毒物影响的大量试验。直到1922年，大约进行了2万次试验，终于得到了含有少量钾、镁、铝和钙作促进剂的铁催化剂。二是开发合用的高压设备。要求制造出能经受200巴压力、500℃－600℃高温的设备，是个极大的困难。高温下一般钢材与氢接触很快就不能用了，1910年建成的第一个中间试验车间，它的碳钢合成塔只使用了80小时就报废了，而当时只有这种低碳钢能经受住200巴的压力。为了防止高压氢对碳钢的腐蚀破坏，就应改良反应塔的内壁，找出使氢不能侵入钢的内部的办法。首先，他们在内壁贴上青铜、纯银等各种金属进行试验，都立即被腐蚀得破破烂烂。后来给低碳钢合成塔加一层软铁的衬里，制成双层反应塔。软铁可以不受氢的脱碳（氢脆）作用的影响，穿透衬里的氢气可以通过外壳上的小孔逸出大气，这样就防止了进一步腐蚀，小孔并不影响设备的强度。高压设备问题就这样解决了。软铁衬里和壁上小孔解决了耐高温高压的合成塔的难题，在合成氨工业化中起了重大作用。博施在20年后获得诺贝尔化学奖的受奖演说中说："氨合成的整个发展，很大程度上是依靠这个简单的解决办法。"此外，还解决了合成塔进口气的加热装置、出口气的冷却用换热器的设计问题。1931年，第一个合成氨工厂在巴登苯胺纯碱公司建成投产，产量很快达到日产30吨的设计水平。从此，合成氨便迅速发展起来。

制造合成氨的原料氢气的来源，曾经过多次重大变革。最早德国"BASF"公司是利用焦炭与水蒸气反应先制得半水煤气，再将其中的CO经第二次变换制得氢气。20世纪30年代又发展直接使用天然气，即将甲烷在镍催化剂下使与水蒸气反应制得氢气；60年代开始采用石油为原料的方法。

氨的合成在化学工业发展史上具有重要意义：首先，理论对实践的指导。对合成氨反应的正确认识来自正确的理论指导，而合成氨生产方法的创立又推动了化学理论的发展。正是由于对氮、氢、氨体系化学平衡的研究，把热力学理论推进到了真实气体高压化学平衡的研究领域，在研究氨合成催化反应速率方面，推动了反应动力学的发展。这些理论的形成直接指导了氨的合成。其次，催化技术的应用。对现代化工生产具有重要意义的催化作用，其许多重要的概念，如催化剂的活性中心、催化剂表面的非均一性、毒物作用及催化机理等，都是在研究合成氨的反应过程中确立下来或开始研究的，铁系列催化剂的使用，使高压下合成氨工业化，开始显示了催化技术在近代化工中的巨大威力，为催化剂的利用奠定了基础。第三，开创了化工高压技术。合成氨生产方法的成功，为开辟其他化学新工艺提供了范例，如甲醇的合成（100大气压-200大气压，1923年）就是完全在这个基础上产生的，人造石油（100大气压，1926年）在相当大的程度上也是依据合成氨工艺中的某些原则而确立的。氨合成的高压循环流程以及高压设备的使用开创了化工高压技术，以后现代化工高压技术，尤其是高压聚乙烯（1400大气压，1935年）等，都是在这个基础上发展起来的。

总之，从19世纪中叶起，由于社会需要，化工技术进入到了以焦炭、煤焦油或直接由煤为原料的煤化工技术时期，这个时期的机器设备的制造为近代化工技术发展提供了新的物质手段，而化工技术原理的构思从初期主要来自生产实践经验（如柏琴首次合成苯胺紫）到19世纪后期主要是科学理论的应用（如苯的结构学说成为合成茜素、靛蓝等人工染料的科学依据）。煤化工技术体系的形成，使化工技术基础发生了革命性的变革，是近代化工技术的一次重大突破。

第三编 现代化学发展时期

19世纪90年代末，随着电子、X射线和放射性的发现，化学研究和认识进入微观领域，标志着化学进入现代发展时期。

现代化学是在近代化学基础上发展起来的，又在各个方面大大超过了近代化学，真可谓日新月异，内容繁多，用途广泛，引人入胜。无论在实验方面、理论方面，还是应用方面，都频频获得新成果，使人应接不暇。主要表现在以下一些方面：对原子结构的深入了解，揭示了元素周期律的本质，进而通过对组成分子的原子外层电子运动规律的把握，建立起量子化学，从而有条件深入发展结构化学；在电子计算机的帮助下，正在开辟分子设计的道路；由于核化学的诞生，形成了一系列有关的学科，从微观的另一个侧面丰富着化学的内容；随着现代科学技术的进步，许多精密仪器应运而生，为化学的分析、分离和鉴测提供了极为有力的工具，从而促进了现代化学发展的速度。现代化学显示出极大的优越性，无论是人工合成还是石油化工技术的发展，都取得了鼓舞人心的成就，同时也带来新的课题；现代化学正在与生物学相互渗透，生物化学与化学生物学已无法严格区分，在现代精密仪器和设备的帮助下，化学正在向生命的奥秘进军；由于数学和物理不断向化学渗透，化学发展为更加成熟的、多分支的学科之树。

总之，现代化学更加真实地、更加深刻地反映出物质世界的多样性、复杂性和统一性。

第十四章　现代结构化学（上）——原子结构理论

门捷列夫与迈尔发现的化学元素周期律，由于有科学的预见性和强大的逻辑力量，所以很快得到了科学上的承认。但是，随着实验技术的进展和化学理论的深入，门捷列夫周期律面临着三个问题：

第一，零族元素的发现，自然提出了零族元素排列位置问题。门捷列夫在制定周期表时，没有给零族元素留下“空位”。1894 年，英国科学家瑞利（L. J. W. S. Rayleigh，1842－1919）和莱姆塞（W. Ramsay，1852－1916）在空气中发现了惰性气体氩。早在 1868 年，法国天文学家詹森（J. Janssen，1824－1907）和英国天文学家洛克厄（J. N. Lockyer，1836－1920）在观测太阳光谱时就发现了一种新元素，取名为氦。然而，在此后的 27 年中，人们一直认为此元素只是仅在太阳中存在的假设元素。直到 1895 年，莱姆塞和瑞典化学家克利夫（P. T. Cleve，1840－1905）及其学生伦格来特（Langlet）先后各自独立制得单质的氦气体，氦元素的存在才最终被确认。1895 年以后，莱姆塞又逐步发现了氖、氪、氙等惰性气体元素。这些元素的发现，对周期律是一个考验。后经莱姆塞建议，惰性气体元素作为一族，完整地插入周期表中。这样一来，这个问题实际上就已经解决了。为此，瑞利和莱姆塞分获了 1904 年的诺贝尔物理学奖和化学奖。

第二，在周期表中，存在着三个“倒置”问题，即氩－钾、钴－镍、碲－碘 3 处。在化学元素周期表中，这 3 处，不是按着原子量由小到大的顺序排列的，而是恰恰相反，原子量大的元素反而排在原子量小的元素的前面。例如氩（原子量为 40）反而排在钾（原子量为 39）的前面；钴（原子量为 59）反而排在镍（58.7）的前边；碲（原子量为 127.6）反而排在碘（原子量为 126.9）的前边等等。

第三，各种化学元素的原子量很少是整数，用当时测定的各种相对原子量，一般可达小数点以后三位。

以上三个问题，特别是“倒置”问题和原子量小数问题，是随着原子微观结构的深入研究和同位素的发现而逐步获得解决的。同时，通过对原子结构的深入研究，也逐步揭示了元素周期律的本质，促进了周期律的发展。

第一节　化学认识进入微观领域

从道尔顿到门捷列夫，化学家都相信“原子不可分”的古老观点，认为原子是化学大厦的基石。但是，这种信念被 19 世纪末一个接一个的科学发现打破了。这些科学发现主要有 X 射线、放射性和电子。

一、X 射线的发现

X 射线，亦称伦琴射线，它是德国物理学家伦琴（W. K. Röntgen，1845－1923）在 1895 年发现的，当时还不大知名的他在利用克鲁克斯管研究阴极射线时，发现射线管中会发出一种射线，使涂有亚铂氰化钡的屏幕发出荧光，经过实验发现，这种看不见的射线还能够穿透金属箔、硬纸片、玻璃等，并能穿透黑纸，使照相底片感光。伦琴还用这种射线，拍摄了他夫人的手骨照片。后来，他就把这种当时本质还不太清楚的射线称为X射线。为此，他荣获了第一次诺贝尔物理学奖。

后来，经过研究确定，X射线是一种波长很短的电磁波。1906年，英国物理学家巴克拉（1874－1944）经过深入研究发现，当X射线被金属散射时，不同的金属散射出的X射线也有所不同，从而进一步确定了，不同的金属都有自己的特征的X射线。

二、放射性的发现

X射线被发现之后，曾在科学界掀起一个研究射线、荧光的热潮。1896年，法国物理学家贝克勒尔（A. H. Becquerel，1852－1908），曾认真研究能发出荧光的硫酸双氧铀钾。贝克勒尔家四代都是物理学家，且相继都担任过著名的巴黎自然博物馆的教授。他祖父1839年就研究磷光物质，他父亲1875年就研究铀盐的磷光性质。因此，贝克勒尔一开始研究的目的是想知道这种物质的荧光中是否发射X射线。他研究的步骤是这样的：把照相底片用黑纸包起来，这样即使是用阳光长期照射，照相底片也不会感光，然后把硫酸双氧铀钾放在包好的照相底片上，一起放在阳光下曝晒，阳光不能使包好的照相底片感光，但能激发出铀盐的荧光，如果荧光中有X射线，那么就必定会使包好的照相底片感光。经过实验，他发现照相底片确实感光了。起初，他认为自己的实验成功了，果然铀盐的荧光中有X射线。但是，一个偶然的机会使他进一步发现，自己原先的判断不正确。他在连续的重复性实验中，遇上了阴雨天，他就把用黑纸包好的照相底片和铀盐一起放在暗房的抽屉里，过了几天以后，天还是不晴，他就把照相底片拿来冲洗，结果使他很感惊奇，暗房抽屉里的底片，居然也被感光了。他把这一发现公布于众，这就是著名的“贝克勒尔现象”。贝克勒尔经过研究发现，底片感光是硫酸双氧铀钾中的铀造成的，这就发现了铀的放射性。

对“贝克勒尔现象”进一步进行深入研究的是法国籍波兰科学家居里夫人（M. S. Curie，1867－1934）。她把关于铀放射线的来源和本质问题作为自己博士论文的题目来研究。

居里夫人利用放射性射线能导电的性质，在她丈夫法国物理学家居里（P. Curie，1859－1906）教授的协助下，制作了验电器，用以检验各种物质是否有放射性。她检验了几乎所有能找到的化学物质，她在检验沥青铀矿时发现，该物质的放射性比按含铀量推算的值大四五倍，她大胆地预言，沥青铀矿中，一定含有一种放射性更强的化学元素。她经过反复提炼，在1898年7月，首先发现了一种新的放射性元素钋（Po），之所以命名为钋（polonium），是为了纪念她的祖国波兰（Polonia，拉丁文）。居里夫妇和贝克勒尔为此荣获1903年的诺贝尔物理学奖。

钋发现以后，居里夫人继续从剩下的沥青铀矿中提炼放射性物质。她发现，剩下的沥青铀矿的放射性，比按铀推算的值大200万倍。她由此推断存在一种新的元素，并命名为镭，意思是“赋予放射性的物质”。为了提炼出这种放射性更强的物质，她在一个简陋的板棚内，艰难地工作了4年多。最后，终于在1902年，从8吨铀矿中分离出1/10克放射性更强的物质——氯化镭，从而发现了元素镭。居里夫人为此荣获1911年的诺贝尔化学奖。

镭发现以后，居里夫人又进一步研究了放射性物质的特性。天然放射性物质能够放射出几种不同的射线，都是原子核自发裂变产生的，这种性质的确定，就打破了原子不可分的传统观念。

三、电子的发现

在阴极射线发现以后，科学家们对它的性质进行了深入研究。首先是英国物理学家瓦利（C. F. Varley，1828－1883）和克鲁克斯（W. Crookes，1832－1919）发现，阴极射线在磁场中会改变方向。后来，法国物理学家佩兰（J. B. Perrin，1870－1942）发现，把阴极射线收集到金属筒内，金属筒就会带负电。1897 年，克鲁克斯的学生，英国著名物理学家汤姆生（J. J. Thomson，1856－1940），系统地研究了阴极射线的性质，发现阴极射线不仅会被磁场偏转，而且能被电场偏转，从而证明，阴极射线是带负电的粒子流，并测出了这种粒子的荷质比（电荷 e/质量 m）。计算表明，这种粒子的荷质比约为氢离子的 2000 倍，因此，它的质量约等于氢原子质量的二千分之一。汤姆生进一步实验证明，不管放电管中装入什么气体，也不管电极采用什么材料，阴极射线粒子的荷质比总是保持不变。由此可以断定，这种粒子是一种带负电的独立的成分，后来又进一步证明了它是一切化学元素原子的组成部分。这样，电子就被发现了，而电子这个名称最早是由英国物理学家斯通尼（G. H. Stoney，1826－1911）1874 年提出来的，他当时把 electron 称为“元电荷”，即把一个 H^+ 所带的电荷作为电的基本单位，是克鲁克斯建议用 electron 指称电子的。后经美国芝加哥大学的密立根（R. A. Millikan，1868－1953）教授的 4 年努力，在 1911 年确立了电子的电荷数和质量数。

电子的发现，进一步打破了原子不可分的观念。从前认为坚不可摧的宇宙基石——原子，终于被证明可分出电子，而且不论什么元素的原子都同样能分出电子来。

X 射线、放射性与电子的发现，是人类对原子微观结构深入认识的三个里程碑。这三个发现，打开了原子的大门，为建立物质微观结构理论奠定了基础。

第二节　原子结构模型的建立

电子发现以后，人们顺理成章地提出：电子既然是带负电的微粒，原子又是电中性的，这样，原子中就必然有带正电的部分。又进一步推论，原子中的电子和正电部分的成分，必然会形成一定的结构。原子的结构是什么样的呢？科学上对这个问题的探索，经历了一个复杂而困难的过程。

一、汤姆生模型

汤姆生发现电子以后，经过反复思考，在 1904 年提出了一个原子结构模型。他认为，原子是一个均匀的带有正电的球体，电子对称地嵌在这个球中。因为电子在“原子球”中在平衡位置上振动，所以可以发出电磁辐射，其电磁辐射的频率，就等于电子振动的频率。

汤姆生的原子结构模型，被称作“葡萄干蛋糕”模型，整个原子像一块蛋糕，蛋糕体是带正电的“原子球”，电子好像嵌在这块蛋糕中的葡萄干。汤姆生的模型也解释了化学元素的一些性质，如化学元素电中性等。但是，随着科学的发展，越来越证明，这个模型是不能成立的。

二、卢瑟福模型

英籍新西兰科学家卢瑟福（E. Rutherford，1871－1937）是汤姆生的研究生。他性格粗犷但双手灵巧，设计和完成了许多著名科学实验。他把放射性物质发出的几种射线分别命名为带正电的α射线、带负电的β射线和不带电的γ射线。他做过著名的α粒子的散射实验。他用高速飞行的α粒子作为炮弹，去轰击极薄的金属箔，发现大多数α粒子都能顺利通过，偏折角度不大，但也有少数α粒子发生了角度比较大的散射，有极个别的甚至完全弹了回来。

如何解释α粒子的散射实验呢？卢瑟福推想，α粒子一定是碰到某种极为坚硬并与α粒子带有同种电荷的东西。这种东西的体积一定很小，不然就不会使绝大部分α粒子顺利通过。因此他设想，原子一定有一个带正电的体积小密度大的核，电子在原子核周围绕核运动。

在原子中，原子核与电子的结构又是如何的呢？卢瑟福在解决这一模型时，受到太阳系结构模型的启发。他用太阳系模型与原子结构模型类比，根据“大宇宙与小宇宙相似”的哲学思想，认为：原子有一个带正电并集中了原子的绝大部分质量的核，即原子核，原子核居于原子的中心。电子在原子核四周绕着原子核运动，就像行星绕着太阳运动一样，所以，原子的体系就类似一个小的太阳系。卢瑟福是在1906年－1908年进行α粒子散射实验的，1911年正式发表这种核式原子结构模型。卢瑟福的原子模型建立之后，又经过了他的学生盖革（H. Geiger，1882－1945，德国）和马斯敦（E. Marsden，1889－1970，新西兰）二人的工作，再加上这一模型解释了许多科学事实，后来就得到了科学界的承认。

随着科学的发展，卢瑟福的模型逐步显现出它的弱点。例如，按着卢瑟福的模型和古典的电磁理论，电子绕核运动，必然自动地放出能量，这样原子的能量将逐步减少，频率也将逐步改变，所以发出的光谱应当是连续的。但事实上原子的光谱不是连续的而是分立的。例如，当时研究得比较深入的氢的光谱就是分立的。再有，按着经典的理论，原子在自动辐射时，能量不断减少，就会使电子最后坠落在原子核上，原子必然是不稳定的体系，而事实上不是这样的，实际上各种化学元素的原子都是稳定的。这究竟如何解释呢？为了解决这些矛盾，科学家们进一步对原子结构进行了探索。

三、玻尔模型

为了解决卢瑟福原子结构模型的困难，1913年，曾经是汤姆生和卢瑟福的学生的丹麦物理学家玻尔（N. Bohr，1885－1962）系统地研究了光谱学，把普朗克（M. Plank，1858－1947，德国）的量子化概念引进了卢瑟福的原子结构模型，提出了原子结构中量子化的轨道理论。他认为：电子绕核运动是沿着一系列的不连续的轨道进行，电子在这些特定能量状态运动时，并不辐射能量。只有当电子从一个较大能量的定态E_n，跃迁到一个较低能量定态E_k时原子才发出单色光。其频率为：

$$\nu_{kn}=\frac{E_n-E_k}{h}\text{（}h\text{ 为普朗克常数）}$$

在原子中，电子只能在一些特定的轨道上绕核做圆周运动，电子的角动量$\left(\frac{h}{2\pi}\right)$的整数倍决定这些特定轨道的条件，这些整数$n$称为量子数。玻尔根据量子化的理论假定，并用古典力学与电磁学理论，推算出电子跃迁时发出单色光的频率公式，这一公式与实验观测中总结出来的巴尔末经验公式相吻合。从而解释了原子的线状光谱，也解答了电子为什么不会降落到原子核上去的问题，他为此荣获了 1922 年诺贝尔物理学奖。

但是，玻尔的理论是古典理论加上量子化条件，因而还不是完整统一的理论，所以，这一理论不能解释后来发现的氢光谱的精细结构，也不能解释谱线在磁场中分裂等实验事实。

针对玻尔理论的缺欠，德国物理学家索末菲（A. Sommerfeld，1868－1951）又做了一些修改和补充。他不仅考虑到电子的圆形轨道，还考虑到椭圆轨道，并考虑到电子质量随着速度改变的相对论效应，同时认为电子轨道的空间分布也是量子化的。索末菲的修改和补充虽使玻尔理论有所改进，但并没有从根本上消除玻尔理论的矛盾。玻尔理论的矛盾，只有在量子力学建立之后，才得到了解决。

四、量子力学模型

法国物理学家德布罗意（L. de Broglie，1892－1987）在 1924 年提出，微观实物粒子的运动，类似光的波粒二象性，也有波粒二象性。并认为，体现光的波粒二象性的公式：$\lambda = \frac{h}{p}$也适用于实物粒子，同时还提出了物质波的公式：

$$\lambda = \frac{h}{mv} = \frac{h}{m_0 v}\sqrt{1 - \frac{v^2}{c^2}}$$

德布罗意物质粒子波粒二象性的公式提出以后，由于法国著名物理学家朗之万（P. Langevin，1872－1946）的推荐，受到爱因斯坦（A. Einstein，1879－1955）的重视。1927 年美国物理学家戴维逊（C. J. Davisson，1881－1958）和革末（L. H. Germer，1895－1971）用电子束照射晶体，从而发现衍射现象的实验，证明了德布罗意物质波公式的正确性。同年电子发现者的儿子汤姆生（G. P. Thomson，1892－1975）利用电子束穿过晶体薄片，也证实了电子的衍射现象。1929 年，德布罗意因提出物质波的理论获得了诺贝尔物理学奖：1937 年戴维逊同 G. P. 汤姆生也同时获得了诺贝尔物理学奖。

德布罗意物质波的理论，引起了人们科学思想的重大变革，其直接结果就是促进了量子力学的产生，从而揭示出微观粒子运动的内在规律。

由于德布罗意物质波理论的建立，科学家们纷纷深入研究微观粒子的运动规律。经过海森堡（W. Heisenberg，1901－1976）、薛定谔（E. Schrödinger，1887－1961）等人的共同努力建立了量子力学。奥地利著名物理学家薛定谔用波函数来描述微观粒子运动，建立了波动方程，即著名的薛定谔方程。这个方程在量子力学中有十分重要的地位，就像牛顿方程在经典力学中的地位一样。与此同时，英国物理学家狄拉克（P. A. M. Dirac，1902－1984）在处理微观粒子运动时，利用对应原理，把微观粒子的运动与经典力学运动进行类比，奠定了量子力学理论基础。著名德国物理学家海森堡、玻恩（M. Born，1882－1970）和约旦（P. Jordan，1902－1980）等人密切合作，建立了量子力学的矩阵方程。海森堡和约旦是玻恩的学生。矩阵方程和薛定谔方程在数学上完全是等价的，可以互相变换。但波动方程所用的方法比较方便，因而被广泛采用。

量子力学建立之后，科学家们用它作工具来研究原子和分子的结构。1927年，两位年轻的德国科学家海特勒（W. Heitler，1904－1981）和伦敦（F. London，1900－1954）成功地用量子力学方法处理了氢分子，科学而精确地解释了氢原子的结构和性质。后来，又用量子力学的方法和思想，对全部周期表加以研究，成功地解释和说明了化学元素周期性的微观本质。

量子力学建立以后，使一些传统的科学概念发生了根本变化，如，轨道概念在经典力学中不过是一运动物体所遵循的固定路线，但在量子力学中则是一个统计值，是指电子在原子核周围出现的几率。

建立在量子力学基础上的原子结构模型，是现代周期律的理论基础。但是，从卢瑟福的原子结构模型到量子力学的原子结构模型建立的 20 多年的历史中，化学元素周期律本身还有另一条发展线索，这主要体现为莫斯莱定律的确立和同位素的发现。

第三节 莫斯莱定律、原子量测定和同位素的发现

英国青年科学家莫斯莱（H. G. J. Moseley，1887 - 1915）是卢瑟福的学生，是一颗正在崛起的科学家明星。然而，他应募参加了第一次世界大战的义勇军，不幸阵亡，年仅 28 岁。在短短几年的实验生涯中，取得了永恒价值的结果和不朽的声望。他对光谱学有深入的研究，同时对化学元素周期表中的“倒置之谜”曾做过深入的思考。他认为，化学元素在周期表中，既按着原子量递增的顺序排列，但又不完全这样，而是有着固有的次序，这个固有的次序就是化学元素的原子序数。

为了研究化学元素原子序数排列的情况，莫斯莱做了大量的晶体 X 衍射实验。取得了极有意义的成果。后来他又进一步研究了各种化学元素 X 射线的频率与原子序数的关系。他经过研究确定：“一切已知元素它们所放射的 X 射线的频率的平方根，和它们的原子序数成正比例关系。”他还根据当时原子结构的理论指出，原子序数就是化学元素相应原子核电荷数，周期律应当是按原子序数排列而成，而不是按门捷列夫所说的原子量。这样，化学元素周期表中原子量的倒置问题就解决了。

在化学元素中，除了原子量在周期表中有个倒置问题，再就是原子量的小数问题，这个问题是因同位素的发现而解决的。

人们在对放射性元素的化学性质进行研究时发现，有些放射性不同的化学元素，化学性质完全一样。1906 年，美国化学家玻特伍德（B. B. Boltwood，1870 - 1927）发现钍和射钍（钍的蜕变产物）性质相近；1907 年又发现从钍衰变产物中分离出来的新钍Ⅰ，虽与镭的放射性不同，但化学性质完全相同。英国化学家索弟（F. Soddy，1877 - 1956）当时与卢瑟福也正合作进行这方面的研究，并发现了原子的蜕变现象。这是一件连卢瑟福都犹豫提及的事，因为它听起来太像炼金术了，当他与同事们提及这个发现时，他们劝他在介绍这个证据时要非常谨慎，以便不要愚弄自己。索弟在 1913 年提出了同位素的假说：存在着原子量不同，放射性也不同，但其他物理化学性质完全一样的化学元素的变种。这种化学性质完全相同的化学元素的变种，应处在元素周期表的同一位置上，因此应称为同位素。他也由此荣获 1921 年诺贝尔化学奖。

在同位素的假说提出以后，索弟和德国化学家法扬斯（K. Fajans，1887 - 1975）各自独立提出：原子蜕变时放出的 α 射线相当于分裂出一个氦的正离子，放射出负 β 射线相当于放出一个电子，放射出正 β 射线相当于放出一个正电子，从而确定了位移定律：放射性元素进行 α 蜕变后，该元素向周期表的前边（即左边）移两位，原子序数减 2，原子量减 4；发生负 β 蜕变后，该元素向后（即向右）移一位，原子序数增加 1，原子量不变；发生正 β 蜕变

后，该元素向前（即向左）移一位，即原子序数减少 1，原子量不变。

根据以上成果，1911 年索弟指出：一种化学元素有两种或两种以上的同位素变种存在，这可能是普遍现象。1912 年，J. J. 汤姆生发现了氖的稳定同位素，这是人类第一次发现稳定同位素。汤姆生的学生阿斯顿（F. W. Aston，1877－1945），还用扩散法分离了氖的同位素。

化学家们对同位素的研究，是随着原子量测定技术与其他实验工具的改进而发展的。1919 年，阿斯顿改进了磁分析器，联合电场与磁场的作用，制成了第一台质谱仪。用此仪器可以把质量不同的带电粒子分离开，并测定出其质量数。由此法测定原子量的结果，实为核素的原子量。这样原子量的测定就由原先的化学方法、物理化学方法转向物理方法。现代原子量的数值，几乎都是用质谱仪测定的。1919 年质谱仪的测量准确度为千分之一，1925 年提高到万分之一，1937 年准确度又提高了 10 倍，到 1940 年其准确度达到了百万分之一。

阿斯顿利用质谱仪证实了氖、氩、氪、氙等元素同位素的存在。在 71 种元素中发现了 202 种同位素。1929 年，在自然界又发现了^{16}O、^{17}O 和^{18}O 三种同位素的存在。物理学界随即采用$^{16}O = 16.0000$ 为基准。而化学界仍以天然氧，即同位素的混合物 O = 16.0000 为基准。其结果是化学标度为物理标度的 1.000275 倍，即化学的原子量数值比物理的原子量数值略小。

1940 年国际原子量委员会决定，以 1.000275 作为这两种基准的换算因子。1959 年，国际化学协会（IUPAC）建议使用$^{12}C = 12.0000$ 作为测定原子量的新基准，并提交国际物理学协会（IUPAP）考虑。次年，国际物理学协会接受了这一建议。1961 年，国际化学协会正式通过采用$^{12}C = 12.0000$ 为原子量新基准。新的原子量单位是“u”，称为原子质量单值（或作 amu，即 atomicmass unit）。原子质量单值等于一个^{12}C 核素原子质量的 1/12，1 原子质量单位 $1u = 1.6605655 \times 10^{-27}$千克。采用$^{12}C$ 而舍弃^{16}O 的主要原因是在用质谱法测定原子量时，^{12}C 同位素有直接比较的广泛性。从换算因素的大小看，用$^{12}C = 12.0000$ 为基准后，各元素的原子量数值比以 O = 16.0000 降低了 0.0043%。因为原子量的一般测定误差大于 43ppm。实际上除氧外，只有银、氯、溴、钾、氩五种元素的原子量数值需要改动。原子量新旧基准的换算方法见表 14－3－1。

表 14－3－1　原子量新旧基准的换算

基准物质	物理旧标准	化学旧标准	统一新标准
^{16}O	16		
O	16.0044 ←（+275ppm）—	16 —（－43pm）→	15.9994
^{12}C	12.0038	12.0005	12

除了用质谱法测定同位素的原子量，还可以从核反应的能量变化 Q 来计算两核间的质量差值，即通过质能关系式 $\Delta M = \frac{Q}{c^2}$来计算。这对于短半衰期的放射性同位素来说，是惟一适用的方法。然而，核反应法一般不及质谱法准确。

此外，化学方法测定原子量也在发展。它采用银做二级基准来分析卤化物，用比雾测定找出终点，再用重量法测定卤化银的重量，然后通过当量求出原子量。

原子量测定的重要性，正如我国化学家傅鹰所讲：“没有可靠的原子量，就不可能有可靠的分子式，就不可能了解化学反应的意义，就不可能有门捷列夫的周期表。没有周期表，则现代化学的发展，特别是无机化学的发展是不可想像的。”

原子核模型建立以后，原子和分子光谱的理论也相继建立。新的光谱分析方法也被用来研究同位素。1929 年，化学家们用分子光谱发现了^{13}C、^{15}N、^{17}O、^{18}O 等多种同位素。后来又进一步研究氢的同位素。因为氢的原子量是 1.00777，那么，原子量的小数是否也能用同位素的原子量的平均值来解释呢？1919 年用气体扩散法分离氢的同位素没有成功。1931 年，门采尔（Menzel）等人提出，应该有质量为 2 的同位素，并估计出，$^{1}H:{}^{2}H\approx4500:1$；由于$^{2}H$ 的含量过少而难于分离出来。1930 年，美国的尤里（H. C. Urey，1893－1981）等人，将液氢在 14K（三相点）下缓慢蒸发，最后只剩下几立方毫米，然后用光栅光谱分析，结果在氢原子光谱巴尔麦谱线中得到了微弱的新谱线，其位置正好与预计的^{2}H 的谱线相一致，从而发现了重氢。后来又人工合成了^{3}H。

到目前为止，地球上存在的各种化学元素的同位素 489 种，其中稳定同位素 264 种，天然放射性同位素 225 种，此外还有人工合成的放射性同位素 2000 多种。

各种同位素发现之后，化学元素原子量的小数问题就得到了圆满的解决，即所谓化学元素不过是具有相同核电荷的一类原子的总称，由于电子壳层相同，所以化学行为一样。

总之，原子结构的确定、莫斯莱定律的确定、放射性同位素的发现以及事后多种同位素的发现，使人们对化学元素的本质有了深入的认识，懂得了化学元素性质的周期性，是由于化学元素原子中电子壳层结构的周期性造成的，从而明确认识到化学元素原子结构在周期表中的位置以及它们的化学性质的对应关系。

第四节　超铀元素的合成与现代元素周期律理论

化学元素周期律的建立和发展，在化学发展的历史中，有着十分重要的地位。在现代化学的发展中，也还仍然有着重要的作用。

在20世纪20年代末，在从1号元素氢到92号元素铀构成的周期表中，还有43、61、85、87号元素尚未发现。这四个元素都有放射性。1937年，佩里厄（C. Perrier）和塞格瑞（B. Segre）用氘轰击钼制出了43号元素锝；1939年，佩雷（Perey）在铀的天然放射系中找到了87号元素，命名为钫，钫的同位素中，半衰期最长的也只有22分钟。1940年，考尔森、塞格勒、麦肯西等人，用 α 粒子轰击铋，得到了85号元素，命名为砹，砹的同位素中，半衰期最长的为8.3小时。1945年，美国橡树岭国立实验室的马林斯基（J. A. Marinsky，1918－　）、格伦丁宁（L. E. Glendenin，1908－　）、考耶尔（C. D. Coryell）用中子轰击钕获得了61号元素，命名为钷。

1934 年，著名意大利物理学家费米（E. Fermi，1901－1954），曾试图合成超铀元素，但没有成功。1940 年，美国的麦克米伦（E. M. Mcmillan，1907－1991）用热中子照射铀，制得了 93 号元素镎（Np）。1940 年美国的西博格（G. T. Seaborg，1912－1999）用回旋加速器加速氘核轰击铀制得了 94 号元素。西博格与乔索（A. Ghiorso，1915－　）等美国科学家合作，从 1944 年－1961 年间合成了 95 号镅、96 号锔、97 号锫、98 号锎、99 号锿、100 号镄、101 号钔、102 号锘、103 号铹等共 11 种超铀元素。从 89 号到 103 号形成了化学元素周期表中的锕系。

1969 年－1974 年，乔索等人又合成了 104、105、106 三种新元素，其寿命都非常短。原苏联的杜布纳实验室 1976 年宣布合成了 107 号元素。原西德核子研究中心，1982 年宣布合成了 109 号元素，1984 年宣布合成了 108 号元素。在这些超铀元素中，原子序数越高越不稳定，而且在 104 号以后，还仅仅合成数量极少的原子，这些存在时间极短的少数原子，尚没有能探测到确定的化学行为。

人类还能否进一步合成新的化学元素呢？这也是现代科学十分关心的一个问题，进入 20 世纪 60 年代以后，许多人进一步探索过这个问题。近年来由于人们对原子核结构的深入研究，提出了许多核模型理论。有人提出一种“幻数理论”，该理论认为，具有 2、8、14、28、50、82、126 个质子或中子的核特别稳定，并据此推断，原子序数为 114 和 164 处存在着超重元素的“稳定岛”，在“稳定岛”附近，会有稳定元素存在，各先进国家的科学工作者，都先后根据这一预言，寻求或设法合成稳定岛元素，但至今没有能取得成功。

化学元素周期表还能不能延长？有人根据原子核模型的新理论（也包括幻数理论在内）以及现在周期表的逻辑体系，设计了一个化学元素扩展的周期表。此表推断到 218 号位置，如表 14－4－1 所示。

表 14－4－1　化学元素周期律的扩展

族 周期	ⅠA	ⅡA	ⅢB	ⅣB	ⅤB	ⅥB	ⅦB	Ⅷ			ⅠB	ⅡB	ⅢA	ⅣA	ⅤA	ⅥA	ⅦA	0
1	H																	2 He
2	3 Li	4 Be											5 B	6 C	7 N	8 O	9 F	10 Ne
3	11 Na	12 Mg											13 Al	14 Si	15 P	16 S	17 Cl	18 Ar
4	19 K	20 Ca	21 Sc	22 Ti	23 V	24 Cr	25 Mn	26 Fe	27 Co	28 Ni	29 Cu	30 Zn	31 Ga	32 Ge	33 As	34 Se	35 Br	36 Kr
5	37 Rb	38 Sr	39 Y	40 Zr	41 Nb	42 Mo	43 Tc	44 Ru	45 Rh	46 Pd	47 Ag	48 Cd	49 In	50 Se	51 Sb	52 Te	53 I	54 Xe
6	55 Cs	56 Ba	57－71 La	72 Hf	73 La	74 W	75 Re	76 Os	77 Ir	78 Pt	79 Au	80 Hg	81 Tl	82 Pb	83 Bi	84 Po	85 At	86 Rn
7	87 Fr	88 Ra	89－103 Ac	104	105	106	107	108	109	110	111	112	113	114	115	116	117	118
8	119	120	121－153 超锕系	154	155	156	157	158	159	160	161	162	163	164	165	166	167	168
	镧系			57 La	58 Ce	59 Pr	60 Nd	61 Pm	62 Sm	63 Eu	64 Gd	65 Tb	66 Dy	67 Ho	68 Er	69 Tm	70 Yb	71 Lu
	锕系			89 Ac	90 Th	91 Pa	92 U	93 Np	94 Pu	95 Am	96 Cm	97 Bk	98 Cf	99 Es	100 Fm	101 Md	102 No	103 Lr

超锕系　121　122　123　124　125　126　……　148　149　150　151　152　153

121～153 共 33 个元素同占 121 号位

（第九周期 169 号－218 号元素也和超锕系类似有 33 个元素（171－203）共同占据 171 号位。）

这个扩展的化学元素周期表能否成立呢？一种意见认为，条件只要合适，周期表还是可以延长的，这是以幻数理论为代表的一派。另一种则以美国的著名化学家霍夫曼（R. Hoffman，1937－　）为代表，他认为，在周期表的末端，再设法合成新元素是十分困难的。原因在于，此时的核反应截面极小，几率极低，原子核的融合反应与转移反应都难于进行，只能生成“大量的不清楚的东西”。也就是说，化学元素的原子核不会无限地复杂化，也不会无限地生成，而是存在着“稳定性界限”，达到一定程度以后，就再也不可能生成复杂核了。这时，在超重核生成的同时，它就又崩散了，从而生成的是简单元素，甚至是“基本粒子”，也就是说会从化学元素周期律的末端返回到开端。

第十五章　现代结构化学（下）——量子化学理论

在 19 世纪末，理论物理发展到了一个相对完善的阶段，如牛顿力学体系、描述电动力学的麦克斯韦方程组、玻尔兹曼和吉布斯等人建立的统计物理等经典理论。但是随着科学研究的深入，发现用经典理论不能解释黑体辐射、光电效应和原子光谱等问题。随着量子力学的问世，用量子力学的理论方法来研究化学问题，就产生了一个新的边缘学科——量子化学。量子化学的发展又促进了结构化学和计算化学的发展，主要表现为物质结构理论和价键理论的发展。

第一节　经典价键结构理论

价键结构理论是描述原子如何结合成分子，以及构成分子的原子在空间怎样排布和如何相互作用的。早在 19 世纪初，化学实验的成果就表明，一个氯原子和一个氢原子可以化合成氯化氢，一个氧原子可以和两个氢原子结合成水，但是这是靠什么力量结合的，一时人们还不清楚，只能沿用古老的“化学亲合力”的概念来解释，所谓“化学亲合力”，原意就是指化学的“爱力”，这种解释并没有前进多少。

1812 年，著名化学家贝采里乌斯提出了著名的“电化二元说”用以解释原子间相互结合的机理。1852 年，弗兰克兰根据每种元素形成化合物时总有一定的比例关系，提出了化合价的概念，这一概念一直沿用了下来。

1857 年，有机化学家凯库勒把化合价的概念引到了有机化学中，确定了碳原子的四价，从而奠定了有机化学的基石。他用这一概念研究苯分子的结构，1865 年确定了苯分子的环状结构。1861 年，俄国化学家布特列洛夫提出了分子结构的概念，奠定了有机结构理论的基础，同时，他还指出了有机结构与有机化合物性质的关系。

1874 年范霍夫等提出，碳原子的 4 价，指向正四面体的 4 个顶点，并提出，有机结构是一种立体结构的概念。

但是，这些价键理论用来解释一些络合化合物时发生了困难，例如像 $CoCl_3 \cdot 4NH_3$，用上述的化合价概念已不能说明化合价已经饱和的 $CoCl_3$ 怎么又能与 4 个 NH_3 结合在一起，并且 $CoCl_3 \cdot 4NH_3$ 又比 $CoCl_3$ 稳定。为此，化学家们又提出了各种试图扩大化合价使用范围的观点。例如，1869 年，瑞典化学家勃朗斯特兰（C. W. Blomstrand, 1826 - 1897）提出氮（N）在这里显示 5 价，$CoCl_3 \cdot 4NH_3$ 的结构可表示为：

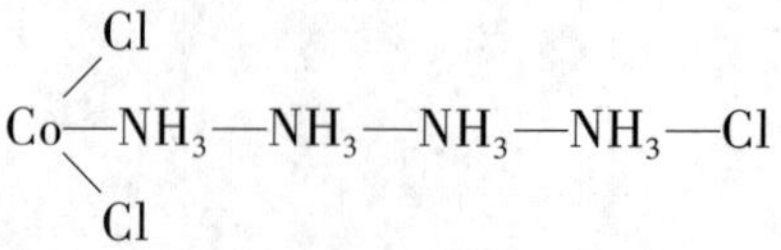

但它只解决了络合物所表现的部分化学性质，例如在 $CoCl_3 \cdot 4NH_3$ 中，直接与钴（Co）结合的氯比较稳定，不能被 $AgNO_3$ 沉淀。而另外一些性质，如 $CoCl_3 \cdot 4NH_3$ 存在同分异构

体，这种结构式就无能为力了。其他的观点也存在类似的问题，只是针对部分现象提出来的。

第一个成功地解释了这类化合物化学性质的是瑞士化学家维尔纳（A. Werner，1866－1919）在1893年提出来的配位理论。他认为络合物的中心原子（例如金属原子）除了有正常的“主价”外，还与一些原子或基团用“副价”连接。例如在 $CoCl_3 \cdot 4NH_3$ 中，Co的主价为3，副价为4。主价使得生成 $CoCl_3$，而副价则使得4个配位体 NH_3 与Co配位成键，形成配位化合物 $CoCl_3 \cdot 4NH_3$。他又把配位化合物，即络合物分为内外界两部分：

$$[Co(NH_3)_4Cl_2]^+Cl^-$$

方括号内是内界。内界中的 NH_3 和 Cl^- 与Co结合紧密，不易离解，而外界的 Cl^- 则可被 $AgNO_3$ 沉淀。

维尔纳的配位理论还很好地解释了已知的同分异构现象。他认为内界的构型可以是平面的，也可以是立体的。像造成 $CoCl_3 \cdot 4NH_3$ 异构现象是因为存在几何异构：

并且，他还预言了后来证实存在的一些同分异构现象，从而配位理论得到了化学家的普遍承认。

但在原子结构未得到充分的认识之前，对化合价的本质，无论是“主价”还是“副价”形成的原因就不能给出明确的答复。

电子发现以后，古典的价键理论则被大大发展了。1904年，德国化学家阿培格（R. Abegg，1869－1910）提出了“八数规则”。他认为：任何元素一般都既具有正价又具有负价，正负价的绝对值之和应当是8。但是，他没有能说明“八数规则”的原因。后来，化学家特鲁德（Trude）从电子论的角度指出，元素之所以出现阿培格指出的正价，就是化学元素的原子可以给出的疏松结合的电子数目，而负价则是一个原子可以接受的电子数目。至于为什么是8，当时没有能做出有说服力的解释。

1913年莫斯莱定律发现以后，相应的也就把一个原子在中性时的电子数目确定了。同年，玻尔提出了原子的电子层结构，这就导致了原子价电子理论的建立。1916年，德国化学家柯塞尔（W. Kossel，1888－1956）经深入研究原子结构提出：稳定离子的形成，是由于原子得到电子或失去电子，而形成类似惰性气体那样的原子外层电子结构。除氦外惰性气体的原子外层都是8个电子，所以每种元素的原子都有用失去电子或者获得电子使自身形成稳定结构的倾向或趋势。例如，钠、钾等金属，外层一个电子，失去之后次外层就是8电子稳定结构，所以它们容易失去一个电子变成+1价的离子，氟、氯等元素的原子，外层都是7个电子，所以它们都容易获得一个电子变成－1价的离子。正负离子之间，就可以靠静电引力形成电价键。

柯塞尔的理论对于像KCl、NaCl、$CaCl_2$ 等离子化合物解释起来顺理成章，很圆满，但是对于像 H_2、Cl_2 这些非离子型化合物就无能为力。在柯塞尔提出离子键的同一年，美国化学家路易斯（G. N. Lewis，1875－1946）又提出了一种新的价键理论——共价键。

路易斯认为，两个或多个原子可以共用一对或多对电子，这样共用以后彼此都达到惰性气体的稳定电子结构。他进一步认为原子的核外电子结构，具有同心立方体的排列顺序和方式。路易斯在1916年的论文《原子与分子》和1923年撰写的专著《价键及原子和分子的结构》中提出了甲烷、乙烯等有机物的电子结构式。他提出的价键理论和有机物的电子结构式，解释了柯塞尔理论解释不了的事实，说明了共价键的饱和性，起到了重要作用。

无论是离子键理论还是共价键理论，还都是一种静态的理论，都没能说明化学键的本质。虽然都把电子论引进了化学，但都没能做到从电子的运动中阐明问题。价键理论的真正解决，还是在量子化学建立以后的事情。

第二节　共振理论

在化学发展史上，有不少化学概念、定律、原理和理论是经过了化学家的长期研讨之后才被确立起来的。然而，很少有像“共振论”那样的理论能够引起化学家乃至哲学家如此长久而又深入地争论，以致“共振论”问题时至今日仍成为化学界争论的一个重要问题而存在。

“共振论”是在特定的化学发展背景下建立起来的，是美国化学家鲍林（L. Pauling，1901－1994）为了解决“不能有把握地用一种价键结构式归属于某一分子”的困难而首先提出来的，即主要针对经典化学结构理论的局限性而提出来的一种学说。如自德国化学家凯库勒1865年提出苯的价键结构式是 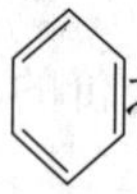 之后，化学家逐渐发现这种结构式与化学事实并不完全相符。例如，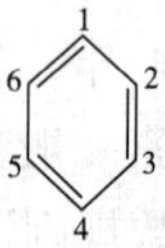 这个式子能够说明它的一元取代物只有一种的事实，但它不能说明邻位二元取代物只有一种的事实，因为就该式来看，1和2与1和6是不同的空间位置，因此，邻位二元取代物应该有两种。随后，凯库勒提出一个很聪明的解释，那就是假定苯的双键位置不是固定不变的，而是可以以很快速度往返移动，这就是所谓的摆环双键的学说。德国化学家拉登堡（A. Ladenburg）则提出苯有两种结构式：

他认为，原子价如同原子间的碰撞，每个碳原子以相同次数与同它直接相连的两个碳原子相碰撞，形成两种结构式的连续过渡。但这种解释还是存在问题的，如不能解释苯分子的稳定性和易发生取代反应而不易发生加成反应等事实。同一时期，德国化学家拜尔（A. Baeyer）提出了苯的中心式结构说①，德国化学家梯尔（J. Thiele）提出了苯的余价学说②，他们的共

① J. R. 柏廷顿：《化学简史》，1版，318页，北京，商务印书馆，1979。
② J. R. 柏廷顿：《化学简史》，1版，330页，北京，商务印书馆，1979。

同点是否认苯的结构中有间隔存在的单双键。然而，由于没有更好的实验事实来证实他们的观点，因此他们的学说也就没有被化学家普遍接受。

为解决上述问题，化学家继续做出不懈努力。如德国化学家埃脱（F. Arndt）采用“中介结构”概念，提出了“中间状态论”，即认为苯分子的结构处于两种“极限结构”的中间状态。英国化学家洛宾逊（R. Robinson）和英果尔德（C. Ingold）进而提出了“中介论”，认为有些分子的真正结构不能用任何一个价键结构式来表示，而是“中介”于两个或两个以上价键结构式所表示的结构之间。然而，“中介论”能对苯的邻位二元取代物只有一种做出说明，但不能解释苯的稳定性问题。

随着1926年薛定谔方程的提出，1927年德国化学家海特勒和伦敦合作用薛定谔方程来处理氢分子的成键情况，从而建立起崭新的化学键概念，也标志着量子化学学科开始形成。当时刚满27岁的鲍林以与众不同的见识进入这个崭新的领域，并迅速地发展出了共振理论。

共振（resonance）概念是德国物理学家海森堡1926年研究氦原子的量子态时提出来的，而鲍林1928年把它首次引入化学结构理论。他在解释氢分子的量子力学计算结果时讲到：“加上或减去项 H_{12}，是由于一个电子从轨道 ψ 跳到轨道 φ，同时另一个电子反过来从 φ 跳到 ψ。因此，H_{12} 称作交换能或共振能，这个现象称作交换现象或共振现象，是由海森堡和狄拉克发现的。”① 显然，这里的共振是指价电子在成键的两个原子轨道间的交换或共振，共振能意指交换积分。然而，4年之后，鲍林根据价键理论线性变分原理讨论键型过渡问题时对“共振”概念做了引申：“一般说来，如果 ψ_1 和 ψ_2 有相同的对称性，特别是有相同的多重度，即有相同的不配对电子数时……发现对体系的基态给出最好的近似波函数既不是 ψ_1，也不是 ψ_2，而是它们的线性组合。”而“这个分子也可以被描述成在两个电子式之间的迅速摆动，并通过这种摆动的共振能取得比两者中任何一个都要大的稳定性。”②

事实上，“共振论”的主要思想正是在鲍林及其合作者1931年–1933年间发表的10多篇文章中形成的。然而，鲍林在以后对共振的表述中，始终存在一些不确定因素，如他一方面认为，在“通常化学的意义上”共振体系的价键结构没有真实性，采用共振“是在设法把价键图像推广到那些不能用它原有形式来描述的分子”，而且“本来并不是非这么做不可”。另一方面，他又把苯分子描述成“以千倍于核振动的频率”，“在两个价键结构 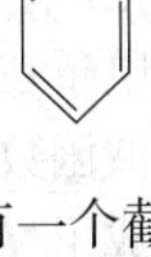 和 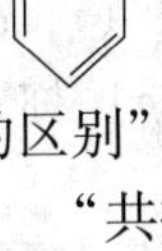 之间共振”，并因此提高了稳定性，并且“在互变异构与共振之间，没有一个截然的区别”。③

“共振论”学派在20世纪30年代认为共振是个真实现象的看法比较流行，但从40年代后期开始，便逐渐摒弃了这种说法。如作为鲍林的学生、“共振论”的创建者之一的惠兰德（G. W. Wheland）曾说：“无论如何，我们决不能说共振是一种现象。”“共振仅仅是被设计来描述分子状态的一种近似方法，作出贡献的结构也只能表示某种假想的电荷分布，以此来

① L. Pauling：“Chem. Rev.”，5，173（1928）.

② L. Pauling：“Chem. Soc.”，54，996（1932）.

③ L. 鲍林：《化学键的本质》，6页–9页，176页–179页、554页–559页，上海，上海科学技术出版社，1966。

和该分子实际的电荷分布进行比较。”①

从“共振论”的产生过程可以看到，“共振论”是化学结构理论整体上从经典结构理论向现代结构理论过渡发展时期的一个产物。它一方面坚持采用经典的单双键的结构式来描述分子的化学结构及其表现的化学性质，保持了化学结构式的直观简洁而又易于被接受的传统；另一方面，它又直接借鉴了现代量子力学和量子化学的抽象理论方法来对共振论结构给予说明和支持。在这样特殊的背景下产生的“共振论”就同时具有了经典与现代的双重特征，是鲍林为沟通经典结构理论与现代结构理论所做努力的结果。由此不难想到，经典结构理论和现代结构理论的冲突与矛盾必然地反映到“共振论”中，从而引起不同学派间的论争，“共振论”也因此卷入一场旷日持久且惊心动魄的论战中。鲍林的“共振论”在当时化学结构理论中的特殊地位和作用可以从丹麦物理学家玻尔的原子结构理论在当时物质结构理论中的特殊地位和作用得到一些理解②，因为玻尔的原子结构理论也是为当时经典物质结构理论所遇到的困境而寻找出路的一种尝试性结果，它本身就兼有经典物理学理论和现代物理学理论的双重特性。只是玻尔的原子结构理论尽管当时也受到了批评，但其程度远非能与鲍林的“共振论”所受的非难相比。

第三节　现代化学键理论

现代化学键理论应从1926年薛定谔提出波动方程时算起，薛定谔方程的算符形式如下：

$$[H]\ \Psi = E\Psi$$

其中，$[H]$ 是哈密顿算符

$$[H] = \left[-\frac{h^2}{2m}\left(\frac{\partial^2}{\partial x^2}+\frac{\partial^2}{\partial y^2}\ \frac{\partial^2}{\partial z^2}\right)+V\right]$$

薛定谔方程是反映微观客体运动的方程，电子的状态用波函数 Ψ 来描写，它反映电子运动的统计规律。波函数的平方正比例于电子在空间各点（x，y，z）出现的几率。波的强度大的地方电子出现的机会多，波的强度小的地方电子出现的机会少。这样一来，传统的经典理论的“轨道”概念的含义就发生了本质的变化，它再也不是传统理解的“固定路线”，而是电子在空间各点几率的大小。

波函数的空间坐标也可用极坐标（r，θ，φ）来表示，这时根据坐标变换，波函数的形式就成了 Ψ_{nlm}（r，θ，φ）。其中，n、l、m 为量子数，它们只能采取整数值。Ψ_{nlm}（r，θ，φ）的具体形式不同，代表电子的不同运动状态。习惯上把波函数 Ψ_{nlm}（r，θ，φ）称为“原子轨道”，这实际上完全是沿用经典力学的习惯用语。

原子核外的电子，按几率分布在空间各点，电子分散在原子核周围形成分层次的云雾状态，通常形象地将电子在空间的这种几率分布称为“电子云”。电子在空间（r，θ，φ）处出现的几率密度为 $|\Psi(r,\theta,\varphi)|^2$。

根据化学的特有运动规律，用量子力学方法研究和近似地处理原子、分子中原子核与原子核、原子核与电子、电子与电子之间的复杂的多体相互作用，寻求化学变化的机制，这就

① G. W. Wheland：“Resonance in Organic Chemistry”，John Wileg & Sons，7～11（1955）.

② W. C. 丹皮尔：《科学史》（下册），1版，514页－517页，北京，商务印书馆，1995。

是量子化学。

量子化学的建立，应从1927年海特勒和伦敦解氢分子薛定谔方程算起。他们在处理这一问题时，也引进了一系列的近似。当初，他们设想，把两个氢原子放在一起，这个体系就包含两个带正电的核、两个带负电的电子。当两个原子相距很远时，彼此之间的相互作用可以忽略，这作为体系的能量的相对零点，当两个原子逐渐接近时，是四体相互作用，这时他们就用近似的方法计算了体系的能量和波函数，得到了表示氢分子的两个能量状态 Ψ_S 和 Ψ_A，他们的计算是成功的，得到了实验的验证。

量子化学建立起全新的化学键理论。这一理论指出，当电子的密度集中在两核之间，也就是电子云最大限度重叠时，就靠静电引力把两个核拉在一起，使体系的能量最低，也就形成了化学键。反之，就不能形成化学键。

在化学发展中，对于共价键，形成了两种等价使用的理论，一种是价键理论，一种是分子轨道理论。价键理论是在海特勒和伦敦处理氢分子时提出的，以自旋反平行的电子对成键为基础的。根据成键时电子云要最大限度重叠，能量要处于最低状态才能成键的前提，又经鲍林和斯莱特（J. C. Slater，1900 – 1976）等人的发展和充实而形成。分子轨道理论把分子看成一个整体，认为分子轨道是由原子轨道组成的，在分子中各电子都按分子轨道运动，这就像原子中电子在原子轨道上运动一样。这一理论是由美国化学家马利肯（R. S. Mulliken，1896 – 1986）和德国化学家洪特（F. Hund，1896 – 1997）等人提出来的。

随着化学的发展，价键理论和分子轨道理论都日趋成熟。

价键理论认为，非惰性气体的原子，在未化合前有未成对的电子，这些未成对的电子自旋在反平行的情况下，就可以互相配对，形成所谓电子对，这样一来原子轨道就可以重叠交盖形成一个共价键，一个电子与另一个电子配对以后，就不能再与第三个电子配对了，原子轨道重叠越多，共价键越稳定，由于这一理论与经典的价键理论概念一致，所以容易被人们所接受。1931年，L. 鲍林等人又提出“杂化轨道”的概念，这一概念满意地解释了碳原子的四价。

分子轨道概念与价键理论有所不同，这一理论认为，能量相近的原子轨道可以组合成分子轨道，由原子轨道组合成分子轨道时，虽然轨道的数目不变，但必须伴随着轨道能量的变化，能量高于原子轨道的分子轨道不可能成键，所以叫反键轨道；能量等于原子轨道的分子轨道一般也不会成键，所以叫非键轨道；能量低于原子轨道的分子轨道，才能成键，故称成键轨道。分子中的电子，都在一定的轨道上运动。在不违背每个分子轨道只能容纳两个自旋反平行的电子的原则下，也就是不违背泡利不相容原理，这时分子中的电子将优先占据能量最低的分子轨道，并按照洪特规则尽可能分占不同的轨道且自旋平行。在成键时，原子轨道重叠越多，生成的共价键就越稳定。

1965年，美国著名化学家伍德瓦德和 R. H. 霍夫曼在合成维生素 B_{12} 时，总结出了分子轨道对称守恒原理，从而对分子轨道理论的发展做出了贡献。

现代化学键理论的发展，也促进了络合物化学键理论的发展。这些理论说明了络合物中心离子或原子与配位体间结合力的本质。1923年，英国化学家西奇维克（N. V. Sidgwick，1873 – 1952）提出了配位键的概念。30年代，L. 鲍林从电子轨道角度进一步提出了共价配键和电价配键，满意地解释了络合物磁性等性质。但它对络合物的一些构型及稳定性等问题没给出合理的解释。为此，从 20 世纪 50 年代以来，发展起来配位场理论。美国的贝特（H. Bethe）和范弗雷克（J. H. van Vlack）从静电场理论离子晶体中正负离子作用出发，在 1929 年提出了晶体场理论，用来解释中心金属原子 d 轨道的能级分裂。但晶体场理论忽视了共价的性质。1952 年，英国的欧格耳（L. E. Orgel）则把晶体场理论与分子轨道理论结合起来，把 d 轨道能级分裂原因看成是静电作用和生成共价键分子轨道的共同结果，这就是配位场理论的基本观点。它对许多元素络合物的结构和性能的关系给出了比较好的解释，是迄今发展较为完善的络合物化学键理论。

总之，化学键理论的发展经历了古典价键理论、化合价电子理论和现代化学键理论。现代化学键理论是量子化学的核心。

随着量子化学的发展，化学正在从宏观向微观深入，从定性向定量进一步发展，从只是被动地解释一些实验现象，发展成预测化学现象和研究分子设计。目前，量子化学及有关的化学分支学科还在不断向前发展。

第四节 晶体结构的测定

人类对晶体结构的认识经历了一个由表及里、由宏观到微观的过程。

古人很早就接触到晶体，在古墓葬中发现了许多宝石的殉葬品。古人还用矿物晶体做装饰品和磨制成工具。

中国早在汉代就有关于“雪花六出”的记载，正确地描绘了雪花的结晶形成。《梦溪笔谈》中，还对石膏的外形进行过描绘，指出：“悉皆六角，端正似刻。”宋代程大昌著《演繁露》中，对食盐晶体的生长过程进行了描述，写道：“盐已成卤水，暴烈日中，即成方印，洁白可爱，初小渐大，或数十印累累相连。”

人们对晶体的认识起初仅是感性直观的，后来，又进一步对复杂多样的晶体逐步寻求其规律性的东西。1669 年，丹麦结晶学家斯登诺（N. Steno，1638 - 1687）发现了同种晶体对应面夹角相等的定律，这就是晶体的第一定律——晶面夹角守恒定律，用这个定律可以识别和鉴定矿物。

随着人们对晶体的深入观测，发现各种晶体普遍地存在着对称性。1830 年，德国人赫塞尔（J. Hessel，1796 - 1872）曾对晶体的对称元素可能的组合进行过推导。1869 年，俄国结晶学家伽多林（А. В. Гадолин，1828 - 1892）用数学方法证明，晶体的外形有 32 种对称类型，即从对称性的角度，晶体有 32 种。这 32 种类型又称 32 点群。后来，人们又按晶体的对称元素的特征，试图进一步对这 32 种晶型进行分类，起初是对这 32 种晶型根据对称元素分为高、中、低三个晶族，后来又把三个晶族分为 7 个晶系，即立方晶系、六方晶系、四方晶系、三方晶系、正交晶系、单斜晶系、三斜晶系。晶体的 32 种类型，7 个晶系的发现，对于结晶化学的发展起了促进作用。

1848 年，法国生物学家巴斯德，利用结晶酒石酸铵的外形，把左右对称的两种晶体做了区分。他认为左右对称的晶体是由于原子的空间对称破缺引起的。这一见解，为旋光异构体的研究奠定了基础。

随着对晶体研究的深入，从晶体外形的对称性又联想到内部深层结构的对称性。德国的结晶学家弗兰根海姆（M. L. Frankenheim）首先提出了晶体构造的空间理论。他指出，晶体的内部构造以点为单位，这些点在三度空间中，周期性地重复排列，他认为这些点的空间分布，就是晶体的空间点阵。1824 年，弗兰根海姆推算出晶体的 15 种空间点阵。此后，法国的布拉维（A. Bravais，1811 - 1863）系统研究了晶体内部质点的分布。他认为，晶体内部质点占据确定位置并彼此相互联系，形成空间格子。后来，人们把晶体的这种空间格子叫做布拉维格子。布拉维将晶体空间划分为无数同形等大、互相平行叠置的平行六面体。布拉维认为平行六面体的单位并不是物质分子的实体，其中存在着空隙，而物质的分子或原子粒子则分布在平行六面体的顶角上或面、体的中心上，这些物质质点再在三度空间做周期性的排列，他在 1848 年，指出了弗兰根海姆提出的 15 种空间点阵中，两种是相同的，从而正确地确定了空间点阵的 14 种形式。

在晶体的 32 个点群和 14 种空间点阵形式发现以后，俄国结晶学家费多罗夫（E. C. Фёдоров，1853 - 1919）将 14 种空间点阵，按着一切可能性与范围的各种对称元素结合起来，总共得出了 230 种对称元素系。与这 230 种对称元素系对应的空间对称动作群简称空间群。这 230 种对称元素系本身也是空间点阵结构，因此也可用点阵的正当单位来表达正当单位中对称元素的取向、位置和组合方式。

在 32 点群、14 种空间点阵、230 个空间群陆续确定以后，晶体的几何理论就逐步完善了。

对晶体的深层结构的进一步研究是靠现代实验仪器完成的，其中晶体的 X 射线结构分析的建立和发展起了关键作用。例如，1918 年 - 1919 年，德国物理学家玻恩和哈勃（F. Haber，1868 - 1934）提出了晶体点阵能的计算方法，并根据用 X 射线衍射测定的晶体结构数据计算了点阵能，阐明了离子晶体中正负离子静电引力的本质。朗德（A. Lande）在 1920 年，瓦萨斯雅那（J. A. Wasastjerna）在 1932 年，根据 X 射线对晶体结构分析，测出了第一批离子半径的数值。

实验手段的进步和理论的发展，使人们对晶体结构的认识越来越深刻。如帕特逊法、傅立叶级数法等。1940 年后，电子计算机逐步发展起来了，从而使对 X 射线结构分析工作大大向前推进了。1951 年，比沃埃（J. M. Bijvoet）等用 X 衍射法测定出右旋酒石酸钠铷的晶体结构，得出了右旋酒石酸根的绝对构型。1957 年，克劳弗特（D. Crowfoot）测定了维生素 B_{12}的结构。

1953 年，美国化学家华生（J. D. Watson，1928 - ）和英国化学家克里克（F. H. C. Crick，1916 - ）根据 X 射线的衍射数据，提出了脱氧核糖核酸的双螺旋结构模型。判明两条多核苷酸链围绕同一轴像麻花一样拧在一起。这一发现是对有机结构和分子生物学的重大突破。

1957 年，英国物理学家肯德鲁（J. C. Kendrew，1917 - 1997）测定了鲸肌红蛋白的晶体结构，他在 1960 年和 1963 年又深化了这一工作。1959 年，奥地利 - 英国的佩鲁茨（M. Perutz，1914 - 2002）测定了马的血红蛋白结构。1969 年，英国的克芬弗特测定了胰岛素的结构。

认识世界的目的在于改造世界，人类认识了晶体的微观结构，就进一步用人工方法制作各种晶体，如宝石、金刚砂以及微电子技术中的单晶等等。人们认识了复杂有机物以及蛋白质与核酸的结构，也就设法对这些物质进行合成。

我国科学家在1956年合成了牛胰岛素，合成的牛胰岛素具有和天然牛胰岛素相同的生物活性。1971年－1972年，又成功地进行了胰岛素结构的测定。1981年，合成了酵母丙氨酸转移核糖核酸，这一合成工作，取得了世界领先的地位，受到世界科学界的赞许。

现代结构化学主要研究原子结构、化学键（包括分子间的相互作用）、分子和晶体的主体构型、金属键（如能带理论）、分子和晶体以及络合物和金属结构的实验方法，研究各种化学物质的结构与性能的关系。

目前，结构化学对于有序的结构（如晶体）研究得比较深入，取得了一系列的重大进展。但是，对于无序结构（如玻璃体、高聚物）研究得则比较差，虽然取得了一些进展，但成效不大，理论上的说明也还不够理想。许多结构化学问题都要用量子化学方法加以处理，再借助于电子计算机的帮助。与量子化学、结构化学相联系的化学分支还很多，如计算化学、理论有机化学等。对化学物质结构的研究方法也在不断革新，如采用激光、失重合成技术等等。随着实验水平的提高，也必将进一步促进结构化学的发展。

第十六章　核化学——物质深层次的化学

随着人类对原子结构的深入认识，人们从原子的外部深入到原子的内部。从只懂得原子之间相互作用发生质变，进而懂得了原子核发生质变的问题。这样，就逐步建立起比传统化学更深一个层次的化学，即研究原子核质变的化学——核化学。

第一节　人工核反应的实现——20 世纪的炼金术

核化学产生于 19 世纪末，即天然放射性发现之后。

首先是贝克勒尔、居里夫人等对天然放射性的研究，揭示了天然的放射性物质自发裂变的规律。实际上，天然放射性物质的自发裂变就类似不稳定的化学物质自动分解的反应。所以，仅仅掌握天然放射性物质自发裂变的过程还仅仅是进入了核化学的大门，还没有全面地掌握核化学。真正首先完成原子核之间反应的是卢瑟福。所以，核化学的开山祖师不是贝克勒尔，而是卢瑟福。

早在 1910 年，人们对原子核的复杂结构及其变化就有了初步的认识。为了证实原子核的质变的可能和方式，卢瑟福做了开创性的工作。

卢瑟福利用 α 散射实验来研究原子核时，发现对于轻元素来说，往往会出现反常现象。他推测，这可能是因为轻核的核电荷少因而斥力也小，使高速 α 粒子打到核里面去造成的。为了证实这个推测，他选用了最强的天然 α 粒子射线源，对轻元素进行轰击。

1919 年，卢瑟福用 α 粒子轰击氮时，发现产生一种新的、射程很长、质量很小带正电的微粒。研究证明，这种带正电的微粒就是氢原子核，他把这种带正电的粒子称为质子。这是人类历史上第一次实现的人工核反应，其反应如下式所示：

$$^{4}_{2}He + ^{14}_{7}N \longrightarrow ^{17}_{8}O + ^{1}_{1}H$$

在这个反应中，原子的核发生了质的变化，一种化学元素变成了另一种化学元素，从而实现了古代炼金术士们的幻想。所以有人把核化学称为“20 世纪的炼金术”。

卢瑟福实现了核反应，把化学反应引入原子核，这是化学向物质更深层次发展的里程碑。在上述反应实现以后，经过深入研究，发现硼、氟、钠、铝和磷也会发生类似的核反应，这是人类主动地打开原子核大门，向物质更深层次探索的过程。

根据原子中有电子、原子核中有质子的事实，1919 年，居里夫人提出了原子核的质子-电子模型，她认为，原子核是由质子和电子组成的，电子中和了一部分质子的电荷，而原子序数则是原子核内未被中和的质子数目。这个模型解释了 β 蜕变和当时天然放射性的有关事实。

在人工核反应实现之后，1920 年，卢瑟福又提出了中子假说。他认为，在原子核中，质子和电子互相结合起来，形成一种牢固的不带电的微粒，他把这种不带电的微粒叫中子。并断言，由于中子不带电，因而它周围没有电场。所以当它通过气体时应不产生离子。在穿透物质时，因本身不带电，也就受不到静电的排斥作用，所以它必然穿透力极强，只有在与原子核相互碰撞时，才会被弹回或被偏转。

在1919年－1932年期间，科学家们还只是采用天然的α射线来轰击原子核来实现核反应。天然放射物质放出的α射线，相对的能量比较低，因此只实现了十几种核反应。对于原子序数大于钾的化学元素，因为核的斥力大，所以都没能实现人工核反应。卢瑟福等还曾试图用α粒子轰击铍，但也没能产生出质子来。

1930年，博特（Bothe，1891－1957）用钋的α粒子轰击铍，再用铅板吸收掉钋的α粒子，发现仍有一股射线透过铅板使盖革计数器放电，这种射线的穿透能力非常强。经约里奥－居里（F. J. Curie，1900－1958）和伊伦·约里奥－居里（I. J. Curie，1897－1956）进一步研究指出，这种射线遇到含氢物质时能射出速度极高的质子。在1932年，查德威克（J. Chadwick，1891－1974）又重复了这个实验，分析结果证明，这种射线就是卢瑟福预言的中子（n），其反应如下：

$$^{9}_{4}Be + ^{4}_{2}He \longrightarrow ^{12}_{6}C + ^{1}_{0}n$$

这样，原子核的另一成分——中子，终于被发现了，中子发现以后，又提出了原子核的中子－质子模型，从而解决了居里夫人提出的原子核质子－电子模型的不足之处。在1934年约里奥－居里夫妇，用钋的α粒子轰击硼、铝、镁等靶核，发现除产生中子以外，还会发射正β射线，反应如下：

$$^{27}_{13}Al + ^{4}_{2}He \longrightarrow ^{30}_{15}P + ^{1}_{0}n$$

$$^{30}_{15}P \longrightarrow ^{30}_{14}Si + e^{+}$$

由于$^{30}_{15}P$半衰期只有3分15秒，所以在自然界中根本不存在。只有在人工核反应中才能制得。上述反应在核化学发展史上有十分重要的地位，因为在反应中制出了带有放射性的原子核$^{30}_{15}P$，从而开拓了人工获得放射性元素的新道路。

20世纪20年代末30年代初，几个典型的人工核反应实现了，从而也就奠定了核反应的基础，并在理论上也做了些探讨。这样，一门新的化学学科——核化学就真正问世了。

第二节　人工同位素的合成——从核聚变到核裂变

在1932年以前，人们总共了解到26种核反应，发现了大约40种同位素。此后，核化学就进入了蓬勃发展的时期。

1932年，人类研制出了粒子加速器，这一实验工具的产生，极大地促进了核化学的发展。早期的粒子加速器一般在4兆电子伏特－15兆电子伏特，可以把粒子加速到极高的速度，像炮弹一样去轰击核靶。当高速粒子的弹核去轰击靶核时，如果弹核与靶核融合在一起而形成新核时，这就叫原子核的融合反应；如果弹核的一部分转移到靶核中去形成新核或靶核的一部分转移到弹核中形成新核，则称为核的转移反应。无论是融合反应还是转移反应，都和反应截面的大小有直接关系，反应截面越大反应的可能性就越大。

加速器产生之后，有了研究核化学的有力工具。同时，又有了较强的镭－铍中子源，这也为制造同位素和研究新的核反应创造了条件。利用这些有利条件，在1934年－1937年间制出了200多种放射性同位素，到1939年底，人类研究过的核反应已达200多种，由此可见，核反应的真正发展时期应是20世纪30年代。

著名物理学家费米用中子系统地轰击各种化学元素，试图找出规律性的东西。结果，化学元素周期表中前8个元素没有反应，从氟以后，几乎所有的元素都发生了核反应。在反应中生成的新元素大多数具有负β蜕变，蜕变后根据位移定律，生成原子序数高的元素。1934年，费米用中子轰击铀后，生成了新元素，他认为是生成了超铀元素，此时，诺达克（I. Noddack，1896－1978）不同意费米的见解，她认为，用中子轰击重核，不一定就是融合到重核中去，而是会把重核击碎成几块，这些碎块必是原子序数较小的已知元素的同位素。诺达克的见解是正确的。但是费米并没有注意到这一点，而是固执己见，他坚持认为："元素被中子轰击后，必然生成原子序数增加1的新元素。"这种思想的直线性使这位著名科学家犯了一个科学错误，使他错误地坚持自己合成了超铀元素。

1938年，约里奥－居里夫妇用中子照射铀以后，发现了与镧的化学性质一样的放射性元素。1939年哈恩（O. Hahn，1879－1968）又在这种产物中发现了与镭的化学性质十分相似的元素，后来确定为钡的同位素。这样就确证了诺达克判断的正确性，即铀被中子照射后，分裂成两片质量差不多的碎块。这样一来，在核化学的反应类型上，人们不仅认识了轻核结合成重核的聚变反应，同时又认识到重核分裂成轻核的裂变反应。

对铀核裂变的研究，引起科学家们广泛的注意。因为，根据推算，一个铀核裂变，就可以放出200兆电子伏特的能量。这一推算得到了证实。不久，约里奥－居里等人又在实验中证明，铀核在每次裂变中，放出二三个中子，搞清了铀核裂变的链式反应机理。

费米虽然在铀核裂变反应的研究中提出了错误的看法，但他对核化学的发展是有重大贡献的。例如，1934年10月，费米曾观察到，当中子束通过某种含氢物质时，中子引起人工放射性的效能就会增大。他认为这是由于中子与氢原子弹性碰撞之后，中子速度就会变慢。减速后的中子，能有效地使核反应进行。这一发现有十分重大的意义。

核化学的进一步发展，就逐渐地打开了应用的渠道，在医疗、能源和军事上逐步被广泛采用。

第三节　原子能的开发和利用——能源化学的新领域

核化学打开了原子能的大门，开拓了利用原子能的广大领地。早期，放射性主要是用于医疗方面，用放射性的射线去照射癌症病变，从而可以延缓癌变的发展，或者消灭癌变。后来原子能用途越来越广，主要的则是在军事上和能源方面。下面，我们把原子弹的研制与核电站的历史发展简述一下。

一、原子武器

核化学的一个突出成果，就是用于军事上的原子武器。

1939年8月，有几位美国科学家，由爱因斯坦出面，写信给美国总统罗斯福。说明，铀核裂变可以制成威力空前的炸弹，并指出德国法西斯也在研制这种武器。希望美国能抓紧研制，以防止这种强威力的武器首先落到德国法西斯的手中。

1942年夏天，美国总统罗斯福采取了积极的行动，任命著名物理学家奥本海默（J. R. Oppenheimer，1904－1967）来领导原子弹的研制计划，并把这一计划称为"曼哈顿计划”。1942年12月，在费米领导下，在芝加哥大学建成了世界第一座核反应堆。12月2日下午，首次实现了受控的核反应。这标志着，人类真正进入了原子能时代。为了争取时间，做到万无一失，“曼哈顿计划”采取了系统管理与多种方案齐头并进的办法，按电磁分离法、热扩散法、气体扩散法等多种方法同时进行生产铀235，并且还建造了三座石墨水冷生产堆和一个后处理厂，生产另一种裂变核材料钚239。

奥本海默是一位杰出的科学家和管理人才，他集中了理论物理、实验技术、数学、辐射化学、冶金、爆炸工程、精密测量等各方面的专家，以及分散在美、英、加拿大等许多实验室和研究机构，进行了大规模、多学科的协同研制，终于在1945年7月16日试验成功了第一颗原子弹，在同年8月6日和9日美国先后把一枚铀弹和一枚钚弹投在日本的广岛和长崎，造成了人类战争史上最大的惨案，杀死了数以万计的无辜平民。

第二次世界大战以后，美国和苏联为了争夺核优势，都大力发展核化学，不仅发展这一学科的理论研究和实验研究，重点还是放在应用上。在这个领域，他们一方面大力发展原子武器，另一方面发展核动力的船舶。1952年11月1日，美国进行了第一次氢弹试验。这是用液态氘和氚的聚变能量的“湿法”氢弹，由于在氢弹中需要使氘和氚冷却。所以氢弹的体积很大，达65吨，难于用于军事上。1953年，苏联爆炸了以锂为主要原料的氢弹，从而使这一武器进入实用阶段。1954年1月，美国的第一艘核潜艇“鹦鹉螺”号建成下水，从而标志着核动力也进入到实用阶段。

中国1949年以后，为了加强自卫能力中央政府十分重视核化学的发展，经过广泛的研究，在1964年10月16日和1967年6月18日先后成功地进行了原子弹和氢弹的试验。与此同时，还研究了核动力装置，并把核化学广泛地用于医疗和国民经济建设当中。

二、核发电站

各先进国家，在20世纪下叶，纷纷把核化学能用来转变成电能，建立了许多核电站。

1954年6月，苏联采用石墨水冷反应堆（以石墨为减速剂，普通水为冷却剂），建成了一个小型的原子能发电站。1956年，英国建成了第一座天然铀石墨气冷发电和产钚两用堆。美国在1957年12月建成了实验型压水堆核电站。在20世纪50年代建成的核电站还都是实验型的。

20世纪50年代以后，核电站逐步进入实用阶段。到20世纪70年代中期以后，各国核电站的发电成本已普遍比火电站低。只是对放射性废物的处置还面临着一定困难。

进入20世纪80年代以后，为了促进我国的四个现代化建设，我们也开始研制和建立核电站，并注重了核动力船舶的研制工作。

在核领域中，理论研究、实验研究和应用研究协同发展。使核化学的面貌日新月异，同时，随着历史的进步，产生了许多分支。

第四节　核化学分支学科的发展

20 世纪 30 年代以后，核化学和各种分支学科也都发展起来了，这主要有同位素化学、放射化学、辐射化学、超铀元素化学等等。下面，我们摘其要者，做些简单的介绍。

一、同位素化学

1910年同位素假说提出以后,1914年发现了同位素从而开创了同位素化学。同位素化学主要侧重于鉴定、分离各种同位素以及合成新的同位素,并研究同位素在现代科学技术中的应用。特别是,同位素广泛的应用,促进了同位素化学的发展。例如,原子反应堆中就需要大量的放射性同位素,像铀 235、重水等,要取得这些同位素首先就需要对同位素进行分离。

20 世纪 40 年代，各发达国家都先后开展了同位素的分析和分离工作。例如，研究成功了用扩散法、热扩散法、离心法和电磁法在实验室中制备少量的铀同位素。再就是因为重水是建立动力堆的重要原料，所以同位素化学的重要任务之一，就是研制重水。

1933 年，挪威建立了一个用电解法生产重水的工厂，年产几千克，每生产 1000 克重水耗电 12 万 – 15 万度。所以只能作为科学研究之用。1939 年德军占领挪威之后，为了制备原子弹，扩建重水工厂，但后来被同盟国联军破坏了。

20 世纪 60 年代以后，同位素化学有了比较大的发展。因为用放射性同位素生成的化学物质也有放射性，所以可以当作示踪剂，广泛地用于农业、医疗等方面。在这方面又发展起来了更细的化学分支，如示踪原子化学、标记化合物合成化学等。同位素化学在近 10 年发展很快，引起了各方面的重视。

20 世纪 80 年代以来，我国对同位素化学的研制取得了许多成功。特别是与同位素化学密切相关的稀土化学，在我国发展较快。在包头、攀枝花等地都在开展这方面的研究工作，并将一些研究成果应用于工农业的生产中。

二、超铀元素化学

自从 1940 年美国的艾贝尔生（P. H. Abelson，1913 –　）和麦克米伦合成了超铀元素镎，1942 年又合成了钚以后。从 1944 年 – 1984 年 40 年间，人类合成了 95 号 – 109 号的铀后元素。

实际上，从 1940 年起，一门研究铀后化学元素及其性质的科学——超铀元素化学就应运而生了。

超铀元素化学主要还是用现代方法研究人工合成的重元素的化学性质，它与核物理紧密地联系在一起。20 世纪 80 年代以来，在这方面做工作比较多的是美国西博格领导的研究中心、原苏联的杜布纳研究室、德国的核子研究中心。美国和原苏联在应用方面研究得比较多，德国对超铀元素化学的理论研究得比较深入。克・科勒尔还写出了专著《超铀元素化学》，此书被释成多种文字出版，系统介绍了从 93 号 – 107 号元素的合成方法与物理化学性质。值得指出的是，在超铀元素中，对于 105 号元素以后，虽已陆续合成出来，但它们的稳定性极差，寿命极短，几乎在没有表现出化学行为时就消失了。所以目前也只是介绍一些它们的合成方法，并没有能探测出它们的化学性质。

我国对超铀元素的研究也取得了一些成就。如，对镎、钚、镅等元素分离、应用都有系统的研究。北京电子对撞机投入使用以后，大大促进了对这方面的研究。

三、放射化学

居里夫人通过对钋和镭的研究奠定了放射化学的基础。“放射性”、“放射性元素”等术语都是她制订的。是她首先用化学方法提纯放射性同位素的。其后，她通过大量的研究总结出了放射性物质各种分离方法和规律，如共沉淀、吸附、两相间的分配规律等。她在 1911 年还荣获诺贝尔化学奖，以表彰她 1910 年与法国化学家德比尔纳（A. Debierne，1874 – 1949）合作电解氯化镭制取了金属镭。在人工放射性发现之后，她在 1934 年，发现放射性核生成过程中的反冲效应会引起化学变化，由于这一发现导致“热原子化学”的建立。

化学元素铀核裂变的链式反应的发现和深入研究，促进了放射化学的发展。对原子能反应堆原料和副产品的研究，也成了放射化学的重要领域。为了完成这些工作，在放射化学中发展起来一些特殊的方法，如用来分离放射性元素的离子交换色层法和有机溶剂萃取法分离放射性同位素的方法等等。

在放射化学理论研究和实验室研究的基础上，应用研究也发展起来了。逐步在工农业生产、医学和科研领域中，得到了广泛的应用。

我国的放射化学研究从 1958 年开始有了较大的发展，在中国科学院、南开大学、兰州大学等大专院校和科研单位以及原子能基地都有这方面的研究机构和设施。20 世纪 60 年代以后，许多院校化学系都陆续设立了放射化学专业，培养了一批放射化学人才。1978 年以后，又逐步从国外引进了一些先进设备和研究方法，并使这方面的科学研究工作，逐步走上了正常的轨道。

四、辐射化学

1895 年、1896 年 X 射线和放射性的发现后，辐射化学就开始了。因为天然放射性射线的辐射，能使感光胶片感光，这本身就是一种化学变化。

1899 年，居里夫人研究镭辐射时，发现空气中有臭氧生成，并注意到，射线能使玻璃和瓷器着色，这些也都是辐射而引起的化学变化。1900 年，吉泽尔（F. Giesel，1852 – 1927）观察到在放射性作用下，碱金属的卤化物会改变颜色，镭化合物的水溶液也会产生爆鸣气，这是水的辐射分解造成的。在这些感性材料的基础上，人们就比较系统地研究由于辐射的作用引起化学变化的规律，此后就产生了一门化学的新分支——辐射化学。

近几十年来，由于大量高效辐射源的研制成功，人们广泛地研究了化学物质在被辐照时出现的分解、合成、氧化、还原、聚合、交联、相变等特殊行为，从而开拓了化学研究的极为广泛的领域。

在各类原子堆和高能粒子加速器建立以后，辐射手段有了较大改进，从而促使一些实验室中的辐射化学反应变为工业规模的生产。如某些药物、某些聚合物的生产都可以用辐照手段来进行。另一方面，由于原子能工业和航天工业的发展，人们迫切地需要了解，在辐照的情况下，各种物质结构、性能、状态变化的情况和变化的规律，这也促进了辐射化学的发展。

总之，在核化学产生之后，它的各个分支学科也都相应地发展起来了。这是化学科学发展中一种分化的趋势，但同时，这些学科又都与原子核的变化有密切关系，又都可以统一在核化学的体系之中，这又是核化学高度综合的一面。化学科学本身也是在这样分化与综合的交替中不断前进的。

第十七章　现代物理化学
——引领化学发展的理论化进程

19 世纪是物理化学的创立时期，这个时期沟通了物理学和化学这两大领域的联系。20 世纪是物理化学的发展时期，这个时期在更具体、更广泛、更深入的方面把物理现象和化学现象之间的联系进一步揭示出来。20 世纪的物理化学，不仅在上一个世纪已经形成的次级学科领域内有了长足的进展，而且又逐步形成了一些新的研究领域，并开始把物理化学内部各次级学科结合起来进行研究。20 世纪以来的物理化学正在发展之中，本章仅就某些重要方面做一些介绍。

第一节　从可逆到不可逆的化学热力学

20 世纪化学热力学的发展有两个方面的成就，一是把宏观的经典热力学推进到完善阶段，二是研究对象从可逆过程进入不可逆过程，形成了不可逆过程热力学。

热力学第一定律和第二定律在 19 世纪已经确立，熵概念的物理意义当时也已基本弄清楚。进入 20 世纪，在热力学第二定律的表述方面又做了一些细致的工作。我们在第十二章第二节中介绍过，第二定律有克劳修斯说法和开尔文说法。这两种说法都是根据循环过程的物理模型提出的，所以称之为物理说法。1909 年，卡拉西奥多里（C. Caratheodory）以表达绝热过程的微分式的几何性质为出发点，提出第二定律的数学说法（亦称卡拉西奥多里原理）：在一个指定点（体系的状态）附近，总有一个区域（一系列状态），不可能沿可逆的或不可逆的绝热过程，从指定点达到这个区域。1961 年，克劳福德（B. Crawfard）和奥本海姆（I. Oppenheim）从开尔文和克劳修斯两种物理说法导出了数学说法。① 近年来，美国数学家瑟林（James Serrin）通过历史分析和逻辑分析，认为经典热力学并没有严密的基础，做了一些工作，试图从数学上为热力学重新建立一个严密的基础。②

在化学热力学中，自由焓 G 是一个重要的状态函数。但是确定 ΔG 有许多困难。焓变 ΔH 比较易于测定。如果能确定熵变 ΔS，那么就可以根据公式

$$\Delta G = \Delta H - T\Delta S$$

很方便地确定 ΔG 了。但是从公式

$$S = \int_0^T \frac{C_p}{T}\mathrm{d}T + S_0$$

中可以看出，通过恒压热容 C_p 与温度 T 的关系求 S，需要确定积分常数 S_0。而根据第一定律和第二定律无法确定 S_0，这就需要有独立于第一定律和第二定律的新定律。

由第十二章第二节我们知道，贝特罗曾提出凡无外部能量输入的化学变化，都向产生可释放出更多热量的物质或物系的方向进行。由于吸热反应的存在，这个看法为当时的许多化

① 黄子卿，“热力学第二定律从物理说法导出数学说法”，《化学通报》，1974 年，第 5 期。
② 吴介之，“在热力学的后方——介绍美国数学家瑟林对热力学基础的改造”，《自然杂志》，1983 年，第 12 期。

学家所否定。但是，德国化学家能斯特（Hermann Walther Nernst，1864 – 1941）在他于1904年出版的名著《理论化学》（Theoretische Chemie）中，对贝特罗原理发表了与众不同的看法，他说："如果一个原理对于大多数反应适用，而对于少数反应不适用，那么其中必定含有真理……此原理中就蕴含着一个自然规律，进一步对其进行探讨是很重要的。"1902年，美国学者理查兹（T. W. Richards，1868 – 1928）对几种电池的电动势与温度的关系进行研究，发现随着温度的降低，ΔG 与 ΔH 之值越来越接近。但是他没有意识到这个发现的重要性。1906年，能斯特基于不多的实验数据，吸收了贝特罗原理中的合理成分，在理查兹工作的基础上提出，当 $T\to 0$ 时，$\Delta G=\Delta H$，$\Delta S=0$。这就是著名的能斯特热原理或能斯特热定律。这个原理意味着在绝对零度时任何变化都不会引起熵的变化，但这并不排除 $T=0$ 时熵为负值或无穷大的可能性。1911年，普朗克（M. Planck，1858 – 1947）进一步补充了能斯特原理，他指出，物质纯凝聚相在绝对零度时的熵为零，即 $S_0=0$。这个结论被称为热力学第三定律。1927年，路易斯（Gilbert Newton Lewis，1875 – 1946）指出，普朗克对能斯特原理的补充不完全，液体和无定形体在绝对零度时的熵并不为零，只有纯粹的完美晶体在绝对零度时才具有零熵。

为了检验能斯特原理或第三定律的有效性，除能斯特本人收集许多数据进行论证外，在1920年前后的数年当中，G. N. 路易斯及其助手们也做了许多工作。路易斯的学生，加拿大血统的美国学者乔克（Willam F. Giaupue，1895 – 1982）做了一系列精确度极高的超低温实验。他采用某种顺磁性盐类，如硫酸钆或硫酸钾铬，通过液氦的快速蒸发，使其深度冷却。这时受到强磁场的作用，盐中的金属原子便趋于以某种样式排列，热量向环境散发，引起熵减。然后如果将盐绝热去磁，磁化作用引起的原子排列即行消失，从而引起温度下降。他还用分子光谱来测定熵值，将量热熵值与光谱测定熵值进行比较，并用统计热力学和量子力学的方法对实验结果进行理论分析。乔克的工作为热力学第三定律提供了大量不可置疑的证据，同时也大大加深了我们对物质在超低温时的行为的认识。

经典热力学揭示了一个系统处于平衡态以及从一个平衡态过渡到另一个平衡态的可逆过程的运行规律。对于非平衡态，它只能告诉我们孤立系统变化的必然趋势是无序的平衡。但是，可逆过程是理想化的假定，真实过程都是不可逆的。这样，研究不可逆过程或非平衡态热力学，就成为20世纪物理化学的重要任务。不可逆过程热力学的发展，分为两个阶段。第一个阶段是线性不可逆热力学，第二个阶段是非线性不可逆热力学。

我们知道，有许多原因可以引起不可逆过程，如电动势引起电流，温度势引起热传导等。这些原因通常是势函数，称为热力学力，用 X 表示。它们引起的不可逆过程，其速率称为流，用 J 表示。从大量的实验基础上，可以概括出一个普遍规律：在接近平衡的情况下，热力学力与流之间存在线性关系，即 $J=LX$，式中 L 称为输运系数。如果几种不可逆过程同时发生，最一般的情况是任何一种力都能够引起任何一种流。所以不可逆过程的线性规律的一般形式是

$$J_1=L_{11}X_1+L_{12}X_2+\cdots$$
$$J_2=L_{21}X_2+L_{22}X_2+\cdots$$
$$\cdots\cdots$$

1929年，挪威的美国籍学者盎萨格（Lars Onsager，1903 – 1976）在哥本哈根的一次学

术会议上发表了一篇论文。1931 年，他又在《物理评论》上发表了一篇论文。同年，该刊以《不可逆过程的倒易关系》为题，将他的两篇论文合在一起出了单行本。盎萨格从微观可逆性原理推导出了著名的盎萨格输运系数倒易关系：

$$L_{ji} = L_{ij}\ (i、j=1,2,3,\cdots,n)$$

这个关系表明，当过程 i 的流 J_i 受过程 j 的力 X_j 影响时，过程 j 的流 J_j 亦会通过同一个系数 L_{ij} 受到过程 i 的力 X_i 的影响。

当体系处于开放条件下，即不断和外界环境交换物质和能量时，由边界条件维持的不随时间变化的态通常不是平衡态而是非平衡态。在定态，体系内不可逆过程引起的熵的增加正好为通过边界的负熵流所抵消，因此体系的总熵保持不变。1947 年，比利时学者普里高金（Ilya Prigogine，1917－2003）发现，由体系内部的不可逆过程导致的熵产生速率（简称熵产生），在非平衡线性区的定态取极小值。这就是最小熵产生原理。它说明在平衡态附近的定态具有势函数，这就保证了体系的稳定性。

盎萨格倒易关系和普里高金最小熵产生原理是线性不可逆热力学的两块基石。在这个基础上，逐步形成了线性不可逆过程热力学。

经典的热力学和统计力学研究的结构是平衡结构。而根据线性不可逆过程热力学，在平衡态附近不可能自发形成宏观有序结构。普里高金在提出最小熵产生原理后，经常思考生物和社会的进化为什么会随时间增长而发展成有序的结构这一类问题。1955 年，他对于远离平衡的化学体系，可以出现非阻尼振荡的化学反应做出了理论预言。又经过十几年的努力，在 1969 年举行的一次国际理论物理和生物学会议上，普里高金发表了“结构、耗散和生命”的论文，提出在远离平衡态的非线性区，可以在一定条件下形成稳定的有序结构，并将这种结构称为耗散结构（dissipative structure）。耗散结构理论指出，这种结构与平衡结构如晶体有不同的来源，它产生于开放体系，这个体系必须维持在远离热力学平衡的状态，体系的不同元素之间存在着非线性的机制，通过涨落导致有序。

耗散结构理论是非线性不可逆过程热力学的重要成果，它首先在化学领域的应用中取得成功，现在已逐步被用来解释生命现象和社会现象。与 SCT 老三论（系统论、控制论和信息论）相比较，人们把耗散结构论、协同论（synergetics）和突变论（Catastrophe Theory）称为 DSP 新三论。许多人（特别是普里高金所领导的布鲁塞尔学派）对于把这个理论广泛应用于自然科学和社会科学各学科持乐观态度。目前，这个理论仍在发展之中。

第二节　多元化发展的溶液理论

溶液有气态、固态和液态三种。气体分子相互间的作用不大，固体物质的组成粒子长程有序，都较易进行处理，而液体的结构和状态介于气体和固体之间，颇为复杂，至今仍无满意的液态溶液理论（本节以下所讲溶液如未特别说明均指液态溶液）。由于化学思想和处理方法的不同，20 世纪产生了各不相同的多种溶液理论。这些理论尚未统一，形成了溶液理论多元化发展的趋势。至今仍无因在 20 世纪的溶液理论方面做出成就而获诺贝尔奖者（范霍夫和阿累尼乌斯的工作是在 19 世纪完成的），这与热力学领域因 20 世纪的工作已有四位诺贝尔奖获得者（能斯特、乔克、盎萨格和普里高金）的局面形成了鲜明对比。但是，这种百说林立的局面很可能预示着人们对溶液的认识将产生重大突破。有人认为，19 世纪是气体的世纪，20 世纪是固体（晶体）的世纪，21 世纪将是液体（液体溶液）的世纪，这是有一定根据的。

近几十年来，对于非电解质溶液的理论研究，主要是利用分子间力理论和统计热力学工具进行的。

相应于理想气体，我们有理想溶液的概念。溶液理论的研究常从讨论理想溶液入手。理想溶液是指在任何温度和压力下都遵守拉乌尔定律的溶液。当然，实际溶液对拉乌尔定律是有偏差的。

1929 年，希尔德布兰德（Joel H. Hidebrand）提出正规溶液（regular solution）的概念，指出正规溶液混合时和理想溶液一样是完全无规的，因此有相同的熵变值，但正规溶液混合时可以有热效应。1931 年，G. 斯卡查德（George Scatchard）用比较抽象的方法导出了混合液体分子间相互作用能的公式。1933 年，希尔德布兰德借助于连续径向分布函数重新推导，得出正规溶液的混合热公式。这个公式现在称为斯卡查德－希尔德布兰德公式：

$$\Delta E \approx \Delta H = V\varphi_1\varphi_2\left[\left(\frac{\Delta E_1^v}{V_1}\right)^{1/2} - \left(\frac{\Delta E_2^v}{V_2}\right)^{1/2}\right]^2$$

式中 V 是溶液的体积，φ_i 是溶积分数，$\Delta E_i^v/V_i$ 是单位体积 i 的汽化热，脚标 1 指溶剂、2 指溶质。他们从这里引出一个新的概念，叫做“溶解度参数”（solubility parameter）

$$\delta i = (\Delta E_i^v/V_i)^{1/2}$$

来表征一个重要的分子性质，所以他们的理论又称为溶解度参数理论。这个参数的物理意义可以理解为单位体积汽化热的平方根，而 δ^2 则可近似地作为液体 i 的内压力量度。

溶解度参数理论可用以预测和解释非电解质溶液的汽化热、蒸气压及溶解度等问题。但该理论的原始推导基于各种分子间的作用力主要是色散力这样一个假定，处理问题不免欠全面。20 世纪 60 年代末期，汉森（C. M. Hansen）提出广义的溶解度参数概念，把溶解度参数扩展为包括色散溶解度参数（δd）、偶极定向溶解度参数（δp）和氢键溶解度参数（δh）在内的一个广泛概念。20 世纪 70 年代，巴顿（A. F. Barton）等又提出功能团溶解度参数、物理和化学的溶解度参数等概念，使这个理论得到发展，溶解度参数理论没有物理模型，有时候误差较大，但它在色谱、萃取和蒸馏等新的分离技术中有广泛的应用。

从 20 世纪 30 年代开始，出现了各种物理模型理论。这些理论先设想一个液体的结构模型，然后以此为基础建立一个配分函数，最后应用统计力学公式算出液体的各种热力学性质。

20 世纪 30 年代至 50 年代初，古根海姆（E. A. Guggenheim）和福勒（R. H. Fowler）建立了似晶格模型（quasi－crystalline model）理论。这个理论把液体视为与晶体相近的体系，液体分子如晶体一样排列在点阵上，所不同的只是，液体分子在假想“晶格”中不仅有振动，还有移动。任何一个液体分子周围的分子数，不像晶体分子的配位数那样有确定的值。但当离临界温度较远时，每个液体分子周围的分子数（相当于晶体分子的配位数）有确定的平均值。这个理论是一个半经验理论，基本上是定性的。但它用以处理 S－正规溶液、无热溶液、非无热溶液和大分子溶液，可以得到溶液的混合熵、混合热、混合自由焓和活度系数，是一个范围较广的非电解质溶液理论。此外，还有其他一些物理模型理论。

物理模型都只是一种构想，其结果与真实结果相差较大。后来就有人不考虑物理模型，从对应状态原理出发，提出“保形溶液”理论。这个理论把真实溶液看成是理想溶液的微扰体系，即把一般溶液的性质作为理想溶液的性质加上一级微扰项。这个理论可用于气体、液体和固体溶液，但由于只考虑了一级微扰项，就不可能很正确地表达溶液的热力学性质。为了克服这个困难，就需要引进二级微扰项。而引进二级微扰项，又离不开物理模型。20世纪50年代，普里高金等把他自己创立的胞腔模型（cell model）和保形溶液理论结合起来，提出了“平均位能模型”理论，对溶液的处理有了更高一级的近似。这个理论吸取了以前两个理论的长处，但计算出来的各种热力学过量函数与实验结果仍只是大致相等。

20世纪60年代中后期，弗洛里（Paul J. Flory）及其学生提出了非极性液体混合物的简单相应状态溶液理论。弗洛里等人假设分子间位能实际上来自最邻近分子的表面的相互作用，认为当不同种类的分子混合形成溶液时，各纯组分的热力学参数，如对比体积、膨胀系数、压缩系数、温度等对溶液性质都起作用。这个理论得到的热力学函数和过量函数的分式，比较简单和准确。

一般认为，溶液的宏观热力学性质，是个别分子微观作用的反映。所以，有一些物理化学家完全从统计力学出发，在液体分布函数理论的基础上，提出了一些新的溶液理论，如珀卡斯（J. K. Percus）—耶维克（G. J. Yevick）理论、赖斯（H. Reiss）等人的定标粒子（scaled particle）理论、巴克（J. A. Barker）等人用微扰法处理的新范德华理论等，这里就不一一介绍了。

由阿累尼乌斯的理论，人们已经知道在电解质溶液中，电解质被电离成离子。20世纪的头20年，由于晶体结构分析和对熔盐导电性能的研究提供了许多证据，物理化学家们已经确信强电解质在溶液中完全是以离子形态存在的。但是，对溶液的实验研究表明，强电解质在溶液中的行为与百分之百电离了的电解质应当有的行为不一致。为了深入研究电解质溶液的特性规律，从20世纪20年代起，出现了各种各样的电解质溶液理论。

第一个有影响的理论是德拜（P. J. W. Debye，1884－1966）和休克尔（E. Hückel，1896－1980）于1923年提出，后经盎萨格、法尔肯哈根（Falkenhagen）等人发展的强电解质溶液离子互吸理论。这个理论假定：任何浓度的电解质都是完全离解的；离子所带电荷不会极化，离子电场具有球对称性；离子之间只有库仑力起作用；因离子间的相互作用而引起的吸引能小于其热运动能；溶液和溶剂二者的电介常数没有差异。由这几条基本假定出发，他们导出了电解质溶液的活度系数公式、电导极限公式和渗透系数公式，并借此计算许多其他热力学性质，如电解质的渗透压、相对偏克分子热函及电解质溶液和理想溶液的凝固点降低值等。但是，活度系数公式和电导极限公式只适用于浓度在0.001mol/L以下的极稀溶液。浓度略高于此，就会有偏差。这个理论对于正偏差可以校正，但对于负偏差却无能为力。

为了使离子互吸理论能够用于高浓度电解质溶液，从1926年开始，至少有10余位学者提出了不同的理论，对离子互吸理论进行修改和补充。在这些新的补充理论中，迈耶（Mayer）和泊利亚（Poirier）1950年－1953年提出的离子集理论在计算上改进较大，但计算繁琐。1926年布耶鲁姆（Niels Bjerrum，1879－1958）提出的离子缔合理论物理意义比较清楚。只有J. 斯卡查德（J. Scatchard）提出的适用于高浓电解质溶液的公式较好，但其中所含经验参数太多。

1973年－1979年，皮策（K. S. Pitzer）连续发表12篇论文，对德拜－休克尔理论做了重要改进。他建立了一个半经验式的统计力学理论，得出了形式较简洁的普遍方程。在普遍方程中，包括了三项，一项表达一对离子间的长程静电位能，一项表达短程“硬心效应”位能，一项表达三个离子的相互作用能。第一项所反映的因素在德拜－休克尔理论中已有相应考虑，第三项是一个很小的项。关键是第二项，这一项主要是离子间的推斥能。这样，皮策的工作既没有忽视传统理论所关注的吸引因素，又对前人没有考虑到的排斥因素给予了应有的注意。这个理论应用范围很广，无论是对称价还是非对称价的、无机的还是有机的、单独的还是混合的电解质溶液，都可以从普遍方程准确地计算出渗透系数和活度系数，并进而对其他热力学性质进行计算。它所适用的电解质溶液的浓度可以高达6米。由于皮策理论的成功，有人认为高浓电解质溶液理论问题，在平衡态方面已基本得到解决，今后所要努力的，只是动态问题了。另外，关于盐效应和熔盐方面的理论，远未成熟。

电解质溶液理论，除了以上介绍的以外，还有许多，如盐效应方面德拜－麦考雷（McAulay）的静电作用理论、麦克戴维（McDevit）和朗（Long）的内压力理论，熔盐结构方面弗伦凯尔（Frenkel）等人的空位模型、弗思（Furth）等人的空穴模型、艾林（Eyring）学派的有效结构模型，其他方面如伏阿斯（Fuoss）等人的三离子缔合统计理论、萨莫伊洛夫（Сам йлов）的离子水化理论、格尔内（Gurney）的离子过程理论、盎萨格－伏阿斯－金（Kim）的新电解电导理论等。

除了化学直观和分子间力知识外，人们一直比较信赖径向分布函数。20世纪70年代末以来，很多人意识到径向分布函数可能没有反映液体结构的全部信息。那些没有得到反映的信息称为局部结构（local structure）信息。将计算机模拟、统计力学推证和各种新实验技术（如正电子湮灭、微区电子衍射、光散射等）配合起来研究局部结构，已成为重要课题。

第三节　电极研究——电化学认识的深化

电化学主要研究化学运动和电运动二者之间的具体联系，或者说主要研究化学体系的电效应和电引起的化学效应。一个电化学体系中，最重要的是两个部分，一个部分是液相，另一个部分是电极。本书第十二章第四节曾介绍过，19世纪在电池产生电流的原因问题上存在着接触说和化学说之间的争论。进入20世纪以来，主要是通过对液相和电极的研究，得出了一些理论成果，也就对包括电池产生电流的原因在内的许多电化学问题做出了回答。这一节我们主要介绍20世纪以来在电极研究中出现的某些重要理论。

关于电极电位的形成，19世纪能斯特（1889年）曾提出过一个定量理论，称为电极电位和电动势的渗透理论。这个理论认为，电极电位是由金属－溶液的电位差决定的，电池的电动势是这两个单电位差的差值；电极电位只产生于金属和溶液间的离子交换；离子交换的推动力是溶质的渗透压和金属的溶解压，前者使金属离子跑到金属表面去，后者使金属离子从晶格里进入溶液中。他从这些基本观点出发，得到了电极电位与溶液浓度的关系式。这个关系式称为能斯特公式，现在仍然是基础物理化学教科书中的一个内容。

能斯特的理论建立在阿累尼乌斯理想化了的电离概念的基础上。在阿累尼乌斯的电离理论中，没有考虑溶质离子之间以及离子与溶剂之间的相互作用。根据能斯特的理论，由于决定标准电极电位的金属溶解压不是溶剂性质的函数，仅依赖于金属的性质，那么标准电极电位就与溶剂性质无关了，这与实验事实不符。另外，金属溶解压和溶质渗透压的物理意义也相当模糊。能斯特理论存在不少缺陷，所以20世纪又发展起来新的理论。

皮萨尔冉夫斯基（L. V. Pisarzhevsky）于1922年－1924年系统提出了电极电位产生的溶剂化理论。他注意到了离子溶剂化作用对电极和溶液平衡的到达所起的重要作用，把电极电位的形成主要看成是两种过程作用的结果，一个过程是金属电极的离子化作用，另一个过程是溶剂与金属晶格中存在的金属离子的相互作用。根据这种看法，离子从金属转移到溶液是它与溶剂分子相互作用的结果，金属溶解生成的不是自由离子，而是溶剂化离子。因此，一个给定电极的标准电位必定随溶剂的改变而变化。后来的实验证明，改变溶剂时，不仅电极电位发生变化，有时甚至在电化序中电极的排列次序也会受到影响。人们认识到，溶剂性质对电极电位的影响，与金属性质对电极电位的影响一样，也是很重要的。

1926年－1928年，依士加雷歇夫（N. A. lzgaryshev）发展了皮萨尔冉夫斯基的定性理论。他指出，溶液中吸附在金属电极表面上的金属离子可以失去其溶剂化壳层，从溶液转移到金属晶格中去；而吸附在电极上的溶剂分子在一定条件下也能够与金属相中的离子相互作用，把它们拉出晶格进入溶液。所以，电极电位与金属中键的强度及溶剂化能有关。1932年，美国学者格尼（R. W. Gurney）提出了类似的看法。格尼的理论是定量的。

电极研究的另一个重要方面是电极－溶液界面的结构。但对于这种结构的认识，并不是从研究电极开始的，而是起源于对动电现象的解释。

动电现象有四类，即电渗、电泳、流动电位和沉积电位。电渗和电泳早在1807年就被德国人列依斯（Ferdinard Frédéric Reuss）发现了。流动电位和沉积电位于1859年和1878年分别由昆克（G. Quincke）和道恩（E. Dorm）所发现。电渗是在外加电场作用下，液体通过固体的微孔隔膜的运动。电泳是在外加电场作用下，分散在液体中的固体质点的运动。流动电位是电渗的逆效应，即液体在压力作用下通过固体微孔隔膜时，液体流动方向上任意两点间形成电位差的现象。沉积电位是电泳的逆效应，即悬浮在液体中的固体质点沉积时，容器中不同高度的两点之间形成电位差的现象。动电现象表明，在固、液相接触的交界处有一个双电层，两相都是带电的。显然，只有当悬浮在液体中的质点带电时，在外加电场的作用下才会出现电泳；液体只有带有电荷，才会在电场的影响下发生电渗；在液体中沉积的固体质点只有带电，才可能引起沉积电位；只有设想液体带有电荷，才便于解释流动电位的产生。

1879年，赫尔姆霍茨提出双电层的平板电容器或紧密双电层模型，来解释动电现象。按照这个模型，电极表面上和溶液中的剩余电荷都紧密地排列在界面两侧，形成类似荷电平板电容器的界面双电层结构。他还导出了双层间的电位关系式。但是，平板电容器模型没有考虑双电层性质随电解质浓度和温度的变化，也不能解释稀溶液中零电荷电位附近出现的电容极小值。进入20世纪以来，又有不少人提出了新的双电层结构模型。

古依（G. Gouy）和查普曼（D. L. Chapman）试图把双电层电荷密度和溶液组成联系起来以克服平板电容器模型的缺陷。他们分别于1905和1913年提出了分散层模型。这个模型认为，由于粒子热运动的影响，溶液中的剩余电荷不可能紧密地排列在界面上，而会按照位能场中粒子的分配规律分布在邻近界面的液层中，形成分散层。这个模型还主张把离子视为没有体积的点电荷。分散层模型可以较满意地解释稀溶液中零电荷电位附近出现的电容极小值。而在表面电荷密度较大时，依据这个模型得出的结果与实验事实相差甚远。

1924 年，史特伦（O. Stern）综合了上述两个模型，提出了双电层的吸附模型。这个模型为我们提供了另一个双电层结构图像。按照这个模型，溶液中的电层有两部分：一部分紧贴地分布在界面上，形成厚度相当于分子大小的紧密层，紧密层中的离子不仅受静电力的作用，而且还受一种非库仑力的作用，这种力是一种特性吸附力；另一部分以逐渐减小的电荷密度分散地分布在溶液里。这个模型克服了上述两个模型的缺点，是一个比较好的模型。格来亨（D. C. Grahame）50 年代对这个模型又做了进一步研究，其他人在这方面也有一些工作。有人估计，为了谋求更精确的双电层模型，今后可能会在考虑粒子的分散性、双层中的离子雰以及微观电位等因素在内的方向发展。

20 世纪在电化学的应用研究上，取得了一些可喜的成就，如 1954 年用半导体硅制成了第一个太阳能电池，现在这种电池已用于宇宙飞行，再如用电化学方法进行有机合成可以得到高质量的聚合物，60 年代初已开始用电解法生产尼龙原料己二腈。另外，电化学这门边缘学科与其他学科相互渗透，又在逐步形成一些新的边缘学科，如量子电化学、固体电化学、光电化学、化学电子学、生物电化学、环境保护电化学等。美国哥伦比亚大学和澳大利亚弗林德斯大学在 70 年代初甚至已经开设了生物电化学课程。

第四节　反应动力学——最引人注目的学科

反应动力学是以研究化学反应过程为主要对象的一个物理化学分支学科。这个学科是 20 世纪物理化学中最吸引人的学科，许多化学家认为，其发展前景也将是十分诱人的。美国《科学年鉴》等权威出版物的“化学进展”栏中，反应动力学总是放在最显著的位置，这正反映了化学家们对这个学科的重视程度。20 世纪反应动力学方面的成就甚丰，其中可以断言影响较大者有反应速度理论、链反应理论和快速反应测定法。

第一个反应速度理论是在气体分子运动论的基础上建立的。由于这个理论特别强调分子只有经过碰撞过程才能发生反应，所以称为反应速度的碰撞理论。碰撞理论由英国学者 W. C. M. 路易斯（William Cudmore Macullagh Lewis）于 1818 年 - 1923 年提出。在化学反应中分子之间必须相互碰撞，但并不是每次碰撞都能引起反应，只有能量足够大的活化分子的有效碰撞才能使反应发生。这个足够大的能量就是活化能，它来源于分子的平动能。从分子运动论的观点来看，反应速度可以表达为单位时间、单位体积内的有效碰撞分子数。所以，从微观上讲，反应速度就是每秒钟碰撞的分子总数（z）与活化分子在分子总数中所占百分数（q）的乘积：

$$-\frac{\mathrm{d}N}{\mathrm{d}t}=zq$$

碰撞理论通过确定 z 和 q 得出反应速度常数公式为：

$$k=Ae^{-\frac{E}{RT}}$$

式中 E 是活化能，A 与碰撞频率（k）有关，称为频率因子。显然，这个公式的形式与阿累尼乌斯公式是一样的。这就明确了阿累尼乌斯公式中的指数前因子、指数项和活化能的物理意义。但是，这个理论只能确定 A，而 E 却不能通过计算获得。此外，用这个公式计算出的 k 值在绝大多数情况下都比实验值大许多。

20 世纪 30 年代，在统计力学和量子力学的基础上建立了另一个反应速度理论。这个理论，美国化学家波拉尼（Michael Polanyi，1891 – 1976）称之为过渡态理论，美国化学家艾林（Henry Eyring，1901 – 1981）称之为活化络合物理论。这个理论仍以有效碰撞为反应发生的前提，但同时认为化学反应不只是通过简单的有效碰撞就直接形成产物。这个理论认为，反应物在反应过程中首先形成活化络合物的过渡状态。活化络合物极不稳定，它可以与原始反应物很快建立起热力学平衡，又能进一步分解为产物。活化络合物分解为产物是一个慢步骤，其速度决定了整个反应的速度。1935 年，艾林得出了过渡态理论关于反应速度常数的普遍公式：

$$k = \frac{RT}{\tilde{N}h} K^{*}$$

式中 $\tilde{N}$ 是阿伏伽德罗常数，h 是普朗克常数，K^{*} 是平衡常数。上式可以改写成如下形式：

$$k = \frac{RT}{\tilde{N}h} e^{\Delta S^{*}/R} e^{\Delta G^{*}/RT}$$

式中 ΔG^{*} 是活化自由焓，ΔS^{*} 是活化熵。显然，从原则上讲，只要知道活化络合物的结构，就可以根据光谱数据及统计力学的方法，不借助于任何动力学数据，把 ΔG^{*} 和 ΔS^{*} 计算出来，进而求得速度常数 k。所以，这个理论又叫做绝对反应速度理论。由于活化络合物的结构不易确定，这个理论的应用受到限制，其解释力较强，但预见性较差。到 20 世纪五六十年代，这个理论曾一度受冷落，自 70 年代开始，又出现了继续研究的热潮。①

过渡态理论由于没有方法可以考虑到周围溶剂分子的效应，因而无法处理电子从一原子离子到另一原子离子的最基本类型的化学反应。美国化学家马库斯（R. A. Marcus，1923 – ）1956 年提出了电子转移反应理论，提出了一种可以计算原子间和离子周围溶剂分子取向形成的自由能的方法。从结果看，它可以表征过渡态，并计算反应速率常数。九年之后，他进一步发展了“马库斯理论”，将最初的概念扩充到分子内振动效应、电化学的电子转移反应以及相关的过程。马库斯理论做出很多预测，几乎立刻就得到实验证实。为此，马库斯获得 1992 年诺贝尔奖。

对链反应的研究，也像链反应本身一样，在 20 世纪一经开始，便相继连续进行下去。首先发现链反应的存在并提出链反应机理的是德国人博登斯坦（Max Bodenstein，1871 – 1942）。1913 年，他为了解释一些受光强烈影响的化学反应机理，提出在卤素与氢气反应的过程中，除最终产物之外，还形成不稳定的活性中间体，这类中间体与原始反应物可以很容易地发生反应，又生成最终产物和活性中间体，直到活性中间体消除时，反应才会终止。他还得出了非简单级数的反应速度方程。

1923 年，丹麦的克里斯琴森（J. A. Christiansen）和克拉麦斯（Henrik Antony Kramers，1894 – 1952）指出，博登斯坦从光化学反应研究中得到的链反应概念，可以应用到热化学反

① 罗渝然，“过渡态理论的进展”，《化学通报》，1983 年，第 10 期。

应中去。他们在解释爆炸反应机理时还指出，在某些情况下，链反应可以支化。

英国学者邢歇伍德（C. N. Hinshelwood，1897 – 1967）和前苏联学者谢苗诺夫（Николай Николаевич Семёнов，1896－1986）各自独立地发展了克里斯琴森和克拉麦斯的理论设想，取得了链反应研究中的重大突破。邢歇伍德和谢苗诺夫的工作的重要性在于，他们指出了链反应机理的普遍意义，对链反应历程进行了细致的研究，并发现了爆炸反应的界限。按照他们的理论，链反应的传递物是价键不饱和的自由原子或自由基，由于自由价不灭，自由原子或自由基与分子的直接反应应当很容易、很迅速。所以链反应比分子之间的直接反应更易于发生。人们发现，许多以前以为是分子之间的直接反应，实际上都是链反应。刑歇伍德和谢苗诺夫认为，在支链反应中，链的数目随反应时间的增加而按指数律增长，当断链反应速度能跟上支化反应速度时，反应进行缓慢，不发生爆炸；反之，当断链反应速度不能跟上支化反应速度时，反应进行极快，便发生爆炸。

在刑歇伍德和谢苗诺夫研究支链反应的前后，还有许多学者也对链反应进行了研究，扩展了链反应机理的范围。现在我们知道，许多有机化合物的热分解反应、共聚合反应和核化学反应都是链反应。到20世纪40年代初，建立了有严格数学处理的链反应的普遍理论。

自由基的概念提出来以后，化学界的求实传统必然把一部分化学家引向为获取自由基的各种信息而努力的方向上去。由于自由基的存在时间极短，这就需要建立和发展各种快速反应测定方法。从30年代开始，人们广泛利用各种物理学原理和手段，对快速反应进行研究，逐步形成了各种研究快速反应的方法，如萤光熄灭法、极谱法、旋转光闸法、磁共振法、质谱法、激波法、闪光分解法以及驰豫法等等。其中后两种方法最有效。

闪光分解法是英国学者诺里什（Ronald George Wreyford Norrish，1897－1978）和波特尔（George Porter，1920－2002）于1949年－1955年发明的。诺里什和波特尔用可见光区或紫外光区的某种强光脉冲干扰所研究的反应体系的平衡，在约一微秒钟内从闪光灯释放出数千乃至数十万焦耳的能量，这种强辐射使体系的全部分子都转变成活化粒子，然后使体系快速恢复平衡，同时用分光光度法进行记录。就在1948年，还有人认为不可能用物理学方法直接测量寿命在毫秒（10^{-3}秒）以下的自由基，但1949年研制的第一代闪光分解仪就达到了人们断言的这个“不能测量”的水平，后来测量水平又迅速提高。

驰豫法是德国学者艾根（M. Eigen，1927－　）及其学派在1953年－1954年间发明的。他们对一个已达化学平衡的反应体系，通过压力、温度或电场强度对体系的瞬时扰动，使其稍微偏离平衡态，然后用光谱或电导等手段对这种偏离过程中的效应进行测量，即可求出某些极快反应的速度常数。

应用这些方法，化学家们已经能够获得一些复杂物质的快速反应的信息，并且对自由基的某些行为有了一定的认识。正是诺里什、波特尔和艾根他们的杰出贡献而获得1967年的诺贝尔奖。

目前，不少人认为，正在兴起的分子束和激光技术可能为化学反应的超快速研究带来新的希望。另外，近几十年来，又逐步开始了化学分子反应动态学（chemical molecular reaction dynatics）以及热化学动力学（thermochemical kinetics）的研究。

第五节　胶体化学和表面化学的开拓性进展

胶体化学成为物理化学的一个分支学科，是20世纪的事情。但在此之前，已经积累了一些有关胶体的观察和实验资料。1809年列依斯发现的电泳、1827年布朗（R. Brown，1773－1858）发现的布朗运动、1838年阿歇森（Ascherson）发现的蛋白质的“变性”、1845年－1850年塞尔米（F. Selmi）所做AgCl溶胶实验以及后来丁达尔（J. Tyndall，1820－1893）发现的丁达尔效应，反映了胶体的多种属性和现象。1861年－1864年，格雷阿姆（T. Graham，1805－1869）提出胶体（colloid）概念，并对胶体进行了大量的实验研究。

1903年，奥地利－德国化学家齐格蒙第（R. Zsigmondy，1865－1929）与德国光学家西登托夫（H. Siedentopf，1872－1940）合作，设计研制了超显微镜。他们用强光束照射所研究的胶体溶液，溶液中的胶体粒子散射光，在黑背景中就显现出亮点来。依据这样的原理，他们的仪器可以观察到普通显微镜观察不到的东西。借助于超显微镜测定胶粒的大小，进而可以研究胶体的性能随胶粒的细度或分散度变化的规律性。齐格蒙第解决了金质红宝石玻璃的形成和结构问题，阐明了胶体金在水溶液中的性质。他还与波兰物理学家斯莫路乔夫斯基（Smoluchowski）合作，对胶体的凝聚机理进行了卓有成效的研究。齐格蒙第工作的意义不仅在于他阐明了胶体溶液的许多性质，更重要的在于他第一次为人们研究胶体提供了直接的观测方法和手段。其工作对于胶体化学来说是奠基性的。

1907年，瑞典学者斯维德贝格（T. Svedberg，1884－1971）发表了题为《胶体溶液的理论研究》的博士论文。他设计了电粉碎法，并用这种方法制得一系列新的金属胶体体系。奥斯特瓦尔德对这篇论文大加赞扬，鼓励了斯维德贝格继续以很高的热情对胶体化学进行研究。1923年，他研制出超离心机，获得的引力常数30万倍于地心引力常数，使胶体或高分子溶液在其中受到极强的离心场的作用。用超离心法，可以测得胶体粒子和高分子的分布、大小、形状、质量或分子量。这就为胶体观测提供了另一种有效的手段。应用这种方法，斯维德贝格还首次测定了蛋白质的分子量。

斯维德贝格的学生梯塞留斯（A. Tiselius，1902－1971）改进了电泳方法，将其用于胶体和高分子物质的研究。他后来根据不同物质具有不同的吸附能力的原理，提出了进行吸附分析的方法。这类方法既可以进行定性吸附分析，又可进行定量吸附分析。梯塞留斯的成就也是杰出的。

表面化学也是在20世纪才形成的。19世纪也有人利用了或注意过吸附现象。1822年，法国人佩恩（Anselme Payen，1795－1871）曾把木炭作为脱色吸附剂应用于精制甜菜糖。1833年法拉第曾提出固体表面吸附是加速化学反应的原因的观点。20世纪，有不少人在这一领域做出过贡献，如埃米特（Paul Hugh Emmett，1900－1985）等人1938年提出过气体在固体表面的多分子吸附理论等。但真正算得上表面化学的开拓者的只能是朗缪尔（Irving Langmuri，1881－1957）。

朗缪尔在能斯特指导下攻读博士学位时，曾研究过气体在炽热铂丝作用下的离解。他在美国通用电气公司改进白炽灯泡（真空灯泡）时，研究了灯泡内气体产生的原因以及各种不同气体与钨丝的作用。他不仅发现将氮气或氩气充入灯泡内可以减缓钨丝的热蒸发速率，从而发明了充气灯泡，而且因此做了许多实验，对吸附的机理和本质进行了一些思考。1913年－1942年间，他对表面化学进行了大量的研究，提出了气体在固体表面上的单分子吸附层理论，根据他的水面油膜实验，提出水面油膜的分子定向说。他指出，固体表面原子对气体分子的吸引在于固体表面原子的不饱和价力，这种价力可以键合一个外来的分子，在固体表面吸附一层气体分子。朗缪尔关于某些金属或其他晶体表面的吸附机理已由电子衍射提供了支持。

朗缪尔发现，较大的烷基很难溶于水，而羧基则可溶于水，所以脂肪酸的羧基端可以被水面吸附。脂肪酸以单分子层在水面上定向排列，当这种排列达到饱和状态时，脂肪酸分子便竖立在水面上。每个分子占据的区域由烃链的横截面积决定，膜的厚度由烃链的长度决定。他还设计了一种“表面天平”，用以测定水面上不溶物引起的水的表面张力的微小变化，从而由不溶物的表面积计算其分子截面积，计算结果与后来的X射线分析结果是吻合的。

朗缪尔的工作，帮助我们认识到有关单分子表面膜的行为和性质，也对20世纪的各种催化学说产生了一定的影响。

第十八章　分析化学——在实践和应用中发展

分析化学在化学科学中有其独特的地位和作用。分析化学是随着生产实践、商品贸易和科学实践等多方面的需要而产生和发展起来的必不可少的鉴别、测定、分离等方面的科学手段和方法。同时由于生产水平的不断提高，各门有关自然科学和技术科学的发展，又促进了各种鉴别、测定和分离方法的更新、丰富和进步。因此，分析化学不仅在化学科学系统中是不可缺少的，也是许多其他有关学科和生产方面不可缺少的一门重要学科。

20世纪以来，特别是二次世界大战以后，分析化学的发展与日俱增，进展迅速，对现代科学和生产的发展起了得力的助手作用。以往的许多化学史书中，一般不单独讲述分析化学史。但是，现代化学史教科书中如果不单独讲这一部分，就不能不认为是一个缺陷了。

第一节　分析化学的演化

分析化学成为一门科学是19世纪的事情，但是零散的分析手段的使用，可以上溯到古代。这主要是由于古代生产方面的需要。例如，为了烧制陶器、瓷器，需要识别黏土、高岭土；为了生产玻璃也需要识别自然碱；为了冶炼各种金属，需要选择和鉴别矿石。在与疾病斗争的过程中，从自然界采集各种矿物、植物作为治病的药物，也需要加以区分和识别。古代埃及曾利用个别反应检验金银物品。我国《本草纲目》中也有从颜色上识别金银的简单方法。古人对矿物、岩石的鉴别积累了许多知识。例如描述软锰矿为“生于石上，状如黑炭”，对雄黄则描述为“形块如丹砂，明沏不夹石，其色如鸡冠者真”，等等。古代用火作为手段检验化学物质也较为普遍。例如为了鉴别硫汞矿石，有“丹砂烧之成水银”的记载。罗马人分离金银的“烤钵法”流传数百年。

由于商品的生产和贸易往来，带来了产品质量和金属货币的检验等需要。古代主要用比重法确定某些溶液的浓度，例如衡量酒、醋、蜂蜜、食油等食品的质量。4世纪－5世纪已有了比重计，6世纪时的比重计已经与现在的比重计接近了。到炼金术时期，积累了更多的分析、鉴别化学物质的知识。

16世纪，比较注重矿泉水的研究，积累了在水溶液中定性检验的化学反应知识。还采用了把水溶液蒸干称重的方法以判断矿泉水中溶解物的总量，促进了水溶液分析的发展。到16世纪中期，在长期制药实践过程中，摸索出逐步通过晶形来鉴别水中溶质的品种。16世纪末，德国医生李巴维（A. Libavius，1540－1616）提出浓缩水溶液，结晶出溶质的办法，可利用结晶形状的不同，区分明矾与硝石。

公元初，古罗马曾用五倍子的溶液做试剂检验明矾液中的铁，16世纪李巴维推广利用这个反应检验矿泉水中的铁。17世纪分析化学有了新的进展，主要特点是由检验物理性质进入以溶液中化学反应为主的检验方法。在这方面，波义耳做了大量工作，提高了分析的可靠性和灵敏性，为近代分析化学的产生做了准备。①他全面总结了已知的关于水溶液的各种检验方法和检定反应，写入1685年的《矿泉的博物学考察》一书中；②对化学反应的本质提出新的见解，并提出以植物浸液做酸碱指示剂。这一创见是他在做了大量实验的基础上得出的结果；③对溶液中产生沉淀的原因和过程给出正确的解释。根据海盐溶液可以沉淀出氯化银的事实，否定了当时所谓溶液中两种物质相互发生厌恶感而沉淀的错误解释。正确地说明了这种沉淀是盐分与银结合的结果。

18世纪的分析化学，在采矿、冶金、机械等工业的推动下，又有新的发展。从分析矿泉水发展到以矿石、岩石和金属等为主的分析研究工作。在分析方法的特点上由溶液反应扩展到干法的吹管定性分析，再到湿法重量分析。由于客观的需要，从定性分析发展到定量分析，使分析化学进入一个新的水平。

18世纪初，人们已经掌握了溶液检验中运用三种矿物酸与某些金属溶液反应产生沉淀的方法鉴别金属。到18世纪中期，注意到通过碱类与金属溶液的反应进行定性分析。德国分析化学家马格拉夫（S. A. Marggraf，1709－1782）作了许多重要贡献。1745年发表他以碱液及氨水处理各种金属溶液的结果。这一时期涂料工人狄斯巴赫（Diesbach）发明了黄血盐这一重要的化学试剂，当时的老板为了营利而保密。直到1745年马格拉夫合成这种试剂后，才得到广泛使用。1762年他又系统研究对比了植物碱与矿物碱在反应过程中生成的各种钾盐、钠盐的各种物理性质，并证明了这两种碱的区别，从此建立了用焰色反应鉴别钾、钠的方法。1747年开始利用显微镜鉴别物质。既观察有机物质，如甜菜糖、甘蔗糖是同一类物质，又用显微镜观察各种铂的化合物晶体。

18世纪中叶瑞典的工矿业比欧洲其他国家发达，对分析化学提出较多的要求，因此瑞典在分析化学方面做了不少有意义的工作，瑞典分析化学家、矿物学家贝格曼系统总结了分析化学1779年以来的成就。

这一时期对过去的吹管分析有了新的发展。本来在17世纪已有一种借助小管吹气获得高温制作玻璃品的方法。17世纪后期这种方法被引入化学实验中来，可以得到还原的金属颗粒，在称量重量后可以估计金属含量。在实践过程中还发现有的金属化合物在灼烧时，在起还原作用的木炭小孔周围有不同颜色的膜出现。这种现象又扩大了吹管法鉴别物质的范围和能力。如辉锑矿形成白色膜，方铅矿形成黄色膜等。以后增加化学试剂以提高其效果。吹管法在遇到难熔物质时产生了困难。格拉梅夫（J. Gramev，1710－1777）提出使用助熔剂的办法，如硼砂等。使不同的金属氧化物形成不同颜色的玻璃球，这样就进一步丰富了吹管鉴别法的内容。这种方法受到了欢迎，从瑞典流传到欧洲。

17世纪已有人使用过重量分析的方法，但并未引起广泛重视，到18世纪中期，罗蒙诺索夫在俄国，18世纪70年代，拉瓦锡在法国，分别独立使用了定量方法。特别是拉瓦锡从物质不灭定律出发，强调并亲自使用天平开展定量研究，引起化学界对定量分析化学的重视。从此定量分析法广为应用，也可以说从这个时候真正开始了定量分析的时代。

19世纪由于工业生产的发展和化学各方面的新成就，分析化学在形成系统定性分析的基础上，还在重量分析、容量分析等方面得到了较大的发展。

19世纪以来新元素的发现日渐增多，分析的因素也复杂化了，对分析的要求又有提高，要求有严密的、系统的、确切可靠的分析方法。在这种情况下，1821年德国化学家汉立希（P. C. Heinrich，1773－1852）提出了选择一定数量的试剂区分溶液中不同性质的元素，这样便于检验，也可减少分析方法中的盲目性。这个方案有了系统化的萌芽，后经德国化学家罗塞（H. Rose，1795－1864）进一步明确提出阳离子系统定性分析法，并提出了使用缓冲溶液和络合掩蔽剂，颇有创见。但他建立的系统繁杂不条理。至1841年经德国化学家弗雷泽纽斯（C. R. Fresenius，1818－1897）修改，把常见的金属氧化物分为六个组，从此这种系统分析法得到了广泛采用，后来美国分析化学家A. A. 诺艾斯（A. A. Noyes）进一步改进，使系统定性分析臻于完善，一直沿用到20世纪。

由于19世纪欧洲工业在采矿、冶金、机械、纺织、化工及交通运输等6大方面的迅速发展，以及化学科学各个领域的发展，要求分析化学有更高的准确性，但是当时定量分析以重量分析为主，操作不够严格，沉淀反应不够合理，因而影响分析的准确性。以后克拉普罗特（M. H. Klaproth，1743－1817）在重量分析方面做了许多有特色的工作，使分析建立在化合量定律的基础上，把有关化学定律与重量分析结合起来，提高了分析的准确性。著名化学家贝采里乌斯对2000种化合物进行了分析，采用了许多新方法，选用了新的试剂，设计了新的仪器设备，使用了新的手段和工具，把定量分析的准确性提到一个新的高度。在他写的《化学教程》一书中详细介绍了他的各种分析仪器及使用方法，如漏斗的角度为60度最佳，天平加游码等，为化学分析的基本操作奠定了基础。伏罗森纽斯在贝采里乌斯之后，于1846年写出定量分析的教材，介绍分析化学的技艺，把分析天平的灵敏度提高到0.1毫克。从而提高了重量分析的水平。此后围绕着技术的改进，新的有机沉淀剂的引用，沉淀理论的研究等三个方面提高重量分析的准确性。

重量分析法的最大缺点是操作手续繁琐，耗费时间长，分析速度和效率都比较低。容量分析法产生后，由于方法较简便，在19世纪的前半期里获得迅速发展。19世纪中期的容量分析法主要是滴定法，滴定中的酸碱滴定法、沉淀滴定法和氧化还原滴定法盛行起来。但其起源可上溯到18世纪。法国人日夫鲁厄（C. J. Geoffroy）在1729年为测醋酸浓度，以碳酸钾为标准物，用待测定浓度的醋酸滴到碳酸钾中去，以后发生气泡停止作为滴定终点。以耗去碳酸钾量的多少衡量醋酸的相对浓度。这是第一次把中和反应用于分析化学。这种滴定的方法以后不断发展、改进。1750年法国人费朗索（V. G. Franeois），在用硫酸滴定矿泉水时，为了使终点有明显的标志，取紫罗兰浸液作为指示剂，当滴定到终点时溶液开始变红。然后以雪水作对照滴定，以判断矿泉水的含碱量。弗朗索选用指示剂是一大贡献，对于提高滴定的准确性有很大改进。

酸碱滴定改用滴定管，首推法国人德克劳西（H. Descroizilles）于1786年发明"碱量计"，以后改进为滴定管。这样在18世纪末，酸碱滴定的基本形式和原则已经确定。但发展不快，直到19世纪70年代以后，在人工合成指示剂出现以后，酸碱滴定法获得较大的应用价值，扩大了应用范围。

沉淀滴定法，从18世纪中期萌芽到18世纪末奠定了基础。18世纪50年代霍姆（F. Home）、80年代莫沃（G. de Morveau）均使用了滴定到不再发现沉淀为止作为终点的方法。到1870年罗维兹（T. Lowitz）则以滴定到有沉淀出现为终点。这都是以沉淀反应为滴定终点的方法。

氧化还原滴定法始于18世纪末，在其发展过程中滴定仪器也不断得到改进。特别是在有了适宜的指示剂以后，在19世纪这种滴定方法才占了重要地位。

氧化还原滴定法的产生与以下因素有关。舍勒于1774年发现了氯气，以后氯气应用到纺织工业中代替了日晒漂白法。而其漂白质量好坏，与次氯酸盐的浓度大小有直接关系，是需要测定次氯酸盐溶液浓度的滴定法。1795年法国人德克劳西以靛蓝的硫酸溶液滴定次氯酸，至溶液颜色变绿为止，成为最早的氧化还原滴定法。以后在1826年比拉狄厄（H. dela Billardiere）制得碘化钠，以淀粉为指示剂，用于次氯酸钙滴定，开创了碘量法的应用和研究。从此这种分析方法得到发展和完善。19世纪40年代以来又发展出高锰酸钾氧化还原滴定法、铬酸钾滴定法等多种利用氧化还原反应和特定指示剂相结合的滴定方法，使容量分析迅速得到发展。

分析化学中的定性分析和定量分析不仅为生产和科学的发展作了贡献，同时也在生产和科学的促进下，不断改进，形成一门化学分析的学科，一直到20世纪仍有某些改进。传统的化学分析中的重量分析至20世纪40年代以后，几乎全部被容量分析所取代，在教学上还作为一种方法给予介绍。总的来看，化学分析在20世纪以来，人工合成指示剂的品种数大量增加，对分析化学的发展起了重要作用。40年代至50年代初发展出络合滴定。借助于物理化学的成就利用溶液平衡理论、动力学理论、沉淀理论、指示剂作用的原理、终点误差、诱导反应、缓冲作用原理、络合理论等，从理论上丰富了化学分析的内容。

20世纪40年代以来兴起的仪器分析，发展迅速，日益受到重视。仪器分析由它在分析化学中的次要地位上升为主要地位，在现代科学、技术及生产中发挥着“尖兵”作用。

仪器分析的发展，主要是依赖于客观的需要。例如原子能工业、半导体技术中要求灵敏、快速、准确的分析方法；环境保护、石油化工、生物化学、医药化学等方面要求精密的分离技术；材料科学中不仅要求了解材料的化学成分，还要求了解材料的微观结构。为了满足这些新的需要，分析化学从分析鉴测目的出发，利用与结合了光、电、磁等方面的新成就发明新仪器，发展和提高了仪器分析的水平。下面我们简述几种不同类型的仪器分析的产生和发展的历史过程。

第二节　光谱分析

利用光学原理制作的分析仪器有三类：第一类是光谱分析；第二类是吸收光度分析；第三类是X光分析。我们这里主要叙述前两类仪器分析的发展简史。

一、光谱分析法

光谱分析以光谱学为理论基础，是光学分析法中历史最长的一类。早在17世纪60年代，牛顿就通过棱镜使白光分成光谱。从光谱学的研究到应用光谱学的理论制作出光谱分析的仪器有一个认识过程，经历了差不多两个世纪的探索。人们首先发现钾盐、钠盐可使火焰发出特殊颜色，发现红外辐射、紫外辐射，继而又发现了太阳光和其他星光的暗线的位置与波长，也观察到了电火花的明线光谱。到1822年又有人研究了火焰的光谱。但是这时尚未认识到光谱、焰色与温度三者的联系，也未认识到光谱技术的重要意义。对所观察到的现象还处在对表面现象的认识阶段。1825年出现了认识上的第一个转折，即把光谱线与特有的物质联系起来。这是由于英国人塔尔波（W. H. F. Talbot，1800－1877）设计制造了一台研究光谱的仪器，将灯芯浸入被研究的物质溶液中，干燥后点燃，使其显示出光谱。塔尔波发现钾盐能发射红线光谱，钠盐发射黄线光谱。从此他得出“借助光学分析，极小量的该两种物质也能够区别开来”的结论。同年他又研究了氰焰光谱。为发射光谱分析的提出起了启蒙作用。到19世纪50年代发生了第二次转折，先有瑞典人安斯特朗（A. J. Angstrom, 1814－1874）提出，某种金属的单质与化合物有相同的光谱，后有美国人阿尔特（D. Alter, 1807－1881）提出光谱分析的正式建议。同时他还列举出许多元素在可见光谱区的光谱线表。现列举一部分（见表18－2－1）。1859年又在气体光谱的研究方面有了新的进展。在

表18－2－1　部分金属元素的可见光谱线

光谱区 / 谱线 / 金属	红	橙	黄	绿	蓝	靛	紫
Ag	|	|	|	|			
Cu		||	|	|||			
Zn	|	||	|		|||	|	
Hg		|	|			|	|
Pt	|	|	||	|||	||		

此基础上，基尔霍夫和本生设计并制造了第一台为光谱分析使用的分光镜，从而实现了从光谱学原理到实际应用的过渡。显然这是物理学与化学结合的结果。光谱分析法一经诞生就显示出其灵敏、方便、准确的优越性，在需要分析化学领域的许多方面得到了使用。这种方法不仅能进行定性鉴别，还可以预测和发展未知的元素，19世纪60年代以来用这种方法发现了铯、铷、铊、铟、镓等元素。

光谱分析显示了定性分析的优点，很快就有人想到是否可以进行定量分析。19世纪末有了一些初步的研究。1874年洛克厄（J. N. Lockyer, 1836－1920）认为定性光谱分析依靠谱线的位置，定量光谱分析只能依靠某些谱线的强弱。1890年胡特（F. Hwrter）、德利兹德（V. C. Driffield）发现照相底片的黑度与产生该映像相应的曝光量的对数在相当范围内为直线关系，从而为摄谱法定量光谱分析做了准备。经过几十年的徘徊，德国人革拉赫（W. Gerlach, 1899－　）提出了半定量的匀称线对称法，到1930年，罗马金（Б. А. Ломакин）与沙伯（G. Scheibe）在弄清了谱线强度和浓度之间的关系后，分别独立提出了“黑度差分析线对法”，成为光谱定量分析中普遍采用的方法。从此，以摄谱法为基础的光谱定量分析得到迅速发展。在岩石、矿物、土壤、钢铁、有色金属冶炼、金属材料分析及痕量分析等方面，得到了广泛应用，有力地推动着地质勘探和冶金工业的发展。

20世纪五六十年代新兴的半导体材料、原子能工业材料及稀有金属等方面的发展，要求提高分析的准确性和灵敏度，促进着光谱分析的改进和提高。例如，采用了“载体分馏法”提高了分析的灵敏度。以化学富集杂质为预处理的“化学光谱法”的发展，进一步提高了分析的灵敏度，由于仪器制造出现光栅光谱仪，又提高了分辨率。20世纪60年代以来，还注意到改进光源，先后研制成功了高频直流低压火花、控制波形高压火光、电感耦合高频等离子焰矩、直流电弧等离子喷焰、辉光放电光源和激光光源等。这些技术上的进步，不仅使灵敏度和准确度提高了一步，同时也扩大了分析范围，开辟了微区和表面逐层分析的新领域。特别是70年代以来，光谱仪引入电子计算机和微处理机，使光谱仪成为光学、精

密机械和电子学相结合的现代大型精密分析仪器。

光谱分析的发展说明，光谱学的形成也只有在与分析化学结合起来得到应用的情况下，才显示出其理论价值；光谱分析在生产上应用的过程中得到提高，促进了生产的发展；同时生产发展后，又要求提高光谱分析仪器的灵敏度和准确度。促使着人们去吸收新的科技成果改进和提高仪器的功能，扩大使用范围，达到提高使用价值的目的。

与光谱学有关的另一种利用光度分析的重要手段是火焰光度法。19 世纪 70 年代在詹森（J. Jamssen）关于火焰光度法可能进行定量分析的思想指导下，进行了多种实验探索，但均不理想。至 20 世纪 20 年代初，格拉蒙特（A. de Gramont）将氧 - 炔焰用于火焰光度法，继而由龙德加尔德（H. G. Lundegardh，1888 - 1969）加以改进，在仪器上装上雾化器、气体压力控制器等装置，以控制稳定的火焰，用单色器代替分光镜进行光的色散，并以光电池量度光的强度。就这样在许多人努力的基础上，成功地制造了火焰光度计。1937 年伏尔夫甘（W. S. Wolfgang）改单色器为着色滤光片，成为现代沿用的火焰光度计。

荧光分光光度计也是光谱分析派生出来的一种光学仪器。它的发展经历了 3 个多世纪，到 20 世纪 80 年代，发展成一种高度精密的稳定性较好的荧光分光光度计。远在 1575 年门那德（Monardes）发现荧光现象以来，进展缓慢，到 1852 年斯托克斯（Stokes）阐明荧光的发射机制，半个多世纪后，1925 年武德（Wood）发现了共振荧光。1926 年格威拉（Gaviola）进行了荧光寿命的直接测定以后，才逐步发展到现代水平。在无机化学、工农业、医药卫生等方面均有应用价值。尤其是由于它有独特的性能和较高的灵敏度，因而常被用来完成其他光学仪器不能完成的工作，起到了各种分析仪器相互扬长避短的作用。

二、原子吸收分光光度法

20 世纪以来，各种新技术新仪器层出不穷，正当各种分析仪器竞相采用之时，原子吸收分光光度法（AAS）于 50 年代初诞生了，到 60 年代有了较大发展。被应用于地质、冶金、农业、石油、化工、医药、食品工业、生物化学、人体组织检验以及环境污染监测等多方面。还可测定大部分金属元素和一些半金属元素。具有准确、快速、容易操作等特点。

这种方法的出现不是突然的，而是从 19 世纪初发现太阳光谱暗线以后，经过 150 多年的探索，再加上时代的需要而诞生的。这是一段饶有兴趣的过程。远在 1802 年武拉斯通（W. H. Wollaston，1766 - 1828）研究太阳连续光谱时发现谱线中有暗线，不知这是为什么？1817 年弗栾霍芬（J. Frannhoffer）详细研究了这种现象，但未给出答案，从此暗线被叫做弗栾霍芬暗线。1832 年布莱乌斯特（D. Brewster，1781 - 1868）提出一个可贵的见解，认为太阳光谱暗线的产生，可能是被比光源温度低的气体，吸收了光源发出的光造成的结果。1860 年本生和基尔霍夫发现钠蒸气发出的光通过温度较低的钠蒸气时，会引起钠光的吸收。并进一步证明了钠的发射特征谱线与弗栾霍芬暗线在光谱中的位置相同。以此证明了太阳连续光谱中的暗线，是太阳大气圈中的钠原子对太阳光谱中的钠辐射吸收的结果。1898 年美国出现了原始的原子吸收实验装置，这是一大进步，是一个新的起点。后来沃德逊（R. Woodson）利用汞电弧发出波长 2537 埃的谱线被汞蒸气吸收的现象，测定了空气中的汞。这是由于汞在常温下，容易具有足够的高气压，其共振吸收容易测出，而其他元素则很难产生自由态原子。所以这种原子吸收技术仅限于天文研究方面。直到 1953 年，澳大利亚物理学家瓦尔士（A. Walsh）正式提出利用原子吸收光谱的分光光度法，并于 1955 年发表了他的著名论文《原子吸收光谱在化学分析中的应用》，从理论上奠定了原子吸收分光光度法的基础。几乎与此同时，荷兰人阿勒克麦德（J. T. J. Alkemade）设计了一个用火焰做光源，以第二个火焰做吸收池的原子吸收分光光度计，指出了原子吸收可以作为一个普遍应用的分析方法，从而从理论上和实用上取得了新的突破。

但是，能够获得待测物质充分原子化的问题成为人们研究的重点。1959 年前苏联人勒沃夫（Б. В. Львов）用交流电弧加热产生原子蒸气的方法，继而在 1961 年发表了关于非火焰原子吸收法的研究工作，其灵敏度可达 10^{-2}克 - 10^{-14}克。1965 年，威勒斯（S. B. Willis）将氧化亚氮 - 乙炔焰成功地用于火焰原子吸收分光光度计，其温度均可接近 3000℃，解决了原子吸收光度法中的一个关键的温度不高的问题。这是待测物质充分原子化的关键。这一改进大大提高了这种方法的测定范围，达到了可以测定 70 多种元素的水平。后来由于高强度空心阴极灯的制成，光源的短脉冲供电及双光束原子吸收分光光度计的设计等新的进展，使原子吸收光谱法发展成一种较为完善的现代分析仪器。近些年来，又使用了电视摄像管做多元分析鉴定器，结合中阶梯光栅，设计出用电子计算机控制的测定多元素的原子吸收分光光度法计，为解决同时分析多元素的问题又辟新径。

总的来看，原子吸收分光光度法优点很多，已经成为现代分析手段中必不可少的设备。其主要优点是灵敏度高、选择性好、抗干扰能力强、测定元素范围宽及使用简便等。但是，任何一种仪器也不是万能的，往往是在某个方面有优越性，或某几个方面具有优越性。然而同时也存在着缺点，甚至优点也是相对的，不能达到完美的程度。原子吸收分光光度法也不例外，也有若干缺点：①对某些元素的测定灵敏度还不理想，并不是在各种试样中都能有效地测定出来；②测定每种元素都需要一个特定元素的空心阴极灯，这给同时测定试样中的多种元素造成不便；③虽然这种仪器的抗干扰性好，但仍然存在许多干扰。相信在实践中，这些弊端将会得到改进，或从其他途径予以解决。

由于原子吸收分光光度法的许多优点，从 20 世纪 60 年代世界上使用的 60 余台，发展到 80 年代，已经拥有 2 万余台。我国从 60 年代初开始研制这种仪器，到 1965 年制造成第一台，并用于生产。现在已经能够制造种类多样的原子吸收分光光度计，并力求使各种性能达到世界水平。

同时还存在原子发射分光光度法（AES），它是利用原子受火焰、电弧、电火花或离子激发发射出的光谱频率鉴别样品中的元素和测定其浓度。它主要是从 20 世纪 60 年代后期发展起来，它的特点是可同时对多元素进行分析。

三、分子吸收分光光度法

当可见光、紫外线和红外线照射某些物质后，引起物质内部分子、电子或原子核间运动状态的变化，消耗部分能后，然后透射出来通过棱镜得到吸收光谱。因照射光的不同，发展出紫外 - 可见吸收光谱仪（UV - vis）和红外光谱仪（IR），均属分子吸收分光光度法。这种分光光度法的产生与比色法有密切关系。

应用比色分析作为一种普遍的分析方法始于 19 世纪 30 年代。人们在一二十年的实践中认识到，一束光线通过溶液时，光线削弱的程度为所含吸收的质点总数所决定。按此原理 1870 年法国人杜包斯克（J. Duboscq，1817 - 1886）制造了“杜包斯克比色计”，沿用了 70 多年。但是在理论上，远在 18 世纪前期，朗伯已注意到单色光穿过玻璃片时削弱的程度与玻璃片的厚度有比例关系，其透光率的负对数值与吸收层的厚度成正比。19 世纪 50 年代，比尔（A. Beer，1825－1863）通过研究无机盐水溶液对红光的吸收，总结出物质的吸收光度与物质的吸收系数和浓度的乘积成正比，即郎伯－比尔定律，成为分子吸收分光光度法的理论基础。

另一方面，1833 年希儒斯特（Brewester）观察并记录过吸收光谱，以后密勒（Miller）又系统研究了紫外区的光谱，并指出物质的吸收情况与基团、原子和分子的性质有关。以后哈脱莱（Hartley）改进了仪器。接着贝利（Baly）又发现与吸收光谱相似的有机物，它们的结构亦相类似，认为由此可以说明分子结构。进入 20 世纪以来，紫外－可见分光光度法得到应用，能对许多有机物质结构加以初步解释，对有机物质进行鉴定。现在这种仪器已经发展到可以鉴定分子结构比较复杂的有机物质，测定微量物质的含量，还可以用来研究物质的分子结构与反应的历程，以及药品测定等。

分子吸收分光光度法的红外光谱仪，在现代也得到广泛的应用。化合物的红外光谱，反映其物理性质，除同一物质的光学异构体外，没有两种化合物具有相同的红外光谱。红外光谱直接和分子的结构及其环境相关联，正确解析红外光谱可以得出某物质的结构、存在状态和性质，从而可以定性鉴别、结构分析、定量测定和机理研究。它已经成为物理、化学、生物、医学、环保、航天、气象、工业、农业、地质、冶金、核工业等等方面不可缺少的常用设备。

红外光谱的研究早在 1891 年裘里斯（Jalius）揭示出分子的化学结构与红外区域的电磁波吸收光谱关系，引起人们的重视。1905 年科布楞兹（Coblentz）发表了《红外光谱研究》的著作，从理论上奠定了红外光谱的基础。1930 年以后，仪器的性能有了改进和提高。1940 年后，红外光谱法成为物理、化学进行研究的重要工具。至 1947 年，武爱特（Wright）和赫歇尔（Herssber）研制成有使用价值的第一代（双光束棱镜）红外分光光度计，但分辨率低，至 1961 年出现了第二代（光栅）红外分光光度计，具有分辨率高、价格便宜等优点。随着各种新技术的发展，进入 20 世纪 70 年代以来，红外分光光度计发展迅速，采用了电化率系统，提高了精确度和重视性，保证了图谱中吸收强度的真实性。在引入电子计算机以后，更加充分地发挥了仪器的功能，分辨率提高、扫描快，可与色谱仪联用跟踪化学反应，测定弱信号、强吸收和微量样品的光谱。在用途上开辟出新领域，增强了第三代红外分光光度计的功能。

我国于 1963 年试制了第一台棱镜红外分光光度计，以后又研制光栅红外分光光度计，其性能和指标尚能达到要求。但有待进一步提高质量和制造新产品。

第三节　电化学分析

电化学分析法有三种类型，其基本原理是使待分析的溶液形成化学电池的一个组成部分，然后进行定量测定。第一种是对一定浓度的试样溶液形成的化学电池中某些电物理量（如电极电位、电流、电导、电阻、电容、电量等一些参数）的关系进行定量计算。第二种属于电容量分析法，即以上述各种电物理量的突变点为终点进行终点容量分析。第三种是电解分析法，也叫电重量分析法，是一种重要的分离手段。主要是通过电极反应将待测试液中某一组分转变为固相分离出来，然后进行重量分析。这些不同的电化学分析法都是在化学电池产生以后发展演变而来的。

自从1800年伏打制造了伏打电堆以后，开辟了电化学的领域。在19世纪的前半期，不少人在这个新兴领域里努力探索，成功地分离出金属元素和检验元素等。1864年吉布斯首次利用电解分析法测量铜，经改进后适用于冶金生产方面的快速要求。在受到重视以后，于70年代将这种方法扩大到测定汞、铅、锌、铝、镉等金属。在提高质量方面主要围绕试样溶液提出一些改进。而克拉森（A. Classen）发现在电解过程中，不断搅拌电解液可以大大提高电解速度，从此改进为快速电解法。到19世纪末在电化学方面搞清了许多理论问题，并结合电极形状的改进，以提高其电解分析效率。至1899年阴电极改为网状圆柱形铂电极，并以螺旋形铂丝为阳极，被长期使用。人们在改进电极的实验中发现汞阴极电解时，氢在汞上的超电压特别大，几乎所有重金属的离子都可以从汞阴极上还原为金属形成汞齐而分离出来。但因缺点较大在生产方面未能大力推广。

在电解分析法基础上发展出一种特殊形式即库仑分析法，也叫电量分析法。它的理论基础是法拉第定律。要求通过电解池的电流全部被测定物质所消耗。库仑分析法于1938年提出时是一种控制恒电位的分析方法，1945年被采用。晚些时候又产生一种控制恒电流的库仑分析法。库仑分析法发展到20世纪50年代以来已经适于微量及痕量分析，而被广泛采用。

20世纪70年代以来又发展出一种自动滴定微库仑计，具有快速、灵敏、准确等优点，在石油化工和环境监测方面很有用途。它还有跟踪滴定的性质，可与气相色谱仪联用，叫做微库仑计鉴定器，是一种选择性很好的仪器。

电化学分析中的电容量分析法主要是电位滴定和电导滴定。电位滴定开始稍早，1893年勒布兰（Le Blance）首先制出标准氢电极，索仑森（S. P. L. Sorensen）便利用氢电极与0.1mol/L KCl甘汞电极相配合，测溶液的pH。1893年贝润德（R. Behrend）发表了电位滴定的第一篇论文。4年后柏特格（W. Böttger）发表利用氢电极滴定了14种不同的酸碱并写出酸碱电位滴定的论著。

1919年荷兰人霍斯德特（J. C. Hostetter，1852－1911）和劳倍兹（H. S. Roberts）首创了双金属电极法电位滴定。这种方法是基于不同的惰性电极在同一溶液中具有不同的电性行为，从而产生不同的电极电位而形成一个电池，在滴定等当点到达时，电位差发生突变。比较普遍采用的电极是铂－钯双电极和铂－钨双电极。1925年范奈姆（Van Name）与冯克（Fenwick）进一步对不同金属电极体系的滴定过程进行了理论研究。指出：两种金属电极在滴定终点时出现的电位突然偏离是一种时间效应，即两种不同的电极趋于平衡的速度不同而造成的。如果时间充分，则两种电极就会达到相同的平衡状态，电位差即消失。

1926 年富勒克（C. W. Foulk）和鲍登（A. T. Bauden）又提出电流滴定法。这种方法滴定终点的检出是基于电极的极化或去极化。这些电位滴定经过 20 余年的改进，日益简便、快速。

电导滴定法继电位滴定之后，于 1903 年由科斯脱（F. W. Küster）和格留德斯（M. Grüters）提出。此法基于滴定过程中溶液电导率在等当点时发生突变。起初用耳机检定平衡点，以后改为电流计指针的偏转做指示计。

1925 年一种有发展前途的极谱分析法诞生了。这种极谱定量分析的基本理论是以滴汞电极做阴极。由于滴汞电极表面积很小，因此在电解过程中电流密度相当大，电极附近可还原物质的浓度迅速接近于零。从而出现浓差极化。这样就出现扩散电流与可还原物质的浓度成正比关系。由于不同的还原物质有不同的还原电位（实际是利用不随浓度而变的半波电位），极谱法就是利用这一电化学性质进行定性分析的。

滴汞电极的利用并非偶然，早在 1873 年利普曼（G. Lippman）曾研究过汞与电解质溶液接界面上的表面张力与外加于汞电极上的电压之间的关系。1903 年科塞接（B. Kucera）进一步通过称量汞滴重量来测定在不同电压下汞的表面张力等一系列的研究。1918 年捷克物理化学家海洛夫斯基（J. Heyrovsky，1890 - 1967）重复科塞拉的工作，并发现这种电解过程更加具有测量特性，他总结了电流 - 电极电位曲线，指出根据这种曲线的位置和形状（峰高）可以作为对被电解物质（即去极剂）进行定性和定量测定的基础。从 1922 年到 1925 年期间海洛夫斯基连续发表研究成果，发展成极谱分析，并与日本学者志方益三共同研究出第一台自动记录极谱仪于 1925 年问世。

1934 年和 1935 年尤克维奇（D. Ilkovi č）与海洛夫斯基先后分别奠定了经典极谱定量分析和定性分析的理论基础。从此以后引起学术界的重视，纷纷从三个不同的方面研究提高极谱分析的灵敏度。一是从改进极谱仪方面努力；二是从电化学方面努力；三是从溶液的化学反应方面努力，均获得了成效，从而使极谱分析法获得很大发展，并有了广泛的用途，例如在测定钢铁、岩石、矿物中的微量金属元素、纯金属、超纯物质及半导体材料中痕量杂质的测定问题等。甚至在有机化合物及生物化学方面也都得到很好的应用。一种将普通极谱仪检测极限提高大约 2 个数量级的方法——脉冲极谱仪，在 20 世纪 50 年代被英国的巴克尔（Barker）发展，而 70 年代又有人将其进一步发展成现在通常所说的奥斯特洋（Ostergoung）方波伏安法。

1983 年，美国韦斯特·拉法埃特生化分析系统公司在电化学分析仪的生产中，采用了不需要旋钮、按钮和增益控制，但却能够控制 38 种不同类型电化学技术操作的全数字化技术。现代型号的电化学分析仪则由个人电脑控制。

第四节　色谱分析

色谱法是一种重要的分离、分析技术。在现代仪器分析中是一枝艳丽的新花，在许多领域受到欢迎和广泛的应用。色谱法也叫色层法、层析法或层离法。色谱法实质上是一种物理化学分离方法，利用不同物质在固定相或流动相中的不同分配系数（或吸附系数等），当两相相对运动时，这些物质在两相中反复多次分配达到使不同物质完全分离的目的。

色谱法按两相的状态分类，以气体为流动相的叫做“气相色谱”，以液体做流动相的叫做“液相色谱”。因为固定相也有液体和固体的不同，所以气相色谱可分为气－液色谱和气－固色谱两种。液相色谱也可分为液－液色谱和液－固色谱两种。

色谱法的萌芽和酝酿的时间比较长，一旦受到重视后就迅速兴盛起来。色谱法的发现和发展可以说始终是在实验和生产实践的过程中产生并发展起来。在实践中获得理论上的根据，进一步又促进了实践的发展，从而不断扩大了色谱法的使用价值。事物的发展虽有先后，但往往又互有交错，色谱法的历史就是这样。最初的色谱法是以液体为流动相的液相色谱。早期的液相色谱叫经典液相色谱。19 世纪中期人们在实验过程中观察到某种混合物溶液通过滤纸扩散出互相分离的层层圆环，不论是有机物的混合溶液，还是无机物的混合溶液都出现这种现象。对于这种现象又试着把滤纸下端悬挂在混合盐溶液中，发现各不同组合，以不同速度向上扩散。1861 年高贝勒斯莱德（F. Goppelsröder）开始系统研究这种现象，发现了有机染料混合物在滤纸上分层清晰，并根据各不同组分在不同的层位进行定性分析。经过 40 年的努力终于在 1901 年发表其综合报导，但是并未看到这种方法的远大前途。到 1906 年俄国植物学家茨维特（M. C. Цвет，1872－1912）首先用色谱法分离植物色素，并研究了百余种吸附剂，奠定了色谱法的基础。尽管如此，化学家们并未认识到这一方法的深远意义。直至 1931 年 R. 库恩（R. Kuhn，1900－1967）做了一系列有意义的工作。用这种方法把长期确认的单一结晶状胡萝卜素分离成 α 和 β 两种同分异构体，测定出胡萝卜素的分子式，制取了叶黄素结晶。这些工作使化学界耳目一新，从此吸附色谱法迅速受到学术界的广泛注意和应用。20 世纪 30 年代末以后，对无机吸附剂和有机吸附剂进行了细致的选择，扩大了应用范围。对于某些吸附机理，如无机离子在氧化铝上的吸附机理，阳离子的吸附性能等，通过多年研究提出了理论解释。

色谱分析的另一种形式是离子交换分离法。19 世纪中期哈尔姆（Harm）用天然硅酸盐处理甜菜糖的水溶液，从而除去了其中的钠盐和钾盐。从此，沸石及其他一些天然硅酸盐成为工业应用的离子交换剂。1905 年甘斯（R. Gans）制造出最早的人造阳离子交换剂。但是这一时期的离子交换剂因 pH 范围狭窄而限制了应用。

20 世纪 30 年代库尔格仑（C. Kullgren）发现了磺化的赛璐珞能以其上的 H^+ 置换水中的铜，而用强酸又可使铜解附。1935 年阿丹斯（B. A. Adams）和霍尔姆斯（E. L. Holmes）第一次合成离子交换树脂。其中除了主要的—SO_3H 交换基外，还有活性的—OH 基和—COOH 基。20 世纪 40 年代对活性基团的研究又有新的进展。这一时期在无机化学方面，用离子交换树脂分离单个稀土元素获得成功。这一成就配合了原子能工业分离裂变物的需要，从而又获得新的发展动力，使离子交换分离法在无机化学方面取得不少新成就。例如 Zr、Hf 的分离与回收（Hf 的回收率高达 66%），超铀元素分离成功等。这些利用组分的离子交换能力的差别进行分离实验获得成功，促使人们进一步在理论方面的发展。例如威尔逊（H. A. Wilson）等人推导出的层析吸附的数学式，马丁（A. T. P. Martin）和辛格（Synge）提出的柱体理论及“理想板”数的计算。迈耶尔（Mayer）等人从理论上计算了离子交换过程中平衡时所需的柱长等等。

1941 年马丁和辛格又发现一种有效的液 - 液萃取分离法。它是一种利用不同组分在二相中的分配系数不同达到分离的目的。同年马丁等发表了分配层析的理论根据，认为分配层析法的性质与回馏的分馏法相似。由于吸附色层分离法在脂肪酸或多元醇类等极性有机物质的分离时，遇到了不易分离的难题。而分配层析法对极性有机混合物的分离甚为方便，因而迅速获得推广。在分配层析法中一般以水或稀硫酸、甲醇等强极性溶剂作为静止相，以非极性或弱极性的溶剂作为流动相。

1944 年以来康斯顿（Consdon）等人经实验发现滤纸可用于层析，后经广泛验证，形成纸上色谱法，很快应用于复杂有机物的分析、有机染料商品的鉴定、生物化学的分析和分离方面，取得满意的效果，成为不可缺少的工具之一。至 20 世纪 50 年代，纸上色谱法兴盛起来。

20 世纪 30 年代末斯湍茵（Strain）将 19 世纪末的电泳法与色谱法结合起来，分离了一些染料，又开创了一种新的色谱法，在这个方向上有些学者相继又做了许多有益的工作，使电泳色谱法得到发展。特别是在 40 年代末，威兰德（H. Wieland，1877 - 1957）发明出滤纸电泳色谱法，在应用上取得了突出的成就。例如 1950 年库莱摩（R. Cremer）用此方法分离血清蛋白球为 α、β、γ 等三种，其中的 γ—球朊在现代免疫学方面很重要。从此这种方法受到广泛的重视，同分配色谱法一样成为重要的分离技术之一。

在各种液相色谱法受到欢迎的时候，后起的气相色谱法（GC）显示了优越性，迅速发展为应用最广的一种现代分析、分离的仪器手段。先出现的是气 - 固色谱，接着是气 - 液色谱，后者有更多的用途，几乎全部用于有机复杂混合物的分析上。第一台气相色谱仪由奥地利科学家在 1947 年组装而成。1952 年英国人詹姆斯（A. T. James）和马丁提出气 - 液色谱法。一般以较高沸点的有机物做固定液，分为极性、非极性和中性三类，以适用于不同的分析对象。气相色谱发展如此之快，与石油化学工业需要大量的成分分析直接有关。20 世纪中期以来，世界上对环境污染问题的重视与日俱增，污染物大都是微量有机物，气相色谱是一个得力的仪器。正是这种生产与社会生活的动力推动着气相色谱法的发展。

20 世纪 50 年代气相色谱的出现，使色谱分析大增光彩，备受欢迎，相比之下，液相色谱的发展有所缓慢。气相色谱优点显著，发展迅速。但是在实践过程中也暴露出它的缺点。主要是试样必须汽化才能分析。而数百万种化合物中，约占 15% 的化合物能汽化，再加上能够转化为衍生物的化合物约占 5%，可见对大部分化合物来说气相色谱无能为力。为了进一步克服这个难点，促进了色谱理论的研究。在气相色谱的基础上发展出高效填充剂，发展了适合于液相色谱使用的检测器和高压泵。进而提高了液相色谱的分析速度和分离效率，并实现了仪器化，这是新的突破。从经典液相色谱 - 气相色谱 - 高压液相色谱，这是一个否定之否定的迂回发展过程，使色谱分析法更上一层楼。

以上讲述了分析化学发展的几个重要方面。事实上现代分析化学的仪器随着生产、科学、技术的进步，分析、分离和监测手段已经多样化，新的分析仪器不断出现，令人应接不暇，从广度上和深度上提高了分析化学的水平。例如，核磁共振波谱仪的出现就是一例。这是半个多世纪以来在分析化学和有机化学中的重大事情，其应用范围之广泛可与气相、液相色谱相比。

自从1946年布洛赫（Block，1905－1983）和普塞尔（Purcell，1912－1997）分别在理论上论证并获得实验成功后，就出现了30兆周－40兆周的永磁型核磁共振仪，但当时只能测一种氢核。经过半个世纪的努力，现在已发展到几百到千兆周频率，能测定几十种原子核的性能良好的及用途广泛的超型核磁共振谱仪。它从一定的角度上提高了人类对微观化学的认识深度。起到积极作用的现代分析仪器还有相物分析、气体分析、放射化学分析、质谱分析、X射线衍射分析、四圆衍射仪、顺磁共振、穆基堡尔谱、电子能谱及电子显微镜等等均各有特色又互相补充。

更为先进的是，近十几年来发展起来的复合分析仪器。这是在单用仪器的基础上，为了集各种或几种仪器之长，进行联合测定，借以解决一些比较难的问题。这是科技、生产和社会发展到当代水平，对分析化学提出了更高要求的结果。每种分析仪器都不是万能的，目前还没有一种仪器能为化学物质的组分或结构分析，能够提供必要的充分的完整数据。不少科技人员试图解决这个问题，终于想到仪器的联用上来，这样可以迅速得出所需要的比较全面的数据。色谱－质谱联用仪可以同时发挥色谱仪分离效率高和质谱仪鉴别能力强等优点，适用于复杂有机混合物的超微量分析和结构分析。电子探针的出现也是两种性能不同设备组合的结果。它是X射线光谱学与电子光学技术相结合产生的，是X射线光谱分析和电子显微镜这两种仪器结合的产物，从而提高了它的使用价值。

这些复合仪器、综合仪器的出现，成为今后仪器分析发展的重要方向。

第十九章　现代有机化学
——迅猛扩张的化学分支学科

到19世纪末，有机化学的体系基本建立起来了。在有机化学发展初期，是不存在专门的有机化学家的。但19世纪末不但已有了名副其实的有机化学家，甚至还可再分为有机合成化学家、有机理论化学家等。特别是19世纪下半叶发展起来的物理化学和现代物理学在很大程度上促进了有机化学的发展。

现代有机化学不但在深度上得到了长足的发展——主要表现为有机理论更加精确和定量化，有机现象从本质上得到了解释，有机提纯、分离、分析和合成等实验技术有了重大进展，而且在广度上，有机化学更是万紫千红，欣欣向荣，新的分支学科在不断萌芽、产生和发展壮大，甚至衍生出新的独立学科，如高分子化学等。

第一节　理论有机化学——实验科学理论化的典范

一、结构有机化学

19世纪发展起来的有机结构理论主要是化合价理论和立体化学。它们的一个特点是经验归纳性比较强，这就使得它们常常不能从本质深处来解释有机化学现象，也就限制了它们对结构测定、有机合成等实验工作指导的有效性。

随着19世纪末20世纪初电子的发现、原子结构的揭示、量子力学的建立，物质结构理论就大大改观了。一切化学现象从电子的层次、量子的角度得到解释，特别是由于化学键理论的建立，化学亲和力或化合价得到了本质的说明。经典有机结构理论所困惑不解的许多现象也得到了清晰的解释。例如业已发现的互变异构现象、芳香性、诱导效应及在1898年拉普沃斯就曾试图用他的“交替性原因”解释的共轭效应等。英国化学家拉普沃斯（Arthur Lapworth，1872－1941）也是根据化合价的电子理论来研究有机化学的开创者。

此时，结构理论已不再只是限于有机化学了，而是发展成为化学的一个重要分支——结构化学。尽管如此，它仍与有机化学的发展有着千丝万缕的关系。结构是现代有机化学的一个基本特征，有机结构理论构成了有机化学的基础。结构化学中的许多概念和理论或是直接导源于有机化学或主要是适用于有机化学。例如杂化轨道理论就是1931年美国化学家鲍林等人为解决有机化合物中碳的成键问题而提出来的。1931年休克尔提出的分子轨道法就是针对环烯烃的化学稳定性问题提出的。共振论则是20世纪30年代L. 鲍林为解决有机化合物经典结构式的困难提出来的，而它的先行者可追溯到早期对互变异构现象和共轭效应的解释。先进的分子轨道理论——分子轨道对称守恒原理则是在长期积累的有机化学反应实验基础上，由美国有机化学家伍德瓦德（Robert Burus Wood ward，1917－1979）和量子化学家霍夫曼（R. H. Hofmann，1937－　）于1965年提出来的。

在近代有机立体化学发展史部分，我们曾谈到1890年萨赫斯提出了无张力环概念，其实他就已包含了构象的思想。但由于其叙述不太清楚，用来表示构象的图画得又不好，所以没有引起人们的注意。在事隔将近30年后的1918年才由德国化学家莫尔（Ernst Mohr，1873－1926）重新提出了非平面的无张力环学说，并给出了清晰的图形表示。这样构象思想才在有机结构理论中有了地位。

在以后的几年中，根据构象思想，人们从实验中分离出了稳定的构象异构体。如1925年休克尔分离出了十氢化萘（$C_{10}H_{18}$）的顺反两种构象异构体。但当时“构象”概念还未提出。直到1936年人们开始认识到即使在最简单的化合物如乙烷中，单键的旋转也不是完全自由的，才产生了“构象”概念。

1946年，挪威化学家哈塞尔（Odd Hassel，1897－1981）用X射线衍射法研究了十氢化萘的两种构象异构体，从实验上证明了无张力环学说的正确性，并进一步提出了平伏键、直立键等概念，解释了构象异构体的稳定性，发展了构象理论，从而获得1969年诺贝尔化学奖。

1950年英国化学家巴顿（Dereck H. Richard Barton，1918－1998）提出了构象分析，即根据有机化合物的构象来分析它的物理性质和化学性质。构象分析在现代有机化学中占据着十分重要的位置。过去许多难以解释的现象，如化学反应取向和化学反应机理等，现在可以从构象分析中找到答案。构象分析产生的冲击是一枚“炸弹”，在没有构象分析之前，具有复杂结构的手性有机分子的合成是不可能进行的。为此，巴顿也荣获了1969年的诺贝尔化学奖。

立体化学在20世纪获得了较大的发展，无论是在有机结构，还是在有机合成或有机机理等研究领域，都发挥着有效的作用。1975年诺贝尔化学奖获得者，康福思（J. W. Cornforth，1917－1996）和普雷洛格（V. Prelog，1906－1998）就是因为对有关立体化学方面研究作出的贡献而获奖。

结构有机化学的一个重要方面是有机化合物的结构测定和研究，它构成了现代结构有机化学最富于生命力的一部分。它一方面验证了经典有机结构理论，另一方面，它又使有机化学结构理论进一步得到提高。尤其是30年代以来，它取得了重大进展，成为结构有机化学发展的明显标志，正如当年经典结构理论的建立标志着结构有机化学的产生一样。这也可从1901年开始颁发的诺贝尔化学奖的情况得到一些说明。到1998年共颁发了90次诺贝尔化学奖，其中22次就是有关有机化合物的结构测定和研究的。

有机化合物结构测定和研究的重大进展主要得力于测定手段和方法的改进和提高。而电子计算机的配套使用，又使得结构测定向自动化迈进了。

二、物理有机化学

由于有机化学反应具有的反应慢、副反应多、机理复杂、涉及领域广等特点，在有机化学中就形成了一门专门研究有机化学中有机物的结构变化、能量变化、反应速度和反应深度及广度等问题的学科——物理有机化学。它既有物理化学的理论又有有机反应中的规律，可以说它是一门渗透了热力学、动力学、立体化学、结构化学等综合性成果的分支学科。

物理有机化学的发展可追溯到19世纪下半叶。化学动力学发展一开始的研究对象就是有机化合物的反应——蔗糖转化反应。而化学动力学的整个发展过程就一直与有机化学反应联系在一起。近代物理化学的奠基人之一——范霍夫也是大名鼎鼎的有机化学家。而在20世纪三四十年代，物理有机化学已开始自成学科。此后，便进入了蓬勃发展时代。

对有机化学反应机理的研究构成了物理有机化学最重要的一个方面，它直接启发着探索新反应的探究，指导着合成路线和方法的研究以及有关的工业生产实践。例如，没有自由基化学和其他聚合反应机理的研究，就不会出现今日的高分子时代。美国化学家科里（Elias James Corey，1928－ ）1967 年提出的具有严格逻辑性的逆合成分析原理，使得化学家可以研究有机化合物对各类试剂的反应活性，使越来越复杂的研究计划与合成得以进行。为此他荣获 1990 年诺贝尔化学奖。

物理有机化学是现代有机化学中发展最快而又至关重要的部分之一。在 20 世纪 90 年代的文献中，它约占有机化学的三分之一。从科学到生产，从目前到将来，都可看到物理有机化学是一门影响深远的重要学科。例如为了更深入地揭开生命的秘密，实现基因控制，物理有机化学工作者已提出了“微环境效应”、“空间区配效应”、“有机反应的多维效应”等新概念，并取得了可喜的成就。

20 世纪 90 年代有机光化学之所以能发展成为有机化学的一个新的分支，与物理有机化学的发展就直接相关。有机光化学的发展，不但合成了许多前所未有的特殊分子，并且对于许多重要的生理现象有了进一步的了解。美国的卡尔文（M. Calvin，1911－1997）就是对典型的光化学对象——植物的光合作用研究做出了贡献而获得 1961 年诺贝尔奖。

可以看到，物理有机化学与结构有机化学的研究对象、方法和手段等方面都互有重叠。这种互相渗透和影响的关系又是整个现代自然科学发展的一个特点。我们把有机化学的此类分支统称为理论有机化学，它也包括量子有机化学、计算有机化学等理论性较强的分支或学科。其实量子有机化学与结构有机化学又有很大程度上的重叠。分子轨道对称守恒原理就是量子有机、有机结构、反应机理和有机合成等研究相结合的产物。

我国的理论有机化学研究从 20 世纪 60 年代中期开始才有了较大进展。我国化学家提出的分子轨道图形理论，其图像直观，计算简单，系统地解决了简单分子轨道的本征多项式和分子轨道的处理。我国有机化学家提出的简单而普遍的同系线性规律是用于解决同系物分子结构与性能间的定量关系的规律。

第二节　分析与合成有机化学
——走向物质的自由王国

一、分析有机化学

在 19 世纪末，有机元素常量分析就已基本成型。但随着有机化学的发展，常量分析愈来愈不能满足人们对愈来愈少量的有机化合物进行分析的要求，于是就发展起来了有机元素的微量分析。

有机元素微量分析系统主要是由奥地利化学家普列格尔（Frita Pregl，1869－1930）在 1912 年完成的。他首先是设计微量分析天平，然后是精制各种试剂，制造各种小型仪器，使分析样品的取量达到“微量”要求。

有机元素微量分析方法的建立，促进了有机化学的发展。一些有机化学的重大进展非元素微量分析不行。例如 20 世纪 30 年代曾轰动一时的雄性激素的分离及结构测定，就是从 1.5 万升的尿内取得 15 毫克的激素进行分析。另一方面，这又使得许多有机化学的反应也可在半微量和微量水平上进行。正因为有机元素微量分析方法的巨大作用，使得普列格尔荣获 1923 年的诺贝尔化学奖。

有机分析的继续发展则是形成了元素的超微量分析法，即分析试样由微量分析的毫克数量级达到超微量分析的微克数量级。

元素分析除传统的碳、氢、氧、氮、磷、硫等非金属元素外，还扩充到了金属元素，特别是过渡金属元素。

有机分析发展的另一个方面，就是分析手段的不断改进和提高，这也是与整个分析化学发展水平相一致的。首先是分离提纯技术得到了发展，使分析样品达到相当高的纯度。而仪器分析的产生和发展，才使得微量分析成为可能。这样，有机分析就由传统的经典分析进入快速、自动化而精确的现代分析时代。

二、合成有机化学

在 19 世纪下半叶，有机合成已蓬勃发展起来了，这与同期发展起来的经典有机结构理论的指导作用不无关系。但限于经典有机结构理论的浅显和非定量化，有机合成在很大程度上还带有盲目性。但现代结构有机化学的发展，尤其是物理有机化学的进步，使得合成有机化学又向新的高度迈进了，并表现出持久发展的势头。结构、反应和合成构成了现代有机化学的三个基本组成部分，三者的互相影响和制约协调着有机化学的发展。

20 世纪有机合成发展的一个特点就是原料来源多样化。乙炔化学继续得到发展，但有机合成原料主要来源从煤转移到了石油及天然气，形成了大范围的石油化学基础研究领域和重要的石油化学工业，石油成为整个工业的血液。

有机合成发展的第二个特点，就是有机合成范围在不断扩大。这包括两个方面。一方面，就是不断合成出新种类的有机化合物。例如轮烯类化合物就是 20 世纪 60 年代首先由松德海穆（F. Sondheimer）用一个简便方法得到的。因此，有机化合物数目增长很快，如表 19－2－1 所示。

表 19－2－1　有机化合物数目增长表

年	1880	1910	1940	1961	1978	1999
数目（万）	12	15	50	175	500	2340

而无机化合物总数在 1961 年才达到 50 万种。从诺贝尔化学奖来看，到 1984 年就有 13 次是因为合成了新的有价值的有机化合物而获奖的。

另一方面，有机合成不断从小的、简单的、低级有机分子向大的、复杂的、高级有机分子发展，特别是合成了许多材料高分子、生物大分子和其他功能大分子化合物。这也是现代合成有机化学的一个发展方向和前沿领域。其中合理设计药物是化学家利用有机合成日益增长的手段努力实现的主要目标之一。如 1989 年 HIV 蛋白酶结构的发现，使得化学家成功地合成系列蛋白酶抑制剂，它作为治疗艾滋病的药物，可以阻断人体免疫功能缺陷病毒（HIV）的复制。20 世纪 90 年代初，随着组合化学时代的到来，代替以往逐个挨次地合成，系统地制备出上千个潜在的治疗剂。

第三个特点就是合成的方法、途径和技术有了较大的发展，这也是最基本的一个方面。

虽然一个合成工作是受多种因素控制的，不可能制定出一个公式化的途径，但人们却从千百次的经验中总结出许多方法和规则，反映了合成方法的技巧。到 19 世纪末，化学家们就已得到一些经典的合成方法，如武尔兹反应、康尼查罗反应、库切洛夫反应等。20 世纪以来人们又总结出一些方法，如格林尼亚－查依采夫反应、普林斯反应、伍德瓦德反应、调聚反应、威蒂格碳—碳键反应等。到今天，化学家们已使用了数以千计的合成方法，他们有力地推动了有机化学的发展。

合成方法进步的结果就是原有的方法不断得到改进和提高，新的方法不断涌现。我国化学家黄鸣龙（1898－1979）就是在乌尔夫－凯惜纳还原法基础上，于1946 年将其改进提高，得到了相比原来的具有范围广、成本低、副反应少、选择性强等优点的黄鸣龙还原法。

催化剂的广泛使用是现代合成有机化学的一个特征。由此出现了一些一反传统的合成方法和技巧，使得用传统的方法难以实现或不能发生的反应得以顺利进行，并且条件简化，成本降低。如早期就已有报道，1965 年波兰化学家马考萨（M. Maksoza）进行了长篇论述，而从 1969 年开始被普遍重视并很快发展起来的相转移催化合成法。金属有机物催化剂对有机合成的发展也做出了很大贡献。

最富于成果性的，是对一些特殊的有机化合物的研究，尤其是对那些具有各种生理效能，结构奇妙而复杂的有机分子的研究，就会导致新的合成领域的诞生。

现代合成有机化学的发展直接得力于结构有机化学和物理有机化学。无论是合成天然的有机物还是要合成出新的化合物，首先就得明确其结构。物理有机化学的发展则有助于具体合成途径的制定。近年来的有机合成反应具有愈来愈高度的选择性和专一性等要求，如立体专一选择性、区位选择性、不对称合成、模板效应、模板聚合等，这也是与理论有机化学发展水平相适应的。

有机合成发展到今天几乎已达到这样的境界，那就是只要需要，大多数就可以生产出来。特别是近些年来电子计算机的运用和计算化学的发展，有机合成正朝着分子设计、材料设计道路上迈进。实际上，我们可以把有机合成看成是研究有机化学的最终目的。只有当人类能随心所欲地制造出自己所需要的各种化合物时，我们才算达到了物质上的真正自由王国。但我们目前的水平与这个“自由王国”还有一定的距离。目前某些天然高分子的合成仍需要运用经典的保护基团的方法，这是一个极为烦琐的工作。从有机合成的角度来看，使用这种方法来合成一个巨大分子是有限度的。所以，今后仍需在实践和理论两方面努力，使得有机合成在方法、途径和技巧上有所突破。

第三节　天然有机化学——生命物质的探索

人们对与生命过程密切相关的天然有机化合物的认识由来已久，甚至可追溯到古代。但对这类物质的有意识专门研究，如同有机化学本身一样，也是近代的事情。而只是从 19 世纪下半叶后期才开始对它们开展了全面、深入的研究，发展到 20 世纪，则取得了许多重大的突破。这样，就逐渐形成了专门研究这类有机化合物的领域——天然有机化学。

与生命过程相关的有机物，称得上从小到大、从简到繁，包罗万象，数不胜数。这里只就对生命过程比较重要，而人们对其研究又比较多的一些化合物的认识过程做些简略回顾。

一、碳水化合物化学

碳水化合物是自然界分布最广的一类有机化合物。它包括单糖、低聚糖、多糖等。由于它们直接与日常生活相关，所以古人对它们就有所认识，例如淀粉、纤维素、蔗糖等。

19世纪人们在日常生活经验的基础上，对这些常见碳水化合物的分离提纯技术有了提高，并对其组成进行了分析。化学家发现，像淀粉、蔗糖这类物质中的氢和氧的比例与水相同，因此，施密特（K. Щмидт，1822－1894）在1844年把这些化合物称为“碳水化合物”。这个名词一直沿用至今，但它已超出了原来使用的范围。

首次实现糖的人工合成的是布特列洛夫，他于1861年由甲醛合成了聚甲醛糖，这实际是一种己糖的混合物。

首次对糖类化合物进行系统研究的是德国有机化学家费歇尔（Emil Fischer，1852－1919）。他是一个出色的合成有机化学家。他的研究工作始于1875年对苯肼的发现，并且苯肼在他手中成为一个通用的羰基试剂，而在这以后苯肼被他广泛用于研究糖的结构与合成的试剂，从而创立了用苯肼鉴定糖的方法。

1886年，德国化学家吉连尼（Heinrich Kiliani，1855－1945）通过葡萄糖与氢氰酸加成、水解，然后再用氢碘酸还原而得到正庚酸，推断葡萄糖是一个直链的五羟基醛。同年吉连尼又推断果糖是直链的五羟基酮。

1887年，E. 费歇尔和德国同事塔费尔（Julie Tafel，1862－1918）从丙烯醛和乙醛合成了果糖。费歇尔还从己糖出发合成了庚糖、辛糖和壬糖等，为糖类的合成开辟了一个宽阔的领域。其后，E. 费歇尔又制得有旋光性的葡萄糖和甘露糖，并证明甘露糖也是一个直链的己醛糖。

1891年，E. 费歇尔测定了己醛糖的16个旋光异构体中的12个的构型，并完成了合成工作。当时采用的是相对构型标记法，而直到20世纪50年代以后才有了测定绝对构型的方法。

为表彰E. 费歇尔对糖类化合物研究的卓越成就以及对嘌呤衍生物的广泛研究，第二次诺贝尔化学奖就授予了他。

到19世纪末，虽然大部分单糖的构型都确定了，但它们的结构却未完全确定，自然以单糖为结构单元的低聚糖和多聚糖就更谈不上了。

1925年－1930年，英国化学家哈沃斯（Norman Haworth，1883－1950）根据人们已认识到的1,4或1,5－羟基醛、酮主要以半缩醛的形式存在，对糖类化合物进行了大量实验，提出了葡萄糖、甘露糖等单糖的环状结构。根据低聚糖可水解为单糖，人们进而确定了蔗糖、麦芽糖等的结构。

1933年，哈沃斯合成了维生素C。维生素C是己糖的衍生物。它的结构测定和合成是糖化学中的一项重要成就，为此，哈沃斯获得1937年诺贝尔化学奖。

这样，经E. 费歇尔和哈沃斯等人的工作，碳水化合物化学的基础已基本奠定下来了。至于多糖，由于它们水解后也生成单糖，所以这个时期也提出了它的初步结构，尤其是对纤维素和淀粉研究最多。而随着X衍射技术和电子显微镜的产生和运用，多糖结构也就被确定了。

碳水化合物的继续发展，是与对生命体的关心紧密联系在一起的。例如对机体疾病的化学方面的研究，促进了大分子聚糖类化学的建立；由于免疫和遗传物质的化学研究，使得对植物纤维原料和淀粉资源进行了广泛的探索。我国化学工作者结合抗菌素的工作，曾进行了系列的碳水化合物，如氨基糖、脱羟糖、支链糖的研究。我国化学工作者还合成了甲壳贰糖、5-脱羟-1-来苏呋喃等碳水化合物，并对它们的化学反应、生理性能等进行了研究。

二、生物碱化合物化学

生物碱一般是指存在于植物中的碱性含氮化合物。在一般植物体内含碱量很高，提取较为简便，因此许多重要的生物碱在有机化学发展的初期即被取得。

1805年，德国化学家塞尔杜纳（F. W. Sertürner，1783-1841）从鸦片中离析出吗啡，并在1816年证明它是碱。这是第一个被提纯得到的生物碱，也是首次证明存在含氮的有机碱。然而直到1925年才由英国化学家洛宾逊（Robert Robinson，1886-1975）提出了它的正确结构式，1952年盖兹（Marshall Gates，1915-2003）实现了它的全合成。到此，吗啡的结构才算被完全确定和证实。有机合成在很长时期内的一个功用，就是证明有机化合物的结构。过去几乎每位化学家在测定一个结构以后，最后总是还要通过合成的方法来加以证实，不达到这一目的，似乎这个工作还不完整。当然，近20多年来物理测定方法的进步，使得用合成方法证实结构不是完全必要的了。

吗啡从发现到它的结构最后被确定，花费了将近150年，这足以说明其结构的异常复杂程度了。这也是整个生物碱的一个特征。

到1820年以前，法国人波列悌埃（P. J. Pelletier，1782-1842）和卡芳杜（J. B. Caventou，1795-1877）已把马钱子碱、番木鳖碱、金鸡纳碱和辛可宁等离析出来。

第一个用人工合成法制得的生物碱是毒芹碱，它是由德国化学家拉登堡（Albert Ladenburg，1842-1911）于1866年完成的。他还研究了颠茄碱，提出了它的结构式，但被德国的梅林（G. Merling）在1891年否定。而后者提出的结构式又被德国化学家威尔施泰德（Richard Willstater，1872-1942）证明有误。后来威尔施泰德终于得到了颠茄碱的正确结构，并以18步的合成证实了其结构的正确性。他还在1923年合成了古柯碱。

1946年洛宾逊等人将番木鳖碱结构进行了完全测定，伍德瓦德等人于1954年完成了它的全合成而证实了该结构，1957年经X衍射法进一步使它得到确证。

洛宾逊是20世纪的一位杰出的有机化学家。他涉猎的领域很多。虽然他使用的几乎全是经典的化学方法，但却做出了巨大的成就。他所在时代的有机化学主流就是从结构上来阐明天然产物并以合成工作来验证这种结构的正确性。他对有机合成上的主要兴趣是发展新的合成方法而不是沉湎于多步合成的艰辛劳动。例如他所应用的“类似物合成法”就部分地替代了经典的降解方法。正因为他对生物碱化学和整个有机化学的卓越贡献而获得了1947年的诺贝尔化学奖。

从1820年得到金鸡纳碱，过了88年后的1908年才由拉贝（P. Rabe）用降解法测定了其结构，1944年伍德瓦德等人正式合成了它。

伍德瓦德是20世纪有机化学的又一巨匠。他尤其善长于有机合成，他的合成实验技巧达到了炉火纯青的境地。与洛宾逊不同，他长期从事的就是那种细致、烦琐而艰辛的几十步甚至几百步的有机合成工作，特别是合成了大量的结构复杂的天然有机化合物。正因为天然有机物的重要性，所以他的几乎每一项合成工作的完成，都在天然有机化学和合成有机化学史上产生了重大影响。为此，他荣获了1965年的诺贝尔化学奖。

在20世纪50年代以前，我国老一辈有机化学家大都从事过中草药有效成分的分离工作。1948 年我国学者从中草药常山内取得几种生物碱，其中常山碱结构测定和合成工作已于 1952 年完成。50 年代以后，这方面工作有了较大进展。例如含量极微的天然产物，抗癌有效的长春新碱，不但分离而且投入生产。

20 世纪生物碱化学受到重视并得到了迅速发展，是与它们特殊而有效的药理作用分不开的。生物碱的提纯、结构测定和合成等工作又为有机化学发展了许多新的技术和方法。例如洛宾逊和伍德瓦德等人提出的描述生物碱在生物体内合成的方式——生源合成理论，在阐明天然有机化合物的结构中，起了极重要的作用，导致了一个新的研究领域的开展，在合成和生产上都有着重要的价值。

三、萜类化合物化学

萜类化合物一般都是以异戊二烯的碳胳为单位，头尾相连而成的。这首先是由德国化学家瓦拉赫（Otto Wallach，1847－1931）认识到的。

在古时人们就得到一些萜类化合物，它们主要是从一些植物内取得的有香味的物质，如香精油。

进入 19 世纪，化学家开始有意识地研究萜类化合物。如对樟脑、冰片和龙脑等化合物进行了研究。但由于当时分离提纯和分析技术还比较粗糙、简单，所以对萜类化合物的研究进展缓慢。只是到了 19 世纪末才有了较大的发展。例如不仅分离提纯和分析了松节油、各种香精油、樟脑等萜类化合物，而且它们中的一些还被合成出来。

首先对萜类化合物进行了系统研究的是瓦拉赫。他发现亚硝基氯等试剂可以和萜类化合物发生加成反应而生产固体产物，这样就便于通过结晶的方法进行提纯和分离，然后再把这些固体物质转化为萜类化合物进行研究。这很相似于开创糖类化学研究新纪元的费歇尔。瓦拉赫在此工作的基础上，研究了许多萜类化合物，并进行了合成工作。1909 年他写成了《萜和樟脑》一书，总结了他几十年来的萜类化学的研究工作。他对萜类化学所做的巨大贡献使他荣获了 1910 年的第十次的诺贝尔化学奖。

20 世纪结构测定技术的进步使得很多新型的结构复杂的萜类化合物被发现。萜类合成化学也得到了较大的发展。一方面，成本低廉的新的合成方法使萜类化合物工业，如香料工业不断壮大。另一方面，又不断合成出许多以前所不能合成的化合物，特别是有价值的药用萜类化合物。例如维生素 A，是由瑞士的卡雷（P. Karrer，1889－1971）完成合成工作的，并且还确定了它的结构，因此他获得了 1937 年的诺贝尔奖。1938 年的获奖者库恩则是对类胡萝卜素萜类化合物的研究做出了贡献。

四、甾族化合物化学

相比生物碱和萜类化合物，对甾族化合物的研究就比较晚了。最早发现的甾族化合物是胆固醇和胆酸。

20 世纪 20 年代，德国化学家威兰德和文道斯（A. Windaus，1876－1959）等人开始对胆酸和胆固醇等化合物的结构进行研究，从而他们先后获得 1927 年和 1928 年的诺贝尔奖。由于当时仪器分析还不发达，他们采用的是经典的化学降解法，工作是非常困难的，走过了许多曲折的道路，遇到了一些前所未有的问题。直到 1932 年人们才最后确定了这两个化合物的结构。但到此，人们也取得了甾族化合物的基础知识。

就整个有机化学来说，恐怕很少有其他的化合物能像胆固醇和胆酸那样，由于对它们的研究，开辟了许多新的研究领域，带动了基本理论的探讨，影响到了人类日常生活。

从20世纪20年代末到30年代，广泛掀起了对性激素这类甾族化合物研究的高潮。1929年德国人布特南特（A. F. J. Butenandt，1903－1995）析离出了第一个性激素化合物——雌甾酚酮。他还确定了雄性激素的结构，合成了一些性激素化合物。为此他获得了1939年的诺贝尔奖。同年获奖的瑞士化学家卢齐卡（L. Ruzicka，1887－1976）也是合成了雄性激素。

此后，人们又从人尿和其他动物尿液中分离出了雄酮激素、睾丸酮激素等多种性激素，并陆续测定了它们的结构和完成了一些合成。在30年代的几年中，从肾上腺提取物中离析出了几十种肾上腺皮质激素。

我国的甾族化学基本上是60年代发展起来的。主要工作是合成了不少有药理作用的甾族化合物，并推广于生产。也进行了植物性甾族资源的调查，如在薯芋科植物中找到薯芋皂苷元，1959年通过七步用署芋皂苷元合成了可的松。1963年我国与英国各自报道合成了甲地孕酮，以后又合成了大量的避孕药物，如近年来合成了18－甲基炔诺酮。在甾族化学反应和利用微生物作用转化甾族化合物方面也有研究。

具有如此重要生理作用的甾族化合物在以后几十年中一直受到人们的重视。一些原来主要是来源于动植物体的甾族化合物（如动物体内含量极微的激素）已逐步转到通过人工合成得到，并不断合成出一些重要的新的甾族化合物。

还有一类很重要的天然有机物，就是蛋白质和核酸化合物，它们是生命体最重要的组成部分。本书把对它们的认识历程放在生物化学的发展一章。

第四节　元素有机化学
——突破传统有机物的界限

元素有机化学是指除氢、氧、氮、卤素等常见元素之外的其他元素与碳直接结合成键的有机化合物的化学。因为元素有机化合物在自然界分布很少，在整个有机物中所占比例甚小，所以在有机化学发展初期对它们研究就较少。但随着有机化学的发展，元素有机物被逐渐挖掘出来，并且发现许多元素有机化合物具有一些特殊的性能，引起了人们的广泛注意。现在知道，周期表中大多数元素都可与碳成键形成化合物。我们在这里只能有重点地考察一下它们的发展状况。

一、非金属有机化学

硅元素比其他元素的性质更接近碳。1857年维勒就发现了硅烷和硅氯仿，并进行了研究。1863年他认识到硅与碳化合物的相似性。拉登堡在1867年－1872年研究了硅的脂肪族化合物，1873－1874年研究了硅的芳香族化合物。进入20世纪则对有机硅化合物进行了深入的研究。一些有机硅化合物在研究上和工业上都是很有用的。某些有机硅化物则是重要的合成试剂，它们使得天然有机化学和元素有机化学的关系更为密切。我国从20世纪50年代起以硅氧硅链为主链的有机硅化合物及其聚合物方面从事了较系统深入地研究。

与碳紧邻的另一个元素硼，也是在20世纪，特别是近几十年，科学家们卓有成效地研究了它的有机化合物。早期有机硼化合物主要集中于高能燃料方面的研究。继而转向了硼氢化反应，碳硼烷合成，硼酸酯化学等领域。1976年诺贝尔奖获得者利普斯科姆（W. N. Lipscomb，1919－　）就是对硼烷和碳硼烷的研究做出了贡献。

自从20世纪30年代发现一氯二氟甲烷是一种优良的制冷剂以来，有机氟化学得到了迅猛发展。如在塑料、弹性体、离子交换膜、润滑油脂、表面活性剂、药物、灭火剂等各个领域，有机氟化合物都已占有相当重要的地位。

有机硫和磷化合物之所以得到深入研究，主要是因为一方面它们是维持生命所不可缺少的物质；另一方面，一些硫和磷的化合物又会对生命过程产生不利影响甚至危及生命。19世纪对有机硫和磷化合物已有了零星的研究，进入20世纪则迅速发展起来。

1929年发现的青霉素，1936年完成结构测定和合成的维生素 B_1 及磺胺药等就都是含硫有机化合物。霍奇金（D. C. Hodgkin，1910－1994）获得1964年诺贝尔化学奖的成就之一就是对青霉素的研究。她也是获得诺贝尔化学奖的第三位女性。有机硫化物在有机合成中也有突出的用途。虽然在1867年就制得二甲亚砜，但直到1958年才发现它是极好的溶剂。20世纪60年代初发现它可使双分子亲核取代反应速度加快，1964年发现它同时是一个极好的试剂。

生物体内的重要能源就是通过磷酸脂类化合物得到的，而直接可利用的能量是由三磷酸腺苷供给的。磷酸脂类化合物同时也是核酸分子主链的成分。这些都构成了20世纪研究有机磷化合物的重要内容。在三四十年代，为寻找有效的有机磷杀虫剂，合成了达几万种的有机磷化合物。同期也合成了一些有机硫化合物的杀菌剂。

二、金属有机化学

第一个金属有机化合物卡可胂早在1842年就被合成了。在1849年－1864年，弗兰克兰合成了许多金属有机化合物，如有机锌、锑等化合物，并进行了研究，如用来制备烷烃等。正是在此基础上，他提出了著名的“化合价理论”。1855年发现的武尔兹反应，其中间体是烷基钠化合物。

20世纪初发现的一个很重要的试剂——格林尼亚试剂，就是有机镁化合物。由于该试剂在有机合成中所发挥的巨大作用，而使其发现者，法国化学家格林尼亚（V. Grignard，1871－1935）获得1912年的诺贝尔奖。

20世纪三四十年代，四乙基铅作为抗爆添加剂被广泛地使用于内燃机燃料中。同时锑、铋等金属有机化合物作为杀寄生虫的化学药品被使用，有机锡化合物则用作农业上的杀菌剂。

从第一个金属有机化合物被制得的100多年间，主要是主族元素的金属有机化学得到了较快的发展，包括有机锂化学、有机铝化学等。这些金属元素与碳之间是以 σ 键结合起来的，一般比较容易制得而且稳定。金属有机化学就是以它们为先导而发展起来的。长期以来人们也试图通过 σ 键把过渡金属元素与碳结合起来以生成新的金属有机化合物，但大都失败了。然而，从50年代开始扭转了这个局面。

1951年，费歇尔（E. O. Fischer，1918－　）和威尔金逊（G. Wilkinson，1921－　）等不同国籍的化学家各自独立地发现了一个重要的化合物——二茂铁，这是首次被分离出来的稳定的过渡金属有机物。金属原子与碳之间不是以普通的 σ 键而主要是以特殊的配键形式结合在一起。过渡金属有机化合物在现代化学中有着重要的地位。二茂铁的发现，是迈向过渡金属有机化合物王国关键的一步，它开辟了有机化学的一个新的研究领域，改变了金属有机化学的面貌，加之分子轨道理论和配位场理论的迅速发展，现代物理仪器和分析技术的日益精确化，使得金属有机化学从60年代起成为现代化学中的一个独立分支。E. O. 费歇尔和威尔金逊因发现和研究二茂铁及合成其他金属的二茂化合物而同时获得1973年的诺贝尔奖。从20世纪60年代以来，已有7位从事金属有机化学的科学家获得诺贝尔奖。

许多天然过渡金属有机化合物，例如含有铁元素的血红素、含有钴元素的维生素B_{12}等，大都有重要的生理功能。B_{12}是1948年首次从肝中离析出来，也是第一个发现的含有钴的天然产物。霍奇金在1955年确定了维生素B_{12}的结构，但经过了十几年才于1972年完成了它的合成。人工合成的过渡金属有机化合物有：羰基络合物、烯烃络合物、三烃基膦络合物，直到近些年合成的冠醚络合物等，其种类繁多，稳定性不同，成为金属有机化学很有发展前途的方向。

金属有机化学之所以发展这么快，就是因为它们有广泛的用途。不稳定的过渡金属有机化合物具有特殊的催化性能，既不同于传统的催化剂，也不同于轻金属有机化合物。它们特殊的催化机制——均相催化，在有机合成上大显身手，涉足于许多新的反应领域，尤其是缩合反应。它们的高选择性则是一种难得的性能。著名的齐格勒－纳塔催化剂是由德国的齐格勒（K. Ziegler，1898－1973）和意大利的纳塔（G. Natta，1903－1979）在1955年发明的。它在石油化学工业中发挥着重要的作用，使得到20世纪70年代初聚乙烯成为高分子工业中最大的产品。他们两人因用该试剂首次合成了立体定向高分子而获得1963年的诺贝尔化学奖。

据统计，20世纪80年代以来约有50%以上的有机合成新方法是用金属有机试剂或催化剂来完成的。小分子催化研究是金属有机化学的一项前沿性工作。而20世纪70年代以来人们很注意过渡金属有机化合物在固氮方面的研究，即利用过渡金属有机化合物的性能来模拟自然界固氮过程，并已取得一定的进展。我国学者提出了不少于四核的原子簇双立方烷孪合体结构的综合模型等设想。

金属有机化学是一门处于无机化学和有机化学之间的边缘学科，但同时受到物理化学、量子化学、结构化学、高分子化学等学科的影响。另外一方面，金属有机化学的发展不仅大大促进和深化了人们对化学结构和化学键理论的认识，它也和开辟新能源、开发新型化学反应、研究新的合成方法、探索生命现象的本质、合成新材料、试制抗癌药物和环境保护等一系列当前世界上最重要的研究课题有十分密切的关系。

有机化学，从19世纪末以来，其发展速度是空前的，规模是前所未有的。以诺贝尔化学奖为例，到1984年的76次中就有将近一半是直接与有机化学相关的。我们谈到了结构有机化学、物理有机化学、量子有机化学、光有机化学、合成有机化学、分析有机化学、天然有机化学、元素有机化学等有机化学分支。而直接与有机化学相关或是以有机化学为基础的学科还有：分子生物学、生物化学、高分子化学、石油化学、医药化学、水产化学、农业化学、卫生和营养化学等。有机化学愈来愈多地与生命课题联系在一起是现代有机化学发展的一个明显趋向。除此之外，许多经典有机化学内容也自成体系，如脂肪族化合物化学、脂环化合物化学、芳香化合物化学、稠环芳族化合物化学、杂原子环化合物化学等。总之，有机化学已发展成为一个纵横交错、前后相连、四通八达的庞大的立体网络体系，充分体现了高度综合又高度分化的特点，并趋于定量化、精确化、数学化和理论化，新反应、新物质、新观点和新分支将层出不穷，呈现出欣欣向荣、前程似锦的发展景象。

第二十章　高分子化学——20世纪的新科学

高分子化学与国计民生有着极为密切的关系，如天然高分子有棉花、毛丝等，现代社会又有塑料、橡胶、人造纤维等合成高分子。这些都是高分子化学研究的范围。高分子化学是在20世纪中才建立起来的，但是，人类简单直观地认识有机高分子物质却可以上溯数千年。

第一节　天然高分子物质的认识

在古代，随着人类物质文明建设的发展，人们就开始了对天然高分子的认识和利用。因为天然高分子与人类的物质生活是紧密联系在一起的。例如，作为食物的蛋白质、淀粉，作为织物的棉、毛、丝等都是天然高分子物质。人类生活是离不开这些物质的。再如，我国古代四大发明之一的造纸，实际就是利用麻布、植物纤维这些天然高分子进行物理化学加工，从这一点讲，中国对天然高分子进行物理化学加工要比西方早得多。

天然的树脂与油漆的利用，中国也比西方早，中国古代的漆器在世界文明中占有十分重要的地位。中国古建筑、壁画、墓葬中的油漆工艺水平是非常高的。我国较早使用的桐油和大漆，后来传到许多西方国家。

人类对天然高分子的认识和利用，主要体现在天然橡胶和天然纤维两个领域。

早在11世纪，就有了关于天然橡胶的记载。据记载，那时在中美洲洪都拉斯附近曾发掘出橡胶球。哥伦布第二次远航，曾到过拉丁美洲的海地，亲眼看到当地人用天然橡胶做的球做游戏。1530年恩希拉（P. M. d'Anghiera）著有《关于新世界》一书，其中提到，在巴西、秘鲁、圭亚那等美洲国家会用天然橡胶制作生活用品，如雨布、雨鞋、容器等等。橡胶一词的原文的意思是“木头的眼泪”（Caoutchouc），美洲野生的橡胶树，割开树皮之后，就会流出乳液，这种乳液就是橡胶。天然橡胶以美洲的为佳。亚洲的喜马拉雅山南麓的河谷中，非洲中部的森林中，也有野生橡胶树，但与美洲的科属不同，质量比较差。1876年，英国的魏克亨（H. A. Wickham）在美洲巴西采集了许多天然橡胶的树种，在英国植物园中栽培，后来，又移栽到锡兰、马来西亚、印度尼西亚、越南、泰国等地。这样一来，野生橡胶树就逐步地变为人工栽培橡胶，其质量、产量也逐步提高了。到1899年，锡兰就开始出口天然橡胶，1910年以后，亚太地区出口天然橡胶的数量达到了美洲地区的1/10。到20世纪70年代，亚太地区出口的橡胶量占世界出口总量的90%，约270万吨。

天然橡胶如何加工成具有人们需要的性能，这一直是科学研究的重要课题。1763年，马凯尔（P. J. Macquer）和黑立桑（L. A. P. Herissant）等人，发现用乙醚等有机溶剂可以溶解橡胶。后来，又发现，橡胶硫化以后可以改变性能，从而能制成人们需要的产品。1832年，德国专家吕德斯杜夫（F. Lüdersdorff）把橡胶与松节油及3%的硫磺共煮，取得粘性小的橡胶产品。后来又发现在橡胶中加入松节油、硫磺、白铅等经高温加热，可以得到不粘而又有弹性的制品。这一工艺经过一系列的改进之后，广泛地用于对天然橡胶的加工方面。

人类对天然纤维很早就广泛利用了，这比对天然橡胶要早得多，古人把天然纤维经纺织以后，解决穿衣问题。中国马王堆出土的汉墓中，丝织品还具备 36 种色相，各种织物纹理整齐，水平很高。在印度、埃及、古罗马、古希腊等古老国家中，都出土过极为古老的织物，这些都是古人利用天然高分子纤维的有力证明。

随着历史的进步，人类为了满足对天然纤维多功能的需要，又进一步对天然纤维进行加工，如漂白、染色、抽丝等，经过简单加工和化学处理的天然纤维可以更适合人们的需要。

总之，在 19 世纪 30 年代以前，人类对天然高分子有了初步的认识，并能对它们进行一些化学处理。但是，这还算不上高分子化学，这还仅仅是为高分子化学的产生和发展准备了条件。

随着实践和认识的发展，人们学会了对天然高分子进行深加工，从而制成人们迫切需要的物质。1832 年，勃莱孔诺（H. Braconnot）用浓硝酸处理天然纤维。1845 年申拜恩（C. F. Schönbein，1798－1868）又对勃莱孔诺的方法进行了改进，用硝酸与硫酸混合起来处理天然纤维，从而制成了硝化纤维，这就是火药棉炸药。1872 年，海得进一步加工硝化纤维，从而制成了“赛璐路”塑料，这种塑料可以制梳子、照相底片等。1884 年，英国又制成了脱硝硝化纤维，减小了这种物质爆炸的危险性。1885 年，法国把用棉花制成的硝化纤维用硫氢化铵脱硝，从而制成了适用的人造丝。1892 年，把棉纤维进行化学处理制成了粘胶纤维，这种纤维性能更优越。1894 年以后，英、美、瑞士等国又用醋酸酐等物质处理天然纤维制成了醋酸纤维，这种纤维制品可以用来制作照相底片、电影胶片等。这些对天然高分子物质进行深加工的研究，逐步促成了人工合成高分子的实现。

第二节　高分子化学的建立

19 世纪中叶以后，在对天然高分子认识和利用的基础上，逐步发展起来人工合成高分子化合物。但是这些工作大部分还都停留在经验阶段，对于高分子的微观结构和性质的关系尚缺乏理论上的解释。

高分子化学是随着人们对各种有机高分子结构与性质的逐步深入研究而发展起来的。

1860 年威廉斯（G. Williams）首先确定了橡胶的组成单元为 C_5H_8，32 年以后，蒂尔登（W. A. Tilden）认为橡胶的基本单元是异戊二烯。

1906 年，E. 费歇尔认为，蛋白质是分子量在 1000 以上的多肽结构。1913 年，威尔施泰特等人确定了纤维素和淀粉的组成单元为 $C_6H_{10}O_5$，并认为二者有 $(C_6H_{10}O_5)_n$ 的通式。

由于对橡胶、蛋白质、纤维素、淀粉的深入研究，发现它们的分子量都非常大。所以，后来就逐步提出了“大分子”或“高分子”概念。例如，1914 年，客斯拜里（W. A. Caspari）用渗透压法利用橡胶的稀溶液测定了橡胶的分子量，测量的结果是，橡胶的分子量为 10 万，这个数字使他大吃一惊，甚至不敢相信自己的实验结果。后来，随着各种高分子物质分子量的精细测定，所有的结果都证明，它们的分子量都大得惊人，这样一来，高分子的概念就逐步确定下来了。

高分子概念确定以后，自然又提出一个问题，即各种高分子化合物都由单元组成，而它们的分子量又都特别大，那么，它们的各种小单元是怎样结合成大分子的呢？这个问题，随着聚合概念的提出和聚合理论的建立而得到了解决。

早在1857年，凯库勒就把环氧乙烷低聚物的结构定为$H\text{-}(O—CH_2CH_2)_n\text{-}OH$，把苯甲酸的低缩合物结构定为$H\text{-}(O—C_6H_4—CO)_n\text{-}OH$，但是，凯库勒当年所指的$n$值不大，并认为这些链都是直链。一直到1920年，毕克斯才撰写出著名论文《关于聚合反应》，文中认为，高分子化合物的长链，是由共价键聚合而成的。他以甲醛聚合为多聚甲醛说明了这种聚合反应的情况：

$$nH_2C=O \rightarrow \cdots \overset{H_2}{C} \cdot O \cdot \overset{H_2}{C} \cdot O \cdot \overset{H_2}{C} \cdot O \cdot \overset{H_2}{C} \cdot O \cdot \cdots$$

毕克斯在1924年，十分明确地提出，橡胶分子是一种高分子，这种高分子，是小分子聚合而成的。同时，他还实现了天然橡胶的加氢反应。1928年马克等人，又提出了网状高分子概念。1930年，施陶丁格（H. Staudinger，1881－1965）提出了高分子稀溶液的粘度和它们分子量之间的定量关系。这样，高分子化合物分子量的测定方法也就逐步形成了。例如，1940年，斯维德贝格（T. Svedberg）又发明了测定高分子分子量的超离心法。

1939年，美国化学家弗洛里（P. J. Flory，1910－1985）提出了一系列的有机高分子化合物的缩聚反应，同时还研究了缩聚反应中官能团的作用和其他动力学问题。1942年，赫琴斯（M. L. Huggins）等人，提出了高分子溶液混合熵的“体积－分数”公式。此后，在有机高分子化学中，反应热力学、反应动力学、反应类型、反应过程的研究就逐步深化和形成了，从而使一门独立的化学分支——有机高分子化学，逐步形成和发展起来。例如，逐步研究成功了聚氯乙烯、聚苯乙烯、聚甲基丙烯酸甲酯（有机玻璃）、聚四氟乙烯、高压聚乙烯等等。

20世纪70年代以后，高分子化学又有了进一步的发展。如，对高分子化学反应的催化研究得到了很大的发展，化学家们研究出新的高效催化剂（第二代催化剂）以及新型的酶催化过程，同时还研制出许多新型高分子材料。

在理论研究上，对有机高分子的无序状态也进行了深入研究。例如，美国科学家费根巴姆（Feigenbaum）以及其他化学家都深入研究了无序问题，并取得了积极的成果。

第三节　高分子化合物的合成

高分子化合物的人工合成工作，大体上经历了兴起、发展和现代化等三个阶段，通过这三个阶段，这一化学分支达到了今天的水平，并广泛地进入了人类生活的各个领域。

一、高分子化合物合成的兴起

人类一开始合成高分子化合物时，还处于试探性阶段，方法简单，产量也比较少。高分子化合物人工合成，兴起于20世纪初。

1907年，美国化学家贝克兰（L. Beakeland）研究了苯酚与甲醛的反应，合成了酚醛树脂，这种树脂坚硬，绝缘性好，所以一般用做绝缘材料，因此又被称为电木。一开始，这种树脂产量很少，月产只有100多千克。第一次世界大战结束以后，英、美、法、意大利、加拿大、日本等国家纷纷建厂生产，到1939年，世界酚醛树脂的年产量已达到20多万吨。

在高分子化合物合成的兴起阶段，人们另一个研究的领域是橡胶的人工合成。自从

1892 年蒂尔登确定了橡胶的结构式为异戊二烯：

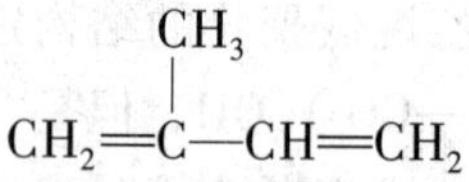

以后，人们就设法合成它。1909 年，德国的 E. 霍夫曼与 A. 库特尔（A. Coutelle）提出了异戊二烯热聚合的专利。与此同时，俄国的列别捷夫（C. B. Лебедев）也研究了这种物质的聚合反应。1912 年，德国的杜依斯贝（C. Duisberg）在工业上实现了异戊二烯的合成生产，并将合成橡胶生产的轮胎送美国展出，从而引起了世界科学界的关注。在第一次世界大战期间，德国人又研制成功了聚合 2，3－二甲基丁二烯合成甲基橡胶的方法，但是成本比较高。

在合成高分子化合物兴起的时期，尽管人们合成了电木和橡胶等，但对它们的结构还不十分清楚，对结构与性质的关系了解得也不够清楚。例如，对异戊二烯合成橡胶究竟是链状还是环状，就缺乏了解。海立斯（C. H. Harries）认为是二聚环结构，客斯拜里则认为是分子量极大的直链。

对于纤维素和淀粉的研究，早期确定了它们有 $(C_6H_{10}O_5)_n$ 的共同结构成分，但对它们的详细结构也不太清楚，至于它们的水解产物为什么都是葡萄糖，也还不甚了解。对于蛋白质的研究，也还是肤浅的。1906 年，E. 费歇尔提出了蛋白质具有 $-\underset{\displaystyle H}{\underset{|}{N}}-\underset{\displaystyle O}{\underset{\|}{C}}-$ 的多肽结构，但对蛋白质的结构还缺乏多样性的了解。

总之，在高分子合成化学的兴起阶段，由于实验上和理论上还都不够成熟，感性宏观的认识比较多，理性微观的认识还比较差，因此对高分子的认识还有待进一步深化。

二、高分子化合物合成的发展

由于有机化学的发展，逐步形成了有机高分子化学。有机高分子化学的形成又促进了高分子化合物合成的发展。

1920 年，有机化学家毕克斯探讨了聚合反应的机理。1922 年，化学家们发现了天然橡胶的加成反应（加 H_2）。1926 年，斯本先（Sponsier）和多尔（M. Dole）提出纤维素和拉伸的橡胶分子是直链形的。1928 年，迈耶（K. H. Mayer）和马克解决了橡胶硫化的机理问题，认为硫化作用是使橡胶大分子间形成共价键交联作用，这样一来就既指出了链状高分子，又提出了网状高分子的概念。1930 年，施陶丁格发现了高分子稀溶液的粘度与分子量间的定量关系，从而解决了测定高分子分子量的问题。1932 年，他发表了有关高分子化合物总结性的专著，从而为高分子化学的形成奠定了基础。

人类在高分子化学理论的指导下，于 1935 年合成了耐纶－66，这是人类合成的第一种高分子纤维，并于 1938 年实现了工业化生产。

1940 年，斯维德贝格发明了用超离心法测定有机高分子分子量的方法。此后，又逐步创立了渗透压法、光散射法分析有机高分子的分析手段，从而促进了有机高分子化学的发展。

1946 年，英国人温费尔特（T. R. Whinfield）研制成功了涤纶纤维工业生产方法，他用对苯甲酸二甲脂与乙二醇为原料，于 1950 年建成了年产量为 5 万吨的工厂。

合成橡胶的理论和方法也逐步得到了发展，美国研制成功了氯丁橡胶并实现了工业化生产；德国研制成了丁苯橡胶和丁腈橡胶。第二次世界大战中，苏联为了解决军事上的需要，研究和生产了丁钠橡胶。

在有机合成化学的发展中，烯烃聚合与塑料的研制占有十分重要的地位。

早在1912年，就发现了氯乙烯的聚合作用。1928年，才用氯乙烯与醋酸乙烯共同聚合成功，此后德国和美国又将这一聚合反应实现了工业化生产。1937年，用磷酸脂增塑剂增强了聚氯乙烯的实用性，从而使之成了产量最多、用途最广的塑料。

在20世纪30年代，美、德等国家研制成功了聚苯乙烯，聚苯乙烯很快就成了第二大塑料品种。

另一种重要的塑料是有机玻璃，即聚甲基丙烯酸甲酯，这种物质是1927年研制成功的。此外，聚丙烯腈、聚四氟乙烯等也都相继研制成功了。聚四氟乙烯是线性高分子，可耐250℃的高温，有优异的耐腐蚀性，又有很好的电绝缘性。1950年，这种塑料就实现了工业化生产。

在各种高分子聚合物实现了人工合成以后，人们又不断地改进合成工艺。例如，1933年，英国卜内门公司在1400大气压、170℃的情况下研究乙烯与苯合成苯乙醛的反应。于1935年成功地得到高压聚乙烯，1939年实现了工业化生产。

在对有机高分子工艺生产的研究的同时，化学家们又进一步研究其结构与合成机理，从而使高分子理论与它们的合成生产协调发展，互相促进。1938年－1942年，马伏尔（C. S. Marvel）研究了乙烯类高分子的链结构指出：这类聚合物大多数单体是以头尾相接的方式形成主链。1940年，普莱斯（C. C. Price）又证明，引发剂分解出来的自由基以共价键的方式连在聚合物的一端而成为端基。1934年，梅育（F. R. Mayo）通过研究溶剂的链转移常数，从而提出了链转移的方程式。

对于有机高分子化学的理论研究，还集中在加成聚合反应的机理的研究。许多化学家推测，这类反应很可能是链式反应。马尔克（H. Mark）、舒尔茨（C. V. Schulz）、布莱登白赫（J. W. Breitenbach）等人在1935年以后，根据链式反应的稳态假定，提出了聚合速度的动力学方程；马伏尔等还通过实验在1940年验证了这一方程。后来，瓦尔（F. T. Wall）等人又提出竟聚率的测定与共聚合方程。总之，由于对有机高分子聚合过程的深入研究，使有机高分子化学逐步完善，并促进了有机合成的发展。

20世纪50年代以来，高分子化学与合成工业进入了现代化高速发展的阶段。高分子化学理论日趋成熟，合成工业实现了连续、自动、高效率。

从使用的原料而言，已经从使用昂贵的化工原料，转变成使用石油、电石、煤气等一般原料，工艺也逐步得到了改进，因而降低了成本。1953年，德国柏朗克研究所的齐格勒，采用新型催化剂，在常温下合成了聚乙烯。同时，齐格勒还比较系统地研究了金属有机化合物的结构、性能与合成工艺，从而促进了金属有机化合物化学的建立和发展。

金属有机化学开拓了有机合成化学的新领域，它合成的各种新物质在工农业生产与科学研究中得到了广泛的应用。

1955年，意大利的纳塔，改进了齐格勒的催化剂，研制成功了聚丙烯的合成，这种产品生产效率高，能耐150℃的高温。

齐格勒新型催化剂的研究，促进了有机合成化学的发展，从而进一步合成了类似天然橡胶的聚异戊二烯橡胶和聚丁二烯橡胶等新型产品，并逐步投入工业生产。

20 世纪 50 年代以后，对于有机高分子的内部结构逐步有了深入研究。例如，利用电子显微镜来研究结晶高分子的结构就取得了很大进展，1957 年凯勒（A. Keller）制得了聚乙烯高分子单晶。同时，他与勃恩（C. W. Bunn）合作还对高分子的球晶结构做了研究。

进入 20 世纪 60 年代以后，由于新型工业、航空和宇航技术的发展，迫切需要耐高温、高强度的有机高分子材料，这就促进了有机高分子化学与合成工业的发展。化学家们陆续生产出能耐 300℃－500℃的高分子材料，如诺梅克斯纤维、B 纤维与对位耐纶等，能耐 500℃－600℃高温的粘合剂以及能耐超高温的碳纤维等。

20 世纪 70 年代以后，高分子合成工业进一步向着大型化和联合化方向发展。由于研制成高效催化剂，使有机合成工业的成本进一步降低，产品也日趋多样化。陆续合成了可用于超音速飞机和宇宙火箭上用的高强度的高分子材料，同时，还生产出具有多种特殊功能的高分子与生物医用高分子。如，合成高分子的人造皮肤能够取代人的真皮肤，能够做成人体其他器官的有机高分子，用以取代人体中已经坏死的骨、软骨、肌肉、肌腱、角膜等。另外，对于高分子生物酶的研究也取得了很大的进展，试图进行用人工的方法合成生物酶。

总之，高分子化学是一门迅速发展的化学分支，它与高分子合成工业是互相联系、互相促进的。它研究与合成的新材料是现代化建设与新技术革命中不可缺少的，它能为现代化的宇航、能源、交通、国防提供新材料。20 世纪 70 年代塑料的产量每年达 5000 万吨，合成纤维达 1500 万吨，合成橡胶达 600 万吨，成了人类物质生活不可缺少的部分。另外，高分子化学已经发展成了一个综合性的学科，因而又被称为“高分子科学”。这一学科系统而全面地研究有机高分子的结构、功能、合成、生产、使用等一系列的问题，所以这门科学广泛地与物理学、生物学互相渗透，互相沟通，形成了一个多学科统一的知识体系。进入 20 世纪 80 年代以后，高分子科学的发展日新月异，不断为人类物质文明的建设做出重要贡献。

第二十一章　生物化学——富于生命力的交叉学科

生物化学是关于生命现象的化学本质的科学。它主要是研究生命物质的化学组成、性质、结构和功能等静态问题；还研究生物体内各种化学物质在体内怎样变化、怎样相互转化、怎样相互制约及在变化过程中能量转换等动态问题。在此基础上进而研究各种生命现象（例如生长、发育、运动、适应、遗传、变异等）的化学本质。

生物化学的产生和发展可分为四个阶段：即早期的知识积累阶段；生理化学阶段；生物化学诞生并从整体水平上研究的阶段；以及分子水平阶段。20世纪60年代以来的发展尤为迅速，展现出一幅美好的前景，越来越多地吸引着生物学家、化学家和物理学家，成为一门十分活跃的，人们感兴趣的，有发展前途的边缘学科。这种情况不是偶然的，而是社会、生产、科学等多方面发展的必然结果。

第一节　早期的知识积累

古代虽然谈不上生物化学，但是在治疗疾病过程中，以及在饮食的改进过程中，接触到了与生物化学有关的一些零散知识。公元4世纪（晋朝）的葛洪已经用海藻治疗瘿病（即甲状腺肿胀）。公元6世纪，北魏贾思勰记载了在制曲中利用曲的滤液进行酿造，表明对酶的作用已有初步认识。公元7世纪时（唐朝）孙思邈已知道脚气病是食米区的病症。还知道用猪肝治疗夜盲症。公元11世纪，北宋沈括的著作中有“秋石阴炼法”的记载，是一种从人尿中提取性激素的古老方法。当时在医疗上有良好效果。至十三四世纪，有用“丹曲”治疗痢疾的方剂。这些都是用植物、动物制品维护生命有机体的正常生长和治疗疾病的做法。

在外国，也很早就有了对人体内部发生的变化以及根据这些变化说明人体机能的观念。如柏拉图的《蒂迈欧篇》和亚里士多德的《气象学》第四卷对生理学、化学、物理学都同等重视。炼金术士认为小宇宙（指人体）的各种现象不过是大宇宙（指外部世界）发生的事变的映像。医疗化学家帕拉塞斯曾认为有一个有理性的独立的精素“阿契厄斯”专管人体中消化的功能。后人又用酸碱中和一类的化学反应解释人体的功能。

海尔蒙特深信酵素参与维持生命的反应过程。认为酵素是一种潜在的形成能力。它能够使种子和生命得以产生。胃里、肝里以及身体其他各部分都有特殊的酵素，可以引起生理变化。海尔蒙特还把各种器官中液汁的相互作用和体外液体间的化学反应进行比较。并用实验证明盐水可通过膀胱膜，进而解释消化现象。他还把食物经过人体时的发酵过程，分成六个步骤：第一步，消化是胃脾产生的酸液起作用；第二步，消化是胆汁中和；第三步，消化是胆囊向肠系膜输送已制备好的流体；第四步，消化在心中产生，其中血液因加入生命精气而变黄；第五步，消化在脑中把动脉血液转变成生命精气；第六步，消化在身体各部分用各种酵素从血液中转变成营养素。以后又有希尔威乌斯（Sylvius，1614－1672）认为，生命机体的功能主要由化学活性，特别是体液的酸性或碱性的特征所决定。其中某一个组分过量，就会使身体内的化学过程紊乱，除去过量部分或补足所缺部分就可治愈疾病。这些都是17世纪的化学家或医疗化学家以化学的观点解释生命现象，所获取的某些成就，与以往炼丹术士或炼金术士的目的相比，显然进步了许多。但是他们的工作流于肤浅零散，还谈不上构成生物化学的基本原理。主要是由于医疗化学家们只注意到观察利用自然界物质在医疗上的效果，对个体生理的知识也仅仅是初步的了解。因历史条件所限，不可能有更深入的研究成果。

第二节　生理化学的认识

18世纪后期到19世纪，化学已经形成比较完整的体系，奠定了近代化学的基础。同时物理学、生物学和医学也有了一定的发展。生物学也发展为独立的学科。在这期间，有一些比较重要的工作和发现，把生理问题与化学结合起来，用化学解释生理现象，进入生理化学阶段，为生物化学的形成做了准备。

一、从化学观点研究植物生理

普利斯特里在实验和观察过程中得出一个结论："这么多动物的呼吸使空气不断受污染，……至少一部分为植物的创造所弥补。"[①] 1779年英根－霍兹（Ingen－Housz）说明绿色植物在阳光作用下放出氧气。1782年塞纳比尔（J. Senebier，1742－1809）证明植物在这一过程中吸入二氧化碳，成为光合作用的早期研究工作。至1845年J. R. 迈尔指出，植物把太阳光的能量贮藏起来，成为向人类提供所需能量的源泉，找到了能量概念与光合过程的关系。俄国学者季米里亚捷夫进行了叶绿素在植物光合作用中功能的研究。

著名化学家李比希研究出农作物及施肥理论的极为重要的植物营养规律的结论。例如植物的生长和发育，不仅需要二氧化碳，还需要由土壤中摄取许多不可缺少的无机物。当这些物质缺乏时，必须及时补充，否则影响作物的生长。

二、从化学观点研究动物和人体的生理现象

1827年，英国医生威廉·普劳特发现食物中含有糖、脂肪、蛋白质三种养料。以后，布特列洛夫第一个合成了生命物质之一的糖，切夫留尔（Cheveul，1786－1889）分离出脂肪，其后贝特罗合成了脂肪。贝采里乌斯于1836年提出"蛋白质"一词。[②] 不久李比希肯定了蛋白质对生命的意义比碳水化合物及脂肪酸等更为重要。李比希于1842年出版了名著《生物化学》。[③] 他用化学理论阐述了动物生理和人体生理的问题。尽管这本书的观点受到活力论者的攻击，还是在一定程度上起到了使化学家相信化学能够解决生理学问题的作用。这部著作在生物化学史上占有重要地位，多次再版。

1824年普劳特曾指出胃酸就是盐酸。这一观点与当时的生理学家认为是乳酸的观点相矛盾，并没有立刻被人们接受。到1852年经弗·彼德尔（F. Bidder，1810－1892）和卡尔·施密特（Carl Schmidt，1822－1894）仔细地分析后，证明胃酸的确是盐酸。

① 柏廷顿著，胡作玄译，《化学简史》，124页，商务印书馆，1979。
② 莱斯特认为"蛋白质"一词是由杰拉都斯·约翰尼斯·马尔都提出的。
③ 莱斯特著，吴忠译，《化学的历史背景》，261页，商务印书馆，1982。

这种酸在人体内怎样起作用呢？也是人们感兴趣的一个问题。最初只是简单地认为酸直接把食物分解成比较简单的成分。后来泰奥铎·施旺（Theodor Schwann，1810 - 1882）于1835年发现胃液中含有一种胃蛋白酶能分解食物。接着1845年路易斯·米尔赫（Louis Mialhe，1807 - 1886）从唾液中分析出唾液淀粉酶。G. G. 瓦伦丁（G. G. Valentin，1810 - 1883）、C. 贝纳德（C. Bernard，1813 - 1878）经过研究认为胰液同样能分解脂肪和蛋白质。威里·库恩（Willy Kuhne，1837 - 1900）于1876年分离出胰蛋白酶，证实了上述结论的正确。接着库恩和R. H. 齐廷顿（R. H. Chittenden，1856 - 1943）获得蛋白质分解的大量中间产物，从而揭示出消化过程的某些本质。

三、对生物体中一些重要化学物质的发现

这一时期发现了生物体中一些非常重要的化学物质，为进一步研究生命的本质，创造了条件。

（1）对酶的了解。

“酶”这一名称是1876年由W. 库恩从希腊文引进的，酶即发酵的意思，在此之前称作酵素。对它的性质有过争议，争议的焦点是糖经过酵素发酵能否变成酒精的问题。以李比希为首的一派意见认为酵素在这一过程中和生命的关系纯为偶合，酵素是一种化学物质。而生命力论者则认为酒精发酵是生命本身特有的一种反应。路易·巴斯德则认为活酵母的细胞才是发酵的关键。从此，酵素被分成两大类：一类是“形成体”酵素即酶，在细胞内活动；一类是：“非形成体”酵素，在细胞之外活动。到1897年爱德华·布赫纳（Edward Buchner，1860 - 1917）发现磨碎的酵母菌细胞的抽提液仍能使糖发酵，开创了研究动态生物化学的离体方法。这一工作为后来的分解代谢机制的研究及酶学的研究开辟了道路。布赫纳还制得有发酵能力的酵母精。从此才认识到酶与非形成体酵素实际上并无区别。有机体的反应都需要有催化剂的存在，这种有机体内的催化剂被叫做酶。

（2）糖元的发现及气体对动物体的关系。

C. 贝尔纳在发现肝脏能供应血糖的基础上，进一步于1857年宣布从肝脏中分离出糖元。差不多同一时期，鲁道·微耳和（Rudolf Virchow，1821 - 1902）的学生亨森（V. Hensen，1835 - 1924）也独立发现了糖元，为认识碳水化合物新陈代谢的作用奠定了基础。此后亨·雷尼奥（H. V. Regnault，1810 - 1878）与朱·雷斯特（Jules，Reiset，1818 - 1896）首次通过分析动物体内的气体交换，测定食物去向的实验。他们把不同种的动物放入玻璃罩内，测定它们呼出的二氧化碳量和吸入的氧气量，并计算了两者之比。这个比率后来称为呼吸商。他们还指出，这个比率随动物饲料类型的变化而变化。这一见解于1852年为彼得尔和施密特进一步证实。

（3）人体与气体氧的关系。

李比希的学生卡尔·沃特（Carl Voit，1831 - 1908）曾发现发育成熟的、健康的动物通常对氮的摄取量和排出量能够保持平衡。起初认为肌肉活动的能量来自蛋白质的分解，从肺部输入的氧可以直接氧化碳水化合物和脂肪。在进一步研究后，又发现以上见解不正确，一只空腹的狗的肌肉活动并不引起蛋白质新陈代谢的增强。1865年他又指出，产生能量的第一步并不是氧化，摄取的食物在最后氧化以前生成大量中间产物，这些中间产物并不需要全被氧化。1877年普夫吕格尔（E. F. W. Pflüger，1829 - 1910）通过实验证明了这一点。指

出，家兔平稳呼吸和用力呼吸的耗氧量相同。可见氧并不促进新陈代谢。此后沃特从分析动物和人体的气体交换，研究一系列在不同条件下动物新陈代谢的变化情况。沃特的学生马克斯·鲁布纳（Max Rubner，1854－1932）继续了这方面的研究，1884 年他发表了糖类、脂肪和蛋白质等三类食物有相同热值的“等能定律”。他还选用热化学数据进行了精确的定量研究，证明有机体的能量理论和纯化合物的能量理论都遵守相同的定律。

（4）维生素的发现。

1881 年已发现单纯食用高纯度的糖类、脂肪和蛋白质是不适宜的，不久在爪哇发现鸡能患与人的脚气病相似的病，这是由于喂养精米的结果，如果在饲料中加入米糠，症状会减轻。C. 艾克曼（C. Eijkman，1858－1930）认为米糠中含有某种有效的成分。1901 年盖·格里金斯（G. Grijins）首先指出脚气病是一种营养缺乏症。到 1907 年霍尔斯特（A. Holst，1861－1931）和弗罗利希（Theodore Frölich）证实豚鼠也能得坏血病，这种实验使营养缺乏症的概念从脚气病发展到坏血病。1912 年卡西米尔·丰克（Casimir Funk，1884－1967）提出脚气病、坏血病、糙皮病等病症的防治，均需要在食物中补充一些含氮碱的有机化合物。这种胺类是维持生命所必需的药物，他建议叫“维生素”，从此这个名称便流行开来。1915 年美国农艺化学家麦考伦（E. V. Mecollum）证明鼠类食物至少需要“脂溶素 A”和“水溶素 B”。德拉孟特（J. C. Drammond，1891－1952）把这种命名与维生素结合起来叫维生素 A 和维生素 B；把抗坏血病的物质叫维生素 C，抗佝偻病的物质叫维生素 D。

（5）对腺体的初步认识。

19 世纪里对于动物躯体中的腺体也有了一些认识。柏托尔德（A. A. Berthold，1803－1861）1849 年把睾丸组织移入家禽体内，证明可以防止性机能衰退。40 年后布朗－赛卡尔（C. E. Brown－Sequard，1817－1894）依照柏托尔德的观点将睾丸素注射入各种动物体内，甚至也包括他自己在内，发展了控制生理机能的实验。说明了在 19 世纪末期化学家已承认某些器官能分泌对动物体某些部分产生巨大影响的物质。另一方面，保罗·欧立希在药理上发现某些药物在机体中有特效作用，从而使人们更相信化学药品所产生的效果。

（6）从激素到胰岛素的发现。

1895 年有人从肾上腺中提取一种制剂可以升高血压。到 1901 年，T. B. 阿尔德里希（T. B. Aldrich）等人分别独立提取出肾上腺素，出现了近代的激素。1902 年，贝利斯（W. M. Bayliss，1860－1924）和斯塔铃（E. H. Starling，1864－1927）发现一种分泌素，能促进胰液分泌。他们还证实在切断胰腺的所有神经时，这种分泌素仍然能使胰液分泌出来，从而确证了化学调节的作用。1905 年贝利斯根据希腊语提出“激素”一词，原意为“我激动”的意思。以后在 1914 年肯德尔（E. C. Kendall，1886－1972）析出了甲状腺素，1921 年班廷（F. G. Banting，1891－1941）析出了胰岛素。

（7）抗生素的发现。

抗生素主要是微生物在代谢过程中产生的化学物质，具有抑制他种微生物生长及活动，甚至杀死他种微生物的性能。抗生素也叫抗菌素。抗生素学说最先由俄国免疫学家梅契尼可夫（И. Мечеhиков，1845－1915）提出，并论证了用微生物制品预防人类疾病的思想。他在研究霍乱孤菌在肠道感染的情况时，发现某些菌类有抑制霍乱孤菌生长的能力。从这一概念出发，发现了抗生素。1817 年－1877 年在临床上取得效果。1929 年英国微生物学家弗莱明

（A. Fleming，1881－1951）注意到琼脂上生长的葡萄球菌发生了溶化现象，引起他的重视，反复进行实验，证明青霉菌含有抗菌物质，起名为青霉素（Penicillin）。

此后许多科学家努力研究获取青霉素的方法。1936 年生理学家弗洛里（H. Florey，1898－1968）和钱恩（E. Chain，1906－ ）验证了弗莱明的实验结果，并从青霉菌中分离出粉末状的青霉素纯品，用于医疗。此后对于抗生素的研究获得了一连串的进展。

总之，上述的这些事实说明了，这个阶段的生物化学，实际是用化学的观点研究生物的生理问题。在探索过程中，从多方面进行工作，分别取得不少成果。但是还没有从化学的本质上给予系统的解释，仅仅是对生物体中的一些重要化学物质及其作用有了一定的认识和研究，为 20 世纪前期形成生物化学这门独立的学科奠定了基础。

第三节　生物化学的诞生

20 世纪以前的生物化学主要是从生理和病理的角度进行研究，实际上是生理化学。20 世纪以来，成为名副其实的生物化学，逐渐从整体水平上的描述性生物化学发展到细胞和亚细胞水平。由于化学方法的进步，对于确定生物体的化学成分、性质和结构的认识与合成，有很好的作用。同时由于各种物理方法的发展和应用，在生物体物质代谢的研究上获得广泛应用，大大促进了生物化学的诞生和发展。另一方面，农业、畜牧、医学、食品工业、发酵工业的进步，也有力地推动着生物化学的发展。在生物化学的建立和发展过程中，对蛋白质和核酸的研究，成为生物化学不断取得进展的重要标志。蛋白质约占人体干重的一半，是建造细胞或组织器官的基本材料。蛋白质的代谢和功能是生命过程的重要环节，而核酸则是生命的发育、繁殖和遗传的关键物质，所以蛋白质与核酸的研究受到特别重视。对蛋白质与核酸的研究，早在 19 世纪已经开始，由于没有与遗传物质联系起来研究，因而进展缓慢。

蛋白质比核酸的发现早 30 年，19 世纪已发现组成蛋白质的 13 种氨基酸，其余 7 种氨基酸是 20 世纪中期发现的。至此组成蛋白质的 20 种氨基酸全部被人类所知。20 世纪初化学家 E. 费歇尔在蛋白质的化学结构研究中，做出了杰出贡献。费歇尔从 1899 年开始研究氨基酸，由甘氨酸入手，使甘氨酸发生缩合反应。沿着这条路子研究了其他复杂的氨基酸及其缩合反应，并称这些缩合反应的产物为多肽。1902 年，他提出蛋白质的多肽结构理论，否定了当时认为蛋白质没有规则结构的论点。费歇尔指出蛋白质分子是许多氨基酸由肽键

$$-\overset{\displaystyle O}{\overset{\|}{C}}-\underset{\displaystyle H}{\underset{|}{N}}-$$

（酰胺酸）相连而成的长链高分子化合物。1907 年他又在实验室合成了含有 18 个氨基酸的长链。虽然这个肽链中只有两种氨基酸（15 个甘氨酸和三个亮氨酸），但却正确地反映了蛋白质的基本结构。1924 年伏劳登贝格（KarlFreudenberg）又提出组成蛋白质的旋光性氨基酸都是 L 型。

氨基酸可用发酵法与合成法制得。为了进行多肽或蛋白质的合成，需搞清楚它们的空间结构和氨基酸的连接顺序。这就为蛋白质研究的进一步发展提出了重要方向。

核酸的化学又是怎样发展的呢?

细胞核的化学是生物化学的重要问题。1868 年瑞士科学家米歇尔（F. Miesher，1844－

1895）把收集的脓浆经稀盐酸处理后，首次得到细胞核物质，称为核蛋白，并证明含有磷，因原料限制未能精确提取分析。1872 年米歇尔又发现莱茵河的鲑鱼子的巨大细胞核，含有丰富的核蛋白（约占细胞核物质的 90%），为进一步研究提供了条件。在稀酸水解后发现，核蛋白是由碱性蛋白和核酸所组成。后来经过科塞尔（A. Kossel，1853－1927）及其学生琼斯（W. Johnes，1865－1935）和列文（P. A. Levene，1896－1940）于 20 世纪 20 年代在美国的研究，搞清楚了核酸的化学成分及其最简单的基本结构。核酸是由四种不同的碱基，即腺嘌呤（A）、鸟嘌呤（G）、胸腺嘧啶（T）和胞嘧啶（C）及核糖、磷酸等组成。其最简单的单体结构是碱基－核糖－磷酸构成的核苷酸。1929 年又确定了核酸有两种，一种是脱氧核糖核酸（DNA），另一种是核糖核酸（RNA）。核酸的分子量比较大，一般由几千到几十万个原子组成，分子量可达 11 万至几百万以上，是一种生物大分子。这种复杂的结构决定了它的特殊性质。

理论的发展往往是带有探索性的。列文等人根据当时初步的分析，错误地认为四种碱基在核酸中的含量为 1∶1∶1∶1，提出了核酸结构的四核苷酸假说，认为核酸是由四个含有不同碱基的核苷酸为基础的高分子聚合物。它的分子结构只是四种核苷酸的简单重复排列。这样复杂的分子被错误地简化的后果，长期阻碍着人们正确认识核酸的真正结构和功能，也影响了正确认识其遗传信息载体的道路。

1928 年格里菲斯（J. Griffith）在研究肺炎球菌时发现肺炎双球菌有两种类型，一种是 S 型双球菌，外包有荚膜，不能被白血球吞噬，具有强烈毒性；另一种是 R 型，双球菌外无荚膜，容易被白血球吞噬，没有毒性。格里菲斯取 R 型细菌少量，与大量已被高温杀死的有毒的 S 型细菌混在一起，注入小白鼠体内，按理应当没有问题，但是出乎意料，小白鼠全部死亡。验其血液，发现了许多 S 型活细菌。格里菲斯认为一定有一种什么物质，能够从死细菌中进到活的细菌中去，改变了它的遗传性状，变成了有毒细菌。这种转移的物质，格里菲斯把它叫做“转化因子”。细菌学家艾弗里（O. T. Avery，1877－1955）敏锐地认为这一工作很有意义，立刻研究这种“转化因子”的化学成分。结果在 1944 年证明了“转化因子”就是核酸（DNA），是 DNA 使 R 型肺炎双球菌转化为 S 型球菌的信息载体，但是这个新的事实不能被当时科学界所接受。传统的“四核苷酸”的错误理论还禁锢着人们的头脑。许多人不相信 DNA 能成为遗传信息的载体，顽固坚持只有蛋白质才是遗传信息载体的错误信念。对艾弗里的实验提出种种责难，怀疑他的实验不严格，带入了少量蛋白质，很可能就是带入的这少量蛋白质起的作用等等。艾弗里在舆论的压力下，重复了化学史上某些化学家的过错，不能坚信自己的实验，没有勇气与传统观念彻底划清界限。于是最终采取了新旧调和的办法，写道：“可能不是核酸自有的性质，而是由于微量的、别的某些附着于核酸上的其他物质起了遗传信息的作用。”①

20 世纪 30 年代末到 50 年代初，德尔伯吕克（M. Delbrüek，1906－1981）发现噬菌体比细菌还小，只有 DNA 和外壳蛋白，构造简单，繁殖快，是研究基因自我复制的最好材料。于是组成噬菌体研究小组，开始选用大肠杆菌和它的噬菌体研究基因复制的工作。1952 年研究小组成员赫希尔（A. D. Heishey）和蔡斯（Martha Chase）用同位素标记方法把大肠杆

① 转引自《科学技术史讲义》，265 页，清华大学出版社，1982。

菌噬体 T_2 的核酸标记上 ^{32}P、蛋白质外壳标记上 ^{35}S。用标记了的噬菌体 T_2 感染大肠杆菌，再加以分离。结果噬菌体将带 ^{35}S 标记的空壳留在大肠杆菌外面，而只有噬菌体内部带有 ^{32}P 的标记的物质全部注入大肠杆菌内，但是它仍然能进行噬菌体的繁殖。由此可见，噬菌体感染细菌的过程，是它的核酸 DNA 注入到细菌体内。进入细菌体的 DNA，借助于宿主细菌，经过一定时间，繁殖出子代噬菌体。这个实验有力地说明了噬菌体的遗传物质是核酸而不是壳体蛋白。不仅如此，DNA 还带进了核酸自我复制的全部信息及外壳蛋白质合成的全部信息。再次证明了 DNA 是遗传信息的载体，而蛋白质不过是由于 DNA 的指令而合成的。

1948 年 - 1952 年期间，奥地利科学家查哥夫（E. Charguff，1950 -　）对核酸中四种碱基的含量再次进行精确测定。证明在不同的 DNA 中，总的嘌呤和总的嘧啶在分子比值上相等，其中腺嘌呤和胸腺嘧啶的分子当量相等，即 G - C 相当，而不是四种碱基含量相等。从而否定了长期困惑人们的“四核苷酸假说”，为接受新的理论观点铺平道路。

如上所述，20 世纪前半期的生物化学在形成后迅速得到发展，并且在一些重要的生物化学物质方面取得成果，特别是对蛋白质与核酸的认识，开始接触到生命的化学本质。

第四节　分子水平的生物化学

生物化学进入分子水平阶段，以 20 世纪 50 年代初肯定 DNA 双螺旋结构为标志。但是在达到这一标志之前有一个过程。

20 世纪 30 年代前后布拉格父子（W. H. Bragg，1862 - 1942；W. L. Bragg，1890 - 1971）、阿斯特伯里（W. T. Astbury，1898 - 1961）和贝尔纳（J. D. Bernal，1901 - 1971）用 X 射线衍射法，对核酸的结构进行了分析，因仪器的限制，未能获得满意结果。美国化学家鲍林也着手研究蛋白质生物大分子的晶体结构，肯定了肽键是蛋白质的基本结构，肯定了氢键所起的作用。当肽键缠绕时，由于氢键的作用而呈 α 螺旋状。

1941 年，比德尔（Beadlde）和塔特姆（Tatum）提出一个基因一个酶的理论。1944 年艾弗莱（Avery）等人在微生物的转化实验基础上肯定了 DNA 是遗传物质。1948 年博伊文（Boivin）等人测定生殖细胞和各种细胞中 DNA 的含量，提出了 DNA 恒定理论。20 世纪 50 年代初期，在科学文献上出现了“分子生物学”的名词。

恩格斯曾经指出：“生命是蛋白体的存在方式，这个存在方式的基本因素在于和它周围的外部自然界不断的新陈代谢，而且这种新陈代谢一停止，生命也就随之停止，结果便是蛋白质的分解。”他又说：“如果有一天用化学方法制造蛋白体成功了，那么，它们一定会显示生命现象，进行新陈代谢，虽然可能是很微弱的和短暂的。”① 这个 19 世纪后期的预见，在化学家的努力下，正在逐步变为现实。英国化学家桑格（Frederick Sanger，1918 -　）等人从 1946 年开始蛋白质合成的研究，他们选结构较简单的胰岛素为对象，至 1955 年终于搞清了胰岛素内 51 个氨基酸排列顺序，确定了胰岛素的分子结构，为研究大分子结构和功能的关系创造了条件。为此桑格荣获 1958 年诺贝尔奖。20 世纪 50 年代后又分离出生物体内起免疫作用的 γ - 球蛋白等 20 多种蛋白质。发现的蛋白质种类愈来愈多，功能也愈来愈广。

① 恩格斯著，《自然辩证法》，277 页，人民出版社，1971。

从此世界各国生物化学家竞相研究、测定与人工合成蛋白质。

1953 年华生和克里克分别用 X 射线衍射方法研究 DNA。他们在互相讨论的基础上，认识到：进一步实验将表明一切基因都由 DNA 组成。阐明 DNA 的化学结构，在了解基因如何复制上，将是主要的一步，于是他们对 DNA 的晶体结构进行了分析。这时伦敦的维尔金斯（M. Wilkins，1916 – ）和另一名女科学家弗兰克林（R. Franklin，1920 – 1958）在进行 DNA 晶体结构的分析工作，并获得了完整的数据照片。华生和克里克又从查哥夫处获得 DNA 四个碱基两两相等的数据，还结合了鲍林关于蛋白质肽键由于氢键的作用而呈 α 螺旋型结构的见解。他们二人将这三方面的资料进行综合分析和理论计算，最后得出了 DNA 的双螺旋结构模型。于 1953 年 5 月发表了《核酸的分子结构》的著名论文，震动了全世界，从而奠定了分子生物学基础。

按照 DNA 双螺旋结构模型，DNA 分子有两条多核苷酸组成的链，两条链盘绕如麻花状，以磷酸和糖构成，碱基双双配对地横排着，形成横梯状。横宽 20Å，每个螺旋单位高 34Å，由于嘌呤分子和嘧啶分子大小不同，前者大后者小，根据尺寸大小只能容纳一个嘌呤、一个嘧啶，又由于不同的生物的 DNA 也不相同，核苷酸也不同。但是每种生物的 DNA 中，C 与 G 的含量相当，A 与 T 的含量也相等，由此推出另一键上的碱基排列。DNA 的两条长链成互补状（图 21 – 4 – 1）。

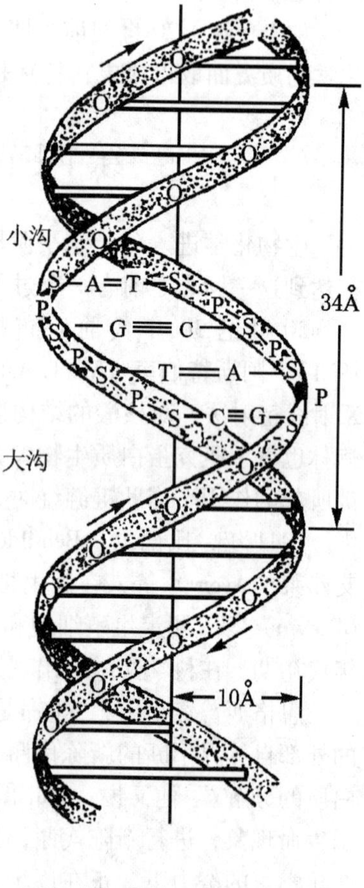

DNA 的双螺旋，这里 P 为磷酸二酯，S 代表脱氧核糖，A = T 是腺嘌呤 – 胸腺嘧啶配对，以及 G ≡ C 为鸟嘌呤 – 胞嘧啶的配对。

图 21 – 4 – 1

1953 年 – 1955 年，华生和克里克又提出了中心法则，以说明 DNA 遗传信息的自我复制和指导蛋白质合成遵循的一般原则。中心法则的一般公式为：

DNA 自我复制 → DNA

DNA 自我复制 → DNA $\xrightarrow{\text{转录}}$ mRNA $\xrightarrow{\text{转译}}$ 蛋白质

后来又发现有的噬菌体没有 DNA，只有 RNA，在这种情况下必须有一个特殊的“反向转录酶”。它的 RNA 就可决定后代 DNA。这个发现推翻了中心法则的不可逆性，丰富了遗传信息的传递规律。

1955 年英国科学家托德（A. R. Todd，1907 – 1997）确定了核苷酸结构，合成了低分子的核苷酸，从而获得 1957 年的诺贝尔化学奖。20 世纪 50 年代正在剑桥布喇格实验室从事血红蛋白和肌红蛋白结构研究的英国化学家佩鲁茨和肯德鲁，在上述工作的启发下，经过多年的努力，他们用电子计算机处理用 X 衍射法获取的结构照片数据，终于在 1959 年 – 1960 年搞清了血红蛋白和肌红蛋白的结构，进一步做出了重大贡献，确定了蛋白质的三级结构。我国科学工作者，1958 年着手合成蛋白质的工作，经过 7 年不懈的努力，于 1965 年 9 月，在世界上首次人工合成了结晶牛胰岛素。

此后，国际上先后在人工合成生物大分子方面，又接连完成了几项重大的工作。美籍印度科学家克那拉（M. G. Khoranat，1922 –　）在核酸的化学合成方面有突出贡献。我们知道核酸的合成比合成蛋白质更为困难。克那拉从 1958 年开始从事这项研究，至 1972 年成功地合成了酵母丙氨酸的 tRNA 的基因。这是一个包含 77 个核苷酸的 DNA 长链。在 1976 年他们又合成了第一个具有生物活性的基因——大肠杆菌酪氨酸 tRNA 前体基因。这是一个更为复杂的生物大分子，共含有 206 个核苷酸的 DNA 长链。这种化学合成的手段，为遗传工程提供了有效的途径。

DNA 的分子结构与蛋白质分子结构之间的相互关系怎样呢？如何相互制约呢？遗传密码的化学奥秘又是什么呢？这一连串的问题引起科学家的兴趣。1956 年伽莫夫（G. Gamov，1904 – 1968）提出四个碱基组成一个密码的设想。他认为核酸分子中只有四种核苷酸，而蛋白质分子中有 20 种氨基酸，它们不可能是一对一的对应关系，于是提出这样的设想。后来又进一步提出不同数量碱基组成密码的可能性。他估算四个碱基组成密码总数可达到 $4^4 = 256$ 个。这个数字太大；若是两个碱基组成的密码，只有 $4^2 = 16$ 个，又太少，满足不了 20 个氨基酸的需要，所以提出只有 3 个碱基组成密码较合适，即 $4^3 = 64$ 个。他还推想，一种氨基酸可能有一个以上的密码。这些假设对揭露遗传密码的真相有着指导意义。

1961 年尼纶贝克（M. W. Nirenberg，1927 –　）和马太（H. Matlhaei）发现苯丙氨酸的密码是 RNA 上的尿嘧啶（U），使学术界甚为惊讶。同年雅各布（Jacb）、莫诺（Monod）提出操纵子学说。从此生物、化学界掀起了揭示蛋白质氨基酸密码子的科学研究高潮。到 1963 年 20 种氨基酸的遗传密码全部揭示出来。1969 年 64 种遗传密码的含义也全部测知。一部仿效电波传输信息的生物遗传密码辞典问世，经克里克提议排列成表格。U、C、A、G 分别代表四种碱基的符号，从左→上→右，分别代表密码子 1，2，3 号的碱基，排列组合后导致形成的各种氨基酸。

表 21 – 4 – 1　遗传密码表

第二字母（中）

第一字母（左）	U	C	A	G	第三字母（右）
U	UUU, UUC } 苯丙氨酸 UUA, UUG } 亮氨酸	UCU, UCC, UCA, UCG } 丝氨酸	UAU, UAC } 酪氨酸 UAA 终止信号 UAG 终止信号	UGU, UGC } 半胱氨酸 UGA 终止信号 UGG 色氨酸	U C A G
C	CUU, CUC, CUA, CUG } 亮氨酸	CCU, CCC, CCA, CCG } 脯氨酸	CAU, CAC } 组氨酸 CAA, CAG } 谷酰胺	CGU, CGC, CGA, CGG } 精氨酸	U C A G
A	AUU, AUC, AUA } 异亮氨酸 AUG 蛋氨酸	ACU, ACC, ACA, ACG } 苏氨酸	AAU, AAC } 天冬酰胺 AAA, AAG } 赖氨酸	AGU, AGC } 丝氨酸 AGA, AGG } 精氨酸	U C A G
G	CUU, GUC, GUA, GUG } 缬氨酸	GCU, GCC, GCA, GCG } 丙氨酸	GAU, GAC } 天冬氨酸 GAA, GAG } 谷氨酸	GGU, GGC, GGA, GGG } 甘氨酸	U C A G

UAA、UAG 和 UGA 是链的终止密码。AUG 用作链的起始密码，在大肠杆菌（E. coli）它是甲酰蛋氨酸（formylmethionine）。如在蛋白质链当中则代表甲硫氨酸。

表21－4－1有力地说明了在生物界不论是人、高等动物、低等动物、细菌、病毒及植物等，它们的蛋白质都是由20种不同的氨基酸组成的。而氨基酸的组成与排列又是由核酸中四种碱基的不同排列而引起的。氨基酸与核苷酸最基本的组成，本质上都相同，而且遗传密码又完全一致，合成蛋白质的路线也是基本一致的。

细胞膜的化学组成、结构与功能研究也是生物化学分子水平上的活跃领域，提出了许多假说和模型。如单位膜模型、液态镶嵌模型、晶格镶嵌模型等。在生物膜的功能方面已有很多新的成果，引起科学家们的极大兴趣，许多饶有意思的生理过程伴随着物理和化学的过程，等待着人类去探求。

20世纪50年代之后，代谢研究的热点由探索其基本途径转向以了解酶是如何控制光合过程的。事实上，了解蛋白质作为酶是化学家定位于生物学研究的头等大事，即化学家要更详尽地了解酶在生命过程中的催化作用。1975年、1988年、1993年和1997年的诺贝尔奖获得者都是致力于对酶的研究而获奖的。

我国虽然在古代已接触到生物化学问题，其中有的工作现在看起来也是有价值的，如秋石的研究。但是作为科学的生物化学还是从20世纪30年代开始研究。1927年中国生理学杂志创刊，生物化学工作者陆续发表研究工作报告，研究工作随之活跃起来。彼时在营养、临床生物化学、蛋白质和免疫化学等方面，完成了一些有价值的工作。但由于旧中国的腐败，生物化学的工作长期处于停滞状态，基础很差，没有专门研究机构，仅限于个别的医学院和大学中有生物化学的研究工作，但规模小，经费甚少。

1949年后，生物化学界带来了新的生机，建立、整顿研究机构，高等院校中开设了生物化学课，并设置了生物化学专业，结合解决实际问题，培养新生力量，开展了有计划有方向的研究工作。围绕蛋白质、核酸、酶、中间代谢、维生素、激素、植物化学、微生物生化、营养、血浆及其代用品、发酵工业、抗菌素、病毒、临床生化等方面开展了工作。在酶和蛋白质方面取得不少成绩，为我国的生物化学大发展打下了较好基础。

20世纪60年代我国在生物化学的人工合成方面取得可喜成果，进入世界先进行列。1979年12月27日，又成功地人工合成了含有41个核苷酸的酵母丙氨酸转移核糖核酸半分子，为天然核糖核酸的人工合成开辟蹊径，也是一个新的突破。1981年又胜利完成了酵母丙氨酸转移核糖核酸（76个核苷酸）的人工合成。关于酶促合成低聚核糖核酸也有所研究，并开展了脱氧核糖核酸的合成工作，标志我国这方面的工作居于国际先进水平。相信今后我国在生物化学方面必将有一个美好的前景。

总之，20世纪下半叶以来，生物化学有着突飞猛进的发展。首先是社会实践的要求，例如病毒的控制、癌症的控制、环境污染的控制、微生物的发酵、粮食的增产、培养优良品种、光效能的提高、病虫害的防治等，都要求通过生物化学的途径去解决，推动了生物化学的发展。其次，生物化学是一门边缘性基础学科，其本身的内在矛盾促使其不断发展。20世纪50年代阐明的DNA分子双螺旋结构，推动了遗传的分子研究。生物化学作为生命的化学，深入到分子水平，从蛋白质、核酸等，这类生物大分子的水平上研究生命现象，尤其是生物膜的结构功能、遗传变异的分子基础及遗传工程的研究等。在其他科学技术新成就的相互配合下，必将促使分子水平的生物化学成为带头学科之一。

第二十二章　无机固体化学的新生

20 世纪 40 年代以来，由于空间、原子能、电子和激光等技术的发展，迫切需要各种特殊性能的固体材料，如具有耐高温、耐低温、耐老化、耐腐蚀、耐辐射、高强度、高韧性的结构材料以及具有光、电、声、磁等性能的功能材料。这些材料除第二十章介绍的高分子合成材料而外，多为无机固体材料。由于无机固体化学在理论上和实践上都取得了新的进展，因此说无机固体化学又获得了新生。

第一节　稀有元素化学

“稀有元素”的概念是相对地区别于普通元素而言的，一般指 20 世纪 40 年代以前人们较少熟悉的元素。

一、稀有高熔点金属

这类金属的共同特点是熔点高，硬度大，抗腐蚀性强。由于这些特点，决定了它们具有极高的工业价值。

1781 年，瑞典的埃尔姆（P. J. Hjelm，1746 – 1813）用碳还原三氧化钼获得金属钼。19 世纪末，人们发现把钼加入钢中会使钢具有很高的强度和硬度，所以钼成了冶炼各种合金钢的重要元素。由于钼有相当高的熔点，因此在电灯和电子工业上得到了广泛应用。钼还可做核反应堆的结构材料。钼的氧化物和硫化物在化学和石油工业中做催化剂。而几乎所有稀有元素的一些化合物均可做有效的催化剂。

1801 年，美国人哈契特（Ch. Hatchett）向皇家学会提交一篇关于新元素发现的报告，新元素被命名为钶（columbium），以纪念含该元素的矿石产地哥伦比亚（Columbia）。但直到 1844 年，英国化学家罗斯（H. Rose）从钶矿中分离出一种金属氧化物，把该金属命名为铌（niobiuni），它其实就是哈契特发现的钶。1802 年，瑞典人爱克柏格（A. Ekeberg）宣称发现一种新的金属氧化物，并把这种金属元素命名为钽（tantalum）。1866 年，瑞士化学家马利纳克（J. G. G. Marignac，1817 – 1894）利用铌、钽的氟络钾盐的溶解度差别大的性质，采用分步结晶方法，分离出了铌和钽。美国人波尔顿（W. von Bolton）1903 年和 1907 年分别首次制得纯金属钽和铌。1922 年金属钽开始工业化生产，30 年代末金属铌也开始了工业化生产。铌和钽在无线电、核反应和各种发动机中作为耐热和硬质材料或合金添加料被广泛使用。

元素钛是英国分析化学家格列高尔（W. Gregor，1762 – 1817）于 1791 年分析一种钛铁矿时发现的。在事隔 4 年之后克拉普罗特进一步证实了它的存在并命名为钛。但是从发现钛到工业生产钛大约经历了 150 年之久。到 1910 年亨特（M. A. Hunter）制得纯度达 99.9% 的金属钛。而到 1948 年 – 1950 年间制钛的金属还原法才实现了工业化生产。钛作为金属材料中一种理想的高强度低比重的结构材料，用于制作飞机机身、各种发动机的零件和壳体及 X

射线管的各种电极。

1789 年克拉普罗特在分析紫玛瑙时发现它是一种含有新元素的锆土。1824 年贝采里乌斯首先用钾还原氟化锆的方法制得黑色粉末状金属锆。而又过了 90 年才由荷兰的勒利（D. Lely）和汉布格（L. Hamburger）从锆土中制得有展性的金属锆，1925 年阿克尔（Van Arkel）和德布尔（de Boer）则制得了高纯锆。由于原子能工业发展需要纯锆做核反应堆的结构材料，因而在 1950 年出现了可锻锆的工业生产。与锆化学性质极其相似的铪则是在 1923 年通过 X 射线光谱发现的。铪及其化合物用于原子反应堆及耐高温等材料的生产。

二、稀有分散金属

这类金属的特点是在地壳中的分散性。它们大部分都不能形成独立的矿物，一般都以同晶型杂质形态存在于其他矿物晶格中。所以，在一些冶金和化工生产的废渣中，可以回收这些金属。

1925 年，德国工程师诺达克（Noddack）、塔克（Takke）和柏格（Berg）在铌铁矿中发现了 75 号元素的 X 射线特征谱线，命名为铼。几个月后，英国化学家罗林（F. H. Loring）和捷克科学家德卢斯（J. G. F. Druce）以及海洛夫斯基和多雷杰克（V. Dolejsek）也先后宣布独立地从锰盐的分析中，发现了铼。1928 年，作为夫妇俩的诺达克和塔克从辉钼矿（硫化钼）中分离出 120 毫克的铼。在石油裂解催化重整中可用铼代替铂做催化剂，这是铼的最大规模的应用。铼合金又做航空和火箭等材料之用。

1861 年克鲁克斯用分光镜检查硫酸厂的废渣，发现了硫化铊。1862 年法国的拉密（C. A. Lamy，1820－1878）得到三氯化铊，他用电解法电解熔融的三氯化铊，在阴极得到金属铊。高纯金属铊用于合成半导体化合物和硒整流器的生产。铊的硫化物和溴化物及碘化物分别用于制作红外光照相元件和光学仪器的镜片。

铟是在 1863 年由德国物理学教授赖希（F. Reich，1799－1882）和他的助手李希特（H. T. Richter，1824－1898）用光谱分析方法研究闪锌矿时发现的。随后，他们用氢气还原氧化铟，制得了纯净的金属铟。铟及其化合物主要用于半导体电子工业，还可用做激光器、太阳能电池和核反应堆的调节棒等材料。

从第十一章可知，镓是由布瓦博德朗发现的。工业生产的镓绝大部分用于制造半导体化合物。镓和铋、铅、锡、镉、锌、铟、铊等金属组成易熔合金，用于温度调节器、自动喷火灭火装置和电流断流器等。

三、稀土金属（镧系元素）

稀土元素发现的历史很复杂。1794 年芬兰化学家加多林（J. Gadolin，1760－1852）首先发现了元素钇。1803 年贝采里乌斯和希生革尔（W. Hisinger，1766－1852）从一种矿石中分离出一种白色氧化物，他们称作“铈土”，其中的元素叫做铈。1839 年瑞典化学家莫桑德尔（C. G. Mosander，1797－1858）在研究这种铈矿石时，又分离出了“镧土”，其中的元素叫做镧；同年，瑞典另一化学家埃尔德曼（Erdmann）在一种红褐色矿石中也发现了“镧土”。1841 年他从这种矿石中又分离出一种粉红色氧化物，称为镨（Didymium），1885 年化学家们发现它实际上是个混合物。1843 年埃尔德曼发现钇土是混合氧化物，从中分离出铈土、镧土和镨土以后，又分离出褐色的铒土和淡玫瑰红色的铽土，其中的新元素命名为铒和铽。

1878 年瑞士化学家马利纳克又从铒土中分离出白色的镱土，其中的元素命名为镱。1879 年瑞典分析化学家尼尔森发现了元素钪。

光谱分析方法的发明加速了各种稀土氧化物的分离和新元素的发现。1879 年瑞典化学家克利夫（P. T. Cleve，1840－1905）从铒土中分离出了铒、铥、钬。同年，布瓦博德朗从铌酸钇矿石中分离出镨以后，又从镨中分离出钐。马利纳克在对"钐"多次重结晶后，分离出 2 个新的组分，他用 Y_α 和 Y_β 标记，其中 Y_β 与钐的光谱一样，Y_α 则有差异。直到 1886 年，布瓦博德朗又从钐土中分离出 Y_α，他把该元素命名为钆（gadolinum），以纪念稀土元素化学的先驱加多林。布瓦博德朗把他的想法告诉了马利纳克，并在得赞同意见。马利纳克的宽宏大量让人敬佩，钆的发现权应赋予这两位科学家。

1873 年门捷列夫首先用复氨硝酸盐的部分结晶法分离镧和镨。镨即为钕和镨的混合氧化物"钕镨"。1882 年捷克的布劳纳（B. Braune，1855－1935）用光谱分析法进一步分析已分离出钐土的镨土，发现两组新谱线。1885 年奥地利化学家威斯巴赫（B. A. Von Welsbach，1858－1929）继续努力，精心分离硝酸镨土，分离出淡紫色的钕土和黑褐色的镨土，证实了"钕镨"就是钕和镨的混合物，其中两种元素为钕和镨。1886 年布瓦博德朗又用分步沉淀法从钬土中分离出暗褐色的镝土，其中元素为镝。1901 年，他的学生德马尔赛（E. A. Demarcay，1852－1904）又从粗制钐土中分离出淡玫瑰色的新元素铕。1907 年法国化学家乌尔宾（G. Urbain）用硝酸盐分步结晶法研究硝酸镱时，发现马利纳克当年发现的镱是两种元素的混合物，他将"镱"的名称保留下来给其中一个，把另一个元素命名为镥（lutetium），以纪念巴黎的古名 Lutetia。镥是最后一个自然的稀土元素。

到此，仅仅剩下了原子序数为 61 的稀土元素没有被分离出来。由于它没有稳定的同位素，所以化学家们尝试用各种分离方法都没有成功。直到 1947 年，美国核物理学家马林斯基、格伦丁宁和考耶尔从人工铀核裂变的碎片中用离子交换法发现了钷，后来人们用中子轰击钕时也获得了钷。这样，从 1794 年发现第一个稀土元素钇，到 1947 年发现最后一个钷。经历了 153 年，走过了曲折的道路，完成了稀土元素的发现。

稀土元素作为添加剂可以提高不锈钢、高速钢、硅钢及耐热钢的质量，改善其机械性能。稀土元素加在玻璃中，可以使其具有吸收紫外线和红外线的能力，用于制造防护眼镜。钆、钐、铕等金属氧化物可用作核反应堆的控制棒及陶瓷保护层的组分，金属钇可用作核反应堆的结构材料。在激光技术中，用稀土元素做基础材料或活化物质。在电真空技术中，稀土元素做非分散状气体吸收剂。在放射技术中，放射性同位素 ^{170}Tm（铥）可用来制造医疗和探伤用 X 光轻便发射器，钷的同位素 ^{147}Pm 用于制造原子能微型电池。在化学工业中，稀土化合物可用于制造油漆、染料和荧光粉，用作合成氨、石油裂解和有机反应过程的催化剂。此外，稀土元素还应用于电气照明、电视、轻工业和农业等各个部门。

第二节　人工单晶化学

一、人造宝石

自古天然宝石就作为装饰品。最初以人工大量制成的宝石是无色透明的六方系晶体的刚玉晶体。如果其中含有少量 Cr_2O_3，显红色，即称红宝石。

19 世纪初，法国的科学家就开始尝试人工制造红宝石。1837 年高丁（M. Gaudin），1851 年谢纳蒙（H. Senarmont），1848 年耶贝尔曼（J. Ebelman），1877 年 - 1887 年傅列米（E. Fremy）和费尔（E. Feil）等人都分别制得了刚玉或红宝石。但是，这些刚玉晶体都过于微小，没有什么大的实用意义。他们采用的制作方法都是高温熔融法。

法国化学家维纳尔最先解决了具有实用价值的合成刚玉晶体的制造问题。1890 年，他改进了焰熔技术，在 1900 年发表了用纯净的氧化铝做原料以氢氧焰的焰熔炉制造红宝石大晶体的新方法，从此维纳尔法即焰熔法便用于工业上大量生产红宝石，直到目前，各国还普遍采用这种生产方法。

焰熔法生长宝石虽然有很多优点，但晶体在生长过程中温度梯度大，使晶体内部产生较大的热应力；晶体中的着色剂或杂质分布难于达到均匀，使晶体缺陷严重，等等。为了克服这些缺点，1957 年 - 1958 年，美国贝尔电话实验室研究了用水热合成法生长刚玉单晶，以 Al_2O_3 或 $Al(OH)_3$ 做原料，用 Na_2CO_3 溶液做溶媒，在 400℃ - 500℃、2000 个大气压下合成了 19 毫米 × 19 毫米 × 6 毫米大完全无应力的刚玉单晶。1960 年，苏联尼吉梯切夫（П. И. Никитнчев）等也以同样方法培育出了刚玉单晶。1961 年怀特（E. A. D. White）用氟化铅（PbF_2）做溶剂将 Al_2O_3 溶解，经冷却自发成核培育的方法，制得了截面 2 厘米^2 - 3 厘米^2、厚 1 厘米的刚玉晶体。以后，又发明了引上法，这种方法是用钼片或铱金做成的坩埚中装入高纯原料，用电阻或高频加热使原料熔化，然后把籽晶侵入熔体中，再缓慢地把籽晶向上提，于是从籽晶出发晶体就逐渐长大了。为了制得片状蓝宝石单晶，又采用了导模法的生长技术。这种方法是将氧化铝原料放在钼坩埚中，在电炉中加热，并在炉中通入保护性气体氩等防止钼氧化。原料熔融后，在熔体中插入一个开有槽的导板，通过它拉出片状晶体。人们用这种方法还生长了太阳能电池用的片状硅单晶和片状铌酸锂等晶体。近年来，又发明了生长大块蓝宝石晶体的装置，用它制得了直径 30 厘米、厚 12 厘米用于坦克防弹窗口的蓝宝石晶体。

二、人造水晶

水晶俗称石英，是一种有实用价值的压电晶体。它是制造无线电元件、有线电话多路通讯滤波元件以及雷达、声纳发射元件的理想材料。它还是理想的光学材料，用于制造光谱仪棱镜、透镜等。它还广泛用于对讲机、彩色电视机、石英手表。石英钟几百年误差仅为 1 秒，因而作为计时标准。

1845 年，沙夫豪特尔（C. E. Schafhaütl）最早以硅酸为原料，采用水热处理法，在几个大气压下，获得了微粒水晶。1880 年，居里（Curie）发现了水晶的压电性，进一步促使人们把自然界中大量不合用的水晶碎块，重新结晶成为适用于压电元件的单晶。1905 年，意大利学者斯佩里亚（G. S. Speria）利用高压釜，在其上部放入水晶原料，下部放入籽晶，在硅酸盐溶液中加热，其上部达 330℃，下部达 170℃，在 150 大气压下，6 个月后获得长达 14 毫米的水晶。这是首次用水热法合成的人工水晶。

1944 年，纳根（R. Nacken）采用恒温法培育水晶，得到了适用于制造振荡器的材料。同时，沃斯特夫妇（N 和 W. A. Woster）也获得了相同的结果。

第二次世界大战以后，开始用水热法合成大尺寸的人工晶体。20 世纪 50 年代，许多研究者对水晶生长的物理、化学条件进行了较系统的研究，为合成人工水晶提供了理论依据；

还对高压釜内水晶生长的相态做了理论研究。同时，水晶器件的设计和制造也有了较大发展。

20 世纪 60 年代初，人工合成水晶进入工业化生产，近年来又有了较大的发展，研究出一些新工艺。1973 年美国西方电气公司和贝尔电话实验室研究了水晶快速生长和提高水晶 Q 值（品质因子）的生长工艺。此外，还开展了用石英岩、燧石、脉英石、伟晶花岗岩以及纯度较高的石英砂岩做原料的研究，在质量和性能方面进行了高 Q 值和抗辐射水晶的研究。

三、人造金刚石

1772 年，拉瓦锡做了燃烧金刚石的试验，首先证明了天然金刚石是单质碳的一种特殊晶形，并指出了从其他状态的碳制造金刚石的途径。后来的试验表明，金刚石在真空中加热到 1500℃ –2000℃时，便转化为石墨，启示了人们研究用加压方法将石墨转化为金刚石。1938 年，罗西尼（F. D. Rossinni）和杰苏普（R. S. Jessup）通过热力学计算，提出了金刚石 –石墨状态图，并指出要使石墨转化为金刚石，至少需要 1.5 万个大气压。经过十几年的研究试验，没有成功。到 20 世纪 50 年代，技术的发展为试验提供了必要的条件。1955 年本迪（F. P. Bundy）等人用镍等金属为催化剂，使用 2000℃和 7 万个大气压下的设备，使石墨转化为金刚石试制成功。美国通用电气公司于 1957 年、瑞典通用电气公司于 1962 年投入工业生产。

上述静压触媒法合成金刚石以后，又出现了多种合成方法。如静压直接转化法：1962 年国外有人在 12.5 万个大气压、2700℃的瞬间高温高压下，使石墨转化成了金刚石。用晶种的触媒法，美国通用电气公司以金刚石粉为碳源溶解于熔融金属铁镍当中，借助反应室中适当的温度梯度，使碳输送到高压釜反应室中温度较低处的金刚石晶种上，并在晶种上沉积出晶层逐渐长大。他们用这种方法，在约 6 万个大气压和 1500℃的温度下，几天之内长出 1 克拉（ =0.2 克）左右的宝石级优质人造金刚石。又如爆炸法：20 世纪 70 年代中期，国内外都已用此法工业生产金刚石，这种方法是利用 TNT 和黑索金等炸药引爆后产生强的冲击波和在几微秒的瞬间产生的几十万个大气压及高温使石墨转变为金刚石。此外，还报导有气相法、液相外延生长法、气液固相外延生长法、常压高温法等合成金刚石。

第三节　无机纤维化学

一、玻璃纤维

远古时代人类已经学会制造玻璃，但把玻璃拉制成纤维是 19 世纪末的事。1893 年在哥伦比亚展览会中曾展览过一种玻璃衣服、玻璃灯罩和全玻璃的领带。那时制造的玻璃纤维是先用火把玻璃棒烧热到可塑状态，然后用一个快速旋转的转筒把它拉成纤维。1928 年玻璃纤维开始商品化。1929 年发明了用离心法制造玻璃棉的方法。20 世纪 30 年代初，开始用熔化玻璃棒的方法拉制玻璃纤维。1938 年以后出现了用蒸气流把从漏板中流出来的玻璃液吹拉成细丝和用纤维缠绕在圆筒上而把玻璃丝拉细的方法。这种纤维比任何其他人造纤维都具有许多优异特性，如耐热、耐腐蚀、体积固定、有较高的抗张强度，所以在工业上占有重要地位。

二、碳纤维

最早的碳纤维是1879年10月美国发明家爱迪生发明的，他用棉纤维的氯化锌溶液制得再生纤维，然后高温灼烧制得碳纤维，作为白炽灯的灯丝材料，但是很快被钨丝所代替。20世纪50年代后期，由于宇航、航空和原子能等技术的发展，寻找轻质、高强度、高弹性模量和耐高温的新材料，碳纤维才又受到人们的重视。

1958年美国联合碳化物公司首先找到了用粘胶人造丝制取具有较高机械性能的碳纤维的工业生产方法，这是碳纤维发展中的一个突破，使碳纤维开始了真正的实际应用。1961年，碳纤维的连续生产方法发展以后便开始大量生产。20世纪60年代中期，英国首先突破了从聚丙烯腈纤维制取高强度、高弹性模量碳纤维技术，并进一步研究了碳纤维增强复合材料。1969年日本东丽公司取得聚丙烯腈原丝生产的重大突破，使碳纤维质量和产量大大提高，成本显著下降，一跃而居世界首位。20世纪70年代，各国又争先发展了以中间相沥青为原料制取碳纤维技术。1970年日本吴羽化学工业公司的沥青系列碳纤维投产，这种碳纤维强度低、弹性低，但具有优良的耐热性和耐蚀性；1974年美国联合碳化物公司又制造了强度和弹性接近聚丙烯腈系列的碳纤维。而碳纤维制成的复合材料则是一种强度比钢大、比重比铝轻的新材料。

1985年美国科学家斯莫利（R. E. Smalley，1943 -　）、柯尔（R. F. Carl，1933 -　）和英国科学家克罗托（H. W. Kroto，1938 -　）共同发现碳元素的第三种存在形式——富勒烯（或巴基球），也称为C_{60}球，它是由碳原子组成的球形排列，就像足球一样，以五元环和六元环相互连接。1990年发现用石墨电极大量制备富勒烯的方法之后，碳纳米管的研究将导致全新纳米技术的产生。

三、硼纤维

早在1808年，法国化学家盖-吕萨克和泰纳及英国化学家H. 戴维各自独立地从硼酸中制取了单质硼。戴维用的是电解法，而盖-吕萨克和泰纳是用钾来还原硼酸。1892年莫伊散（H. Moissan）首次制出纯度达98%以上的硼。现在，人们是用钽丝通电加热溴化硼蒸气，在1500℃时溴化硼分解，得到纯硼。

硼纤维是在实验室中第一个研制成功的具有高强度、高模量、低比重的增强纤维，也是目前能与铝基或钛基合金配合得很好的增强纤维，是制作金属基复合材料最好的材料。美国研制了硼-铝复合材料代替钛合金，用于制造飞机发动机的风扇叶片。但由于硼纤维价格高，使用范围有限。1971年美国生产了9300千克硼纤维。

四、碳化硅纤维

碳化硅纤维具有耐高温、耐氧化、耐腐蚀等优异性能，其强度和模量也较高，易于与金属复合。近年来对它的研制取得了显著的成绩，先后制成晶须、复合纤维和连续长丝三种类型的碳化硅纤维。

1965年美国金刚砂公司开始生产碳化硅晶须。1968年美国热力纤维公司经过技术改进，又使晶须成本大幅度下降，可制成7.62厘米的长晶须。碳化硅晶须可用于增强塑料和金属。碳化硅晶须复合材料用于导弹再入鼻锥和火箭喷嘴以及飞机的某些部件的制造。

美国金刚砂公司还制成碳丝芯碳化硅复合纤维，美国通用工艺公司制成钨芯碳化硅复合纤维。碳化硅复合纤维主要用于耐氧化的高温环境中，如烧蚀热屏障和火箭喷管，还可以作为熔炉内衬的耐火材料。

1976 年日本碳公司通过有机金属聚合物转化为无机物来制取连续碳化硅纤维，其商品名称为“尼卡龙”（Nicalon）。这种纤维作为金属复合材料的增强纤维，其性能比其他纤维都优异。连续碳化硅纤维与铝和铝合金制成的复合材料可作为飞机的结构材料，它还特别适用于制造要求质轻、强度高和耐高温的结构材料。

第四节　半导体材料化学

锗是第一种应用的半导体材料。1947 年 12 月使用多晶锗材料制成了第一只点接触晶体管。第一个锗单晶生长工艺是由美国的蒂尔（G. K. Teal）和理特尔（J. B. Little）完成的，这就为面结型晶体管的发明提供了可能。1954 年，美国得克萨斯仪器公司研制成功第一只硅晶体管，并在市场出售。

由于不存在天然的纯锗和纯硅，所以只能从含锗和含硅的矿物中提取锗和硅。30 年来发展的锗的化学提纯过程是先使含锗矿物成为含二氧化锗较多的物质，再经过氯化反应使二氧化锗变成四氯化锗，用蒸馏方法使四氯化锗纯化，经过水解作用生成高纯度的二氧化锗，最后经过氢还原法或锌还原法把二氧化锗还原为纯锗。通过化学提纯，能够得到 4 个 -5 个“9”纯度的锗粉。然后再用物理提纯——区域提纯法，可以得到 8 个 -9 个“9”纯度的锗。1960 年以后，又设计出气相沉积法。目前可以得到 12 个“9”的高纯锗。

到 20 世纪 80 年代，硅的化学提纯方法主要有三氯化硅氢还原法、四氯化硅氢还原法和硅烷热分解法。经过化学提纯得到的硅，其纯度一般已经可以满足半导体器件生产的要求。用区域提纯方法可以得到 11 个“9”的高纯硅。

在人们发现ⅢA、ⅤA 族化合物具有半导体性质以后，发现砷化镓（GaAs）具有许多优异特性，如禁带宽度大，电子迁移率高。这样，人们对 GaAs 的制备方法进行了大量的研究，发展了多种晶体生长方法。1962 年梅茨（E. P. A. Metz）等人提出液态密封法，1969 年出现了水平布里奇曼法，以后又发展了砷化镓外延生长技术。

随着空间技术的发展，要求半导体器件具有强的抗辐射能力、耐高温和好的化学稳定性，从而研制了碳化硅半导体材料。原苏联在 20 世纪 70 年代中期已研制成碳化硅发光二极管并已实际应用，还把这种材料用于大量生产电子计算机用的单片式集成电路。

从半导体材料和器件的发展可以看出，每一次半导体材料的重大突破都导致了新器件的发明。在半导体锗材料的基础上发明了晶体管，锗单晶生长技术成熟后，锗晶体管大量生产和应用，引起了电子工业的革命；硅单晶拉制成功，促进了集成电路的迅速发展；砷化镓半导体材料出现后，又导致了半导体激光器的发明。半导体器件的小型化和集成化又要求半导体材料的纯度越来越高，从而促进了超纯、超净、超精细加工等技术的发展，这就大大提高了半导体材料的质量。半导体器件发展还要求比锗、硅的性能更优异的半导体材料，促进人们研制出一些新的半导体材料。这充分表明了材料和器件发展的辩证关系。

第五节　超导材料化学

1908 年，荷兰物理学家昂尼斯（H. K. Onnes，1853 – 1926）把氦液化了，它是最后一种被液化的气体。然后他通过让液态氦蒸发的办法，使温度下降到 4. 2K，后来甚至达到 0. 7K 的低温。在超低温下，物体的性质发生了变化。1911 年昂尼斯发现，在 4. 17K 时，水银的电阻突然消失，变为了超导体。但用水银线绕制的超导线圈只能产生几百高斯的磁场，还不如普通永久磁铁和磁场高（4000 高斯 – 7000 高斯）。后来发现的几种超导材料也未突破万高斯的关。

1961 年，超导材料的试制取得了突破。马赛厄斯（B. T. Matthias）和孔茨勒（J. E. Kunzler）等制成了铌三锡（Nb_3Sn）和铌 – 锆合金，并用这些材料绕制成功了强磁场超导磁体，获得了几万到 20 万高斯的强磁场。20 世纪 60 年代末和 70 年代初，又发展了铌、锆、钛等金属的三元合金，用于绕制 80 千高斯的强磁场超导磁体。1973 年，加瓦勒和泰斯塔迪用溅射制成温度为 23. 2K 的超导材料 Nb_3Ge，这是超导材料研究的一项重大突破。这就使超导电性的温度范围从液氦温区（4. 2K）提高到液氦温区以上（约 20K）。

为了改善超导材料性能，发展了带状超导体。此外，还发展了超导线和正常良导体线复合成多股绞合电缆。目前又发展了多股细线复合导体，将铌 – 钛线套到大截面的正常导体管内，一起拉成细线，制成电缆。

20 世纪 80 年代发展的金属间化合物 Nb_3Sn、V_3Ga 和 Nb_3Al 等都具有较高的超导临界参量 Tc、Hc 和 Ic，是性能良好的强磁场超导材料。但是，这类化合物都是脆性材料，无法直接绕成磁体，而 10 万高斯以上的超导磁体只能用化合物系超导材料，这就必须采用特殊的制备方法。如制备 Nb_3Sn，已经发展了粉末芯线烧结法、多股绞合电缆法、扩散法、气相沉积法、等离子体喷涂法、反应性溅射法、电泳法等，并研制成了 Nb_3Sn 的多根细线复合导体。这种超导材料已经商品化。V_3Ga 的性能，尤其在高磁场强度下，Ic 比 Nb_3Sn 更好，适用于 15 万高斯以上的磁体中，也已实用化。

然而直到 20 世纪 80 年代科学家才寻找到可实际应用的高温超导材料。1986 年初，设在瑞士的 IBM 苏黎世研究室的贝诺兹（Bednorz）和米勒（Muller）发现，掺杂有钡的镧铜氧化物在前所未有的高转变温度（Tc）35K 时具有超导性，而美籍华人朱经武教授则报道了 93K 和 Tc 下发现钇钡氧化铜的超导性。以后的十多年里，又发现许多氧化铜的复合物具有超导性。

超导磁体和超导电体正在或将在电力设备、磁流体发电机、受控热核反应、船舶电磁推进装置、超导磁体悬浮高速列车、超导输电线、电子计算机、通讯等方面得到应用。

第六节　新型陶瓷化学

第二次世界大战以后，还发展了新型陶瓷、现代陶瓷或特种陶瓷材料。由于新型陶瓷远远超出了传统陶瓷的范畴，已逐渐将陶瓷概念扩大到几乎整个无机非金属材料，因而有人将固体无机材料通称为陶瓷。

一、导电陶瓷

人们把半导体材料的提纯技术和合成技术应用于陶瓷材料，使之能够控制陶瓷材料的导电性、介电性和电光性能，制成了具有各种功能的新型陶瓷。

最早的电子陶瓷大概是滑石瓷，主要用作高低压绝缘子。继滑石瓷以后出现的是氧化铝瓷。第一次世界大战末期用氧化铝瓷做火花塞。由于它的机械电气性能好，成为电子陶瓷中主要的品种。最早的介质陶瓷是20世纪20年代中期应用二氧化钛制成的金红石瓷。以后陆续出现了钛酸钙、钛酸镁、锡酸钙、镁镧钛系瓷等，这些材料主要用作温度补偿器。40年代，钛酸钡铁电陶瓷的发现揭开了压电陶瓷生产的序幕。50年代初，对 $PbTiO_3$ 和 $PbZrO_3$ 的固熔体研究的结果，导致了一系列新陶瓷的出现，如用钛酸铅制作电视机用零件和释热材料。50年代末，美国贝尔电话实验室首次合成了 $NaNbO_3-KNbO_3$ 系陶瓷，以后又制成了（Na，Li）NbO_3、（K，Na，Li）NbO_3 系等陶瓷。这种陶瓷用于制作超声波延迟线用变压器。

由于氧化铝瓷机械强度高，导热系数大，耐化学腐蚀性好等优异性能，至今还作为装置陶瓷广为应用。它在电子工业中主要用于制作厚薄膜电路、混合集成电路的基片和集成电路的封装外壳等。为了提高氧化铝瓷的机械强度、表面光洁度、气密性等，采用提高 Al_2O_3 含量的办法。1978年，大型99.5%氧化铝瓷制件已用于高能技术和能源工业。为了解决集成电路中芯片不受外界光辐射影响的问题，近年来使用着色剂 TiO_2，并加入 Cr_2O_3、V_2O_5 等，制成了着色氧化铝瓷。

二、高温陶瓷

早在20世纪50年代末，英国的格林和泰勒就对氮化硅（Si_3N_4）用于高温工程进行了评价。随后许多研究者对氮化硅高温工程陶瓷材料的力学、热学、化学性能进行了系统的研究，同时进行了 Si_3N_4 用于燃气轮机不同部位及燃烧室的模拟试验。

近年来开发了各种氮化硅的制造方法，其中有西德赫尔曼·斯塔克公司的金属硅直接氮化法，美国通用技术公司的气相合成法，日本宇部兴产的液相界面反应法，东京芝浦电气公司的高纯度氧化硅还原氮化法等；其成型方法有反应烧结法、冷压烧结法、热压烧结法、无加压烧结法等。1978年日本使用的陶瓷“高效率燃气轮机”的热效率达到55%。1981年日本特殊陶业公司已研制成功一种被称为“理想的节能发动机”——“全陶瓷发动机”，它的重量轻、耐热性和抗磨损性能好，被称作第二代发动机。美国已研制成功发电3万千瓦的陶瓷燃气轮机和用于火箭的陶瓷涡轮发动机。

氮化硼（BN）陶瓷也是一种重要的新型陶瓷。早在1842年，氮化硼在贝尔曼实验室首次合成。20世纪50年代以后，各国科学家对氮化硼做了大量的研究工作。目前，它的合成方法有十几种。近十多年来，氮化硼陶瓷广泛地应用于宇航技术、电子工业及原子能工业中。

氮化硼纤维是用特殊的化学方法制造的，即用化学的方法使母体纤维变成高温陶瓷纤维，其母体纤维可以是金属硼纤维或氧化硼纤维。由于 B_2O_3 纤维容易制得，并有足够的长度，所以给工业化生产氮化硼纤维提供了有利条件。

氮化硼纤维具有质轻、耐热、耐化学腐蚀、抗辐射、电绝缘性能好等，可用于宇航员、消防员及从事腐蚀性工作的化工和金属熔炼的操作人员做安全防护服，它与碳或石墨纤维混合后的编制物可做柔软的电热元件等。

由通常的制备方法得到的氮化硼呈层状结构，和石墨的结构相似，但不导电。在8.5万个大气压下加热到1400℃－1800℃时，它就转变成氮化硼结晶体，其结构同金刚石相似，因而它的硬度可与金刚石比拟，而在氧化、电阻和热稳定性方面则显示出比金刚石更优越的性质。这种材料作为工业磨料有可能代替金刚石的地位。

近年来研制的还有光电材料陶瓷、光学材料陶瓷、磁性材料陶瓷等。

第二十三章　石油化工技术——现代化工技术的支柱

从20世纪20年代开始，化工原料路线开始由煤转向石油和天然气，煤炭化工转向石油化工，化工技术发展进入一个新时代。现代化学工业的突出特点是：以石油和天然气为主要原料，以高分子合成材料特别是三大合成材料为主要标志，生产过程大型化、连续化和自动化，化学理论、化工技术和化工生产互相联系、互相转化和互相促进。化工生产过程中的原料、能源、机器设备和技术原理诸要素都发生了重大变化，化工技术体系从早期的实用化工技术经过近代的煤化工技术发展到现代的石油化工技术。石油化工技术体系的形成使化工技术基础发生了革命性变革，是现代化工技术的一次重大突破。

第一节　石油化工技术体系的形成

20世纪以来，由于钢铁技术的进步，使炼铁焦比下降，炼焦工业提供的芳烃来源满足不了有机化工发展的需要；由电石生产乙炔消耗大量电能，其发展受到很大限制；有机化工需要大量廉价的烯烃原料，炼焦工业和电石化工又无法提供。化工发展急需开辟新的原料来源。20世纪初，石油已经大量用作动力燃料，世界各地发现了大量石油，采油技术迅速提高，石油产量迅速增加，石油炼制技术水平也大大提高，这就为化学工业原料路线由煤转向石油提供了条件。1919年，美国新泽西州美孚标准石油公司，建立了以石油轻馏分丙烯为原料，生产异丙醇的工业装置，于1920年投入生产，开始了石油的化学利用，打开了从石油制取基本有机化工产品的新技术路线。因此，从石油、天然气出发，经化学加工，生产合成气、烯烃、芳烃及其衍生物的石油化学工业逐渐发展起来。由于石油化工具有廉价的石油和天然气原料及工艺技术上的优点，所以得到了高速度发展。这样，化工原料从煤转向石油和天然气，煤化工转向石油化工，使化学工业的发展产生了一次新的飞跃。

一、乙烯系产品的形成

早在1795年荷兰的四位化学家首先使乙醇和过量硫酸一起加热，制得乙烯。以后又报道过乙炔催化加氢制乙烯、从卤化烃类制乙烯、热分解乙烷和庚烷制乙烯等方法。

工业上是从乙醇生产乙烯。第一次世界大战以前，德国比特菲尔德的化学工厂用无定形氧化铝在360℃下使乙醇催化脱水生产乙烯。在第一次世界大战中，各交战国又发展了几种制取乙烯的方法，并用其制造芥子气。1920年，美国联合碳化公司完成将乙烷或乙烷、丙烷混合物进行脱氢和高温裂解以制取乙烯的实验工作，于1923年实现工业化生产，建成了第一个石油化工基地。1925年左右，开始生产许多乙烯衍生物，如乙二醇、乙二酸醚和二氯乙烯等。到20世纪50年代，以石油和天然气作为原料基础，用烃类裂解制取烯烃已成为制取化工基本原料的重要方法。由乙烯为原料发展了环氧乙烷、乙醛、醋酸乙烯、氯乙烯、聚氯乙烯等生产技术，形成乙烯系产品技术。

二、丙烯系产品的形成

德国人雷诺（Reynolds）于1851年发表的一篇论文中宣布发现了丙烯。他把戊醇蒸气通过红热的玻璃管，然后将生成的气体冷却分离，得到了与其他产物混在一起的丙烯。自石油化学工业建立以来，作为高级烃裂化制造汽油时，副产品为丙烯；由乙烷、丙烷和丁烷裂解制乙烯时，联产丙烯；石蜡油和更重的石油馏分的裂解制乙烯时，也联产丙烯。

20世纪50年代以来，丙烯的利用迅速发展，一系列丙烯衍生物相继投产。第一个石油化工产品异丙醇是用硫酸吸收丙烯然后水解和蒸馏而得到的。1951年英帝国化学工业公司又开发了丙烯直接水合法制异丙醇。1952年美国田纳西州的伊斯特曼公司把丙烯转化成正丁醛和异丁醛的混合物，并实现工业化。1953年加拿大的萨文干公司使丙烯转化为丙酮，并实现了工业化。1946年壳牌公司的研究人员发现，在氧化亚铜载体催化剂存在下，丙烯可在气相氧化成丙烯醛，于1959年实现工业化。丙烯醛又用于制造甘油。原来以电石乙炔为原料的某些重要的有机合成中间体，如丙烯腈、丙烯醛和丙烯酸酯等都逐渐改用廉价的石油丙烯做原料而大规模生产。这样，由丙烯做基本原料，发展了羰基合成醇、异丙苯、丙烯腈、环氧丙烷、合成汽油、丙烯酸等丙烯系产品技术。

三、乙炔化工体系的发展

石油裂解还可以获得乙炔，这就补充或改变了电石乙炔的原料路线，促进了乙炔化工体系的发展。当美国于1951年建成第一批天然气氧化裂解装置时，一吨乙炔的成本，如以电石为100计，则天然气电弧裂解法为80，丙烷热裂解法仅为40，氧化热裂解法也仅为55，因此以天然气和石油为基础的乙炔生产路线获得了迅速发展。

四、石油制芳烃技术的出现

大约到1930年，由煤生产苯已经发展成为世界性的大吨位工业。1940年以来，通过石油催化重整生成苯、甲苯、二甲苯等；烃裂解制乙烯时，副产裂解汽油中含芳烃达40%－48%，因此石油也成为芳香烃的重要来源。

石油制芳烃技术出现以后，苯在化学工业上的需求量大大增加。其主要用于三方面：生产苯乙烯，1925年美国开始生产苯乙烯，同年法本公司在德国建成了一座年产500吨苯乙烯工厂，用以制造聚苯乙烯塑料和合成橡胶；生产环己烷，作为生产耐纶的中间体；生产异丙苯，作为合成苯酚的重要的中间体。苯在化学工业上还有其他用途，如作为溶剂等。

五、石油制合成气技术的开发

合成气是一氧化碳和氢的混合物，用于生产合成氨及一系列有机产品。1950年美国首先把焦炭和煤改用天然气生产合成气；1962年英帝国化学工业公司开发了石脑油水蒸气转化法制合成气。巴斯夫公司等开发了原油部分氧化制合成气的方法，经壳牌公司改进，使得从甲烷到重质油都可用为制合成气的原料。以石油和天然气代替焦炭制合成气技术的发展，促进了合成氨、甲醇、乙醇、乙二醇、醋酸等技术的发展。

这样，20世纪到60年代末，大多数化工产品由煤转变到石油和天然气为原料生产，三大合成材料的原料几乎全部来自石油化工。石油化工技术体系几乎全部取代了煤化工技术体系，改变了整个化学工业的面貌。

第二节　合成纤维技术

一、人造纤维

人类用棉、麻、丝、毛等天然纤维作为纺织材料已有几千年的历史了。自然界的生物现象给人以启示，科学家们研究了蜘蛛吐丝结网、蚕吃桑叶吐丝作茧的生物现象，发现它们体内的黏稠液体通过小口吐出，遇到空气便凝固成丝。这就使科学家们联想到用人工方法仿制出类似的黏液，然后通过一个小孔抽丝进行人工制丝。1846 年，瑞士化学家申拜恩利用棉花和硝酸作用制得硝化纤维，把硝化纤维溶于有机溶剂中成为一种黏稠的液体，用玻璃棒蘸上一滴这种液体抽拉成丝。1855 年，法国人奥德马尔（G. Audemars）把硝化纤维溶于酒精和乙醚的混合液中，得到一种胶状溶液，用毛细管将该溶液挤到空气中，凝固后便成为光亮、柔韧的丝。虽然这种丝具有爆炸性，未能作为纺织材料发展，但它毕竟是世界上最早的人造丝，它的研制成功说明人造纤维是可以实现的。

1885 年法国的夏东奈（H. de Chardonner）把硝化纤维再用硫氢化铵（NH_4HS）脱硝得到了安全的人造丝，并于 1889 年建成最早的人造丝工厂。1892 年，英国人克劳斯（C. F. Cross）与贝汶（E. Bevan）将丝光纤维用 CS_2 溶解、纺丝、脱硫，制得粘胶纤维，其性能比人造丝更好。英国于 1900 年建成年产 1000 吨的这种人造丝工厂。此外，1857 年德国的许维茨（E. Schweitzer）用硫酸铜氨水溶液溶解纤维素得到铜氨纤维；1865 年雪村贝格（P. Schutzenberger）将醋酸酐与纤维素在密封管中加热到 100℃，得到醋酸纤维；1879 年法兰奇蒙（A. P. N. Franchimont），1894 年克劳斯与贝汶，1903 年迈尔斯（G. W. Miles）等用不同的方法制得醋酸纤维。

二、合成纤维

合成纤维工业生产的突破是聚酰胺纤维的合成。聚酰胺纤维在我国称为锦纶。美国化学家卡罗瑟斯（W. H. Carothers，1896－1937）从 1929 年开始研究了一系列的缩合反应，他应用有机化学中熟知的二元醇和二元酸进行熟知的缩合反应，但他采用了远远超过有机合成一般要求的措施，例如严格控制反应物的配料比，使其相差不超过 1%，而反应程度必须超过 99.5%，这样就突破了有机合成的一般常规，发现了缩合聚合的规律，从而他所领导的研究组合成了上百种聚酰胺。对这些品种作了评价之后，最后选定了由己二胺和己二酸反应生成的聚合物。这样，到 1935 年终于完成了高分子化学的一项重大突破，合成了耐纶－66，即尼龙－66。接着，他们又解决了原料和熔体纺丝过程中的输送、计量、卷绕以及机械设备等问题，于 1938 年实现了工业化生产。这是第一个人工合成纤维。用尼龙－66 制成的袜子又薄又轻又结实，很受消费者欢迎，很快打开了市场，当时美国杜邦公司就宣称尼龙－66“比珠丝还细，比钢丝还结实”。

1939 年，德国的施拉克（P. Schlack）利用己内酰胺缩聚制得聚酰胺纤维，称为贝龙，即尼龙－6，并于 1940 年正式投入工业化生产。这样，聚酰胺纤维（尼龙）的生产就迅速发展起来。其他品种的聚酰胺也陆续投入生产，如法国的尼龙－11，苏联的尼龙－7，日本的尼龙－9，尼龙－3 和尼龙－4 等，但仍以尼龙－66 和尼龙－6 为主。

另一个重要的合成纤维是聚酯纤维，我国称为涤纶。1940 年，英国人温费尔特与狄克逊（J. T. Dickson）在卡罗瑟斯研究的基础上，用对苯二甲酸和乙二醇为原料进行缩聚，首先合成了聚对苯二甲酸乙二醇酯，即涤纶纤维。1941 年进行纺丝，发现具有很好的成纤性能。但由于第二次世界大战的影响，这一发明被搁置。到 1945 年，英国卜内门公司才进入工业化研究，1950 年实现工业化生产。以后日本、西欧各国也纷纷建厂，到 20 世纪 70 年代，它已经成为合成纤维中发展最快、产量最大的品种。

第三个重要的合成纤维是聚丙烯腈纤维，或称合成羊毛。早在 1893 年已经制得丙烯腈，以后又从丙烯腈聚合而得到聚丙烯腈。但是聚丙烯腈不溶于普通溶剂，也不能用增塑剂增塑，难于加工，长时间没有得到应用。1939 年，赖英（H. Rein）取得用聚丙烯腈制造纤维的专利，但得到的纤维质量差，没有得到推广应用。1942 年，他用二甲基甲酰胺做聚丙烯腈的溶剂，得到了较高质量的纤维，具备了工业化生产聚丙烯腈纤维的条件。1948 年杜邦公司把这种纤维称为奥纶。直到 1950 年才正式投入工业生产。

第四个重要的合成纤维是聚丙烯纤维，是 20 世纪 50 年代后期工业化的品种。石油裂解生产乙烯的同时也联产丙烯。但由于这种烯烃是无定形的，熔点很低，不具有成纤的条件。直到齐格勒－纳塔新型催化剂发明后，合成了具有等规结构的聚丙烯，大大提高了熔点，才使聚丙烯纺织成纤维成为现实。先后于 1957 年在意大利、1959 年在德国实现工业化生产。

在合成纤维发展中，维尼纶纤维，即聚乙烯醇缩甲醛纤维也占有一定地位。1924 年德国发表了关于合成聚乙烯醇树脂的报告。1931 年用它生产纤维和薄膜进行了研究。1939 年日本樱田一郎和朝鲜李升基提出对其进行热处理和缩醛化的处理方法，制成耐热、耐水性较好的维尼纶纤维。1941 年和 1942 年，日本建成年产 150 吨和 60 吨的中间试验装置，但因第二次世界大战而中止了试验，直到战后才实现工业化生产。

随着原子能、航空和宇航技术的发展以及其他工业发展的需要，出现了许多具有耐高温、抗烧蚀、高模量等特殊性能的特种合成纤维。这些特种合成纤维按其性能不同分为三类：一是耐强腐蚀纤维，如 1938 年发明聚四氟乙烯纤维，1949 年首先在美国杜邦公司开始工业化生产，1960 年又研制成功四氟乙烯与六氟丙烯的共聚纤维。这类纤维既具有耐强腐蚀性能，又具有耐高温和电绝缘性能，在各种化学试剂中都不溶解，可作为宇宙服材料。二是耐高温纤维，如 1960 年杜邦公司研制成功间位芳香族聚酰胺纤维 HT－1，1967 年实现工业化生产。它可作为宇宙服、耐高温输送带等材料。同时，美国还开发了耐热性更高的杂环类聚合物纤维 PBI。随后，出现了一系列耐高温纤维，如聚酰亚胺和其他芳香杂环高聚物。苏、日、法、西德等国也相继研制出多种耐高温纤维。三是有机抗燃纤维，如 1969 年美国金刚矿公司试制成功聚酚醛纤维 Kynol，1971 年实现工业化。它可在瞬时经受 2500℃ 的高温。随后，日本也试制了类似的纤维，并研制成其他类型的抗燃纤维，如聚脲醛纤维、三聚氰胺－甲醛树脂与聚乙烯醇混抽纤维等。

第三节　合成塑料技术

19 世纪下半叶，由于电器工业及仪器设备制造工业的发展，要求有比陶瓷、木材等传统材料更好的电绝缘材料，于是人们对合成塑料进行了研制。1872 年美国人海特（J. W. Hyatt，1837－1920）发现，把樟脑加进硝酸纤维素后，材料容易加工成型，性能柔软，这就是我们熟悉的类似于象牙的塑料——赛璐珞。这一发现对塑料工业的发展有很大的意义。同年，德国人拜尔提出，苯酚与甲醛在酸存在下，能形成树脂状物质，但当时并未引起人们重视。1891 年，克莱贝格（W. Kleeberg）用浓盐酸处理这种树脂状物质，得到既难溶又不熔的多孔性物质，但由于无法结晶提纯而中止了研究。1907 年，美国人贝克兰在前人工作的基础上，深入研究了苯酚与甲醛的反应，指出因反应条件不同可以制得两类不同的酚醛树脂：一是在酸存在下生成的可溶、可熔树脂，称为虫胶代用品；二是在碱存在下生成的不溶、不熔树脂，由于前人不能控制反应，所以无法模塑成制品。对此他提出了控制反应的三个阶段，首次合成了塑料，并于 1907 年 - 1909 年进行了少量生产，1910 年建成日产量为 180 千克规模的生产厂，主要用于做电绝缘器材。

虽然 1912 年已发现氯乙烯的聚合，但一直无法加工因而未能投入工业生产。1928 年用氯乙烯与醋酸乙烯共聚制出具有高度耐腐蚀和良好机械性能的聚氯乙烯塑料。1935 年 - 1937 年，美、德等国都将其实现工业化。1932 年发现增塑剂后，英国卜内门公司于 1937 年应用磷酸脂增塑剂生产聚氯乙烯。这种热塑性塑料被用于制造化工设备和代替某些钢材。

德国在 1930 年、美国在 1934 年又开始生产聚苯乙烯塑料作为高频绝缘材料。第二次世界大战后，由于原料来源得到保证，聚苯乙烯生产才获得迅速发展。

高压聚乙烯又叫普通低密度聚乙烯，它的发现对塑料工业的发展具有十分重要的意义。由于合成氨工业的发展，使人们将高压反应用于有机合成之中，许多科学家在这方面作了探索。1933 年 3 月，英国卜内门公司的洛宾逊建议做乙烯和苯甲醛的高压反应试验。于是弗塞特（E. W. Fawcett）和吉布森（R. D. Gibson）做了这个试验，试验使用耐 3000 大气压的高压釜，在 170℃ 及 1000 大气压 - 2000 大气压下进行，发现器壁有白色固体聚合物，在重复试验时曾造成严重的爆炸事故。1935 年 12 月，该公司的帕林（M. W. Perrin）、巴顿（J. G. paton）和威廉斯（E. G. Williams）重做这个试验。他们使用了一个 80 厘米^3 的高压容器，温度是 170℃，试验开始一段时间后，由于容器密封不好，压力逐渐下降，但出乎意料，反应结果得到了 8 克白色固体物质，即乙烯聚合物粉末。这次试验的成功具有某种偶然性，在试验中虽然泄漏是不合要求的，但它却由此提供了氧催化剂，使之得到了聚乙烯。这种偶然性正反映了这个反应的内在规律性，就是说偶然性中包含着必然性。因为当时发现聚乙烯的条件已经成熟，有坚实的物质基础，如有几千大气压的气体压缩机、高压反应器等技术手段；也有坚实的思想基础，如试验中主观要求合成新的高压聚合物，试验严格，观察细致，善于抓住意外出现的现象，抓住事物的本质，从而从偶然的发现中取得重大成果。1939 年 9 月，英国建立了 50 升的反应器，第一个开始了聚乙烯工业化生产，到年底已达百吨规模生产水平。1943 年以后各国相继投产。

低压聚乙烯的发明是塑料工业的又一重大突破。1953 年，著名的德国科学家齐格勒用三乙基铝 $(C_2H_5)_3Al$ 和四氯化钛 $TiCl_4$ 组成的新催化剂，在乙烯气体为 100、20、5 大气压甚至常压下，合成白色粉状聚乙烯。这一成就震动了科技界，因为它打破了制造聚乙烯必须高压高温的信条，开辟了一条聚合高分子量化合物的崭新道路，划时代地开发了低压或常压方法制备聚乙烯的新技术。1954 年意大利蒙特卡蒂尼（Montecatini）公司首先用齐格勒催化剂，使低压下制造聚乙烯工业化；随后，1955 年西德赫希斯特（Hoechst）公司建立了一套年产 5000 吨的装置；1956 年法国朗 - 鲍林（Rhone - Poulene）公司也开始工业化生产；美国、日本等也相继实现了工业化生产。

1955年－1956年间，意大利科学家纳塔将齐格勒催化剂改进为α－$TiCl_3$与烷基铝体系，用于丙烯的聚合，第一次得到了高产率、高结晶度、能耐150℃温度的聚丙烯。1957年意大利蒙特卡蒂尼公司首先使之工业化。日本著名学者川上茂说："在化学工业中，很少有像聚丙烯那样轰动日本全国的。"鉴于纳塔的成就，同齐格勒一起获1963年诺贝尔奖。

齐格勒－纳塔催化剂的发明具有非常重要的意义：一是在实践方面，齐格勒催化剂的发明，改造了原先制备聚乙烯需要的1000大气压－2000大气压和高温的技术，也突破了合成氨技术发明以来形成的化学工业高温高压的观念，因此有人称这种新催化剂为第二代催化剂。常压下制造聚乙烯技术很快转化为生产过程，形成了新的生产力。纳塔改进的新催化剂使石油工业中廉价的丙烯得到了合理利用，而制成的聚丙烯又价格低、性能好、重量轻，是较理想的聚合物。二是在理论方面，齐格勒催化剂对烯烃反应取得的重要成果，导致了聚合反应进入一个新阶段，即络合负离子聚合反应阶段；又将金属有机化合物应用于工业生产，从而使金属有机化合物化学发展到一个新阶段。纳塔采用的新的Ti－Al催化体系，使得α－烯烃的加成聚合发展到一个新的高度，产生了定向聚合理论和立构规整高分子的结晶学说，又把这一理论转化为新的技术，应用于橡胶合成，制得了天然橡胶。可见，以齐格勒－纳塔催化剂这一新的技术发明为中间桥梁，使理论－技术－生产相互结合、相互渗透、相互促进、彼此转化。

近年来，线性低密度聚乙烯塑料迅速发展起来。20世纪50年代后期，人们利用有机金属催化剂使乙烯与丙烯、丁烯、辛烯等α－烯烃共聚得到线性低密度聚乙烯。1958年建成了第一个试验厂，60年代美国开始少量生产，1978年美国开始在市场上大量销售线性低密度聚乙烯，猛烈地冲击了高压聚乙烯市场，使许多高压聚乙烯（即低密度聚乙烯）生产厂采用这种新方法制造新型聚乙烯。因此有人说，这是一次新的聚乙烯革命。

为适应原子能、航空和宇航技术的发展需要，出现了特种合成树脂及塑料。这类材料主要有：一是航空透明塑料，用于制造飞机座舱盖、风挡及车船的安全玻璃等。1927年后，德国和美国制造了聚甲基丙烯酸甲酯（PMMA），称有机玻璃。1936年，德国的罗姆－赫斯公司首先实现了PMMA的工业生产。20世纪60年代后期又制造了另一种航空透明玻璃材料聚碳酸酯。它的透明度略逊于PMMA，但耐热性、耐冲击性优于PMMA。为适应高速飞行的需要，提高透明材料承受高温能力，近年来一些国家又研制了许多新型透明塑料，如聚芳砜、聚氨酯、聚酰亚胺等。二是氟塑料，它的产量和消费量不到全部塑料的千分之一，但它广泛用于航空、宇航、原子能、电子、化工等各工业部门，在国防、科研和民用工业技术中起着重要作用。1938年美国发现能将四氟乙烯聚合成性质优异、号称"塑料王"的聚四氟乙烯，1949年杜邦公司建立第一个工业生产装置。聚四氟乙烯约占氟塑料的90%，其余为聚三氟氯乙烯、聚偏氟乙烯、聚氟乙烯等。20世纪70年代以来，又发展了热塑性共聚氟塑料，如美、日、苏研制成了全氟乙丙烯。它的性能与氯四氟乙烯相似，最高使用温度比聚四氟乙烯低，但可热塑成型，加工方便。1972年美国杜邦公司生产了四氟乙烯和乙烯的共聚物，商品名称为Tefzel。同年该公司还生产了少量四氟乙烯和全氟烷基乙烯基醚共聚物，商品名称为TeflonPFA。它既具有聚四氟乙烯一样高的使用温度，又能热塑加工，而且耐应力开裂和韧性又较聚四氟乙烯有所改善。三是芳杂环树脂，它具有极好的耐高温、耐超低温和耐辐射的特性，还具有良好的机械性能、电绝缘性能和耐化学腐蚀性能。20 世纪 60 年代初，美国杜邦公司研制成功了全芳型聚酰亚胺树脂。美国一个登月飞船 140 千米长的导线全部用聚酰亚胺薄膜绝缘，美国和英国的航空用导线也多使用聚酰亚胺复合薄膜。四是有机硅树脂，近年来发展了一系列硅材料，它具有突出的耐高温、耐低温性能，优良的电性能，较好的耐氧化性能、耐辐射性能以及防水、抗粘性能等。

第四节　合成橡胶技术

人们最初利用的天然橡胶制品遇冷变硬，遇热变软发粘，容易老化龟裂。美国科学家古德意（C. N. Goodyear，1800 - 1860）为了消除橡胶变硬发粘的缺点，进行了大量的试验。焦炭炼钢的技术给他很大启示，钢比铁的性能优异，原因是其中加入了少量焦炭。他想，如果在生胶中加入少量的其他物质，是否可以改善橡胶的性能呢？于是，他进行了橡胶与各种物质反应的试验。经过多次失败以后，1839 年的一天，他把橡胶、硫磺和松节油掺在一起用坩埚煮，放出大量难闻的臭气，他不得不停止试验，把橡胶块抛进了垃圾箱。但他偶然发现撒落在烧红的炉子上的橡胶块不发粘，在高温下仍然具有良好的弹性。他立即意识到自己的疏忽，找回了抛弃的硫化胶。古德意立即详细地研究了橡胶与硫磺化合的最佳比例、加热温度、反应时间，并确定橡胶与硫磺共热后，特别是在铅化合物的存在下，会变得既不粘不脆又坚韧而有弹性。1844 年，他获得了硫化胶的专利。硫化橡胶的发明对橡胶工业的发展起了很大促进作用。

随着汽车工业的发展，天然橡胶不能满足需要，人们便提出人工合成橡胶的课题，并对天然橡胶的化学结构进行了大量研究。1826 年法拉第提出橡胶的组成为 $C_5H_{8.8}$，1838 年杜马提出为 $C_{4.5}H_{8.0}$，至 1860 年英国威廉斯（G. Williams）确定为 C_5H_8。不久弄清橡胶分子是 C_5H_8 的聚合物 $(C_5H_8)_n$。1882 年英国蒂尔登提出了异戊二烯的结构式为：

$$\begin{array}{l} CH_2{=}CH{-}\underset{\displaystyle |\atop \displaystyle CH_3}{C}{=}CH_2 \end{array}$$

他通过实验证明，从异戊二烯可以得到弹性体。某些性质与天然橡胶相似。从此人们开始对 C_5H_8 进行聚合研究。

1909 年德国人 F. 霍夫曼及库特尔申请了 C_5H_8 的热聚合专利。1910 年海立斯和麦修斯（F. E. Matthews）申请了用钠聚合 C_5H_8 的专利。第一次世界大战期间，德国因海上被封锁，国内缺乏橡胶资源，于是采用了乙炔路线制得二甲基丁二烯，将其进行聚合，实现了合成橡胶的工业化生产。1916 年 - 1918 年德国共生产了这种甲基橡胶 2350 吨，但由于产品的质量差、成本高，战后便停止了生产。到 1925 年，由于天然橡胶被英、荷、比、法等国控制，价格一再上涨，因而当时没有天然橡胶的美、苏、德等国加紧进行合成橡胶的试制。

原苏联科学家列别捷夫开创了用酒精生产丁二烯合成丁钠橡胶的历史。1908 年 - 1913 年，他研究了二烯烃的聚合，1910 年发现 1，3 - 丁二烯用钠转化成橡胶产物的聚合反应，并得出结论：凡有共轭双键的二烯烃化合物都能聚合成橡胶类似物，从而发明了丁钠橡胶。苏联缺乏天然橡胶资源，为了解决橡胶来源问题，1926 年开展了合成橡胶工业制造最佳方法的全国规模的竞赛运动。1927 年，在列别捷夫的主持下，设计了世界上第一个制造丁二烯的工厂，并解决了丁钠橡胶合成原料来源问题。1928 年建厂，1931 年获得第一批中间试验产品 260 千克，同年 6 月建造了世界上第一个大规模生产合成橡胶的工厂。原苏联贝左夫（Б. В. Бызов）还曾提出将石油在 900℃下进行热裂解制取丁二烯单体制造合成橡胶的方案，并在 1931 年按这种方法试制了 150 千克橡胶。这是用石油制造橡胶的开始。但是，当时由于工艺过程复杂，设备庞大，产量低而未能实现工业化。现在，石油化工的发展，大多数合成橡胶的原料路线是当时未能实现的石油化工路线。

尽管从 19 世纪中叶至 20 世纪初，人们对天然高分子进行改性并从双烯烃制得了合成橡胶，但是这些橡胶的生产主要凭经验摸索，缺乏理论指导。橡胶的发展要求人们对它的结构和性能的关系有正确的认识，在理论上有所突破。经过各种理论、观点的争论，建立了高分子理论。在高分子理论建立过程中，人们认识了橡胶结构的本质，从而陆续人工合成了一些橡胶。

20 世纪 20 年代中期，美国人纽兰德（J. A. Nieuwland）和柯林斯（R. T. Collins），已从乙炔制得了乙烯基乙炔，并通过氯化氢与乙烯基乙炔的反应得到了氯丁二烯。1932 年杜邦公司实现了氯丁二烯在引发剂存在下的聚合反应，从而得到了氯丁橡胶，并实现了工业化生产。

1929 年 –1930 年间德国的化学家在水乳液中实现了丁二烯与苯乙烯的共聚合，制成了丁苯橡胶；丁二烯与丙烯腈的共聚合，制得了丁腈橡胶。丁腈橡胶于 1934 年实现工业化生产，丁苯橡胶在第二次世界大战中才工业化生产。经改进的丁苯橡胶具有一系列优点，因此现在成为合成橡胶的最大品种。

此外，各国还合成了多种特种橡胶。特种橡胶主要用于制造耐高温（250℃ –300℃）、耐低温（一般为 –60℃，特殊可达 –120℃）、耐油、耐强腐蚀、耐辐照等特殊要求的密封件、胶布、胶管、电线电缆包皮等制品。

1920 年 –1924 年间，美国帕特里克（J. C. Partrick）和诺金（N. M. Mnockin）用二氯乙烷与多硫化钠作用，合成了聚硫橡胶。这种特种橡胶具有优异的耐油性，优良的抗老化性和密封性，在航天工业中作密封用。

美国还开发了丁基橡胶。1930 年美国标准石油公司和德国法本公司共同开发石油化工产品，法本公司透露了用异丁烯在强路易斯酸催化下于 –75℃聚合成高分子化合物的技术秘密。公司的经理想用它来作为燃料的添加剂，而公司的两位化学家汤麦斯（M. Thomas）和斯帕克斯却在这种聚合物中加入少量异戊二烯，制得了丁基橡胶。1942 年美国工业化生产。这种特殊橡胶具有优异的气体密封性和较好的耐腐蚀性，用于无内胎轮胎的防漏气的内层胶和化工防腐。

齐格勒和纳塔在定向聚合和立构规整理论研究方面的重大贡献，使合成橡胶发生了新的飞跃，出现了一系列立构规整橡胶。用丁二烯为原料，通过定向聚合制造了聚丁二烯橡胶（即顺丁橡胶），其性能比丁钠橡胶优越得多，从而取代了丁钠橡胶。1954 年，美国固特里奇 –海湾化学公司采用齐格勒 –纳塔催化剂聚合异戊二烯获得成功，人工合成了与天然橡胶结构和性能相似的聚异戊二烯橡胶，即合成天然橡胶。它的强度比普通丁苯橡胶高 10 倍，制成的汽车轮胎行驶里程可达 10 万千米。

20 世纪 80 年代又研制成功了许多橡胶新品种。热塑性弹性体加热时可以像塑料那样熔融，直接注射成型，冷却后又具有硫化橡胶那样高弹性和良好的强度。1965年美国壳牌化学公司首先使热塑性丁苯橡胶SBS实现工业化生产。热塑性乙丙橡胶也受到人们的重视，液体橡胶可以直接进行浇注，粉末橡胶对加工过程自动化及使用电子计算机技术具有重要意义。有人估计，这些新品种的问世，可能引起整个橡胶加工工业的根本变革。

特种合成橡胶目前已形成一个品种繁多的系统，包括氟橡胶、硅橡胶、聚硫橡胶、聚氨酯橡胶、氯磺化聚乙烯橡胶、氯醇橡胶、聚丙烯酸酯橡胶等多种类别。其中最重要的是氟橡胶和硅橡胶两大类。氟橡胶具有耐油、耐介质腐蚀和耐高温特性和良好的介电性能，因而受到重视。英法合制的一架"协和"号超音速运输机需要680千克氟橡胶。硅橡胶具有耐高温、耐低温、耐候性好、电性能优良等特性，美国制造的一架XB－70飞机需要1000千克硅橡胶，一枚民兵式导弹需用250千克硅橡胶。

在高分子化学工业发展的历史上，如果说20世纪40年代人造纤维产量超过了当时的羊毛产量可以作为一个特征的话，那么50年代的特征是塑料的产量先超过了铝，随后又超过了铜和锌，它以二倍于钢铁生产的增产速度逐渐代替着金属、木材与水泥等结构材料。而70年代全世界高分子材料的产量（年）：塑料为5000万吨，已经接近于木材和水泥等结构材料的产量；合成纤维与人造纤维共1500万吨，已经等于天然纤维的产量；合成橡胶600万吨，已经为天然橡胶的两倍。到2000年，仅我国的高分子材料年消费量已超过3000万吨。

第五节　功能高分子材料技术

所谓功能高分子材料是指具有光、电、磁等新性能以及某些生物性能的高分子材料。这类材料20世纪70年代开始发展，并迅速形成一个重要领域。

高效率高分子分离膜材料。环境保护工作的开展，促使离子交换树脂迅速地发展为离子交换膜和反渗透膜。它们能有效地应用于快速分析及分离过程，如海水淡化、废水处理、溶液浓缩、海水提铀等。薄膜反渗透技术是近十多年来发展起来的，而中空纤维反渗透膜的发明又是薄膜分离技术中的一项突出成果。美国道化化学公司最早提出采用三醋酸中空纤维作为苦咸水的反渗透脱盐。1967年美国杜邦公司提出第一个工业化的海水淡化尼龙－66中空纤维装置B－5；1968年，该公司又制成用于合成气中使一氧化碳与氢气分离浓缩的聚酯中空纤维分离器工业装置；1970年又发表了制成芳香族聚酰胺－酰肼类中空纤维反渗透器B－9，其分离效率高，体积小；1973年另一种新型的中空纤维反渗透器B－10投产，通过一级反渗透处理，就可以使海水或苦咸水淡化为饮用水。

光导纤维。20世纪二三十年代，一些科学家就提出了利用光学纤维传递图像的设想，50年代以后开始实用研究。1953年荷兰人范希尔（Van Heel）发表文章，论述了涂层纤维的用途；1954年美国人霍普金斯（H. H. Hopkins）与卡帕尼（N. S. Kapany）发表了利用传像束传送图像的报告；1955年范希尔与勃劳伟（W. Brouwer）发表了利用纤束分解和再现文字的报告。1966年高锟、霍克哈姆（Hockham）等人提出如果把玻璃中的杂质除去，可使光的吸收减少到非常小。1970年康宁公司报道了制成每千米20分贝的低损耗的光纤，使光纤得到了很快的发展。1972年日本电子技术综合研究所研制出了用石英作芯子的光纤。

1976 年日本电气通信研究所又发表了研制成波长 1.2 微米，每千米损耗仅 0.47 分贝的超低损耗光纤。

除玻璃光导纤维外，近年来发展了塑料光导纤维。它是由两种不同折射率的聚合物制成的芯－鞘形复合丝，把光能闭合在纤维中，使光线在芯部沿聚合物界面折射前进的光学复合材料。根据所选用的聚合体种类的不同，可以分为两类。一类是其芯部采用聚甲基丙烯酸甲酯，鞘部采用低折射率的含氟透明聚合物；另一类是其芯部采用聚苯乙烯，鞘部采用聚甲基丙烯酸甲酯。聚甲基丙烯酸甲酯为芯部的光导纤维具有优良的光学性能和物理性能，它正在被用于光纤通讯。美国最早生产了这种纤维，1970 年他们就展出了这类光学纤维的通讯装置，其中有用单一纤维同时传递许多不同波长信号的多重送信装置和电视图像送信装置。1974 年美国贝尔电话实验室又研制成功实用的光导纤维制造法（MCVD 法）。1975 年日本的电气公司和其他三家公司共同研究，确立了独特的光纤制造法（VAO 法）。光导通讯技术越来越受到各国重视。

导电高分子材料。这是使有机合成高分子具有金属特性，即导电性。它是在保持合成高分子所具有的重量轻、强度大、易加工等特性基础上，改变合成高分子的绝缘性为导电性。近年来研制的导电高分子材料主要是导电涂料、导电塑料和导电橡胶。这些材料用于电子工业中。

光致抗蚀剂，又称光刻胶。它是利用光刻技术制造晶体管和集成电路的新型材料。电子技术在向超高频、大功率、高可靠性、大面积、高集成度等方面发展，需要在制造印刷电路板、集成电路过程中，蚀刻出各种精细线条。为适应这种需要，近年来研制了聚乙烯基肉桂酸系光致抗蚀剂、橡胶系光致抗蚀剂和邻－醌重氮系光致抗蚀剂等。

生物功能高分子材料。20 世纪 40 年代时，将聚甲基丙烯酸甲酯用作牙科材料，开始把高分子材料用于医学。现在已经发展成为一个新的生物医用高分子领域。合成高分子的人造皮肤已经能够完全代替真皮肤的移植，人体的其他器官如骨、软骨、肌肉、腱、角膜与心瓣等也都能用合成高分子材料代替植入了。合成高分子膜已经用于制造体外人工肾，并开始试制内植人工肾。美国道化化学公司首先用醋酸纤维素中空纤维制成人工肾，它是一种血液透析器，可从肾功能不全病人的血液中除去尿素、尿酸和肌酐等有害物质。日本旭化成公司与德国恩卡公司利用铜氨或粘胶中空纤维制人工肾，临床试验效果较好。

纵观石油化工技术和高分子合成材料技术发展的历史，我们可以得到几点启示：

首先，原料路线的改变决定化学工业发展的方向。从 1920 年开始出现以石油为原料制得的基本有机化工产品，到 50 年代以石油和天然气为原料基础，用烃类热裂解制取烯烃已成为制取化工原料的重要方法。到 60 年代末，大多数化工产品由煤转变到石油和天然气为原料生产，三大合成材料的原料几乎全部来自石油化工，石油和天然气取代煤炭为化工原料路线基本完成。这一原料路线转变的完成，使煤化工技术体系转变为石油化工技术体系，使整个化学工业改变了方向，极大地推动了化学工业的发展。但是，目前全世界已探明的石油储量不能维持很久，煤的储量远高于石油的储量，按近年探明的储量和年开采量计算，煤可开采数百年以至上千年。于是能源又出现了由石油、天然气转向煤的趋势，随着能源构成的这种转变趋势，化工原料路线也必将发生转变，煤将在更高的层次上作为化工原料取代石油和天然气的地位，化学工业可能进入第二个煤化工时期。

其次，人们对高分子材料的认识由浅到深。人们最初利用的高分子材料是天然的棉、毛、丝，天然橡胶和虫胶树脂等。在利用这些天然高分子材料的过程中，通过化学改性和加工，发现了硫化橡胶、硝化纤维和赛璐珞等化学制品。在研究这类物质的组成以后，开始对天然高分子物质进行仿制，从而制出了类似于天然高分子物质的酚醛树脂、丁钠橡胶等。在仿制中，进一步揭示了高分子材料的规律性，确立了高分子化学理论，又在理论指导下合成了一系列高分子材料。这就说明，人们对高分子的认识经历了由浅到深、由低级到高级、由表面到本质的认识过程，遵循着人类对事物认识的共同规律。当然人类对高分子材料的认识并未完结，随着对高分子结构和性能间关系的进一步揭示，将更有目的地进行高分子“分子设计”，进入到自由王国。

第三，现代化工发展的一个重要特点是生产－技术－科学的相互转化，特别是科学－技术－生产的转化。在天然橡胶改性中，发现了硫化改性工艺，技术上的改进促进了橡胶工业的兴起和发展。在天然纤维素改性中，制得了硝化纤维、人造丝、粘胶纤维、醋酸纤维，并很快投入了工业生产。合成塑料也研制成功并工业化生产。生产和技术的发展，推动人们对高分子的认识从表面现象深入到内部本质，从经验上升到理论，提出了大分子概念，并建立了高分子化学理论。正如马克思所说：“每一项发现都成了新的发明或生产方法的新的改进基础。”① 高分子化学理论的建立，导致了许多高分子技术的发明，从而促进了高分子化学工业的迅速发展。如，由于系统地研究了缩合反应，导致试制成功尼龙－66，并实现了工业化；在自由基聚合反应的理论指导下，技术上开发了聚氯乙烯、聚苯乙烯、丁苯橡胶等，并实现了工业化。这充分说明化学理论对化工技术、化工生产具有指导意义。在高分子化学理论向技术和生产转化过程中，又不断地阐明高聚物聚合反应机理，进一步丰富和发展了高分子理论。在转化中，又做出了新的科学发现和发明。齐格勒和纳塔在催化理论和催化技术上的贡献就是一个最好的说明。以齐格勒的新催化剂为媒介，化学理论－化工技术－化工生产互相结合、互相渗透、互相促进、彼此转化，从而推动了现代化工的发展。

第四，未来化工技术的发展将突击创新。化学与生物学的交叉将在未来的化工技术创新中扮演重要角色，生物化工的兴起和发展，将逐渐取代石油化工，甚至煤化工的地位，从而出现一个生物化工时期。生物化工技术使得我们可以生产出更多更全的人工食物，制造出更安全、更有效的药物；生物化工技术使得化学工业成为绿色工业，化工生产经济而洁净，由化工生产造成的空气、土地和水的污染将消失。生物化工技术属于高技术，是知识经济时代的中心技术之一，对传统化工结构的调整和改组，对化学工业在国家和全球经济中的地位确立将产生重大影响，甚至影响到人类的生存方式。生物化工技术也是具有可持续性发展的技术，它对食物、能源、医药、材料和环保诸多领域的重要贡献会极大地支持全球全人类的可持续发展。

① 马克思著，《机器、自然力和科学的应用》，206页，人民出版社，1978。

第二十四章　走向前沿的化学

20 世纪是科学突飞猛进的时代，作为自然科学基础学科之一的化学也经历了使人眼花缭乱的100 年，然而现代化学的特点还是十分突出的，包括现代化学教育也体现出与以往不同的发展路径。在新的世纪，当化学家自豪地回顾化学的百年辉煌时，社会上也出现了对化学品的恐惧，不少年轻人放弃或不愿选择化学作为自己的事业；一些其他领域的科学家认为化学科学已经发展得十分成熟了，而另一些其他领域的科学家则认为化学正在被肢解，化学作为一门独立的学科正在消亡等等。那么，化学真的像一些人所预测的将走向衰退，甚至灭亡吗？换句话说，化学还有未来的发展潜力吗？如果有，这些潜力是什么？化学如何面对那些虽然武断，但又不乏道理的怀疑和责难？当然，无论从我们已有的历史和信念中，还是从化学的发展和社会的需要来考虑，化学不会走向消亡，化学像其他自然科学学科一样有自己生存的理由和发展的潜力，特别是不断开拓的化学前沿，将人类带向21 世纪新的化学世界，继续为人类创造美好生活。

第一节　现代化学的特点

发展着的化学的内涵随时代前进而改变，正如我国化学家徐光宪院士所言："在 19 世纪，恩格斯认为化学是原子的科学，因为化学是研究化学变化，即改变原子的组合和排布，而原子本身不变的科学。到了 20 世纪，人们认为化学是研究分子的科学，因为在这 100 年中，在美国《化学文摘》上登录的天然和人工合成的分子和化合物的数目已从 1900 年的 55 万种，增加到 1999 年 12 月 31 日的 2340 万种。没有别的科学能像化学那样制造出如此众多的新分子、新物质。"① 实现了合成化学开山大师贝特罗 100 多年前的伟大预言，在"老的自然界"旁边，再放进一个"新的自然界"。

现代化学的实质进步源于 19 世纪末到 20 世纪初物理学领域的新发现、新概念、新思想和新成果。19 世纪最后 10 年的三大发现——X 射线、放射性和电子，是人类对原子微观结构认识的三个里程碑，特别是量子力学的发展，使原子模型和原子结构建立起来，从而对分子结构有了进一步的理解，为化学的发展带来了广阔的天地。现代化学 100 年来的发展成就超过了以往任何时代，有着区别于以往各个发展时期的突出特点。

一、从传统的宏观研究领域转向微观研究领域

随着 19 世纪末物理学领域的三大发现，现代化学也开始步入微观研究领域，这是区别于近代化学的显著特点。化学家在微观层次上卓有成效的工作，取得了丰硕成果。量子化学、结构化学和核化学等分支学科的建立，使得对化学现象从唯象的经验解释走向微观的规律把握。量子化学的核心理论——现代化学键理论，包括价键理论、分子轨道理论和配位场

① 张培富：《多元视野中的化学》，18 页，太原，山西科学技术出版社，2003。

理论，成为现代化学的重要理论基础。化学家用量子理论探讨原子内的电子排布、能量变化，就是对复杂的化学反应来说，也可以测量反应机理，了解反应过渡态的情况以及分子、原子间能量的交换。

二、从定性和半定量化向高度定量化深入

虽然近代化学也曾广泛地使用各种定量化工具，但是还只能说停留在定性和半定量化水平。19 世纪后期的化学只用到一次方程，20 世纪以来，从二次方程、复变函数、微积分、数理方程、线性代数到矩阵、向量、概率、群论、拓扑学等，均在化学中有了广泛的应用。20 世纪 60 年代后，电子计算机大规模地引进化学领域，用它来计算分子结构已取得巨大的成功。如今任何化学论文如无详尽的定量数据就难以发表，而且化学实验的精密度愈来愈高，几乎所有仪器都是定量化的，有的还用电子计算机来控制。

三、从静态向动态伸展

近代化学对物质的研究基本上停留在静态的水平或从静态出发，推出一些动态情况。例如，从热力学定律出发，通过状态函数的变化，从始态及终态情况推断反应变化中一些可能情况。现代化学已摆脱这种间接研究推理，而采用直接的方法去了解或描述动态情况，特别是激光技术、同位素技术、微微秒技术、分子束技术在现代化学里的大规模应用。化学家目前已能了解皮秒（10^{-12}秒）甚至飞秒（10^{-15}秒）内微粒运动的情况和反应中化学键的断裂以及能量交换等情况。特别值得一提的是有关动态薛定谔方程的研究，一旦成功它将会为动态研究开辟光辉前景。

四、由描述向推理或设计深化

实验物理化学家李远哲 1986 年曾说过一段意味深长的话：“15 年前如果理论结果与实验有矛盾，那么经常最后证明理论结果错了。但是最近 10 年则相反，常常实验错了。”

近代化学几乎全凭经验，主要通过实验来了解和阐述物质。虽然也有一些理论如溶液理论、结构理论等可以指示研究方向，但总体来说近代化学基本上是描述性的。原来化学中四大学科（无机化学、有机化学、分析化学、物理化学）彼此存在很大独立性。然而，现代化学已打破传统的界限，化学不仅自身各学科相互渗透，而且跟物理、生物、数学、医学等学科相互交融和渗透。特别是量子化学的发展，已渗透到各学科，使化学摆脱历史传统，可以预先预测和推理，然后用实验来验证或合成。特别是借助于突飞猛进的电子计算机技术的进步，推动了量子化学计算方法的成熟和推广应用。在做实验之前，化学家就可以先在计算机屏幕上根据统一理论来预测化学行为，进行分子设计，形成了“模型化学”（Model Chemistry）这门新学科。例如，当今许多高难度的合成工作都事先根据理论设计，然后决定合成路线。著名的维生素 B_{12}的合成工作就是一个典范，它标志着化学已从描述向设计飞跃。

1998 年诺贝尔奖获得者、美国化学家波普尔（John A. Pople，1925 –　）认为，模型化学单单计算能量是不够的，模型化学还要计算：分子的平衡性质；过渡态和反应途径；分子的电性质、磁性质和光性质等；分子光谱、核磁谱；反应机理；分子间相互作用，包括高分子、溶剂效应、晶体形成等。显然，模型化学的数值运算与计算机化学的逻辑运算结合起来进行“分子的理性设计”将是未来化学的特色之一。药物设计、材料设计、物性预计等工作将不再按古老的方式进行。正如诺贝尔奖获得者、日本化学家福井谦一（Kenichi Fukui，1918 – 1998）说的：“化学发展的方向是非经验化。”

目前世界化学制药领域，平均需要筛选15000种化合物才能研制成功一种新药，也就是说平均需要耗资2.5亿-3.5亿美元、费时10年-12年，才能研制成功一种新药。这个成本还在以每年20%的数目提高。如果世界各大制药公司都采用分子设计的方法，将搜索的范围缩小到1/3左右，将会大大降低生产新药的成本。

由于化学合成这一最能动领域的发展，我们看到化学正在从“认识”世界的职能更多地转向“改造”和“创新”世界的职能，创造更多的新的有各种功能的分子。因此有人说20世纪化学是天然产物时代，21世纪将是非天然产物的时代。但是目前对结构-功能的关系的认识大多还在探索之中。因此，这是一个设计、合成、功能测定、再设计的过程。通常一个满足要求的功能分子要经历多次反复的长时期研究。对此近年出现了一个称为组合化学的方法。其要点是一次能获得一大批系列的化合物，以加快筛选的速度。组合化学制备的化合物的类型跨度不能很大，另外也受到合成反应和功能筛选方法的限制。因此较适宜于探索特殊的功能分子和研究结构较小改变对功能的影响。

设计、合成、再设计和组合化学，归根结底还要在反应器内，由原料经过一系列合成反应来进行。美国化学家考瑞（E. J. Corey，1928－　）对此系统地提出了合成设计或反合成分析的概念和方法，这是他1990年获诺贝尔奖的主要贡献。从分子工程学的观点来看，合成设计是工程的施工计划。合成设计及其实施取决于所合成分子的结构。随着各种新功能分子的合成需求，合成设计也必须有新的发展，尤其是对各种功能性分子聚集体的制备，更需要研究过去化学家较为陌生的组装问题。

五、向分子识别和分子群研究深入

随着化学进入了一个复杂体系尤其是生命体系后，化学就不仅仅涉及我们研究对象分子的成键和断键，也即不仅是离子键和共价键那样的强作用力，而且也必须考虑这一复杂体系中分子的弱相互作用力，如范德华力、库伦力、π-π堆集和氢键等等。虽然它们的作用力较弱，但由此却组装成了分子聚集体、分子互补体系或通称的超分子体系。此种体系具有全新的性质或可使通常无法进行的反应得以进行。在生物体中最著名的DNA的双螺旋结构就是由源自氢键的碱基配对而形成的。高效的酶催化反应和信息的传递也是通过分子聚集体进行的。这样一个分子间互补、组装的过程也就是通称的分子识别的过程。

化学家的传统，总是试图尽可能设计出一个单纯的体系，甚至是一个孤立体系，再进而深入探索其中的分子及其反应。但当面临复杂体系挑战时，我们必须举起分子识别的旗帜，深入研究控制分子的各种作用力，研究它们的本质以及了解分子有识别这一过程。由此看来，21世纪的化学在其基础理论上有很多工作要做。

近代化学对化学的研究通常只停留在一个或几个分子间的作用，即所谓0级、1级、2级、3级反应，对多分子的反应是无能为力的。但是，这已远远不能满足现代科学发展需要了，特别是研究生物体内的化学反应，就要研究多个分子甚至一大群分子间的反应了。例如，一个活细胞内往往需要几十种酶做催化剂，同时催化许多化学反应。因此研究分子群关系，已成为现代化学的一个特点。

在自然界中，生物的活动常常同时发生几十个甚至几百个化学反应，才能使生物体生命延续，就是完成一项简单工作也必须是多个分子同时工作才能实现。例如，根瘤菌体内的固氮酶，就有两种蛋白质分子，一种是含铁的，另一种是含钼的，这两种分子必须同时工作才能把氮气固定下来。目前化学家已完成主要生命基础物质的合成，并引进酶技术、仿生技术、膜技术等，使研究分子群的情况成为可能。这也是为揭开生命秘密做的基础工作。

六、实验水平空前提高

现代化学实验呈现精密化程度高、实验效率高和自动化程度高的特点，包括光谱仪、电子显微镜、核磁共振、电子探针、各种衍射仪等大量多功能、高精密度的新式实验仪器进入实验室，成为现代化学发展必不可少的物质基础，远非近代化学可比拟。如激光技术，为化学研究提供了前所未有的检测、探测与控制物质的极限，其应用几乎遍及所有的化学研究领域，如激光技术使观测化学反应（键的断裂、生成和过渡态）成为可能，并利用它研究反应机理，使完成特定键的化学反应成为可能。

七、现代化学的三大支柱是实验、形式理论和计算

我国科学家郝柏林院士曾经指出“物理学的三大支柱是实验、形式理论和计算”。然而，17世纪波义耳开创近代化学以来，大多数化学家一直认为化学只是门实验科学，建立化学科学的惟一方法是“实验科学的始祖”培根（F. Bacon，1561－1626）创导的归纳法，而由笛卡尔（R. Descartes，1596－1650）倡导的演绎法，难以被他们承认。然而，量子化学形式理论及计算的创立，在此后的70多年中经受了不同领域实验事实的检验，这些领域几乎包括物质科学世界的所有方面。同时，这个理论在各个不同领域的预言后来也得到了实验证实，有的竟符合到12位有效数字，其经受实验检验的程度之深、领域之广是任何化学唯象理论远远不能比拟的。

瑞典皇家科学院在把1998年诺贝尔化学奖授予两位理论化学家时宣称：“化学不再是纯实验科学了！”这是人类第一次在整个科学界都认可的文件中宣告化学正式进入了严密科学。物理学家从19世纪中叶奋斗到20世纪初，推翻了物理学仅仅是实验科学的片面提法，而化学家从20世纪初开始整整奋斗了一个世纪，才推翻了化学仅仅是实验科学的片面提法，宣告了几百年来“不做实验，化学就什么都不知道”的时代的结束。它同时宣告了这样一个新的化学时代的到来：关于物质世界的统一理论可以用来预计化学行为，发现和修正化学概念；它必将会把人们关于化学的认识从以往一堆形似互不联系的诸多“理论”，改造、梳理成为完全建立在“第一原理”的统一基础之上。①

“化学结构决定一切”是化学家300年来经验归纳积累起来的一条化学信念，然而，归纳法的局限性就在于其结论的或然性，如果只是这样的话，“化学结构决定一切”也只能是一个猜想。正是1998年诺贝尔化学奖获得者科恩（W. Kohn，1923－　）和他的学生通过严密的电子密度泛函理论，给予了“化学结构决定一切”这一命题严格的演绎证明。事实上，电子密度泛函理论使许多不够严密的化学概念，如广泛使用的电负性、硬度、熵、温度等都获得了严密的说明，使得化学正在“经历一个从老概念崩溃、重新定义概念，直到概念统一化的过程。”②

尽管化学领域中形式理论和计算这两条支柱还不能够像物理学领域中那样的强壮，但随着现代化学的不断发展，终会有一天成长为与实验一样强壮的顶梁支柱。

---

① 陈敏伯：《走向严密科学：量子与理论化学》，130页，上海，上海科技教育出版社，2001。
② 陈敏伯：《走向严密科学：量子与理论化学》，154页，上海，上海科技教育出版社，2001。

八、学科分化与融合日益突出

现代化学的分支学科愈来愈多，这一方面是化学研究领域的不断深化和专业化，从而导致学科高度分化的结果。如19世纪发展比较充分的无机化学，在20世纪沿着周期表的顺序全面深入，就衍生出氢化物化学、硼化物化学、氟化学、惰性元素化学、稀有元素化学、超铀元素化学等三级学科。物理化学已经发展成庞大的分支学科群，包括化学动力学、化学热力学、结构化学、量子化学、电化学、光化学等。另一方面，化学各分支学科之间、化学与其他学科之间，相互交叉、渗透与融合，衍生出大量新的二、三级分支学科甚至新的一级学科，而原有学科之间的界限在模糊甚至消失。如金属有机化学成为无机化学家和有机化学家共同感兴趣的研究领域，而C_{60}物质的发现使无机化学和有机化学传统的栏栅已经消失。20世纪最具代表性的交叉学科是生物化学的产生和发展，正是化学家在蛋白质、核酸等生物大分子组成、结构、性能与合成等方面的卓越成就，使得生命科学发生了跨越式的进步，成长为21世纪的带头学科之一。传统的四大基础学科——无机化学、有机化学、物理化学和分析化学在继续发展的同时，逐步趋向综合。现代化学还产生了一批综合性更强的学科，横跨许多学科和领域，如环境化学、食品化学、药物化学、材料化学和能源化学等。曾从属于有机化学分支的高分子化学，已完全突破了其三级学科的界限，成长为横跨化学、物理学、生物学、医药学、材料科学等诸多一级学科的高分子科学。

九、呈持续加速发展的态势

现代化学的发展速度要比19世纪快得多。仅以最具权威的美国《化学文摘》发展为例，1907年创刊时只有一名兼职编辑，而到1980年时工作人员已达到1150人，年预算经费3500万元；年收集论文数，从1907年的11847篇，增加到1977年的436887篇。现代化学在加速发展增加数量的同时，发展水平也大大超过了19世纪，正如美国化学史家萨克利所说，20世纪“40年代博士论文的工作量，在60年代只是实验室中一个下午的工作，完成60年代的博士论文在80年代只需一个下午，而我们保持着这样的重复”。

十、大化学特征愈加突现

在近代化学的历程中，化学家的个人作用十分突出。大多数化学家只是出于个人的兴趣和爱好，去选择化学研究方向、化学研究领域和化学研究方式，化学是一种象牙塔式里的职业。有的化学家甚至不屑于发表自己的研究成果，只为乐在其中。如著名英国化学家卡文迪许的多数成就，是在他死后才在他的实验记录本上发现的。单枪匹马、各自为政是近代化学家的主要研究方式。现代化学，特别是20世纪50年代之后，这种研究状况被大大改变了。尽管化学家依然扮演着重要的角色，但与近代化学家已有了很大的不同。现代化学已完全走出了象牙塔式的学科属性，化学的社会化和社会化的化学成为现代化学的时代特征，这就是大化学的时代。化学家不仅有自己个人选择的自由和权利，同时也必须满足社会对化学家个人提出的要求和选择，包括研究方向、研究领域和研究方式的选择。化学家之间的协调合作成为必要的研究方式。化学家群体以指数规律增长，化学作为一项社会事业的规模也加速扩张。化学的发展已愈来愈受到来自经济、政治、文化、教育诸多社会因素的制约，化学与社会的互动在广度和深度两个方面都在得到加强。

十一、百年诺贝尔化学奖

世界科学家的最高荣誉莫过于诺贝尔奖。诺贝尔化学奖评委卡尔·伊瓦尔·布兰登教授曾说："今天，诺贝尔奖已成为物理、化学和医学等自然科学领域的最高成就奖。一旦戴上诺贝尔奖桂冠，不但对获奖者本人是项殊荣，而且获奖者所在的院校或研究机构将因此名声鹊起，其所在的国家也备感荣幸。"① 诺贝尔奖之所以能有今天最高权威奖的地位，奖金可观固然是一个因素，几乎没有遗漏任何公认的20世纪最有成就的科学家，是更重要的原因。百年诺贝尔化学奖的历程，就是20世纪化学发展史的缩影。正因为化学领域最优秀的果实都被放入了诺贝尔奖的篮子里，诺贝尔奖对化学的发展产生了巨大影响。诺贝尔奖评选的一个突出特点是通过对重大化学成就的肯定与充分重视，引导化学研究的正确方向。在过去的近百年中，诺贝尔奖获得者群体就像是一棵茂密的"家庭之树"，前代获奖者们不断指点迷津，使得大树不断长出新的枝桠，茁壮的枝桠上又不断发出更多的嫩芽，科学之树从而越来越茂盛。

从1901年第一位诺贝尔化学奖得主范霍夫开始，至2000年一个世纪中，共有134位化学家、135人次获此殊荣，其中惟一两次获得诺贝尔化学奖的是英国著名化学家桑格（F. Sanger，1918－　），他在1958和1980年分别因在测定胰岛素结构和创立DNA结构分析方法方面的重要贡献而获奖。他在致中国青年化学家的一封信中讲到："现在，地球上可供人类发现的新地方不多了，但在科学领域却可以发现许多新东西。踏上探索未知领域的征程是相当有意义的，也是相当激动人心的。"②

百年诺贝尔奖的历史，只有4位科学家曾两次获奖，其中就有3位是化学家，1位是物理学家。法国化学家玛丽·居里（Marie Curie，1867－1934）因发现元素镭和钋获得1911年诺贝尔化学奖，而早在1903年，就因发现天然放射性与他的丈夫皮埃尔·居里（P. Curie，1859－1906）一起获得了诺贝尔物理学奖。玛丽·居里一家共有4人获得诺贝尔奖，另两位是她的女儿伊伦·约里奥·居里（Irene Joliot－Curie，1897－1956）和女婿弗雷德里克·约里奥·居里（F. Joliot－Curie，1900－1958），她俩也是玛丽·居里的学生和助手，因研制放射性元素获得1934年的诺贝尔化学奖。这是百年诺贝尔奖中获奖人数最多的家庭，也是惟一有两对夫妇获诺贝尔奖的一个家庭。百年诺贝尔奖中只有三对夫妇同时获奖，另一对是1947年诺贝尔生理学和医学奖的科里夫妇。百年诺贝尔奖中共有10位女性获奖者，其中获得诺贝尔化学奖的有3位，除了居里夫人母女俩外，还有1964年获奖的英国化学家霍奇金。第3位两次获奖的是美国化学家鲍林，他因对化学键理论的重要贡献获得1954年的诺贝尔化学奖，而在1962年因在反对和制止核武器、核战争方面的贡献获诺贝尔和平奖。美国物理学家巴丁（J. Bardeen，1908－1991）先后于1956年和1972年两获诺贝尔物理学奖。

本来应该每年评选和颁发一次的诺贝尔化学奖，在20世纪的100年中，由于两次世界大战和其他原因，其中有8年（1916、1917、1919、1924、1933、1940、1941、1942）没有颁奖，因此共颁发了92次。

百年诺贝尔化学奖所奖励的个人代表了20世纪世界最杰出的化学家，所奖励的项目代表了20世纪世界化学发展的最高成就。对这些简单数字的分析，也可给予我们对百年现代化学发展一个侧面的认识。

---

① 章念生：《诺贝尔奖：浓缩20世纪科学历程》，《人民日报》，2000年2月17日第7版。
② 王恒，朱幼文：《48位诺贝尔科学奖获得者寄语中国》，25页，海口，海南出版社，2001。

1. 按传统的无机化学、有机化学、分析化学、物理化学4大基础学科，再加上20世纪50年代后异军突起的生物化学来进行化学二级学科统计，可得到表24－1－1结果。

表24－1－1 1901年－2000年诺贝尔化学奖学科分布情况

次（人）数 学科	获奖次数和占总次数比例		获奖人数和占总人数比例	
	次数	百分比（%）	人数	百分比（%）
无机化学	14	15.2	18	13.3
有机化学	25	27.2	38	28.1
分析化学	4	4.3	5	3.7
物理化学	30	32.6	42	31.1
生物化学	19	20.7	32	23.7
合　计	92	100	135	100

从表中数据分析我们可以得出以下认识：

（1）物理化学尽管在4大基础化学学科里是建立和发展最晚的一个学科，但却是发展最快的一个学科。这反映出化学在从纯实验性科学走向实验和理论是现代化学之两翼的科学。理论化学的突破性发展是现代化学100年来最突出的特征。

（2）生物化学几乎和现代化学同步发展，是5大二级基础化学学科历史最短的学科，却是进步最快的学科。这一方面反映出现代化学发展的前沿领域更多地延伸到了生命科学领域；另一方面反映出现代化学的生命力在于不断超越化学学科自身，加强与物理学、生物学以及地学、天文学甚至数学的交叉渗透，才能使化学的天地越走越宽广。取得成就最大的物理化学和生物化学是20世纪科学领域最典型的交叉学科。

（3）有机化学的杰出成就居于第二位，换个角度讲，也可以说居于第一位，因为生物化学的产生和独立更多的是有机化学和生物学交叉渗透的结果。这一方面反映出19世纪才确立起学科独立性的有机化学，由于它与人类社会生活生产的密切联系，20世纪展现了其巨大的发展潜力和作用；另一方面反映出20世纪有机化学家扮演了更多生物学家的角色，特别是20世纪下半叶，已很难区分有机化学家和生物化学家的身份与研究领域，我们把百年诺贝尔化学奖的成就划分为有机化学和生物化学两个领域也仅是相对而言的，甚至可以讲这种划分不一定就是科学的。

（4）分析化学的位置靠后，一方面说明该学科的工具性特点使其独立性发展受到制约，20世纪分析技术的进步更多的是物理学的而不是化学的；另一方面说明现代分析化学更多地融入到了其他化学学科的发展之中去了，如无机分析、有机分析、物化分析和生化分析等。

（5）经过以上分析，自然逻辑地得出无机化学只能处于中间靠后的位置了。作为二级学科，无机化学的历史最长，基础性最强，相对更多的成熟性使其发展就受到一定的制约，只有化学一级学科获得总体的大发展，无机化学才能取得更多更大的进步。

2. 按化学诺贝尔奖获得者的国籍统计，可得到表24－1－2、表24－1－3和表24－1－4。

表 24-1-2 1901 年-2000 年诺贝尔化学奖国别分布情况

序号	国 别	获奖人数	占获奖总人数百分比（%）
1	美 国	46	34.1
2	德 国	26.5*	19.6
3	英 国	25	18.5
4	法 国	7	5.2
5	瑞 士	5	3.7
6	瑞 典	3.5	2.6
6	加拿大	3.5	2.6
8	荷 兰	3	2.2
9	奥地利	2	1.5
9	日 本	2	1.5
11	意大利	1	0.7
11	比利时	1	0.7
11	丹 麦	1	0.7
11	前苏联	1	0.7
11	芬 兰	1	0.7
11	挪 威	1	0.7
11	匈牙利	1	0.7
11	捷克斯洛伐克	1	0.7
11	墨西哥	1	0.7
11	阿根廷	1	0.7
21	埃 及	0.5	0.4
	合计	135	100

* 具有两个国家身份的化学家，在计算获奖人数时，每个国家只算 0.5 个人。

表 24-1-3 1901 年-1950 年诺贝尔化学奖国别分布情况

序号	国 别	获奖人数	占获奖总人数百分比（%）
1	德 国	18.5	36.3
2	英 国	7	13.7
2	美 国	7	13.7
4	法 国	6	11.8
5	瑞 典	3.5	6.9
6	瑞 士	3	5.9
7	荷 兰	2	3.9
7	奥地利	2	3.9
9	芬 兰	1	2.0
9	匈牙利	1	2.0
11	加拿大	0	0
11	日 本	0	0
11	意大利	0	0
11	比利时	0	0
11	丹 麦	0	0
11	前苏联	0	0
11	挪 威	0	0
11	捷克斯洛伐克	0	0
11	墨西哥	0	0
11	阿根廷	0	0
11	埃 及	0	0
	合计	51	100

表 24-1-4 1951 年-2000 诺贝尔化学奖国别分布情况

序号	国 别	获奖人数	占获奖总人数百分比（%）	序号	国 别	获奖人数	占获奖总人数百分比（%）
1	美 国	40	47.6	2	英 国	18	21.4
3	德 国	8	9.5	4	加拿大	3.5	4.2
5	瑞 士	2	2.4	5	日 本	2	2.4
7	法 国	1	1.2	7	荷 兰	1	1.2
7	意大利	1	1.2	7	比利时	1	1.2
7	丹 麦	1	1.2	7	前苏联	1	1.2
7	挪 威	1	1.2	7	捷克斯洛伐克	1	1.2
7	墨西哥	1	1.2	7	阿根廷	1	1.2
17	埃 及	0.5	0.6	18	瑞 典	0	0
18	奥地利	0	0	18	芬 兰	0	0
18	匈牙利	0	0		合计	84	100

尽管各个国家获得诺贝尔奖的数目并不能完全或准确反映其百年发展的整个情况，但可以从中给我们提供一些启示。

（1）美国化学家占到百年诺贝尔奖获奖人数的 1/3 还强，毫无疑义地显示出美国是当今世界绝对第一化学强国的地位；德国和英国位居第二和第三，且几无什么差距，各占到百年诺贝尔获奖人数近 1/5。三国化学家共占百年诺贝尔奖获奖人数的七成多，可以说美、德、英三国化学家主宰了 20 世纪世界化学的发展方向和潮流。

（2）20 世纪上半叶，化学家占诺贝尔奖获奖人数 10% 以上的国家有 4 个，即德、英、美、法四大化学强国，四国化学家共占诺贝尔奖获奖人数的近八成，主宰了 20 世纪上半叶世界化学的发展方向和潮流。其中德国携 19 世纪下叶化学强国之惯性，高居 20 世纪上半叶世界化学强国的霸主地位，其绝对优势甚至超过了美国在整个 20 世纪所占的优势地位；但其余三国的化学实力不分伯仲。

（3）从 20 世纪中叶到 20 世纪末，世界化学格局发生了较大的变化。首先，世界化学强国减为 3 个，即美、英、德三国，且三国彼此间的差距被拉大了。美国成长为世界超级化学强国，占据了世界化学的半壁江山。德国在二战中受到重创，滑落到世界化学强国的第三位，且与第二位的英国有一半多的差距，英国则稳居世界第二化学强国的位置。法国退出了第一档次化学竞争力国家的行列，甚至在第二档次化学竞争力的国家中也仅处于中游位置；其次，化学竞争力处于第二档次的国家也有较大变化。曾具有较强化学竞争力的瑞典、奥地利、芬兰等国退出了第二档次、甚至第三档次国家的竞争行列。瑞士、荷兰等仍保持在第二档次化学竞争力的国家之中。加拿大、日本等国在二战后迅速崛起，成为仅次于美、英、德的化学强国，尤其是日本，在新世纪头两年的 2001 年和 2002 年，连续有两位化学家获得诺贝尔奖，成为 20 世纪下叶以来化学进步最快的国家。1981 年诺贝尔奖获得者、日本化学家福井谦一在致中国青少年的信中讲："我只是希望在曾经创造出许多优秀思想的中国，为了地球和人类，也在科学和人类之间的相克问题上开辟出我们可以学习的有独创的新思路。"① 第三，20 世纪上半叶只有 10 个国家进入诺贝尔化学奖的行列，且均为发达国家。20 世纪下半叶，进入诺贝尔化学奖行列的国家数翻了一番。特别是一些发展中国家与发达国家的有效合作，在某些化学领域跨入世界先进行列，如墨西哥、阿根廷、埃及等。

（4）总体上看，20 世纪世界化学的发展，一方面有更多的国家融入世界化学共同体，化学生存空间发生了质的扩张，这种趋势将会进一步增强；另一方面，各个国家的化学发展速度严重不均，彼此间化学水平的绝对差距在拉大。因此，为了化学自身的健康发展和化学共同体的自身利益，世界各国的化学家、化学学术机构和团体应加强交流与合作，注重化学知识、化学观念、化学思想和化学文化在世界各国的普及，提高公民的化学意识，特别是发达国家的化学家应担负起更多的责任与义务，通过各种形式尽可能帮助发展中国家化学人才的培养、化学水平的提高和化学事业的发展，使世界化学的明天更美好。

根据20世纪诺贝尔化学奖发展的趋势，可以预测在21世纪，因电脑技术的加速发展，理论和计算化学领域将空前繁荣；生物化学领域的研究将占主导地位，个体高分子的研究将扩展到大型交互式系统。例如，在化学信号和包括大脑在内的神经功能领域研究会有大的突破。

① 王恒，朱幼文：《48 位诺贝尔科学奖获得者寄语中国》，205 页，海口，海南出版社，2001。

第二节　化学教育的轨迹

化学的发展水平直接制约着化学教育的开展水平，但二者并不是完全同步发展的。化学教育水平同时受到各个历史时期社会生产力水平、文化教育水平以及政治、宗教、民族、地理等诸多因素的影响。基于历史与逻辑相统一的原则，人类化学教育的发展可划分为古代化学教育、中世纪化学教育、近代化学教育和现代化学教育四个时期。

一、古代化学教育

古代化学教育是指公元5世纪前这一时期的化学教育发展状况。古代化学教育是迄今化学教育史上时间跨度最长的一个时期，然而又是发展水平最低的一个时期。在整个古代时期，化学发展基本处于描述性知识的水平，是依附于生活生产（用火、烧制陶瓷、冶炼金属、酿造、染色等）和其他学科（哲学、医药学等）而生存发展。古代化学没有什么科学传统而言，它只可从工匠传统或哲学家传统中去追寻自己的历史根源。为此，古代化学教育呈现出以下几方面的特点：

第一，古代化学教育主要是在学校之外实施的教育，采用师傅带徒弟的办法，包括家庭教育、行会教育、作坊教育等形式。从这个角度看，它比同期的宗教伦理、语文、音乐等人文社会学科的教育要落后，甚至比属同一部类的数学、天文、地理等自然学科的教育也要落后，也无法与医药学这类实用专科教育相媲美。这种情形一直影响到近代化学教育的发展。

第二，古代化学教育可分为实用化学教育和“理论化学”教育，但主要是工匠阶层的实用化学教育。这种学校外的实用化学教育，一方面使化学教育一开始就与人类生活生产密切相连，从做中学、学中做，注重经验知识和技能的传授与学习；另一方面，却使化学教育带有很多局限性，如保守性使化学知识不易交流与发展，化学工艺发明易失传等。实用化学教育与“理论化学”教育长期分离，各自独立发展，这在很大程度上也制约了古代化学教育水平的提高。

第三，古代“理论化学”教育主要是自然哲学家来把持，并大多是在他们主持的学园中进行，如亚里士多德在他创办的吕克昂学园传授四原性四元素学说及其他化学知识。尽管这些所谓的“化学理论”相比实用化学具有较高的抽象性、概括性和学术性，但通常是依附于哲学理论而存在，是由直观猜测而提出，因此“理论化学”教育往往脱离实际，与实际化学过程相去甚远。

第四，古代化学教育发展的一个巅峰时期是炼金术产生和繁荣的时期，其中“理论”教育和实用教育第一次获得统一。这使得化学教育扩大了影响范围，发挥了更大的社会效益。在这种化学教育过程中，炼金术士既是熟知各种“化学理论”的学者，又是掌握丰富操作经验和技艺的技师；既是研究者又是老师。作为炼金术士的助手，既是学生也是化学活动的直接参与者，同时从理论和实践两个方面去学习与掌握有关化学知识。

第五，古代化学教育经历了从师徒口授、“言传身教”到利用文字符号、书面材料进行化学知识传授的过程。这个过程的转变对化学教育发展具有十分重要的意义，它使得化学教育提高了学术品位，是实用化学知识步入学校之门的必要条件。

第六，古代化学教育在漫长的历史过程中，发展速度极其缓慢；从地域分布看，发展也极不平衡，主要集中在少数地区和国家。除中国在古代保持着相对高的化学教育水平外，其他化学教育中心曾几次发生转移，最初在古埃及和美索不达米亚，然后转向古希腊的雅典，再转向埃及的亚历山大里亚城，接着转向罗马，最后转向中东地区。

从今天的化学教育观来看，由于古代化学教育的零散、不系统、不自觉、不规范等，有的学者不承认古代化学教育的存在也在所难免。确实，古代化学教育在经历了炼金术的巅峰时期后就走向衰落了，但这并不能完全否认古代化学教育的存在。

二、中世纪化学教育

中世纪化学教育是指公元5世纪到17世纪上叶这段时期，时间跨度1000多年。它处于古代化学教育向近代化学教育过渡时期，具有承上启下的作用。中世纪化学教育表现出以下几方面的特点：

第一，中世纪前期化学教育的中心曾出现在阿拉伯帝国。阿拉伯帝国在经过公元7、8两个世纪对外来文化、科学的消化、吸收后，在公元9、10和11世纪达到了阿拉伯科学最兴旺时期。这个时期的阿拉伯化学教育是直接建立在古希腊和中国化学教育发展成就基础之上的，并主要体现在炼金术等活动之中。相比古希腊和中国的化学教育，阿拉伯的化学教育内容更加丰富和实用，如广泛传授分解蒸馏等化学工艺技能；参与化学教育活动的人员也突破了地位高低贵贱限制，具有更广泛的代表性和受教育面，甚至渗透到了部分学校。然而，愈来愈浓厚的宗教神学教育最终使阿拉伯化学教育迷失了正确发展的方向。

第二，受中国长期的重文轻理、视科技为“贱工末技”、文人以仕途为荣等传统文化影响，中国化学教育在漫长的封建社会中继续处在实用教育为主的早期形式阶段，而最能体现化学知识传授的炼丹术活动从南宋起就逐渐为世人所弃了。这个时期中国化学知识传播的一个重要途径是借助于本草学的发展，通过医药学教育使得一些化学知识得以世代相传下来。

第三，之所以确立公元5世纪－17世纪上叶这样一个时期为中世纪化学教育，主要是出于化学及其教育发展特点的考虑。近代化学教育是伴随着化学作为一门独立的学科存在开始的。同时，近代化学教育体系形成于西欧。在公元5世纪，随着西罗马帝国的灭亡，具有古希腊－罗马文化传统的化学教育萎谢了，西欧开始由奴隶社会向封建社会过渡，基督教会在意识形态上居于独尊地位，包括科学在内的人类理性或被扼杀，或使其处于奴婢地位，学校教育的目的是维护教会的统治地位。这样，本来脆弱的化学教育在公元5世纪－11世纪的西欧，除拜占庭帝国外，几乎是空白。欧洲炼金术式的化学教育是从公元11世纪才开始随炼金术从阿拉伯引进而兴起，但总体水平并未超过阿拉伯，并且随着炼金术活动具有炼制黄金的这种虚伪商业性的丧失，这种化学教育形式就走向了衰落。中世纪前期西欧化学教育的发展主要还是实用教育，且起初只限于拜占庭帝国，公元11世纪后才在西欧诸国逐渐发展起来。

第四，14、15世纪的西方化学教育并无多少起色，其中一个重要的社会原因是这个时期随文艺复兴运动而起的教育改革明显存在排斥自然科学的倾向，这给化学教育的发展带来消极影响。[①] 进入16世纪后，西欧化学教育又呈上升趋势，这特别表现在实用化学教育方面。这个时期学者们对工匠的工作发生了兴趣，他们所编写的冶金化学、矿物化学等论著首

---

① G. 杜布斯：《文艺复兴时期的人与自然》，3页－6页，杭州，浙江人民出版社，1988。

次真实地记下了工匠们的化学实践经验，从而提高了实用化学教育的学术品位和水平。

第五，西欧中世纪前期化学教育的最大成就是它的行会艺徒制化学教育的建立和发展。相比古代实用化学教育，艺徒制化学教育具有正规化、组织化、系统化、行业化甚至政治化的倾向，实开化学职业教育的先河，构成化学教育史上实用化学教育发展的一个重要里程碑。

第六，中世纪化学教育的巅峰是医药化学教育的产生。实际上，无论是在中国，还是在阿拉伯，是在东方还是在西方，医药教育和化学教育一直存在着若即若离的关系。然而直到16世纪，以瑞士人帕拉塞尔苏斯为代表的一批学者的不懈努力才使得这两种形式的教育真正统一起来，形成了医药化学教育。正是借助于医药化学教育这种形式，才使得相对系统的化学教育随着医学课程走进了高等学校的大雅之堂。事实上，当时医药化学教育的发展促进了整个学校教育的改革，如反对用传统的拉丁语讲课，代之用本国母语讲课，化学教育大有统领整个自然科学教育发展之势，帕拉塞尔苏斯主义成为独立于当时文学人文主义的又一种人文主义传统——赫尔墨斯人文主义传统，从而对社会、科学和教育的发展产生了深远影响。

第七，与医药化学教育发展相联系的一个现象是，药剂师在17世纪成为欧洲从事化学教育的生力军。过去对化学深感兴趣的大都是医生，随着研究者有增无减，药剂师也开始进行化学研究和发表化学著作。他们特别适合于钻研这门学问，因为他们经营实验室，从事大量医用化学药品的制备工作。这一时期很多杰出的化学家正是在制药房中培养出来的。制药房中的师徒式化学教育除了传统的实用性特点外，已真正开始具备了学术性和专业性特点。药剂师不仅在制药房中培养未来的化学家，而且开始直接登上大学讲台公开讲授化学。药剂师从事化学教育成为未来200年化学教育发展的一大特点。

第八，化学教育史上第一本真正的化学教科书在16世纪末产生了，这就是德国人李巴尤斯（A. Libavius，1540－1616）1597年出版的《炼金术》（Alchemia）。该书长期以来一直被用作化学教科书，它力图只用一卷篇幅，将今天称之为化学的各个领域的全部要点包罗无遗。李巴尤斯借用炼金术一词概括了化学的全部含义："炼金术是通过从混合物中析出实体的方法来制造特效药和提炼纯净精华的一门技术。"① 不难看出，直到16世纪末，化学教育仍带有浓厚的中世纪式的色彩。然而，这本教科书的正式出版毕竟是化学教育开始走向独立的重要标志。

综观中世纪化学教育，其基本仍属校外教育。"理论化学"教育发展水平仍很低，且长期与传统的实用化学教育相脱节。即使到其后期，化学教育仍主要是依附于或混合于其他学科的教育。中世纪化学教育水平总体上仍落后于同期的人文社会学科和其他一些自然学科。化学学科不能获得自己的独立地位，化学教育就难以形成自己的独立体系。

三、近代化学教育

近代化学教育是指17世纪中叶－19世纪末这样一个时期。在这两个半世纪中，化学取得了前所未有的成就，并牢牢树立了化学作为一门重要的自然科学学科的独立地位。这个时期资产阶级在欧洲各国逐渐掌握了国家政权，资本主义生产方式确立了其主导地位，资本主

① H. M. Leicester: The Historied Background of Chemistry , PP 98-99New York, 1956.

义教育体系也逐渐形成，其中区别于中世纪教育的一个重要特征是科学教育最终成为其重要组成部分。近代化学教育正是在这样的历史大背景下逐渐建立起来，并可分为17世纪-18世纪和19世纪两个发展阶段，具体表现出如下特点：

第一，17世纪-18世纪是近代化学教育的初创时期。这个时期的资本主义教育刚刚从中世纪教育体系中脱胎而来，大多数学校还被教会势力所控制，大学仍保持着文、法、神、医的传统学科专业结构。大学化学教育主要借助于医学专业开展，化学知识通常是由医学教授来讲授，如当时最著名的化学家波尔哈夫（H. Boerhaave，1668-1738）就是荷兰莱顿大学的医学教授，但同时传授化学知识，而近代许多著名化学家都是从大学医科毕业，如英国的布莱克、德国的施塔尔、瑞典的贝采里乌斯等。由于这个时期还未出现专门培养化学人才的专业或机构，几乎所有化学家都是通过非专业化学教育成长起来。同巴黎大学、牛津大学、剑桥大学等这些由基督教会长期把持的传统大学相比，在一些新建高校、非天主教高校、非教会高校或非传统高校中，化学教育开展得更好一些，如英国的曼彻斯特学院、格拉斯哥大学，法国的皇家学院、皇家军事学校，德国的哈雷大学、哥廷根大学等。

第二，17世纪-18世纪化学教育的职能，在很大程度上是由一些科学社团担当。当时一些学者不满意传统大学对科学研究与教育的轻视，遂自己组织起一些科学社团以促进科学进步和科学知识的传播，如英国的伯明翰月社、爱丁堡哲学会等，有些科学社团发展成为国家科学院，如英国的皇家学会、法国的皇家科学院、德国的柏林科学院、俄国的圣·彼得堡科学院等。由于这些科学社团倡导科学、讲求民主，并经常集会，利用演讲向广大百姓传播科学知识，吸引了许多科学家和有志青年，不少著名化学家正是受益于这种科学社团而投身于化学科学的，如把近代化学确立为科学的波义耳、策动近代化学革命的拉瓦锡、俄国近代化学的主要创始人罗蒙诺索夫等。17世纪-18世纪的科学社团在促进化学教育发展方面并不比大学逊色，有些科学社团甚至开办学校招收学生，如圣·彼得堡科学院。①

第三，近代化学教育体系在19世纪形成。首先，19世纪无机化学工业和有机合成工业的繁荣对化学人才的需求，使化学教育的发展成为必需；其次，19世纪化学的大发展为近代化学教育体系的建立奠定了必要基础。氧化学说、原子-分子学说、化学元素周期律、经典有机结构理论、化学热力学理论、溶液理论、电化学理论等一系列化学理论的建立标志着经典化学体系在19世纪基本建立起来，这使得化学教育真正开始摆脱长期以来的单纯实用性特征，使之能够建立在可靠的科学理论基础之上；再次，18世纪末开始而在19世纪全面展开的大学教育改革，使近代化学教育体系的建立成为可能。法、德、英等国或通过改造旧的大学，或通过建立新的大学，使大学能够实施全新的科学教育，培养社会所需的各种人才。其中比较出色地开展了化学教育的典范有德国的吉森大学、柏林大学、哥廷根大学等，法国的巴黎理工学校、巴黎高等师范学校、法兰西学院等，英国的爱丁堡大学、皇家化学学院、欧文斯学院等。19世纪中期后，各国大学纷纷开设了化学课程，并设置了越来越多的化学教授职位，聘请著名化学家到大学任教。大多数化学教授往往是一职兼授数门化学课程，但有些大学已分别设立了无机、有机和分析化学等若干化学教授职位。

第四，19世纪化学教育逐步实现了由私人实验室师徒制向教学实验室师生制的转变。

① А. Ф. 卡普斯廷斯基：《俄罗斯无机化学与物理化学发展简史》，7页-22页，北京，科学出版社，1956。

完整的化学教育是离不开实验教学的。17 世纪－18 世纪的化学教育完全是化学家个人在自己的私人实验室里，向经过他们精心选择的学生提供指导和帮助，这实际仍是一种传统的师徒式教育方式。它存在不少明显的缺陷，如教学不规范、不系统，更主要的是不能满足社会日益对化学人才的大量需要。为此，进入 19 世纪后，德国化学家李比希开创了教学实验室师生制的化学教育新方式，即他在吉森大学首创的化学教学实验室同时接纳大量程度不等的学生，奉行的是从学习基础课到实验训练再到独立实验研究的教学和研究相结合的教育方式。它成为 19 世纪大学化学教育的主导方式，奠定了近代化学教育体系的基础。在 19 世纪，有一些化学家则是利用私人实验室按师生制来实施化学教育，这是一种由私人实验室师徒制向教学实验室师生制过渡的化学教育方式。

第五，19 世纪的大学里开始出现专业的化学教育组织机构，如化学教研室、化学教学实验室等，有些大学还设置了专门培养化学化工人才的系，如欧文斯学院的化学系（1851 年），麻省理工学院的化学工程系（1888 年），而英国皇家化学学院（1845 年）和意大利化学学院的建立进一步扩大了化学教育规模。这些专业化学教育机构的出现，标志着化学活动在 19 世纪开始初步走上职业化道路。然而需要指出的是，成立专业化学教育机构在 19 世纪并不是普遍现象，像化学教研室、实验室这样的教学组织大多设在大学的医学院或理科院系中。

第六，19 世纪化学教育呈现教育与生产结合、基础与应用结合的正确发展方向。这一点在著名的李比希学派的化学教育中表现得尤为突出。李比希本人就是一个集教学、科研和生产于一身的化学教育家，如他当时注意到化学已经涉及农业生产时，便不失时机地从化学观点去阐明农业的特点，并研制出了化肥，还亲自办了化肥公司。不仅如此，李比希还将这种方法灌输给了学生，如他的高足霍夫曼不仅以化学家和教育家闻名于世，还对德国合成染料工业发展做出巨大贡献。当霍夫曼受聘于英国皇家化学学院任教时，又把这一思想传授给学生，其中最有代表性的就是以“帕金反应”而闻名于世的化学家帕金（W. H. Perkin，1838－1907），他通过对苯胺紫染料的研制和生产，开发了巨大的欧洲市场，并在科研与生产相互促进方面取得很大成功。19 世纪不少化学教育家都具有如此类似的教学方法和教育思想。

第七，近代时期一批优秀化学出版物的出版发行是近代化学教育取得巨大进步的重要条件。首先，化学教科书和化学著作的出版促进了化学知识的传播和化学研究成果的交流，提高了化学在教育中的地位和作用。许多年轻人正是通过阅读前人的化学著作而走上钻研化学的道路。如波义耳的《怀疑派化学家》（1661 年）给后人树立了化学发展新风；拉瓦锡的《化学纲要》（1789 年）使氧化学说在各国流传并被引入大学课堂；道尔顿的《化学哲学新体系》（1808 年）使大学师生及时全面地了解了原子学说；贝采里乌斯的《化学教程》三卷本（1808－1818）成为世界各地有志投身化学科学的年轻人的必读之书等等。所有这些著作都成为化学教育史上的经典著作，几乎全部以英、法、德国等多种文字出版数次乃至数十次，影响了数代化学家的成长；其次，化学专业期刊的创建与发行丰富和补充了化学教学。从 1778 年创办第一份化学专业期刊《化学杂志》（德国）开始，1789 年拉瓦锡等人创办《化学年鉴》，1832 年李比希创办《药物学年鉴》（后改名为《李比希化学年鉴》至今），1887 年奥斯特瓦尔德创办更加专业化的《物理化学杂志》等。18 世纪－19 世纪世界各国创办了许多种与化学有关的刊物，实际上，各国化学会在其创建后都很快创办了自己的会刊。

近代许多化学教育家都把这些化学期刊作为激励自己学生的手段，一方面鼓励学生阅读这些刊物以增加最新化学知识，另一方面又鼓励学生积极在这些刊物上发表论文，促进他们的成长。

第八，进入19世纪后化学教育出现改革之势。首先，法国18世纪末开始的大学教育改革，使得法国化学教育在19世纪前30年执牛耳于世界，巴黎成为世界化学教育中心，吸引了大批有志于化学的各国青年前往学习；其次，曾受惠于法国教育改革的德国，在19世纪中叶后则取代了法国在世界化学教育中的盟主地位，领导了世界化学教育发展潮流；再次，落后于法、德两国的英国化学教育，在19世纪下叶奋起直追，特别是借鉴了德国的化学教育经验，使它得以在下个世纪保持较高的化学教育水平。

近代化学教育开展得较好的国家还有瑞典、意大利、荷兰、俄国、美国等。瑞典化学教育在19世纪上叶处于世界先进水平，并为世界各国培养了许多著名化学家。文艺复兴运动中走在前列的意大利和荷兰在化学教育领域也紧随德、法、英之后。科学传统最初源于法国的俄罗斯在19世纪则受德国影响颇深，特别是很多留学归来的青年化学家，把德国的化学教育方式也带回了俄国。受德国化学教育影响最深、受益最大的莫过于美国，而且美国把德国化学教育发扬光大，在大学里创建的研究生院体制使20世纪的美国化学教育走在了世界前列。

总之，近代化学教育体系在19世纪基本形成，成为普通教育体系的重要组成部分。化学家们更加主动地投身于化学教育，一批又一批经过系统化学教育培养出来的化学化工人才走上了化学研究和化工生产的岗位，极大地推动了世界科技进步和工农业生产发展。然而，近代化学教育仍存在不足，如不够系统规范，不够普及，学校教育还仅限于高等学校，并主要在欧美资本主义国家开展。因此，近代化学教育一方面为现代化学教育发展提供了重要基础，另一方面又有待于现代化学教育的进一步完善和普及深化。

四、现代化学教育

20世纪以来的现代化学教育仅有百年，但所取得的成就却超过了过去的任何一个时期。随着19世纪末20世纪初以来化学在微观领域的拓展，现代化学体系逐渐建立起来，化学知识以指数增长规律剧增，社会对化学人才的要求既趋于高度专业化又要博学多样，化学完全成为一种职业化活动。这样使得一方面化学教育发展自主性越来越强，逐渐形成了自己特有的一些发展规律，如反映化学教育发展规律的化学教育学、化学教学论和化学社会学等学科建立起来。另一方面，化学教育与社会的互动作用也越来越突出，化学教育对社会进步所起的作用越来越重要，同时化学教育发展越来越受到社会诸多因素的制约。为此，现代化学教育的发展呈现以下几方面的特点：

第一，现代化学教育以20世纪50年代为界划分为前后两个阶段。20世纪50年代前主要是对近代化学教育的继承和发扬。由于世界政局动荡，特别是两次世界大战延缓了化学教育的发展。20世纪50年代后，科技的高速发展和社会的全面进步激励了化学教育的全方位发展，其规模、速度和作用都是空前的。世界各国共同发展和利益的要求，使世界化学教育发展趋于共识和普及，首届国际化学教育会议（ICCE）1971年在意大利召开，以后每两年召开一次，各国在一起共商化学教育发展大计。随着冷战的结束，世界化学教育发展的统一认识更为加强，世界的复杂局势使现代化学教育呈现既多元化又趋于统一的发展特点。

第二，20世纪以来的中等化学教育经历了从无到有、从低到高、从不规范到规范的发展过程，这是现代化学教育取得的最重要成就之一。首先，中学化学逐渐由20世纪50年代前的描述性且缺乏系统性的课程，发展为当今有相当理论深度且结构严谨的课程。现代中学化学课程注意与高等学校课程相衔接，并强化中学化学教师的继续教育。化学课程和教科书的内容与结构深受不同时期教育理论发展的影响，如实用主义、结构主义、行为主义等教育理论都程度不等地影响了世界化学教育的发展。其次，中学化学实验课从无到有、由少到多，并愈来愈受重视，实验课时占化学总课时比重越来越大，在发达国家已普遍占到50%，实验课成为培养学生提出问题、分析问题和解决问题能力的最好途径。实验方法逐步由传统的验证性实验向探索性实验发展。实验仪器和设施不断获得更新和完善。同时，现代电教化视听手段和电子计算机逐渐渗透到化学教育过程中。再次，中等学校的化学课程担负起越来越多的职业教育和生计教育的职能，即在注重化学基础知识教学的同时，传授给学生一定的实用化学化工知识，便于中学生毕业后的直接就业。总之，中等化学教育不仅在发达国家得到普及，而且在发展中国家也开始普及，化学成为现代中等学校最重要的基础课之一。从1968年开始每年一次的国际化学奥林匹克竞赛（ICHO），促进了世界各国中等化学教育的交流与发展。

第三，20世纪以来高等化学教育发展，首先表现在高校普遍设置了化学系、化工系、化学化工学院以及其他与化学教育有关的专门化学教育机构，在高校非化学化工专业中也普遍开设了化学课程。高校化学教学不断随化学的快速发展而充实和更新新的内容，化学专业课的设置越来越多、越来越专、越来越深，这就使得过去化学教科书那种一劳永逸的编写和使用方式成为不可能，许多教师仅把教科书作为教学参考资料。其次，高等化学教育又呈多层次形式，即在高等专科、本科（或称第一级、第二级）化学教育基础上，又发展了研究生（或称第三级）化学教育，包括硕士生和博士生的培养，这也是近几十年高等化学教育发展最快的一个方面。再次，高等化学教育的教学与科研相结合的趋势更为强劲，高校既是教学中心又是科研中心，大学生在高校学习基础知识并接受初步的科研训练，研究生则学习专业化知识并开展较深的科研工作。总之，现代高等化学教育的持续进步成为整个化学教育发展的原动力，并处在各级化学教育不断改革和发展的前列。

第四，各种校外组织和机构开展的化学教育取得较大进展。首先，各国化学学会都程度不同地参与本国化学教育工作。几乎每个国家的化学学会都设有化学教育分会或化学教育专业委员会，直接领导化学教育工作的开展。化学学会关注包括小学、中学、大学甚至大学后继续教育和成人教育的各级化学教育，通过提供咨询、举办会议和学习班、讨论班，编辑出版各种化学书刊，制定化学教育标准等来推进本国化学教育工作。其次，各国其他科学和教育组织与机构，如科学院、科学基金会、各类教育协会等也担负起一定的化学教育职能。如中国、前苏联及东欧一些国家的科学院直接招收研究生，美国和西欧的一些国家的各种科学基金会，通过财政拨款资助等方式影响化学教育的开展。再次，各国的科普组织、博物馆、图书馆、科技馆、青少年活动中心等都开展化学知识普及工作，而各国的其他部门机构、企事业单位也开展一定的化学教育工作，如化工企业对科技人员的继续教育和对职工的岗位培训等。最后，一些国际组织和地区组织在不同范围和水平开展一些国际间的化学活动，如欧共体在其成员国范围内开展化学教育合作与交流，联合国教科文组织与国际纯粹与应用化学联合会，出面组织和支持国际化学教育会议的举办及其他化学教育活动的开展。

第五，现代化学教育更多地呈现出多元化特点，这主要是由不同国家、民族和地区的具体社会历史条件所决定的。社会主义制度的国家大多实行国家统一的教育制度，学校由国家来办，在化学教育年限、教学大纲和教科书的制定、编写和使用、教学方法、招生等方面都有统一的国家要求。这种化学教育体制能保证化学教育的普及，全国化学教育发展相对比较平衡，国家化学教育目标易于实现，注重思想教育功能，适于为国家大批培养化学专门人才。然而，这种化学教育体制比较保守，缺乏活力，易于教条化，化学教育内容往往深度有余而广度不够，也不适于化学天才和精英的培养。如前苏联这样一个科技大国仅培养出一位诺贝尔化学奖获得者。资本主义制度的国家大多实行地方自治的教育制度，学校有公立和私立两种，全国各地各校的化学教育年限、教学大纲、教科书、教学方法、招生方式等可能多种多样。这种化学教育体制有利于化学教育竞争发展，有利于化学教育改革的创新，注重学生个体化教育，适于化学天才和精英的培养，如诺贝尔化学奖大多为美、德、英等国化学家获得。当然，这种化学教育体制也有其不足，如全国化学教育开展不平衡，甚至有的高中毕业生从未受过正规化学教育。然而，上述两种化学教育模式与社会制度并不是完全对应的，资本主义国家中也有实行国家统一教育制度的，如法国等，社会主义国家中也有实行教育地方自治的，如前南斯拉夫等。而随着20世纪90年代初以来东欧社会主义阵营的解体，社会主义国家的深化改革，这两种化学教育模式又趋于融合，如中国化学教育已开始摆脱过去比较僵化的体制，采用更适于中国国情和市场经济发展的模式来开展化学教育。

现代化学教育取得的巨大成就是毋庸置疑的，但存在的问题也是不可忽视的。如现代化学教育发展往往过分受到社会因素，特别是市场因素的制约，削弱了化学教育的自主性发展；过分强调化学的职业教育倾向，使化学理论知识的系统传授受到损害，而过分强调化学理论教学又使化学教育脱离实际；高等学校对科研工作的过分倾斜使化学教学工作受轻视；国家对化学教育的宏观控制过紧或过松都影响了化学教育的正常发展；世界化学教育发展严重不平衡，发达国家与发展中国家之间的化学教育水平往往差距很大，甚至在继续扩大。所有这些存在的问题都需世界各国共同努力解决，以便推进现代化学教育的持续健康发展。

第三节　未来化学是一门中心科学

化学目前发展的目标集中在两个方面：一方面是继续为人类创造更多的物质；另一方面则是要解决人类目前所面临的种种困境。为了实现这两个目标，化学家为化学制订了未来发展的方向。由于化学学科的复杂性和化学研究对象的庞杂性，对化学的未来发展，不同领域的化学家各自有不同的理解。有的化学家认为化学未来的发展方向应当是：研究化学反应理论并开发新过程；揭示结构及其与性能之间关系的规律，开发新产物；利用新技术和新原理强化分析和测试方法的威力，使化学工作的耳目趋于灵敏和可靠。[①] 有的化学家认为未来化学发展的重要方面是：化学反应动态学；分子识别、分子间的弱相互作用和分子聚集体；合成和组装化学等。[②] 在我们看来，未来化学前沿应当着眼于那些与人类的生产和生活最为密

① 唐有祺：《展望今后化学之发展》，《化学通报》，1998年第7期。
② 吴书林：《充满希望的新世纪——21世纪化学学科发展的一些看法》，《大学化学》，2000年第3期。

切的方面，使化学在发展自己的同时，取得社会的认同和支持。惟有如此，才能在化学发展和社会需要之间保持必要的张力。

21 世纪的化学是一门具有很强跨学科性质的科学，或者说 21 世纪的化学将是一门“大化学”。由于化学与其他学科相比，在研究对象上的交叉性、研究方法上的通容性、研究目的上的相似性，使得化学进入基础科学和应用科学的各个领域成为一个不可逆转的趋势。未来化学的真正力量在于它与其他学科的交界处，特别是在生命科学、材料科学、神经科学等领域将有化学家施展才华的广阔天地。所以，未来化学家一方面会在传统的化学机构（化学院系、化学研究院所等）里从事化学活动，另一方面也会在别的地方从事化学活动。

一、将化学应用于生命过程的研究是 21 世纪最有见地的科学前沿之一

当人们讨论化学与生物学时，有多人提到了化学与生物学是有着不同的文化背景的看法。化学家道尔（Doyle）和科瑞（Coray）曾说：“生物学家致力于阐明自然（生命）的过程，而化学家则习惯于如何去调控这一过程。”[①] 也就是说，生物学家注意认识世界，而化学家则想改造世界。诺贝尔医学奖获得者科恩伯格（Kornberg）则写道“化学家看起来比较审慎，善于分析并较多地在本学科内独善其身。他们将注意力集中在分子上面。他们醉心于一个具有多手性的中心。具备很大合成难度的分子带来的挑战，并且力图用最短的路线和最高的产率来得到目标分子。通过用相对较少但巧妙的技术以获得精确的资料。对他们来讲注重蛋白质和核酸的化学更甚于它们的生理重要性。另一方面，生物学家似乎较具艺术性、调和性和主要用右脑思考。他们喜欢使用种类繁多却不太精密的技术来研究细胞和器官内的复杂现象。他们欢迎神秘和复杂。当面纱揭去，显露出分子本质时，他们中有些人则会感到失望。”[②] 然而，未来科学的发展却必须将不同学科扬长避短地组合起来，不管他们的文化背景有多大的不同。

“21 世纪是生命科学的世纪”似乎已成为科学家们的一个共识。然而，无论从历史的角度，还是从现实逻辑的角度，更严密和恰当的说法应该是：21 世纪人们对生命问题的关心将引起一场由数学、物理学、化学、生物学联合起来的科学革命。与其说它是一场生物学革命，还不如说它是一场科学家的共同革命，只不过革命的对象是生物，其中心问题在于考察生命现象是如何建筑在分子相互作用的基础上的。在这场科学革命中，无论从研究对象还是研究方法上看，化学都处于中心地位，化学家将扮演主力军的角色。

正如美国化学家扎尔（Rachard N. Zare）所言：21 世纪“对化学家最大的挑战之一将是制造生命——一种能自我复制、自我组织、甚至有进化为其他东西的可能性的体系”。[③] 如果说制造生命是化学转向生命科学的一种终极表述，它还仅是一种大胆的预言的话，而化学对改善生命已经和正在取得可观的进展。如选择性医学将是合成新的化学物质的重要源泉和动力，这类含有诸多复杂化合物的物质，需通过对生命过程的研究，通过对存在的许多协同作用的了解，分离出各个化合物，再按照他们从自然界中分离出来的样子，通过人工合成，把它们放在一起。这就是运用化学强有力的技术力量来理解选择性医学的结果。

---

① Chemistry & Biology，1998，5（7）：157 页－160 页。

② Chemistry & Biology，1996，3（1）：3 页－50 页。

③ Chemical & Engineering News，1998，1（12）.

20世纪70年代，化学家就曾用化学的方法去研究生命体系中的一些化学反应如细胞过程等，从而发展出生物有机化学、生物无机化学、生物分析等一些以生命体系为研究对象的化学分支学科。到了20世纪90年代，以基因重组技术为基础的分子生物学、结构生物学的发展，人类基因组计划框架图谱的完成、功能基因学的实施，对化学产生了很大的影响，化学生物学、化学基因组学相继出现。化学家在分子的层面上用化学的思路和方法研究生命现象和生命过程，为生命科学的研究创造了新的技术和理论，从而形成的新学科——化学生物学，它是将常规化学研究推向生物的世界。它的研究有两方面的意义，第一可促进功能基因的研究，第二为发展新药提供厚实的学术基础。化学生物学将成为21世纪一个重要的化学研究领域，该学科的重要性，可以从近几年哈佛大学将化学系改名为化学和化学生物系看出。化学家们相信，如果人类有3.5万个基因相互作用控制了生命过程，那么一定会发现至少3.5万个可控制这些基因的化学小分子，也会带来至少3.5万个诸如这些小分子如何调节基因的化学问题。

我们从荣获1989年诺贝尔奖的美国化学家托马斯. R. 切赫(Thomas R. Cech,1947 -)给予中国年轻化学家的寄语中，可以进一步领会到将化学应用于生命过程研究的前景："一些专家预测中国将是'21世纪的国家'。这种观点正确与否，现在下结论还为时过早。但有一点是没有疑问的，即新的世纪将充满激动人心的科技进步。""20世纪后半叶，科学发现的速度大大加快了，特别是在生命科学领域。我们开始在细胞和分子的层次上认识生命，知道了生物的进程导致生与死。科学家在癌症的遗传机制、疾病如艾滋病的病毒研究及我们的视觉、味觉和听觉系统是如何工作的等方面都有了历史性的发现。现在，我们正迈入一个新的世纪，展现在我们面前的将是更大的进步。科学家正在着手研究新的遗传数据库、超容量的计算机、智能化的设备及其他一些工具，正在揭开有关我们的机体是如何运转的、我们的大脑是如何储存一生的记忆等方面的奥秘。如果我是一个期望在这个新世纪作出贡献的年轻人，将首先关注生物学，它是一个充满无数迷人的重大问题，需要冒险精神的竞技场。当然，与其他所有科学一样，它也是一个包容了整个世界而不是某个国家的竞技场。拥有骄人科学历史的中国，正在造就出一批最优秀的研究者，但还有更多的潜能有待开发。"①

二、材料科学是未来受到化学重大冲击的另一个领域

材料是人类社会文明发展阶段的标志。当代材料研究具有以下几个特点：传统材料(钢铁、陶瓷和有机高分子）之间的界限变得越来越模糊而融合变得更明显，如无机高分子和有机/无机杂化材料的应用等；通用材料与功能材料之间的相互渗透变得越来越明显，更多的通用材料包括结构材料会同时具有某些功能特性，而功能材料也会显现通用材料的性能；材料中原子和分子组合配置的精确设计和精确制备变得更重要，如化学制备智能材料、生命材料和单分子器件等；材料的传统研究方法与当代信息社会提供的新技术的结合变得更必要，如计算材料科学等。这些研究表明，当代化学家们正在迎接着以智能材料及生命材料为时代文明特征的21世纪的到来。

化学合成新材料，特别是功能材料在20世纪末已取得较大进展，人工晶体、沸石和超

① 王恒，朱幼文:《48位诺贝尔科学奖获得者寄语中国》，323页，海口，海南出版社，2001。

导材料等是无机合成的成功例子。从合成设计和控制讲来，无机合成较有机合成要困难得多，但一旦突破则将前途无量。有机功能材料（包括功能高分子）也是发展得较快的领域。有机功能材料的优点是较易从功能出发进行设计，也较易合成。但是，它的致命弱点是有机化合物的稳定性问题。因此在工作条件不很苛刻时，有机材料将是十分优越的，液晶材料的成功就是很好的例子。此外，有机无机复合以至金属掺合的材料，则更是显示出广阔的应用天地。

富勒烯家族的发现和制备。1985 年，英国物理学家克罗托（H. W. Kroto，1938 - ）、美国化学家斯莫利（R. E. Smalley，1943 - ）和柯尔（R. Curl，1933 - ）一起发现了碳单质的一种新的同素异形体 C_{60}，从而共同获得 1996 年的诺贝尔化学奖。他们把 C_{60} 命名为富勒烯，是因为在他们研讨 C_{60} 的结构过程中，克罗托联想起 1967 年加拿大蒙特利尔万国博览会中，美国展览馆是由五边形和六边形拼接构成的短程线圆顶建筑。克罗托将这一想法告诉小组其他成员。斯莫利经过尝试，终于用 20 个正六边形和 12 个正五边形拼成一个 60 个顶点的中空的 32 面体 C_{60} 结构模型。C_{60} 就以短程线圆顶结构的美国著名建筑设计师巴克明斯特·富勒（R. Buckminster Fuller，1895 - 1983）的名字命名，称为 Buckminsterfullerene，简称富勒烯（Fullerene）。由于这种中空结构酷似足球表面的拼皮花样，因此也有人把 C_{60} 称为足球烯，俗称巴基球（buckyball）。对材料化学更重要的是，由富勒烯出发合成得到越来越多的衍生物成为近年来化学界引人注目的大事，巴基管、巴基葱等新结构、新功能的新富勒烯类物质成为研究热点①。富勒烯家族和它们的衍生物不仅为材料科学开辟了新领域，同时也为生命科学提供了全新的工具分子，如作为 DNA 顺序专一性切断的试剂。

近年来，在材料科学领域出现了一个新名词“纳米”（nm）。纳米是介于宏观的厘米与微观的微米之间的物体的尺度，它是随着人们认识的深入而逐渐成为被关注的焦点。众所周知，人们对于固态物质性质的认识首先是从宏观现象开始观测到物质的熔点、硬度、强度、导电、磁性、化学反应活性等，随后又深入到原子、分子的层次，用原子结构、晶体结构和化学键理论来阐明物性和结构之间的关系。随着对这些层次的认识，人们注意到物质材料的性质并不是直接决定于原子和分子，在物质的宏观物体和微观原子分子之间还存在着一些中间层次，这些层次对材料的性质起着决定性的作用，它们被人们称为纳米层次。在纳米层次，物质所表现出的性质同宏观材料迥然不同，具有奇特的光、电、磁、热、力和化学活性。同时纳米材料所具有的特性还能帮助化学家实现无污染合成化学物质和原子节约反应的梦想，这一特性成为化学在未来能够实现保护环境、造福人类远大目标的依赖基础。纳米材料的独特性质为化学的未来发展开辟了一条广阔的发展途径，化学家纷纷转向这一领域，试图为化学的未来发展占领制高点。目前，在纳米化学发展方面，化学家已经确立了首先进行纳米材料合成的任务。虽然化学经过几个世纪的发展，化学家对小分子的合成已经拥有较为丰富的经验积累，但对于合成纳米材料却还是一个新的课题，尤其纳米材料的性质强烈地依赖材料的尺寸、微结构乃至形状，这就对合成技术提出了十分苛刻的要求。经过化学家的努力，在纳米材料合成方面已有所突破，模板合成技术、分子自组装技术、纳米管的应用等是一些行之有效的技术，化学家利用这些技术，正在为人们大规模使用纳米材料用于生产和生

---

① 何法信，宋心琦：《科学发现真伪辨——现代化学史上的重大事件》，38 页 - 39 页，长沙，湖南教育出版社，1999。

活的未来做着铺垫性的工作。

美国芝加哥大学化学教授赖斯（Stuart A. Rice）认为："广义地说，从金属到聚合物，我认为我们在材料科学中已经看到了进展。我们将更多地使用'设计者的材料'而不是大宗材料，就这个意义上说，我认为制造过程将得益于此。例如，当你要造一座在一定时间内承受一定应力的桥梁，你将能制造这座桥的'设计者的材料'。"美国休斯敦莱斯大学教授斯莫利则把他的预言建立在他们所做的研究工作上："我们有一种有机化学的方法制造金属导线。通过这些和化学完美性挂钩，我们应该能够用分子制造基本上所有在宏观世界里的电路元件的等价物。"① 这实际就是化学家们看好的有机电子学工业的兴起，近年一些奇特的套环分子（Catenane，Rotaxane）等的合成以及DNA芯片的制备，都显示了有机材料在作为微电子学材料方面的前景。同时，在树性聚合物、导电聚合物、能够发生相转变的聚合物等方面基础性研究工作的进步，将使得这些化学合成材料成为新的药物运载体系，并创造新的组织，如皮肤、软骨，甚至神经。

三、神经科学是受到未来化学重大冲击的又一个领域

神经化学对发生在神经元突触的分子事件的研究，关于电流沿着神经的传导及肌肉的激动的研究等，将导致未来神经科学激动人心的重大发现，将会对大脑的功能、记忆的本质产生深刻的理解，还将能建设性地干预注入药物成瘾、精神病、欲望症、盛怒、恐惧、人类智慧、学习等事物和过程。化学的研究可能发现睡眠实际上是我们不再需要的逝去时光的痕迹。如果说绝对地延长人的寿命将受到细胞分裂的限制，那么通过摄取正确的化学物品将会极大地改变生活的性质——每天晚上只需睡1个小时，生活质量的提高将大大增加人类的相对寿命。

四、合成化学是传统化学的核心，是未来化学家改造世界、创造社会的最有力的手段

创造新的合成反应一直是化学界的热点，多年来不少诺贝尔化学奖就是授予了合成化学家。最近20年SCI引用次数最多的50名化学家中约有1/3从事合成化学研究②。化学家不仅发现和合成了众多天然存在的化合物，同时也人工创造了大量非天然的化合物。近年全世界发布的专利发明中，约有20%与化学有关。随着社会高科技的迅猛发展，需要化学家能合成更多具有新型结构和功能的化合物，并在此基础上设计和组装各种功能的分子聚集体。超分子化学就是为适应这种要求由化学家新创立的一门极具潜力的学科。

当20世纪80年代，超分子化学概念被引入化学领域之后，很快得到化学家的认同，成为化学界人所共知的新概念，超分子化学杂志开始发行，超分子化学及相关课题的学术讨论会也相继举行。对应于由原子与原子通过化学键联结起来而生成分子的分子化学，超分子化学则是分子与分子借用分子间作用力联结而形成的分子聚集体。超分子化学的兴起改变了化学家的传统观念，建立起两个全新观念："一是弱相互作用力在一定条件下可通过加和与协同转化为强的结合能；一是通过组装过程可使超分子体系具有新的秉性，分子不再是保持物性的最小单位。"③ 超分子体系的一个重要特征是将复杂性引入化学物质的构造中，使丰富

① Chemical & Engineering News，1998，1（12）.
② 吴书林：《充满希望的新世纪——21世纪化学学科发展的一些看法》，《大学化学》，2000年第3期。
③ 沈家骢，张希：《超分子科学——21世纪新概念与高技术的一个重要源头》，《科学》，1994年第10期。

的功能存在于组装之中，即组装赋予超分子体系基元单位所不具有的特异的化学、物理、生物或智能的禀性。同时，超分子化学将化学合成引向研究者主体性能得到更多体现的方面，使化学研究者在掌握了物质的基本性质之后，能将自己的主观偏好融入物质合成中，使化学在体现科学的基本创造精神上加入主体的想像力和对美的追求，使化学成为融自然科学和人文科学于一身的学科。另外，超分子体系中存在各种纳米微粒、微区而同化学的另一前沿领域纳米化学具有密切的联系，使二者在相互促进中成为化学未来发展的重要方向。

超分子化学的创始人之一、法国化学家莱恩（Jean - Mare Lehn，1939 - ）被称为化学领域的哲学家，曾师从1965年诺贝尔奖获得者、美国化学家伍德沃德（R. B. Woodward，1917 - 1979）。他是这样告诉中国年轻化学家如何理解化学的："化学的本质不仅仅是发现，还是发明，是比什么都重要的创造。化学这本'书'不仅要阅读它，还应该书写它。化学如果有乐谱的话，我们就不单单是要演奏它，还应该用它谱写新的乐曲。化学既是科学，又是艺术，它还是产业中的一个领域。"①

五、未来化学要加强复杂化学体系的研究

化学界最早涉及复杂性的研究可以举出三个里程碑工作：化学震荡的时空表现的机理研究；普利高津关于非平衡态热力学的研究；威廉姆斯（Williams）提出的解释生物大分子和细胞参与的化学过程的模型。他们的工作说明一点：化学过程的宏观与微观复杂性都可以通过实验做定量研究，并用化学理论加以解释。这包括对系统、结构、过程和状态4个方面的复杂性研究。从系统来说，复杂性具有多组分、多反应和多物种的特征；结构复杂性的特征主要是多层次的有序高级结构；而过程的复杂性指复杂系统参与化学反应时所表现的过程。复杂过程由时空有序的受控的一系列事件构成，状态变化的复杂性又是过程复杂性的表现。这些特点在生物和无生物系统中广泛存在，在工农业生产和医疗、环境等领域中也无处不在。研究复杂系统的化学过程有普遍意义。在这里要加强化学中的尺度效应和多尺度化学过程的研究；复杂体系的多层次结构研究。复杂体系的多层次结构研究包括实验和理论研究两方面。

六、未来化学将对人类目前面临的许多全球性社会问题——人口问题、粮食问题和能源问题的解决带来帮助

世界人口的增长，仍将保持下去，而关键是食物和能源的短缺。当然，医药化学的发展可以直接为低出生率和低死亡率的人口"双低"平衡模式的实现和维持作出贡献，同时，也可以为食物生产问题的解决作出贡献。由于化学对传统农业的改造和现代农业的发展所作的基础性贡献，主要是化肥、农药和农用燃料的使用，导致粮食产量的极大提高，因此现代农业也称为无机农业。然而，对土壤和环境的保护已成为人类主流意识，未来农业发展方向是有机农业或生态农业。为减少或去除化肥的使用，生物固氮技术的发展是农业化学家努力的方向，而通过化学处理方法改良农作物品种也是农业化学家的艰巨任务。传统的有土农业只是未来提供食物的途径之一。化学方法配制的营养液或化工技术生产的人工土壤会成为新的农业作物栽培技术。化学仿生技术的发展，"光合工厂"的建立，化学正开始制造出人工食物，制造出人工脂肪和蛋白质。这个趋势将继续推进，化学会帮助人类制造更多的各种类

① 王恒，朱幼文：《48位诺贝尔科学奖获得者寄语中国》，273页，海口，海南出版社，2001。

型的人工食物。

美国麻省理工学院化学系主任里帕德（S. J. Lippard）认为“20世纪化学最大的失败之一是未能开发出好的燃料电池催化剂”。未来新的燃料电池催化剂的研制成功将会使电力汽车成为化学实现的发明，它将使汽车造成的环境污染成为过去，使得受到严重损害的墨西哥城、佛罗伦萨、巴黎和北京恢复其原有的美丽和辉煌。化学在未来将帮助人类制造出新的燃料来取代不可再生的化石燃料。电池工艺学将最终解决如何传输电力的问题，燃料电池将提供充足的电力并便宜的能满足日常使用。

处于未来科学技术发展前沿的能源化学、生物化学、海洋化学、大气化学、地球化学和宇宙化学，将会为人类面临的诸多全球性社会问题的解决做出贡献。

七、未来化学面临巨大挑战——绿色化学应运而生

从20世纪80年代以来，人们也许可以观察到化学在社会公众中的形象有一些微妙的变化。美国著名的化学工业公司——杜邦公司的广告用语中“化学”一词被删去，尽管还是要用化学来生产它的产品，但原来的著名口号“化学造就更好的物质，创造更美好生活”就只剩下“创造美好生活”一句了。国内一些食品、化妆品广告或包装上常加一句“本品不含任何化学添加剂”，好像“化学”成了“有害”的同义词，其实它标榜的纯天然物也都是化学品。

造成以上这些现象固然部分是出于误解，但是不可否认的是由于不少化学工业生产的排放和一些化学品的滥用，确实给整个生态环境造成了非常严重的影响。1983年印度异氰酸甲酯的泄漏造成2000人死亡，30万人中毒。这是乌克兰切尔诺贝利核电站事故以外又一次由生产事故造成的震惊全球的大惨剧。除了这些偶然性的化学事故外，可能对社会和生态环境危害更严重的是化学化工生产过程中长期积累性的废物排放，以及一些有毒有害的化工产品在环境中的残留和对环境的破坏。

我们当前面临的形势，是我们这个社会已无法离开造成我们当前物质文明的化学工业和化工产品而倒退到过去的世纪。尽管我们处在可怕的白色污染包围之中，但我们也无法想像离开今天的高分子产品后，我们的日常生活，尤其是在都市中，还能否正常进行。发达国家已经或正在将一些有毒有害的化学生产转移到发展中国家，国内也已经或正在将这种生产从城市转移到农村，从沿海转移到内地。这样的结果最终还是搬起石头砸自己的脚，毁了我们赖以生存的地球。因此我们既要为了开创美好生活而发展化学工业，而又不能让它的生产过程和它的产品破坏我们的环境，贻害我们的子孙。当今社会上化学似乎不再那么受人欢迎：化学工作又苦又累，又毒又脏。年轻人已不那么愿意选择化学这一职业。但是解铃还需系铃人，一个洁净的世界、一个可持续发展社会在很大程度上还要靠化学家的努力，更需要不断有年轻人献身于化学工作。这正是当前化学家面临的最大挑战，化学家要为社会创造新的、安全的化学——绿色化学。

绿色化学的目的是“靠科技发展创造污染系数低、资源和能源消耗少的化学反应和生产工艺。其理想是不再使用有毒、有害物质，不再产生废物，不再处理废物，是一门从源头阻止污染的化学。”① 由于绿色化学将目标建立在从源头上阻止污染，因而一经提出就得到

① 王恩举：《漫谈绿色化学》，《大学化学》，2002年第4期。

人们的赞赏和拥护，各个国家纷纷出台以绿色化学为主的相关政策，用于支持绿色化学的实施和推行。与此同时，化学家也开始仔细考察绿色化学的未来发展目标和可行性计划，将绿色化学研究确立为反应原料、催化剂、溶剂、产品和反应过程的绿色化。虽然一些研究刚刚开始，还未取得实质性的进展，当然也没有达到所设想的目标，但绿色化学的提出为化学的未来发展预设了基本途径，这就是首先将化学研究看做一种社会活动，这一活动是以实现大多数人的利益为目的，以整体性原则作为化学发展的指导原则，使化学最终融入社会大环境中，同社会共同进步，共同发展。

第四节　走向功能研究的超分子化学

在化学中，随着分子结构和行为复杂性程度的提高，信息语言扩展到分子构造中，使分子构造表现出具有生物学特性的自组织功能。这一过程的展开向传统化学研究方式提出了前所未有的挑战，促使化学研究正在实现从结构研究向功能研究的转变，而这一前瞻性的转变首先发生在超分子化学领域。

一、超分子化学及其特征

1987 年，当莱恩（I. M. Lehn，1939 -　）、格拉姆（D. J. Cram，1919 - 2001）和佩德森（C. J. Perterson，1904 - 1989）三位化学家以其对发展和应用具有特殊结构的高分子的巨大贡献而获得诺贝尔化学奖时，这一刻也同时预示着一门将会给化学领域带来革命性变化的新学科的诞生。莱恩在获奖演讲中，首次提出了“超分子化学”（supermolecular chemistry）的概念。同时克拉姆创立和提出了主 - 客体化学（host-gust-chemistry）理论，彼得森则发展和合成出大批具有分子识别能力的冠醚。至此，以“超分子化学”为名称的新的化学学科蓬蓬勃勃地发展起来，并以其新奇的特性吸引了全世界化学家的关注和热衷。

“与原子间化学键作用形成分子不同，超分子体系是由多个分子通过分子间非共价键作用力缔合形成复杂有序且具有某种特定功能和性质的实体或聚集体。”①从这一定义中可以看出，超分子在结合方式上完全脱离了常规化学所设想的模式，结合不是发生在原子层次，而是在分子层次上。结合层次的不同决定了超分子在性质上具有不同于分子层次的特性。我们知道，化学构造是分层次进行的，粒子相互作用形成原子、原子形成分子、分子再形成超分子和超分子集合，在每一构造层次上，新的特征都明显地在较低层次不存在，表现为一种化学和物理性质的层次性递进，这说明化学发展的主线是走向复杂性和复杂物的出现。超分子就是这样一种表征化学走向复杂性的层次。

超分子是分子之间的结合，借助的结合力是非共价键力。同共价键力相比，非共价键力属于弱相互作用，是指范德华力、静电引力、氢键力、π - π 相互作用力与疏水相互作用等。这些作用力对于化学家来说并不陌生，例如，范德华力、静电引力、氢键早在共价键被认识时，就被化学家熟知。但是在化学家的观念中，一直将这些相互作用看做是一种难以将分子结合成稳定分子集合的弱相互作用力，因而未对其进行进一步研究。直到 20 世纪 80 年代，随着对冠醚化学研究的深入，化学家发现分子之间的多种作用力具有协同作用特性，通

① 杜丹，王升富：《自组装超分子膜修饰电极的研制及分析应用》，《化学研究与应用》，2001 年第 6 期。

过协同作用，分子之间能克服弱相互作用的不足。这正如“老虎与蚁群的关系”一样，在不同条件下，弱相互作用能显示出强相互作用才有的威力。在一定条件下，分子间弱相互作用力可以起加合与协同作用，形成有一定方向性和选择性的强作用力，成为超分子形成、分子识别和分子组织的主要作用力。[①] 换句话说，超分子体系中，维系分子之间的作用力是几种作用力的协同作用，其强度不次于化学键。协同作用不是随意在任意两个分子之间都能完成，而是需要有一个特定空间环境作为前提，通过一定形式的相互匹配。这些匹配可以是配体与受体的匹配、分子与电子互补、尺寸与形态的兼容或刚性与柔性的调节。例如，冠醚是通过多个氧原子与碱金属阳离子之间的电子效应、互补与尺寸匹配而结合在一起。也就是说，分子之间的匹配具有高度的专一性和选择性。

早在1894年，菲舍尔（E. Fisher）就曾设想过这种匹配方式，借用“锁与钥匙”的比喻描述分子之间存在的专一性结合，称之为“识别”。超分子化学对识别的定义是指受体对作用物选择性结合并产生某些特定功能的过程。[②] 就识别的表现形式而言，通常有两种形式：一种是指发生在分子之间的识别，称为分子识别；另一种是指发生在实体局部之间的识别，称为位点识别。值得注意的是，无论分子识别，还是位点识别都非人力强加之过程，而是一个自组织过程，尤其是在生物超分子体系中，如DNA通过RNA转录蛋白质合成就是生命现象的关键体系，也是最高水平的组装体与超分子机器。分子组装体是通过不同层次的自发作用实现的。例如，多酶体组装体系分为五个层次，即氨基酸及其结构序列结构、结构碱、蛋白质三组结构或亚基结构、酶－亚基缔合体、复酶组装体或称因子或因子群。前三种结构属于分子结构的范畴，其折叠、蜷曲及堆砌的信息来自一级结构，其序列结构确定后三级结构是可以预测的。后二级结构属于超分子结构，其组装信息不可能全部来自一级结构。以RNA转录起动因子为例，至少有23种酶从TATA区开始，高度有序地沿着DNA键排开，还有一个调节因子群共同执行转录启动功能。又如沙门氏杆菌鞭毛马达，直径仅30纳米，最大转速为15000转/分，改变旋转方向只要1毫秒，由280个离子通道中的氢离子梯度扩散提供能量。这种生物马达由104种分子量为6千道尔顿－130千道尔顿的亚基组装而成。[③] 这种自发进行的精巧设计与精湛工艺充分展示了超分子所具有的自组装功能。

事实上，从简单的蛋白质分子组装成如此神奇的多酶组装体的全部组织过程像生物体和人类社会等复杂系统一样是自动、高度有序、无缺陷地进行的。正是在这个意义上，有人甚至称超分子化学是一种分子社会学。这预示着超分子有类同于一般社会群体和组织所具备的性质。一方面它是由许多分子个体相互组成的整体；另一方面，整体具有有机组织（生物、社会、经济）才具有的自我演化特征。超分子这种社会学特征引起了人们的极大兴趣和关注，随之而来引出一系列疑问：组成超分子的分子之间的组装为什么是自动的？自组装的原动力是什么？自组装信息存储于何处？自组装程序的执行者是谁？自组装过程是否有横板或陪娘（chaplon）？环境对自组织有何影响？高级结构是否存在着组装与解组装的动态平衡？[④] 对这些问题的尝试性解答，形成对超分子微观与宏观两种研究方式。在微观层次上，化学家发挥着重要作用，其研究目标主要集中于超分子形成中的机理及应用，例如确定分子间作用

① 陈强，谭民裕，刘伟生：《超分子弱相互作用力的研究方法概述》，《化学通报》，2001年第4期。
② 邱立勤，耿安利，贾培世：《化学领域的前沿——超分子化学》，《化学世界》，1997年第4期。
③ ④ 沈家骢，张希：《超分子科学——21世纪新概念与高技术的一个重要源头》，《科学》，1994年第10期。

力和分子间作用力的协同；研究分子识别与位点识别的识别机理与识别过程；研究不同结构层次的组装体、组装过程及组装方法，尤其是生物活性体系及低维体系的组装，自然界的自组装——从简单分子自动地组装起复杂的生物超分子体系；研究超分子体系中结构与功能的关系等。在宏观层次上，超分子化学为哲学家提供了一个新的研究视野，哲学家将会关注它与传统化学研究的不同以及促使化学家思维观念的变革；同时，哲学家也将试图利用一些横断科学方法对超分子体系的自组装、分子相互匹配与识别、分子之间的组装和自组装等给予哲学上的宏观解释，试图发现隐藏在现象背后事物所固有的本质解释。

二、走向复杂性的化学研究

可以说，传统化学研究模式主要关注物质的组成、结构以及在此基础上的物质反应，这构成了两个世纪以来化学研究的主线。沿着这条主线，化学家一直在探索如何将不同品种的原子通过各种方法结合成分子，通常主要是借助改变温度、催化作用等外界条件来实现。经过努力，化学家已合成了上千万个化合物，这当然是人类认识自然乃至创造自然的一笔很大的财富，同时，这一成就也保证了世界的多样性与人类生活的丰富多彩。但是，这种传统的研究模式多少有些呆板，更为糟糕的是它使自然界物质形成模式的多样性简单化，也使化学家的思维观念单一化。例如，当有机化学诞生，并成为化学研究的主流时，有机化学家认为化学家的任务即是利用原子之间的不同结合方式构建不同的分子进而形成各种物质。化学家的思维单一化同样也使化学进化研究难以有大的突破。

众所周知，在整个宇宙进化中，从最初的物理进化到化学进化再到生物进化是一个连续进化链，而化学进化是其中的中间环节，起着从无生命的物质结构进化到有生命的生物功能进化的过渡作用。但是多年来，化学家一直未能探索出如何从化学进化较高层次的高分子过渡到具有生物活性和功能特征的生物大分子（如 DNA、RNA 等）。其中的一个重要原因就在于在化学家的思维定式中，一直将化学看做是不具备复杂性质的简单系统。这样，正如普利高津所指出的，虽然复杂性是我们日常用语中的一个概念，然而我们总是觉得复杂性往往与生物的各类表现有关，“因此，我们大多数人都认为，传统的物理教科书中提到的现象，如重力作用下物体的自由下落或单独的振动，压根儿就是简单的。相反，我们又都乐于宣称我们的经济系统，我们的语言、哺乳动物的大脑甚至最低级的细菌是‘复杂系统’。”① 正是由于这样的思维定式，即使化学中有复杂性，也难以引起化学家的注意。事实上，自 20 世纪 60 年代以来，首先发轫于数学和物理学中的革命促使人们对传统的复杂性的认定加以反思，一种描述大自然的新观点由此而生。随着物理领域“不可逆热力学理论、动力系统以及经典力学平行发展，最后共同指明了一条必由之路，简单与复杂、无序和有序之间的距离远比人们通常想像的狭得多”。② 复杂性不再仅仅属于生物学领域，它正以一种似乎是自然界的普遍法则向人们走来。

在化学界，超分子将复杂性引入化学领域。超分子在其诞生之初就以一种不同于其他各种分子层次的性质和面貌呈现于化学家面前，而其所表现出的鲜明的自组织特征更是迫使化学家不得不将复杂性引入对化学的研究和思考中。因为按照耗散结构创始人普利高津的定

---

① 尼科里斯 · 普利高津著，罗久里，陈奎宁译：《探索复杂性》，1 页 – 2 页，成都，四川教育出版社，1986。
② 尼科里斯 · 普利高津著，罗久里，陈奎宁译：《探索复杂性》，3 页，成都，四川教育出版社，1986。

义，自组织是自然界的一种基本现象，与物质的复杂性密切相关。从目前的认识水平来看，超分子是化学层级构造中最高层次的复杂物，这就决定了化学家对它的研究不能再沿袭以往对那些简单物研究所采用的模式和方法，而必须采用适合于研究复杂物的模式和方法。

类似于建筑用的砖块可以构筑起形形色色的建筑物与建筑群一样，复杂物是由多种组分相互协调组合在一起的整体，而复杂性表示的即是多种组分以及它们之间在整体中的相互作用。这样一个有机整体的复杂性包含三种基本特征：多重性、相互作用、整体，也就是说复杂性 =（多重性）（相互作用）（整体）[①]。因而一个被确定的复杂物的确定水平的特征和物种，来自于属于较低层次的物种及其多重体的相互作用。超分子是分子的整合、细胞是超分子的整合、器官是细胞的整合、组织是器官的整合，依次逐级上溯到社会和生态系统的复杂性。呈现于复杂物层次并表征它的新奇特性，不能概念化地存在于低层次，但是可以用复杂性术语来解释：即从最简单的粒子到高层次的复杂的多重体，再到生物组织的形形色色的社会，不是还原主义所主张的层次到层次的还原，而是整体主义所主张的整合，通过整合，层级之间得以区分，也同时得到相互的连接。这种建构在个体基础上的整合使得化学家在研究中可能关注这样的问题：在超分子的形成中，一个给体可能直接影响超分子有机组织的行为，而改变组织中的一个组分，就可能导致整个分子结构和性质以及功能的改变，生物学领域的基因突变就是通过改变分子内的某个遗传片断组分而实现的。这种特征预示着化学家可以通过现象学的物理方法研究和解释超分子的性质。例如，用客观组分的化学特性和有机相互作用解释物质黏度或相变同组成分子有怎样的关系？个体部分怎样协作形成超分子物体的空间、时间或功能特征，并通过自组织导致从混乱到秩序的过渡？混乱的流动怎样随着粒子之间的多体相互作用而变化？能量流结构怎样通过组分的分子特征和它们的超分子的相互作用被测定？[②] 这些导致了激动人心的关于超分子化学的次序和复杂性的出现以及化学领域从微观到宏观、从分子独立到分子聚合的研究，而这一切同样需要现象学的描述和解释。这一方面要求物理学家和化学家之间的联盟，另一方面也需要结构化学家同有机化学家之间架起一座桥梁。

这样，超分子将最终导致化学家的眼界朝向复杂性，从对单个分子的研究转向对分子之间相互结合的研究，或者说关注对分子的社会学研究。在这样的研究中，化学家必须将分子看做具有一定社会结构整体的个体，将分子置于一个大的环境背景下，研究特定环境下分子的个体和群体行为。同时，超分子化学还将化学家的研究视角引向对分子之间选择性以及识别能力的研究，而对这一方面的研究将从根本上改变着化学家的思维观念，导致化学家思维观念的变革。关于这一点曼（Thomas Mann）已经注意到了：“虽然（超分子）仍是组构而不是组织，但是超分子在生命秩序和纯粹化学之间形成了过渡。”[③]的确，对于化学家而言，一种挑战正被确立，它显示出研究不仅仅在化学层面上，而且通过控制超分子结构，功能和组织、生命和非生命、生命体和非生命体之间有了通航的桥梁，而这一切正是超分子化学带给人们最值得关注的所在。

---

① Jean－Marie Lehn. Supramolecular Chemistry：Concepts and Perspecyives. 202.

② ③ Jean－Marie Lehn. Supramolecular Chemistry：Concepts and Perspecyives. 203.

三、信息化学时代的到来

化学家的传统总是试图设计出一个单纯的体系，甚至是一个孤立体系，再进而深入探讨其中的分子及其反应。但当面临超分子这样的复杂体系时，再继续将其孤立起来显然是不能达到研究目的的。事实上，超分子所具有的识别和自组织特征已经打破了化学研究所遵循的封闭体系，过渡到开放体系。按照普里高津的理解，无论是自然界中最具有复杂性和有组织性的生物体，还是普通物理化学所表现出的复杂性和有组织性，只要它们是复杂系统或具有自组织的特征，系统都必须是一种远离平衡态的非平衡的开放系统。因为根据耗散结构理论的解释，系统在从无序向有序的转化中，要消耗能量和物质。如果没有连续的能量流和物质流加以补充的话，系统的熵将增大，将走向无序而不是有序。这样，超分子要实现自组织，就必须同体系的环境有时空联系，而所谓开放系统实际上是指能进行信息流动的系统。莱恩将这类超分子化学研究论题，即分子信息产生、处理、传输、转换与探测的化学定义为信息化学（semiochemistry）。按照这种解释，识别实质上是分子或超分子进行信息传导的过程，这一过程可以看做是一条信息链或叫信息级链。这样，超分子化学将化学从机械时代的范式转向电子和通信时代的范式，同时也正在铺设一条将化学理解为信息科学的道路。

超分子化学为化学带来了基本的物质－能量－信息的三重组合。由此，化学系统可以通过模拟方式贮存信息，或者在一个分子或超分子的结构特征中（大小、形状 、特性和相互作用场所）贮存信息，还可以通过数字模式和各种化学实体的状态或连接贮存信息。信息理论已经被用于描述分子的机械特征。识别过程的信息内容的价值是通过受体－基体对结构的感觉以及相关的分子特性进行评估。识别不是一个绝对的、而是一个相对的概念，它来源于部分中贮存的结构信息，并通过它的解读的精确性来确定。结构信息依赖于状态之间相互作用的自由能的不同，并通过受体－基体对结合的不同来表示。在受体和基体进行信息传递和转换中，环境起着重要作用。一般而言，信息能否实现传递，在于所依赖的自由能和相应的温度是否适合，而参数则是评估临界值的参考数字、状态之间的不同以及读数的准确度。超分子所具有的数字储存和信息恢复是在核酸分子中被发现的，在核酸的碱基配对中，借助2:3 的氢键形式实现。类似于0/1 电子计算机的信息数码特征，一个被激活的蛋白质可以通过无机物的二元栅极来表示，如166.167 和相关的实体。而栅极依赖于量子点（quantum dots），量子点又是由更小的离子点组成。这种构造可以数字超分子片段作为信息储存和恢复题写的部分，这些部分可以通过光或电子来记录。①

超分子所具有的特征同时也将化学置于一定的语言基础上。事实上，当我们理解分子之间的识别时，可以将这一过程比拟为分子之间在一定语境下的言语交流，如果言语互相得到认可，则分子得以识别而匹配成超分子，否则将无法实现匹配。从这个意义上说，超分子所承载的信息功能正是一种在化学层面上所进行的语言交际，而这种交际有如后现代语言哲学描述的是一种特殊场景下对文本的阅读，阅读过程体现为主体（阅读者）和客体（文本）在特定语境中的相互对话。在超分子中，所谓主体与客体的相互识别正是这样一种对话形式。如此，在语言层面上，自然科学与社会科学达到了融合和一致，所不同的是，在社会科学中，所谓的主体和客体的对话是人与认识对象之间一种交互关系，而超分子所说的主客体

① Jean－Marie Lehn. Supramolecular Chemistry：Concepts and Perspecyives. 200.

对话是一种没有人参与的自然界中的一种本质现象，这也说明自然系统与人类社会系统的类同性。正是这种类同性促使科学家能用语言去描述和解释各种自然现象，并为此形成属于特定语境中的语言规则和系统以及特有的术语。正如莱恩所言：“为了我们的现今目标是合法的，需要命名超分子物质形成代码的语句，这代码接近特殊领域，通过它而通信。”① 这样，超分子通过化学方程式和化学的内在语言，物质的内在意义得以表达，通过语言的句法结构，物质得以相互转化和联系。这样，作为一个新领域，伴随超分子的产生、发展和成熟，必须建立能表达超分子特征的基本概念和新术语。因此，给出超分子概念与命名是非常重要的，这不仅能促使这一领域规范化，使化学家能在共同的语言规则中相互理解和交流，而且通过这一基础，为化学家提供了创造性的想像力，使其想像力能通过语言的魅力得以表达。

超分子化学被定义为：“就像分子化学领域依赖于共价键一样，有一个超分子化学领域，它是分子聚集和分子间键合的化学。”② 超分子则被定义为具有高度复杂性组构的实体。经过 20 多年的发展，超分子化学已经成为具有特定的研究领域和被共同体接受和认可的一个专业学科，而且正被应用到其他领域，尤其是配位化学和生物学。这说明超分子化学正在走向成熟，而且具有将物理、化学、生物学乃至社会学相互渗透和融合的特征。

英语的两个单词 supramolecular 与 supermolecule 都可被翻译成汉语“超分子”，但是按照莱恩的理解，supramolecular 与 supermolecule 的内涵和外延是不同的，supramolecular 主要被用于大的蛋白质结构和有机分子集群中，而 supermolecule 是在理论化学中，被用于处理分子联合体的计算过程。例如，作为一个独立实体的水的二聚物被称为 supermolecule 的方式。由此可以看出，supramolecular chemistry 是一个较宽论的术语，“关注从被明确定义的超分子到扩展的、或多或少组构的多分子联合的所有型式的超分子实体的化学”。③ supermolecule chemistry 被限于指超分子自身的特殊化学。显然，我们本文所讨论的超分子化学是在 supramolecular chemistry 层次上，而且将这词语的涵义扩展到哲学层次，探讨它为化学和化学家所带来的知识构建、价值评判、信念基础的新颖性。这种探讨并非牵强附会虚构空中楼阁，而是超分子本身所具有的特征，正是这些特征使化学进入了具有信息科学和语言科学特性的后现代时期，并说明了具有人文科学特性的后现代科学在化学层次上同样得以诞生和发展，这正是超分子化学带给哲学最有价值的东西，也是哲学应当对此加以关注的方面。

四、超分子化学带来的思维观念的变革

正如有人所讲：“化学是一门从分子水平上认识世界和改革世界的科学，由于化学中化学合成这一最能动领域的发展，我们看到化学正在从‘认识’更多地转向‘改造’和‘创新’，创造更多的新的各种功能的分子。”④ 超分子化学正是这样一种能让化学家充分发挥想像力和创造性的学科。之所以如此说，就在于超分子所体现出的分子之间的识别为化学家提供了施展其创造性和想像力的空间。我们知道，分子识别虽然具有高度的专一性和选择性，但是在一定的环境影响下才能实现。这样，化学家可以利用一定的外界条件，并借助计算机来设计分子之间可能实现的识别和组装，同时也可以采用一些分子的识别方法研究各种分子

① Jean - Marie Lehn. Supramolecular Chemistry: Concepts and Perspecyives. 4.
② Jean - Marie Lehn. Supramolecular Chemistry: Concepts and Perspecyives. 5.
③ Jean - Marie Lehn. Supramolecular Chemistry: Concepts and Perspecyives. 9.
④ 吴毓林，陈耀全：《化学迈向辉煌的新世纪》，《化学通报》，1999 年第 1 期。

之间如何进行识别和匹配，如何对这些识别和匹配进行控制和改造。采用这样的方法，化学家就能利用分子识别的特性来创造出具有一定功能的超分子，进行化学的人工创造。

事实上，化学家在实践中已经在运用这种创造性的实践模式。例如，1990 年美国密苏里大学史密斯（G. P. Smith）构建了以 FUSES 的单键噬菌体结合的基因工程，表达的胎库是研究多胎识别最有效的方法，任何一个多胎都可以借助胎库用识别的方法像钓鱼一样钓出其对应识别序列。[①] 又如，基于免疫功能的抗体与抗原识别是保证人类健康、抵御外来细菌与病毒侵蚀的屏障，以舒尔（P. G. Schul）、莱纳（R. A. Lerner）等为代表的化学家巧妙地利用生物体抵御外来抗原，产生与之识别的抗体的性质，发展了一个崭新的研究领域——催化抗体，或称抗体酶。这种研究的创新意义就在于化学家将创造性与想像力与具体的化学反应结合起来，用识别方法专一性地选择反应物，选择反应过渡态，在专一性结合中进行化学反应，保证了反应的低活化能、高选择性，催化某些难以实现的反应，为化学的绿色革命提供了一条新的途径。在这种催化抗体的启迪下，以相当于半抗原的模板分子在化学环境中复制抗体，即用特定小分子或生物大分子与模板分子相结合，然后使之固定化，用溶剂抽去模板分子，得到专一性空穴，这个空穴即可识别某些分子。

分子识别将化学从研究物质实体转变为研究物质的“语言”，这种物质语言即是那些能通过识别方式将分子相互匹配的有机超微粒。有机超微粒是纳米尺寸的亚基以分子间相互作用连接而组装起来的组装体，在超分子体系中，作为基本单元，超微粒在体现超分子的功能、信息传输中，发挥着特殊作用。这种超微粒不同于一般意义的物质实体，它实际上已经承载了超分子系统内部交流的语言功能，建立起分子识别过程中“锁与钥匙”的相互对话和信息传递，从这个意义上说，超分子化学为化学家引入了一种后现代的思维模式，即将物质的组成看做是一种相互沟通基础上的对话。这种具有后现代特征的思维模式对于化学家而言具有独创性，它为化学家在超分子乃至整个化学领域研究中充分发挥主体的参与性，提供了一条思路和途径，有助于化学家创造性和想像力的发挥和提高。

创造性与想像力并不意味着超分子化学研究的坦途，而是充满荆棘。如莱恩所言，超分子化学的前景是宽广的，而化学家从近乎乌托邦式的想像和虚构中对真实的把握和辨别需要足够的勇气，“另一方面，我们可能感觉到前进到高峰的偏僻之处：山峰的目标是可见的、可确定的，甚至可以使这样的进程得以实现，但是，我们还不知道怎样达到目的地。我们可能沿着这条路遇到山崩、岩石的滚落、深深的裂缝、喧嚣的溪流，我们可能不得不迂回曲折，不断地尝试，但是，我们相信我们将最终达到目的。我们需要足够的勇气克服危险，持之以恒地填充我们无知的鸿沟，以极大的雄心面对挑战，记住‘坐在井底面对天空沉思的人看到的只是一小片天空’”。[②] 但是对于化学来说，这片天空是极其广阔的，它不仅是一门科学，而且是一门艺术，通过它创造优美的物质，它也将会无休止地创造自己。像艺术家一样，化学家将创造性的想像刻在对物质的构造中，如此，大自然所诞生出的石头、声音、语言不仅仅是雕刻家、作曲家、作家用于表达情感的作品。同样，化学家借助自然提供的元素创造出分子、超分子、新物质以及新奇的性质和功能，这些都是自然界原本没有的全新的世界。

---

① ②沈家骢，张希：《超分子科学——21 世纪新概念与高技术的一个重要源头》，《科学》，1994 年第 10 期。

② Jean – Marie Lehn. Supramolecular Chemistry：Concepts and Perspecyives. 206.

总之，超分子化学带给化学家思维观念的变革就在于，化学家不是发现者，而是发明者；“化学的本质不仅仅是发现，而且是发明创造，化学课本不仅是为了阅读，而且是为了写作，化学乐谱不仅是为了演奏，而且是为了谱曲！”① 这正是化学的魅力所在。

五、超分子——揭示生命奥秘的金钥匙

在整个宇宙进化史上，化学进化是一个不可或缺的进化链中的一环，而且它还承担着从无生命进化向有生命进化的过渡。在有机人工合成诞生之前，人们一直认为生命体有着与无生命体无法通航的特殊的活力因素。这种特殊的活力因素与宗教神秘主义联系在一起，曾一度阻碍了化学家涉足有机化学领域。但是当1828年维勒人工合成尿素之后，宣告了生命活力论的破产，自此，化学家以前所未有的热情涌入有机化学研究，使有机化学在短短几年中成为化学领域的成熟学科。有机化学的产生促使化学家从化学的分子层次上试图对地球上生命诞生的奥秘给予解释。经过研究，化学家发现生命体内没有特殊的作用力、没有特殊的原子及人工无法合成的分子。尽管如此，化学家却一直无法解释无生命的化学分子如何过渡到具有生命特征的生物功能分子。化学家虽然在实验室里合成出大量有机分子和生命体中的高分子，但是不能使所有合成的分子带上生命体内的分子才具有的生物活性，例如，自组织、自催化、能转载、加工信息的功能特性。

在超分子化学出现之前，化学家曾构建了各种方式试图给予合理的解释，但是都不尽如人意。例如，奥巴林的团聚体假说，贝尔纳的类蛋白的微球体理论，埃仑司弗特的生命之池理论，以及日本的汇上不二夫的海之颗粒理论和美国劳利斯等提出的金属泥土理论，这些假说和理论试图从不同的角度解释化学进化的“瓶颈”问题，但是收效甚微。② 这些理论之所以不能有效地解释化学进化如何过渡到生物进化，其原因就在于在化学家的思维观念中，一直将化学进化看做是一种结构进化，而生物进化过程则表现出功能进化的特征。正如“动物解剖所显示的，各种动物在机体的构造和组成方面有许多共同特点，无论是构成生命的基本单元细胞，还是构造生命整体的各个器官或系统的结构，人同其他动物没有太大的区别，关键的不同是在于各种动物具有各自不同的功能，也就是说，整个生物进化表现为以功能进化为主。人同他的原祖的不同在于他所具有的功能层次的提高，比起机体构造，他用脑的功能远比原始人高明。这说明，生命体与非生命体的根本区别在于，前者总要表现出某些功能特征，而后者却无所谓功能。可见，在由无生命物质向生命物质转化中，如何实现由化学的结构进化向生物的功能进化的转变是至关重要的。这表明，在化学进化的最后阶段，肯定有一个由化学的结构性构造向生物的功能性构造转化的环节”。

超分子化学的出现为化学进化过渡到生物进化提供了一条可行的途径。超分子已经显示出它具备了生物体所要求的基本功能特征：自组织、识别、匹配等。这样，化学就在超分子层次同生物学建立了一种互通信息的桥梁，二者之间的密切联系具有了可以操作的现实基础。一方面，化学家能借用普通的化学分子构造出向生物体的目的性过渡的超分子，另一方面，生物进化也通过对超分子的研究反观化学进化的进程。例如，在用酶作为试剂的使用中，可以借助化学方法实现催化剂反体的产生、基因表示的控制、分子转向技术的进展等

① Jean－Marie Lehn. Supramolecular Chemistry：Concepts and Perspecyives. 206.

② ③郭贵春主编：《走向21世纪的科学哲学》，403页，太原，山西科技出版社，2000。

等。通过化学家对生物体的详细考察，化学能够在精细的分子水平和方式上对物体的功能的发挥提供详细解释。如此，化学与生物学越走越近，并在某种程度上可能融为密不可分的体系。同时，化学从生物学那里接受了挑战，这种挑战就在于无生命的进展、非自然体系以及化学家虚构的想像的特征，并且实现可与生物体相比拟的有效性和选择性功能。主观上驱使一种选择被利用，这种利用不仅是生命组织的利用，而且是无生命化学自由地发明新物质的过程，化学领域借此得以拓宽。在超分子化学中，对分子信息和功能的强调使得原本只有生物学才有的研究对象拓展到化学层次上，化学分子由此成为生命组织的逻辑分子，依靠这种逻辑分子，生物体能够进行秩序化、规则化的组织，循自然产生的规律进化和发展。

超分子化学所具有的生物体的活性和复杂性，促使化学未来的途径将通过分子和环境内外两种力量而形成，朝向增加多样性和复杂性的进化而成为某种生物现象。化学的特殊性也可能通过生物和化学的比较被强调，比较是带着对复杂性和多样性扩展的有利因素而进行。同生物学相比，化学不可能达到复杂性的最高层次，只能具有较低复杂性，但它的宽度和物质的多样性是无限的，只是由于化学家在化学组合和结构中的想像力被旧有范式限制，使得化学曾在一段较长的时间内难以有新突破。自从化学家在超分子领域证明了高度复杂体能在分子组分基础上获得，他们不仅在自然进程中找到信心和保证，而且找到了灵感和激励。人们可能说化学通过一个存在公理，依赖于生物世界，这一公理即是存在于生物体系，特别是人类内部的奇异的复杂性，它表明尽管凭借我们现今的能力还无法了解化学领域复杂性如何运行和体现，但是这种复杂性却确确实实存在，生物学内的分子世界只是化学宇宙全部可能世界的一部分，更丰富的化学世界正等待着化学家用自己的双手加以创造。

第五节　走向中观层次的纳米化学

1981 年，当 IBM 公司苏黎士实验室的两位科学家——宾尼和罗雷尔发明了被称为“扫描隧道显微镜”（STM）的神奇仪器之后，也同时宣告了一个引发世界性关注的全新科技领域的诞生。因为这一新发明第一次使人们借用仪器看到了原子实体，看到了原子在物质表面上的排列形式。在这之后，科学家借助 STM 不仅可以看到原子、分子，而且可以操纵原子和分子。1990 年，IBM 公司下属的研究所利用 STM 技术实现了人类操纵原子的梦想，他们用 35 个氙原子在镍表面上排出了“IBM”字样，所排出的字样不到 3 纳米（nm），由此揭开了人们探索纳米世界的序幕。作为一个新兴的科学领域，纳米科技一出现就引发了科学家的关注，化学家也不例外，他们纷纷转向对这一领域的探索，由此开始了纳米化学的研究和应用。

一、奇妙的纳米世界

与微观世界和宏观世界不同，纳米世界是介于二者之间的一个新奇的世界，这不仅表现为它具有大于微观物质，远小于宏观物质的尺寸，而且表现于它具有独特的物理化学性质，从而开拓独特的应用领域。

1．独特的物质层次和结构

从尺寸上看，纳米世界包括那些大小在 1 纳米至 100 纳米之间的物质，而且这些物质具有以下特征：第一，它们必须至少有一个维具有 1 纳米到 100 纳米的尺度；第二，它们的设计过程必须体现微观操控的能力，即能够从根本上左右分子尺度的结构的物理性质与化学性质；第三，它们能够组合起来形成更大的结构。① 从特征来看，一方面，纳米世界与物质的基本结构单元相邻接，但是又不属于微观层次，因为它有稳定的物理化学性质；另一方面，它也不属于宏观世界，因为它有较小的尺寸。正是在这个意义上，人们将纳米世界看做是微观世界与宏观世界之间的中观世界。由于纳米世界的物质具有稳定的物理化学性质，确定了最小的天然结构，从而成为物质微型化过程的最终极限。换句话说，在具有稳定的物理化学性质物质构造层次上，再没有比纳米世界更小的结构了。这有点像超弦理论所描述的超弦是物质构造的最低层次一样，纳米物质是具有一定物质特性的最低物质层次。

2. 独特的物理化学性质

在纳米世界里，中国古代的先哲——庄子的“一尺之棰，日取其半，万世不竭”的话似乎不再起作用。事实上，当物质的可分性到达纳米尺度的物质世界时，物质的物理化学性质都会发生根本的改变，这种改变经过科学家的探索，认为至少体现在四个方面：（1）表面效应。它是指球型颗粒的比表面积与颗粒直径成反比。当物质的尺寸小于10纳米时，其表面原子数会急剧增长，以至于1克纳米颗粒的表面积的总和可高达100米^2，这时的表面效应将不容忽略。（2）小尺寸效应。随着颗粒尺寸的量变，在一定条件下会引起颗粒性质的质变，这种变化即为小尺寸效应。对纳米颗粒而言，尺寸变小，同时其表面积增加，一系列新奇的性质将会产生，主要表现为光学、热学、磁学性质发生根本的变化，而这些变化通常都有利于人们对物质的操作和控制。（3）界面效应。纳米材料通常有非常大的界面，界面的原子排列是相当混乱的，原子在外力变形的条件下很容易迁移，因此表现出很好的韧性与一定的延展性，使材料具有新奇的界面效应。（4）量子效应。介于原子和大块材料之间的纳米的能带不是连续的而是分裂为分立的能级，能级间的距离随颗粒尺寸的减小而增大，当热能、电场能或磁场能比平均的能级间距还小时，就会呈现出一系列与宏观物体截然不同的反常特性，称之为量子效应。②

3. 独特的应用

纳米物质的新奇特性为人们开发和利用新型材料提供了一种崭新的思路，这就是纳米材料。从应用角度看，由于纳米材料独特的物理、化学性质，决定了它在当今和未来科学技术中将发挥重大作用，并产生巨大的经济效益。首先，纳米材料所具有的较大比表面和比界面决定了纳米材料能与外界环境有较大的接触面积，这一方面能使纳米材料同外界环境有较好的物质和能量的交换，同时，也能使纳米材料同外界有较好的信息交流。由此，纳米材料可以被用来制造各种灵敏度高、响应速度快的传感器。“同样由于比表面大、表面有效活性中心多，催化剂的催化效率可大大提高。现已制成一些具有各种用途的纳米微粒催化剂，如在火箭固体燃料中掺入铝的纳米微粒，燃烧效率可提高若干倍。”③ 纳米银粉、镍粉轻烧结体作为化学电池、燃烧电池和光化学电池中的电极，可以增大与液体或气体之间的接触面积，增加电池效率，有利于电池的小型化。纳米材料的小尺寸效应则使陶瓷材料纳米微粒的相变温度降低，有利于这些材料的烧制。同样可以利用纳米材料的这一特性，将其涂在导弹或飞

① Gary Stix.：《微观世界里的大科学》，《科学》，2001年第12期。

② 古宏晨：《纳米材料21世纪的新材料》，《世界科学》，1999年第4期。

③ 王梅生，杨镬龙：《迷人的纳米材料》，《自然杂志》，1993年第5期。

机表面，避免雷达发现。另外，纳米颗粒的磁性作用还可以作为药剂载体应用，利于提高药效；采用纳米金属颗粒制成金属溶胶，接上抗原或抗体就能进行免疫学的间接凝集试验，用于快速诊断；在化学纤维制造工序中掺入铜、镍等金属纳米颗粒，可以合成导电性的纤维，从而制成防电磁辐射的纤维制品或电热纤维，也可以与橡胶、塑料合成导电复合体。总之，纳米材料的应用同纳米物质的特殊性质一样具有诱人的研究前景和价值，这使得化学家有更多的信心和激情投入纳米化学的研究，试图在这一新型领域占领制高点，为化学开辟全新的研究领域。

二、纳米化学关注的焦点

纳米科技的出现及其应用向化学提出了许多新的课题，同时也为化学的发展提供了新的机遇，纳米化学就是在这样的背景下，作为化学研究的一个新的分支得以诞生。作为刚刚起步的新学科，还很难给纳米化学下一个确切而严格的定义，“考虑到物质特性发生显著变化的尺寸基本上是在100nm以下，我们不妨说，纳米化学是研究原子以上、100nm以下的纳米世界中的各种化学问题的科学”①。按照这种理解，化学家已经开始了纳米化学的研究，这些研究主要集中在以下几个方面：

1. 利用SPM表征和测量技术研究物质的结构

对于化学家而言，他们在纳米化学的研究中最关心的是能够接触到极微小的纳米尺度的粒子，以确定纳米粒子的实在性。为了达到此目的，化学家必须借助一定的仪器和技术，也就是说，对纳米粒子表征和测量技术要求其分辨能力至少要达到原子水平。20世纪80年代兴起的扫描探针显微技术（SPM）帮助化学家实现了这一愿望。SPM是一种显微镜技术的统称，其家族中主要有扫描隧道显微镜（STM）、原子力显微镜（AFM）、磁力显微镜（MFM）、扫描电子显微镜（SECM）等。这些显微镜的共同特征在于，它们都具有表面成像能力，能够从表面上看到原子、分子水平的结构细节。因此，SPM为纳米化学的研究提供了极为便利的条件，被称为从事化学研究的“眼睛”和“手”。借助SPM，化学家不仅可以观测原子、分子级的粒子和它们发生的各种物理、化学反应，更为重要的是，利用它们，化学家可以根据自己的意愿在超低温下操纵单个原子和分子，制备所需要的复杂纳米结构器件和装置，因而，有人甚至提出微小实验室的说法。

现在，化学家利用SPM能够得到物质表面微观结构、表面原子或分子堆积方式。1983年宾尼和罗雷尔利用STM的超高空间分辨本领获得了第一张硅（111）表面原子像，清晰地看到了硅原子的7×7排列结构，解决了科学界多年悬而未决的重构型问题。SPM甚至可以“看到”分子轨道的形状。化学家利用SPM的原子级空间分辨本领，可以发现表面上发生的化学反应的始态和终态，研究原子、分子在表面（尤其是电极表面）上的吸附形态，也可以跟踪化学反应的过程。例如，电极表面上的金属欠电位沉积和体相沉积过程、电极本身的光化学腐蚀过程，以及单个分子的化学反应等。但是，SPM的成像过程较慢，即时间分辨能力不是很高，因此只能用于跟踪反应速度较慢的化学反应。

SPM在化学领域还有一个重要的应用就是诱导局域表面化学反应，使化学反应能够在非常小的纳米空间中进行。美国化学家皮涅等人利用STM进行局域电化学沉积，在石墨表

① 刘忠范，朱涛，张锦：《纳米化学》，《大学化学》，2001年第5期。

面沉积十几个纳米的铜和银的纳米柱，构成了世界上最小的电池，称为“伽伐尼电池”，其大小只有70nm。这方面的功能主要是利用其探针对物体表面进行纳米尺度的加工或制备纳米结构。我们知道，SPM虽有强有力的表面成像功能，能够看到原子、分子级的结构细节，但仅是看到而已，却不能说明所看到的东西“是什么”，也就是说SPM并不具有识别能力。为此，化学家们想到了利用具有特殊功能的分子对SPM的探针进行修饰的方法，通过这种方法，使SPM具有识别功能、响应功能等，进一步拓宽SPM的应用领域。鉴于此，北京大学纳米化学实验室在近几年提出“针尖化学”的说法。① 针尖化学最主要的内容是对针尖的设计，主要设计方法是利用自组装单分子膜、高分子微球、纳米粒子、C_{60}和碳纳米管修饰SPM针尖。其中由于碳纳米管的直径非常细（准一维），且具有良好的力学性质，成为修饰SPM的理想材料。

例如用组装单分子膜技术在SPM针尖表面修饰一层含有特定官能团的单层膜，假如这种官能团能够与溶液中的酸碱基团发生相互作用（可以形成氢键），那么当针尖与被测样品接触拉开时，可以测得黏附力。如果溶液的pH值发生变化，则表面基团的解离度也随之发生变化，进而引起针尖与样品间的黏附力改变。这样，化学家就可以根据测定黏附力的变化来跟踪表面解离过程，最后得出表面解离常数pK_a，这种方法被称为“力滴定”。测定过程中，针尖与样品间的作用空间区域仅涉及有限的几个分子，因此给出的pK_a值是表面局域酸碱性质，而且对于测定类似含有羧基、胺基、吡啶、喹啉等酸碱基团和表面测定都具有一定效果。

利用“功能化”针尖，可以定量测定化学反应中涉及的各种作用力，而且还可以用来研究单个生物分子的力学性质（如免疫平球蛋白的锯齿状结构及其恢复功能和DNA分子的力学结构）。化学家做过如下实验测得金-硫自组装单分子膜体系中的金-硫键强度：针尖和基底各镀一层纳米级的金膜，然后在基底上组装分子两头都含有巯基的单分子膜，所测键能与电化学脱附法测得的结果一致。德国化学家高勃等将生物素修饰于AFM针尖上，同时将抗生素固定于AFM的玻璃微球上，测得抗生素蛋白与生物素之间的单分子作用力。利用相同原理，化学家将AFM针尖用单分子膜修饰，来跟踪偶氮苯自组装单分子膜的电化学反应。因此，针尖化学方法可用来研究各种表面化学反应过程，给出表面局域化学性质。

SPM的针尖还可以当作“透镜”来使用。比如把AFM针尖镀上一层金属铂催化剂，用于诱导含有叠氮末端的烷基硫醇自组装单分子膜的催化加氢反应。在这种反应中，被修饰过的探针承担双重任务，一方面是纳米催化剂的作用，另一方面是探针的作用，利用高分辨成像跟踪反应过程。实验结果表明，反应可以在以针尖为中心的非常微小的空间内进行，其工作原理类似一个光学透镜，能够把光聚到一个点上，这种“透镜”效应被广泛用于纳米结构加工。日本化学家在硅/二氧化硅表面上沉积一层几个纳米厚的金属钛膜，在凝结水的参与下，针尖与样品形成纳米级的电解池，然后利用针尖对钛膜进行局域化学氧化，在外加偏压下，金属钛被氧化生成氧化钛绝缘区，形成金属钛的“库仑岛”结构，这也是单电子晶体管的原理结构，利用这种方法他们在室温下看到了“单电子遂穿效应”。

除SPM以外，电子显微镜也是纳米材料与结构形态学研究的常用工具，主要包括透射

---

① 刘忠范，朱涛，张锦：《纳米化学》，《大学化学》，2001年第5期。

电子显微镜（TEM）和扫描电子显微镜（SEM），现在高分辨透射镜的分辨率已接近0.1nm，甚至可以分析纳米材料的微结构。利用电子显微镜，化学家可以知道纳米材料的尺寸、晶型和晶材料与结构形态，这无疑对纳米化学研究带来了极大的便利。

2. 纳米颗粒的制备

先让我们看一下纳米颗粒的存在状态的示意图24-5-1①。

由于纳米颗粒具有特殊的尺寸、微结构和形状，使它有了特殊的性质，而且只有单独存在方可体现出它们独有的特性，如果这些颗粒团聚在一起或被压实，那么它就和体形物质相同了。但是，由于纳米颗粒有很大的表面能，而且容易发生颗粒间的团聚，即具有物理上的不稳定性，以及化学性质十分活泼而表现的化学不稳定性，因此纳米颗粒的制备和保存在技术上要求十分苛刻，成为纳米化学研究主要解决的问题。化学家们找到了一些窍门，用来得到尺寸可控制的、无团聚的纳米颗粒。

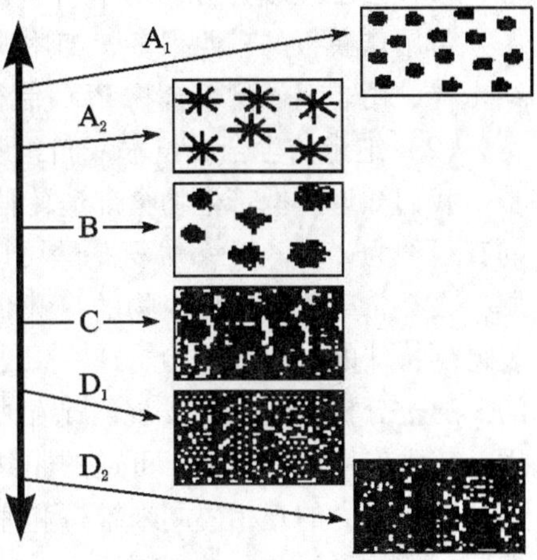

图24-5-1 不同状态下的纳米颗粒示意图①

（1）模板合成术。其原理很简单，我们可以设想有一个纳米级大小的“模具”，纳米晶的成核和生长可以在这个模具中进行。当然模具是很关键的“微型反应器”，它决定着所制备的纳米颗粒的大小、形状和分散稳定性，在实际工作中，主要任务是如何设计或找到这种“模具”。化学家们将找到的“模具”分别称之为硬模板和软模板。

硬模板主要包括人造的或天然的多孔材料，主要有经过处理的多孔高分子薄膜、分子筛、多孔氧化铝等。比如沸石分子筛，它是实验室中非常熟悉的天然多孔材料。多孔氧化铝膜是人们近年来通过金属铝的阳极电解氧化所得，它有相互独立的孔，孔径大小一致，排列有序，分布均匀。其孔径由电解条件来控制，大小在几纳米和几百纳米之间。科学家们也用碳纳米管作模板，在它的纳米级的空腔内合成纳米线。

软模板则是由表面活性分子聚集而成的胶束、反相胶束或囊泡等。它与硬模板的不同之处是软模板提供的环境是处于动态平衡的空腔，能够不需要外力驱使物质进入腔内，主要通过扩散透过腔壁，也有人称之为协同作用。表面活性剂是一种分子内既有亲水基团，又有亲油基团的物质，在含有机物和无机物的混合溶液中，表面活性分子可以和有机物或无机物形成纳米级的胶束，胶束起的是保护作用，防止颗粒“长”得过大。假如是亲油的一端“附在”有机物的液滴上，其亲水的一端露在外面，我们把这种“水包油”型胶束称为“正相胶束”，它可以将有机溶剂变成小液滴悬浮在无机溶剂里。另外一种相反的情形，化学家称其为“反相胶束”，它可以将水等无机溶剂分散在有机溶剂里。至于形成什么样的胶束，这和表面活性剂的种类、量以及无机、有机溶剂的量有关，而且一般反相胶束的直径大约为3nm-6nm，正相胶束的直径大约为5nm-100nm，它们的形状可以是棒状、球状或椭圆形。

① Leslie-Pelecke R D, Chem. Mater., 1996, 8 (8), 1770-1783.

为了形成大小均匀的胶束，化学家可以利用超声波的方法。例如，化学家用琥珀二异辛酯磺酸钠制备了许多纳米材料，琥珀二异辛酯磺酸钠是一种阴离子表面活性剂，它可以在有机溶剂里形成反相胶束，这样就形成了一个个纳米级大小的水溶液空间。如需要制备纳米碳酸钙，那么形成的就是氢氧化钙水溶液空间，通入二氧化碳气体后，气体扩散进入每个胶束并与氢氧化钙发生反应，就可以得到大小均匀的纳米碳酸钙颗粒。①

模板法已经成为合成纳米材料的重要方法，引起越来越多工作者的兴趣。在实际工作中，可用作模板的东西很多，如用溴化十六烷三甲基铵制备金纳米颗粒，用碳纳米管制备铜纳米棒、用非离子型聚合物 PEG 制得各种形状的氧化锌钠米、亚钠米材料等。②

（2）纳米仿生合成技术（自组装技术）

我们知道，携带生物全部遗传信息的双螺旋结构 DNA 是由四种核苷酸排列组成的，它的直径约为 2nm。20 多种氨基酸可以排列组合成多种多样具有生物活性和特殊功能的蛋白质，人类希望能够模仿生物的自我识别和自我“成长”的方法，通过单个分子、原子自组装得到特殊的材料或结构。这一想法最初是由美国麻省理工学院的一名学生德雷克斯勒提出的。通过分析，化学家发现复杂生物结构形成的基础是由范德华力、氢键、π－π 相互作用、疏水作用等较弱的、可逆的非共价作用力驱动的分子自组装，这种结构的稳定和完整性由这些作用力的互相协同来维持和完成。仿生纳米合成可以理解为从单个原子、分子出发，按照人类的设计和要求利用原子、分子之间的弱相互作用力的协同，自发地组装成具有特定功能的纳米结构或材料的过程。

仿生纳米合成主要有以下两种方式：第一，利用具有特定功能的分子，依靠非共价键弱相互作用，合成新型超分子纳米材料。这种材料的整体结构中，各单元结构仍保持原来固有的物理和化学性质，同时，各个单元结构共同的相互作用又表现出新的特殊的整体功能。比如，用 γ－环糊精与二苯基已三烯相互作用合成纳米管型轮烷，长度约为 20nm。氰尿酸和嘧胺通过氢键形成稳定的、具有六方晶格结构的盘状纳米材料。这类超分子纳米材料都是在范德华力、氢键以及 π－π 相互作用等形成的各种形状的分子聚集体。第二，在实验室里，化学家依照生物细胞膜的结构，将功能分子有序地排列起来，制作致密有序的单分子膜或多层膜材料，化学家们将此方法称为分子超薄膜制备技术，包括两种典型的组装方法：一种是我们常见的 LB 膜技术，一种是自组装单分子膜技术，它们都是靠范德华力、疏水力等分子间作用力，让分子自发排列起来的方法形成的。

LB 膜技术产生于 20 世纪 30 年代，由美国化学家朗缪尔（I. Langmuir）和布洛吉特（Blodgett）发明，其原理是将含有双亲性棒状表面活性分子的有机溶液滴在水面上，将有机溶剂挥发后，表面上形成由表面活性分子组成的膜，然后利用放在水面上的可移动的挡板控制表面压，使水表面活性分子由平躺渐渐直立起来，形成有序排列的单分子膜。为了降低整个体系的自由能，表面活性分子的疏水端尽可能离开水面，然后再把这层单分子膜转移到固体表面上，就形成 LB 膜。这种技术能够有效地把分子组装起来，深受实验室工作人员的喜爱。

---

① 成国祥，沈锋，孙平川等：《功能材料》，183 页－187 页，1998（2）。

② 刘雪宁，杨治中，唐康泰等：《高分子模板法合成特殊形态的氧化锌纳米结构材料》，《化学通报》，2000 年第 11 期。

20世纪90年代之后，化学家开始从关注较小功能分子的组装转向关注较大纳米粒子的组装，利用纳米粒子间的各种相互作用、纳米粒子与固体基底间的相互作用以及毛细管力、电场等外力作用，成功地将金属纳米颗粒、半导体纳米颗粒、高分子微球等组装起来，制备出各种各样纳米级结构。分子自组装技术、LB膜技术以及纳米加工技术的有效利用则使纳米材料的组装变得更为丰富多彩，成为化学家从事纳米结构制备的重要发展方向。①

3. 独树一帜的C_{60}与碳纳米管

1985年C_{60}被发现后，化学家的进一步研究发现，C_{60}具有许多独到的结构和物理、化学性质，例如具有完美的对称结构、特殊的电子结构、异常稳定的化学性质等，其中最引化学家注意的是C_{60}具有特有的中空结构，这种结构有利于其他原子和分子进入C_{60}的空腔内，使这些原子和分子同C_{60}共同形成新的物理化学性质。例如，在空腔内掺入碱金属后，本来是不良导体的C_{60}能转化为超导体（图24－5－2）。

化学家成功地给C_{60}的每个碳原子上添加一个氟原子，得到一种全氟化的$C_{60}F_{60}$，它是一种超级耐高温材料。利用C_{60}的特性，科学家获得了非常多的设计灵感，使它在分子器件和纳米电子器件的研制方面有广阔前景，人们对它投入了饱满热情。

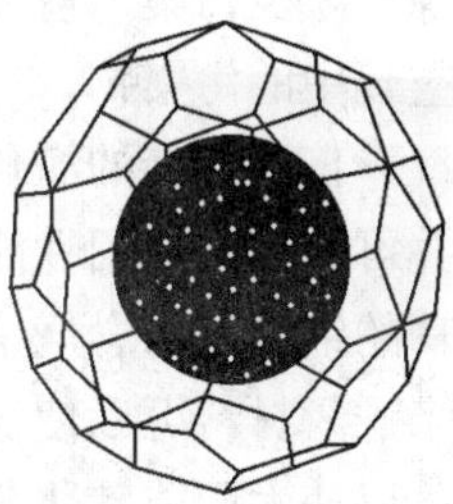

图24－5－2　中间嵌有金属原子的C_{60}

碳纳米管同C_{60}一样具有特殊的结构和性质，它于1991年由伊基玛（S. Iijima）首次发现②，是由类似于石墨结构的六边形网卷成的中空纳米级管，碳纳米管的密度约为1.4g/cm^3，很轻，只有钢的六分之一左右，但非常结实，强度是钢的100倍。因石墨层中碳原子的卷曲程度角度不同，碳纳米管的性质也迥然不同。例如，就导电性而言，可以是金属性的，也可以是半导体性的。令人惊奇的是，甚至在管内的不同部位，由于结构的变化，也可以呈现出不同的导电性。由于其特殊的电子结构，电子在碳纳米管中的径向运动受到限制，而轴向运动则不受任何限制，因此是很好的一维量子导线，有望替代硅成为新世纪微电子器件的主流材料，而它的特殊的管状中空结构及很大的比表面积，可以选择性地填充金属、合金微粒，或者成为氢吸收材料③。这有助于化学家对其进行各种各样功能化设计，从而使化学从结构化研究走向功能化研究，为化学家开拓研究思路提供了便利条件，这也正是纳米化学吸引化学家密切关注的原因之所在，也是化学家在化学的未来研究中应当加以注意的焦点。

三、纳米化学的应用

随着大科学时代的到来，任何一个新兴学科的发展最终都要能给人类社会的发展带来积极的作用，纳米化学也不例外。无论纳米化学如何发展，其最终目的都是研究和制备出有利于人类生存和发展的物质材料，这不仅是纳米化学的立足之本，也是纳米化学发展的动力。

由于纳米颗粒具有特殊的量子尺寸效应和表面效应及其活泼的化学性质，使它有了比体相物质更广泛的使用价值。

1. 新型材料的生产和制备

---

① 刘忠范，朱涛，张锦：《纳米化学》，《大学化学》，2001年第5期。

② Iijima S, Nature, 1991, 354: 56－58.

③ Dillon A C, Jones K M, Bekkedahi T A et al, Nature, 1997, 386: 377－399.

通过控制材料单元尺寸和成分，化学家可以制备出更轻、韧性更强、硬度更大、灵敏性更高、使用寿命更长的纳米材料。现在，已能制备和应用的纳米材料有纳米磁性材料、纳米陶瓷材料、纳米生物活性材料、纳米贮氢材料等。由于纳米材料在导电性方面的物质特点，科学家已经看到了它们在微电子领域中的巨大作用，纳米材料将再次给计算机硬件技术带来新的革命。纳米材料的量子尺寸效应表现出来的电学、磁学、光学性质在物理方面的应用更是令人欢欣鼓舞。例如在磁记录材料上的应用，可以大幅度提高存储信息的密度和速度，也可以制备出新一代的微电子元件①。化学家和生物学家发现，在生物体系中加入纳米颗粒后能有效地提高仿生体系的寿命与功能，这种性质决定了纳米材料在生物计算机和人工智能方面大有作为。②

2. 纳米材料对能源利用和环境保护带来无限益处

在针对环境和能源的高科技中，纳米科技占有很重要的分量，它被广泛用于发展绿色能源、减少污染、恢复已破坏的环境以及废物处理等。如人们可以利用纳米催化材料降解水和空气中的污染物，这是其他技术难以做到的。利用纳米科技可以开发高效价廉的治理汽车尾气、工业废气的净化催化剂。将纳米颗粒填充到废旧材料和塑料中，能增强、增韧废旧塑料并可能使其使用性能超过原来新材料的水平，从而提高原料使用率，变废为宝。近年研制成功的纳米结构燃烧增强剂、助燃剂和净化剂，既可以提高燃烧效率，又可以节省能源。用纳米贮氢材料可以使氢气成为机动车燃料并减少空气污染、节约矿藏资源消耗。纳米阵列体系可以使太阳能转化为电能的效率大大提高。

3. 纳米材料最为重要的用途是可能带来新的医学革命

进入新世纪，人类在医疗和药物方面面临着新的挑战，例如需要治疗严重危害人们身体的各种传染疾病和多发病，还要抑制细菌和病毒的继续滋生蔓延。当纳米技术与先进生物技术、传统的化学制药相结合时，高效缓释、耙向药物将会相继问世。纳米颗粒特有的电子取出和给予效应所表现出的特殊氧化—还原功能，在人的生命过程中能起到重要的作用。它将影响自由基、酶等与人类的新陈代谢、长寿、美容的密切关系；量子尺寸的 Al_2O_3 和 Ti_2O_2 对骨细胞的附着力能大大增加与活细胞的结合性能，成为矫形科和牙科手术的良好材料；利用颗粒的生物传感效应和特有的光学效应可制成生物传感器，可以对癌症和其他疾病进行早期检测和诊断，并可检测机体的生理和代谢情况。目前市场上出售的大小为 0.9nm－1.4nm 的纳米金，对 DNA 的免疫传感器以及 DNA 芯片的制作都有广阔的前景，能促进细胞生物学和病理学的基础研究。利用纳米材料还可以研究“智能性”医疗设备，降低手术等对人体器官的直接和间接损坏，如“纳米钳”的使用。③

4. 促进国防、航空和航天技术的飞速发展

先进的纳米微电子器件在信息控制以及智能机器人方面的使用，使军队在警报、导弹拦截、核防卫系统、部队的隐蔽性及战斗方面的能力会有大幅度的提高，并且武器装备和爆炸反应控制能力也将大大增加。阻热、耐磨擦的涂层，轻质、体积小、低耗能、抗辐射的纳米仪器则可以在航空领域应用，使一个国家在国民经济和国防安全方面处于领先地位。

---

① Saito S, Science, 1997, 278: 7－8.

② 江龙:《量子化尺寸纳米颗粒及其在生物体系中的作用》,《无机化学学报》, 2000 年第 2 期。

③ 刘海峰，常津，姚康德:《纳米高分子材料在医用载体方面的应用》,《化学通报》, 2001 年第 6 期。

四、对纳米科技的理性思考

在当今时刻面临全球问题和生态危机的时代，人们的神经似乎异常敏感，对于任何新事物，尤其是新出现的科学技术都怀有一种忧虑。纳米科技作为20世纪最引人关注的科技领域之一，自然逃不过这种忧虑。事实上，自其诞生的那一刻起，赞同与反对就如同孪生兄弟始终相伴左右。

1. 科技乐观主义者。

正如前文所述化学家们的态度一样，纳米科技一出现，就被喜欢憧憬未来的人们赋予了很大的期望，许多作家、未来学家及流行报刊一窝蜂涌向这一领域，把纳米世界描绘成一个蕴藏着无尽潜力的地方，将给世界带来登峰造极的繁荣。1986年，兼理论家与未来研究所智囊团主席于一身的德雷克斯勒（K. Eric Drexler）出版了一本叫做《创世的引擎》（Engins of Creation）的书，描绘了一个纳米时代的乌托邦世界，介绍了自复制纳米机器的种种神奇功能，向人们描绘了纳米机器能制造几乎任何一种有用的东西，同时还能扭转全球变暖的趋势、包医百病并大大延长人的寿命。“在那里，微型‘装配工’管理着原子尺度的生产线，它们几乎可以制造出所有难以想像的产品来。如汽车、地毯或者是一块烤鱼片。”[①] 从那以后，纳米技术就一直被这种幻想的色彩所笼罩着，而且这种幻想由于科学家的加盟变得似乎非常有说服力。这种对纳米科技的乐观主义态度成为政府、企业乃至其他社会阶层为大力发展纳米科技出谋划策的精神支柱。

2. 科技批判主义者。

在科学家纷纷投入或转向纳米科技研究的同时，一些社会学家、哲学家、未来学家，甚至是一些科学家和企业家则出于人文关怀，以其超越时代的预言不断地向纳米科技的研究和开发泼冷水，提出了对纳米科技过度发展和热衷的忧虑。

美国太阳微系统公司的创始人比尔·乔依是对纳米科技发展泼冷水的代表。他认为，对于纳米科技“惟一现实可行的选择就是退避：通过限制我们对于某种知识的追求来限制这种过于危险的技术的发展”。由于乔依是作为企业界的代表人物来说这番话的，因而他的警告立刻引起了人们的关注，使得10多年前就曾被提出的对纳米科技发展的忧虑重新成为人们议论的话题。2000年6月，一个纳米技术研究小组发表了一份他们称之为具有远见卓识的研究纲领，认为失控的纳米技术是可怕的妖魔鬼怪。

还是在《创世的引擎》这本书中，在描述纳米机器为人类制造出各种产品的同时，德雷克斯勒同时设想了纳米技术的潜在威胁，提出了被他称为“灰色忧伤”的问题，即微型装配工在制造产品的同时，无限制地复制自己，“吃”掉了阻挡在它们面前的所有一切东西，包括植物、动物以及人类。当然，德雷克斯勒的描述当时还停留在科学幻想的层次。然而正如乔依所说的，他最初发表文章时，删去了德雷克斯勒所预见的纳米繁荣和纳米末日的想法。但是，1999年夏天，当他了解到一些过去只是在假想中的微型机器现在已经被制造出来时，他后来发文时还是加上了这一想法。当他又得知，研究表明简单的缩氨酸分子已经能够催化它们自身的复制时，乔依认为：尽管自复制的纳米机器也许不会很快出现，但是它

① ②Robert F. Service，赫建纲译：《 纳米技术，危乎哉?》，《科学》，2000年第11期。

们正变得越来越可能出现了，而这意味着的就是危险。①

目前对纳米技术最为担心的地方表现在以下两个方面：(1）对所谓纳米机器人的忧虑。科学家已经预测，当纳米科技取得突破性的进展，人们有可能制造出纳米大小的机器人。这种机器人在医学上将会发挥巨大的作用，它们可以进出于细胞甚至细胞核修复损伤的基因。但是，一些科学家对此持怀疑态度，他们认为量子的不确定性及热振动将使分子机器无法运转；生物学家认为人体将剧烈地排斥这些异物，而这种排斥将会给人体带来怎样的危害是无法预知的；化学家则告诫说，想像的纳米机器人会因不恰当的应力而导致机器爆炸。(2）对纳米物质所具有的自我复制能力的担忧。从纳米技术的科学原理来看，自组装是其最主要的特性之一，它是利用原子、分子互相追求的自然趋势，将数以亿计的原子、分子混合，让它们借自然亲和力互相结合，自动构成所需要的构型。由于过程是自动的，这就存在一个问题，即原子、分子的自组装能否被很好控制？原子、分子的自组装是否会产生没有被预测到的一些产物？如果这些产物是对社会有害的，那么它一旦被生产出来之后，人们能否控制它？当然，这一切同样只是一种假想，也许人们根本就制造不出那种无所不能的自我复制的物质，但是正如乔依所指出的："在这样一个飞速发展的时代，暂时造不出来并不能使我们高枕无忧。"有谁能肯定20年或30年之后，那些自组织化学过程与某些受控原子进行组合后，不会产生像病毒那样对细胞进行侵害的人造生物呢？

3. 社会层面和认识论层次的反思。

如果说上面所述人们对纳米科技发展的担心，还是停留在由于技术而引发的各种社会问题的话，那么从社会层面提出的忧虑则可能更为现实。2000 年 9 月，美国国家科学基金会主办了一个会议，来自于研究领域、智囊团和政府机构部门的代表聚集在一起，探讨了人们对于纳米技术与日俱增的忧虑。其中最受人关注的并不是纳米机器人，而是关于纳米技术的一些社会问题：现有的教育体系能否培养出足够的纳米技术工人？纳米技术在电子学领域的发展是否会削减成千上万人赖以生存的传统工业？随着纳米技术和分子生物学技术成本的日益降低，是否会使恐怖分子或其他小团体能更容易的去制造危险的细菌？可以看出，这些担忧已经涉及教育、就业甚至是人类的生存等各个方面。

不仅如此，纳米科技的发展还有可能涉及有关政府政策的制订、人们的价值观趋向等更深层次的问题。例如，今天大部分人认为全球气候变暖趋势很难改变，但是纳米技术可以将额外的温室气体从大气中去除；其他被人们认为难以消除的环境污染，借用纳米技术也都可以迅速解决。这就提出一个问题，即现在的环境保护还要不要做？如果那一天，利用纳米技术可以制造出人们需要的一切东西，人们好像可以完全脱离自然而生存了，那么自然对人类还有什么意义？诸如此类的问题已经将纳米科技发展带给人们的思考上升到哲学的高度。从这个意义上说，纳米热引发的不仅仅是技术和社会层面的问题，而且是人的认识问题和价值观念问题，对这些问题的思考将会促进人们思维观念的变革。

4. 化学家的态度。

以上对纳米科技的批判和反思，特别是一些偏激的言论，可能会给纳米研究带来一些负面效应。但是，对纳米科技的出现进行人文、哲学和社会学意义的思考，不仅有利于化学家

① ②Robert F. Service，赫建纲译：《纳米技术，危乎哉?》，《科学》，2000 年第 11 期。

客观地评价这一新兴领域，而且有助于化学家对它的发展进行正确的理性思考，进而促进纳米科技的健康发展。

面对人们对纳米科技发展提出的种种忧虑，作为参与纳米科技研究的化学家应当给予积极的回应，以一种理性的态度进行纳米科技研究。在如今科技发展为人类的生存环境不断带来危机的时代，化学家的责任不仅是为科学技术的发展增砖添瓦，而且还要为保护人类环境作出贡献。这就要求化学家在研究和开发纳米材料时，首先应当考虑这种研究和开发是否会给生态环境和人类的生存造成威胁。这种未雨绸缪的考虑对于研究和开发纳米材料的化学家不仅是必要的，而且是必须的。

第六节　从传统化学到绿色化学

绿色运动是一个具有强烈社会意义和政治色彩的概念，作为一种世界性的社会运动，是当今人类对现代社会发展的弊端做出的反应，也体现为一种现代社会思潮。绿色化学尽管是针对化学发展提出来的，但它不可避免的受到绿色运动思想的影响。就传统化学而言，绿色化学已远远超越了化学本身，不仅具有深刻的现实意义，还具有广泛的社会意义和深远的历史意义。

一、绿色化学产生的背景

1. 绿色化学产生的历史背景。

英国哲学家波普尔曾经说过："科学进步是一种悲喜交集的福音。"这是一个极富哲理的比喻。回顾人类社会的发展史，可以清楚地看到：我们之所以能够在一个世纪里创造出比历史上其他所有时期所创造的总和还多的财富，就是因为科技进步所致。没有科技的进步，我们就摆脱不了农业社会的贫穷与落后；没有科技的进步，就没有一次又一次的工业革命；没有科技的进步，也就没有我们当今的电子时代。然而，科技进步在带给人类像"希腊神话中火种"一样巨大财富的同时，也打开了装有各种灾难和祸患的"潘多拉暗盒"。

化学这门具体自然科学的发展也是如此。一方面，化学和化学工业大大促进了人类社会生产力水平的提高，构成了创造自然、改造自然的强大力量，极大地改善了人类生活的方方面面，在人类社会的文明发展进程中扮演着举足轻重的角色。但另一方面，随着大量的化学产品的生产和广泛应用，对人类的健康和生存环境带来了灾难性的破坏。黑色的污水、黄色的烟尘、五颜六色的废渣和无数看不见的毒物……它们污染了我们的空气和水，侵蚀了我们的土地，威胁着人们的健康，扰乱了地球的化学循环和生物循环，伤害着哺育我们的地球。

化学家和生物学家在共同考察化学物质在环境中的行为时发现：20 世纪 60 年代爱尔兰海上成千上万只海鸟死去，是因为其体内含高浓度的多氯联苯；从生息在冰原覆盖、荒无人烟的南极大陆上的企鹅体内检出了 DDT；近几十年来，北极附近格陵兰冰盖层中的铅和汞的含量不断上升；由镉污染造成了日本在 1955 年 - 1972 年间的痛骨病；由汞污染带来了日本 1953 年 - 1956 年的水俣病；日本四日市哮喘病，则由石油化工企业排放的大气污染物造成。

我们可以看到，环境污染是伴随着人类社会的三次工业革命和科学技术的发展而产生的。20 世纪的高度工业化，为人类带来了丰富的物质财富，当人们陶醉在现代文明的舒适享受中时，人类对大自然的破坏却遭致大自然的报复。

蓦然回首，人类发现自己已深陷十大环境危机之中。

（1）全球变暖。由于大量排放 CO_2 和甲烷，在过去100年中，全球气温上升了3.06℃。全球变暖，会导致两极冰雪融化，使海平面上升，危及沿海地区的经济发展和人民生活，加剧洪涝干旱等气象灾害。此外，气候变暖还会影响人类健康，加大疾病危险和死亡率，增加传染病。

（2）臭氧层破坏。1985年，英国科学家观测到南极上空出现臭氧层空洞，并证实其同大量使用氟利昂分解产生的氯原子有直接关系。臭氧层耗损意味着大量紫外线将直接辐射到地面，导致人类皮肤癌、白内障发病率增高，并抑制人体免疫系统功能；农作物受害而减产；破坏海洋生态系统的食物链，导致生态平衡的破坏。

（3）生物多样性减少。地球上动物、植物和微生物彼此之间以及与其所生存的自然环境之间的相互作用，形成了地球丰富的生物多样性。正是这种多样性维持着自然生态系统的平衡，是人类生存和实现可持续发展必不可少的基础。由于土壤、水、空气的污染以及全球变暖、乱砍滥伐森林等活动，已经引起大量物种灭绝或濒临灭绝，而每一种物种的丧失都会减少人类适应变化条件的选择余地，限制人类生存与发展机会的选择，严重威胁着人类的生存与发展。

（4）酸雨蔓延。酸雨被称为“空中恶魔”，是一种范围广泛且跨国界的大气污染现象，主要由悬浮颗粒物、一氧化碳、臭氧、二氧化碳、二氧化硫、氮氧化物等形成的酸雨会破坏土壤，使湖泊酸化，危害动植物生长；会腐蚀金属制品、沥漆、皮革、纺织品、含碳酸盐的建筑等。

（5）森林锐减。工业化使全世界的森林资源遭到严重破坏。近100年来，中国森林面积减少了50%；木材蓄积量减少了33%；森业覆盖率仅为13.92%，不到全世界的30%的一半，居世界第100位左右。阿富汗和马来西亚的森林，在20世纪90年代后基本被砍光。

（6）土地荒漠化。全球每年有600万公顷的土地变为荒漠。亚太地区是荒漠化比较突出的一个地区。中国、阿富汗、蒙古、巴基斯坦和印度是荒漠化影响较重的国家。

（7）大气污染。浓烟滚滚，蓝天不现，李白的“孤帆远影碧空尽，惟见长江天际流”的写意早已远离我们而去！

（8）水体污染。昔日碧波荡漾，如今满目浑浊。水污染严重加剧了水资源危机，导致了水质性缺水。全世界多数河流都受到不同程度的污染，全球每年水污染导致10亿人患病，300万儿童因腹泻死亡。

（9）海洋污染。全球每年都有数十亿吨的污水、工业垃圾和化工废料直接流入海洋。海洋对日益增多污染废水净化能力每况愈下，海洋环境日益恶化。

（10）垃圾围城。垃圾围城成为世界城市化的毒瘤。固体废物侵占大量土地，对农田破坏严重，严重污染空气和水体，传播疾病，危险废物还诱发癌症。

鉴于人类面临的十大环境问题中的绝大多数都与化学物质的污染直接相关，从中我们可以得出这样一个结论：人类活动给地球环境造成的污染归根到底都与化学有关。由此可见，化学和化学工业已成为破坏环境的罪魁祸首，也难怪世人把责任推到化学家身上，责怪他们只顾眼前利益而忽视对环境造成的影响。这种状况对化学工作者提出了严峻的挑战，同时也带来了巨大的研究与发展机遇。就化学科学而言，世人的这种责难可以使化学科学重新审视自己的不足，对化学科学提出新的发展目标，即化学科学的发展既要推进人类社会的进步，同时又要保证所生产的产品不对环境构成危害。可以说，绿色化学正是在人类面临日益严峻的环境和生态问题的挑战这样一个大背景下应运而生的。

2. 绿色化学产生的认识论背景

人们对于化学物质对人类健康和生态环境造成的危害问题的认识是到了20世纪50年代末至60年代初才开始的，而在这之前，很少有人谈到化学物质的制造、使用及处理方式对环境的影响。1962年，美国女科学家蕾尔·卡尔逊在她的《寂静的春天》一书中，第一次对人类长期流行于全世界的口号——向大自然宣战的绝对正确性提出了质疑。她注意到化学杀虫剂的生产和应用，殃及很多有益生物，连人类自己也不能幸免。尽管当时的工业界，特别是化学工业界对她发起了猛烈的攻击，美国政府也没有及时给予卡尔逊应有的支持，卡尔逊也在《寂静的春天》出版两年后因癌症和遭受空前诋毁而与世长辞，但卡尔逊惊世骇俗的预言，像是黑暗寂静中的一声呐喊，唤醒了人类的环保意识，同时也唤醒了人们对于化学物质危害性的认识。人们对于化学物质危害性的认识及相应采取的预防与治理措施大致经历了4个发展阶段。

第一个阶段：利用稀释解决污染问题。在20世纪中期，人类对化学物质的危害性及环境保护的重要性的认识还很肤浅，没有制定任何法规与标准来控制化学物质向环境的释放，当时人们普遍认为，只要把废水、废渣和废气稀释排放就可以无害，这时期的环保对策可以称为“稀释废物来防治环境污染”。

第二个阶段：通过命令与管理规则进行废物处理和抑制。随着对化学品毒性作用及对环境影响的进一步了解，比如对慢性毒性、生物积累等知识的了解，人们制定了一些环境保护方面的条例与法规，严格控制有害物质向任何一个可接受体系的排放数量，特别是对排放废物浓度有了明确的限制。这时期的环保对策进入了“管制与控制”时代。由于环保法规的日益严格，于是一些废水、废气、废渣不得不进行处理后才能进行排放，这样就开发了一系列废物的后处理技术，如中和废液、洗涤排放废气、焚烧废渣等。

第三个阶段：污染预防。1990年，美国国会通过了“污染预防法案”（PPA，Pollution Provention Act）。该条例指出，最佳的环境保护方法是在源头上防止废物的产生，即通过一系列方法和技术，在源头上预防污染物的产生，从而避免了对化学废物进一步处理的必要。

第四个阶段：绿色化学。绿色化学是20世纪90年代由美国科学家首先提出来的，其目标是开发可以消除或减少有害物质的使用与产生的环境无害化学技术，是从源头上防止污染的科学方法，已成为国际科研的前沿与未来化学进展的主要方向之一。

二、绿色化学的基本内涵

在1990年美国国会通过的“污染预防法案”中，明确提出了预防污染这一新概念。这意味着化学工业要防止有毒化学物质的危害，最好的途径是一开始就不要使用、生产有毒物质和形成有害废弃物。该法案标志着控制化学品危害、保护环境的一个新时期的开始。在这之前，虽已通过并实施了上百个环境保护法律，但这些法律只是试图限制污染物的扩散，监督污染物的处理，处罚污染环境责任者等，即只是对付和处理已经产生的污染物，走的是一条先污染，后治理的路径。PPA是第一次着眼于防止污染物的形成，聚焦于最终使污染物处理成为不必要，其着眼点是使污染消灭在生产的源头，使整个合成过程和生产工艺对环境友好，从根本上消除污染。该法案鼓励工业界和化学工作者研究新技术和方法，以避免生产和使用有害物质，鼓励化学家去检讨旧的合成线路，摸索新的反应条件。例如，使用生物制品代替石油化工原料，使用催化剂代替使用试剂，设计新的无毒或低毒化合物以代替现有的化合物。例如，设计新的杀虫剂，使它只对目标昆虫有毒杀作用，并能经过生物降解为无害物质。这种合成反应就是绿色反应，所对应的化学工业就是绿色化学工业。这一法案的出现使得一个新的化学婴儿得以诞生，这个新的化学婴儿就是在1991后由美国化学会（ACS）提出并成为美国国家环保局（EAP）的中心口号的绿色化学。①

1. 基于传统化学的绿色化学

传统上，化学家在开发化学物质合成方法时主要考虑的是效率问题。因为效率不仅反应一个合成方法的质量，也是实际应用及经济方面的首要考虑因素。因此经济考虑在开发与设计合成方法中曾起主要作用。另外，合成化学由于处于化工过程的始端，在开发与设计如何合成所需化学产品的方法时，往往忽略处于过程末端的废物处理问题。所以许多已存在的化工过程，虽然具有满意的经济效益，却对人类健康及环境造成了极大的负面影响。

历史上，化工过程的费用主要是原料和设备的费用。因为当时人们对废物几乎不加处理就排放到环境中。随着环境污染的日益严重，废物处理已成为化工过程必须考虑与处理的问题之一。因此，目前一个化工过程的费用已不仅仅是原料加设备的费用，还应包括后续的废物处理费用，而后者往往可以使整个过程的费用大为增加。1992年，美国化学工业用于环保的费用为1150亿美元，清理已污染地区花去700亿美元。在美国，每年用于污染物处理及排放的经费超过1000亿美元。1996年杜邦公司的化学品销售总额为180亿美元，环保费用就占据了10亿美元。环境立法的日益严格，将使化工产品开发费用变得更加巨大。

因此，不论是从环保角度，还是从经济和社会的需求看，化学工业不能再承担使用和产生有毒、有害物质的费用。为了真正在技术上、经济上解决这种由于生产和使用化学品所造成的对环境和人类健康的负作用，需要有新的思路和理念。针对传统化学工业对环境造成的化学污染而提出的绿色化学，不仅可以直接减轻化工过程对人类健康与环境的负面影响，还有利于降低化工过程的整体成本。

绿色化学（Green Chemistry），又称环境无害化学（Environmentally Benign Chemistry）、环境友好化学（Environmentally Friendly Chemistry）、清洁化学（Clean Chemistry），它是用化学的技术和方法去消灭或减少那些对人类健康、社区安全、生态环境有害的原料、催化剂、溶剂和试剂在生产过程中的使用，同时也要在生产过程中不产生有毒有害的副产物、废物和产品。绿色化学的理想在于不再使用有毒、有害的物质，不再产生废物、不再处理废物，是在始端实现污染预防的科学手段。

可以说，绿色化学是人类在付出沉痛的环境污染代价后而做出的明智选择，它注重化学产品和生产过程的环境效应，通过对传统化学的再认识和再提高，探索新的生产工艺和管理手段，选择新的化学反应途径和工艺条件，最终实现“零排放”，并获得和环境友善的新产品。专家们认为，绿色化学是人类与自然和平共处的高层次技术，是解决环境和生态问题的

① 朱文祥：《绿色化学与绿色化学教育》，《化学教育》，2001年第1期。

根本出路。

2. 绿色化学基本原理

绿色化学作为一门新的学科，尚有不成熟的地方，但经过10年多的研究与探索，总结出了一些理论观点，有助于绿色化学的今后发展。

第一个是绿色化学的12条原则，这是由安纳斯塔（R. T. Anastas）和维纳（J. C. Waner）首先提出来的。①

（1）防止废物的生成比其生成后再处理更好。

（2）设计合成方法应使生产过程中所采用的原料最大量进入产品之中。

（3）设计合成方法时，只要可能，不论原料、中间产物和最终产品，均应对人体健康和环境无毒、无害（包括极小毒性和无毒）。

（4）化工产品设计时，应尽量保持其功效而降低其毒性。

（5）尽量不用辅助剂，需要使用时应采用无毒物质。

（6）合成方法必须考虑过程中能耗对成本与环境的影响，应设法降低能耗，最好采用在常温常压下的合成方法。

（7）在技术可行和经营合理的前提下，采用再生资源代替消耗性资源。

（8）化工产品要设计成在其使用功能终结后，它不会永存于环境中，要能分解成可降解的无害产物。

（9）在可能条件下尽量不用不必要的衍生物（dirivatization）。

（10）合成方法采用高选择性的催化剂比使用化学计量助剂更优越。

（11）进一步发展分析方法，对危害物质在生成前实行在线监测和控制。

（12）化工过程物质的选择与使用应使化学事故的隐患最小。

这12条原则目前为国际化学界所公认，它反映了近年来绿色化学领域中所开展的多方面的研究工作内容，同时也指明了未来发展绿色化学的方向。

第二个是化学反应的“原子经济性”概念，最早是由美国斯坦福大学的罗斯特（M. M. Trost）教授提出的。②

绿色化学的主要特点就是采用“原子经济性”反应。化学反应的“原子经济性”是一个关于有多少反应物转变成最终产物的概念。它要考查在反应物中的原子有多少嵌并入期望的产物中，有多少变成了废弃的副产物。最理想的原子经济当然是全部反应物的原子嵌并入期望的最终产物中，不产生任何废弃物，实现废物的零排放，这时的原子经济便是100%。但这只是理想情况，因为化学反应有它自身的规律，不是任意两种物质都可以反应生成所需要的产物。故一般的化学反应过程原子经济较低。

原子经济的定量表述是原子利用率：

%原子利用率 = 期望产物式量 ×100%/（期望产物 + 废弃副产物）式量。由于反应中生成的产物通常并不很清楚或者不易确定，故有人提出“原子经济百分数”概念。

%原子经济 = 被利用的原子总式量 ×100/使用的所有反应物的总式量，即嵌并入最终产物的所有原子的总式量除以所有反应物的总式量。

---

① 仲崇立:《绿色化学导论》，12页－13页，北京，化学工业出版社，2000。

② 仲崇立:《绿色化学导论》，14页，北京，化学工业出版社，2000。

在各类化学反应中，不同的化学反应类型具有不同的原子经济性。分子重排反应、加成反应的原子经济可达100%，因为这两类反应中，所有反应物中的原子全部并入最终产物中，改变的只是分子内部部分原子的连接方式。所以这两类反应都属于100%的原子经济反应。取代反应或消除反应，其原子经济一定小于100%，因为在这两类反应中，反应物中部分原子不可避免要变成副产物。

依照“原子经济”的概念要求，要实现反应的高原子经济性，必须通过开发新的反应途径。化学和生命科学发展到今天，已经积累了众多化合物对人类健康作用和生态环境效应的大量数据、资料，阐明了不少有毒化学物质的作用机制。化学家已有可能用现有的知识去选择最合适的化合物用于某一特定化学反应。

3. 绿色化学的基本研究内容

把绿色化学的基本原理贯彻到化学研究和化工生产的过程中，就构成了绿色化学的基本研究内容。化工过程主要有四个基本要素，即目标分子或最终产品、原材料或起始物、反应试剂及反应条件。因此，绿色化学的基本研究内容就主要体现在这四个方面。

（1）设计对人类健康和环境更安全的化合物是绿色化学的关键部分，可定义为利用化学结构去达到产物的效能和毒性之间的最优选择。

要求一个化合物完全无毒且效果最好几乎是做不到的，求得化合物的有效性和毒性的最优平衡，是合成化学史上最困难和最富挑战性的任务之一。目前，更安全化学品的设计与选择已是整个化学领域的重要研究方向，且医药界和农药界也一直追求这一目标。由于化学毒性机理、分子结构表征和控制方面的巨大进步，更安全化学品的设计已成为可能，并取得了可喜的成就。

绿色化学的“更安全”的概念不仅是对人类健康的影响，还包括化合物整个生命周期中对生态环境、动物、水生物和植物的影响；除了直接影响外，还考虑间接影响——转化产物或代谢物的毒性。

由于以往在化学品的设计中没有或很少考虑其使用后的处理，及其对人类健康与环境造成的影响，目前有许多化学品难以降解，成为主要的污染源之一。如塑料使用后长期存在于环境中，难以降解成无害物质，因而成为白色污染。再如农药，许多是有机卤代结构的物质，它们易于在许多植物与动物体中累积，不仅对动物和植物本身有害处，也对消费这些动植物的人类产生严重影响，农药中最早被发现有这种作用的是DDT。现在人们需要将化学品设计成使用后不残留副产物于环境中，而能降解成无毒不持久存在的小分子物质。因此，设计更安全化学品，不仅要考虑化学品在制造和使用时的危害性，还应考虑其使用后处置所带来的危害性，即要进行一个化学品整个生命周期的全面考查。近年来在这方面取得的成绩就有：Rohm & Hass公司开发成功对环境安全的Sea - Nine（tm）海洋生物防垢剂；Albright & Wilson公司发明了全新的低毒性、能快速降解的THPS杀菌剂。Rohm &Hass公司的杀虫剂在农业上能有效地、选择性地控制重要毛虫而不对使用者及生态系统产生大的危害；Dow Agroscience uc公司发明的新型天然杀虫剂产品Spin sad在环境中不积累、不挥发，现已被美国环保局作为减少危害农药推广。以上四家公司因上述成就分别获得了1996年 - 1999年的美国总统绿色化学挑战奖。

（2）起始原料的选择也是绿色化学所应考虑的重要因素，即寻找替代的、环境无害的原料是绿色化学的主要研究领域之一。

一个化学合成路径的特性在很大程度上是由初始原料的选择决定的。一旦选定初始原料，许多后续方案即已确定，成为初始决定的必然结果。因此，原料的选择十分重要，目前，绝大多数有机化学品是用石油作原料合成的。但是地球上石油的储量是有限的，而且从20世纪60年代以来，人类已经逐渐认识到石油作为化工原料虽然推动了传统化学工业的发展，给人类带来了繁荣，但同时它们的使用也造成了严重的环境污染。因为石油的炼制氧化过程是所有化学合成中污染最严重的过程。因此，有必要开发石油的替代原料，以减少其在化学合成中的使用。生物质（biomass）是理想的石油品替代原料。

生物质包括农作物、植物及其它任何通过光合作用生成的物质。由于其含有较多的氧元素，在产品制造中可以避免或减少氧化步骤的污染。同时由于生物质属于可再生性资源，取之不尽，用之不竭，用它来代替当前广泛使用的石油既可以保护环境，又可大大减小资源使用的压力。因此，从这个意义讲，绿色化学的战略任务就是：用可再生的生物质（如树木和草）作为化工原料资源来代替不可再生的矿物质资源如石油和煤。因为生物质是重要的可再生资源，它能被分解成多种结构的材料，用于开发新的化学合成过程。而且，同传统石油原料相比，生物质导出的结构单元具有更复杂的结构。若可将该结构复杂性转换至最终产品中，则可减少副产品的生成及废物的产生。因此，开发和利用可再生的生物质作化工原料，已成为绿色化学的战略任务。

以生物质利用为导向的绿色化学与20世纪中以石油和煤利用为导向的传统化学不同，这种新化学是与地球生物圈中的C循环协调一致，可以不破坏生态平衡，因此在本质上是从源头起就不产生污染的绿色化学。目前，以生物质作原料的化学过程开发研究十分活跃，已有一些研究成果发表。美国得克萨斯A&M大学的赫然泼（M. Hohzapple）教授及其研究组开发了一系列技术，将废弃的生物质转化成动物饲料、工业化学品及燃料，所使用的废弃物质包括城市固体废物、水污泥、粪肥及农作物残渣。① 罗斯特（Frost）等人用葡萄糖作原料合成大量可以应用的化合物，如邻苯二酚、氢醌、乙二酸等，而合成这些物质的传统原料是剧毒苯。通过利用葡萄糖来替代苯，可以使某些剧毒试剂的使用减至最少，而且这种合成发生在水中而不是有机溶剂中。而水是无毒溶剂，使反应能在水中发生是绿色化学的一个研究目标。②

（3）研究新的合成转换反应和新试剂，用更为良性的化合物取代有毒试剂以实现某一特定的化学转换，或发展新反应以减少乃至消除有毒物质，也是绿色化学重要的研究领域之一。

绿色化学在选择试剂时，应在考虑传统的反应效率与经济效益的同时，充分考虑其对人类健康与环境的危害性，选择整体最佳的试剂。比如，聚氨基甲酸酯是一个重要的商用聚合物材料。由于其在生产中使用剧毒的光气，给加工操作与环境带来了危害。Monsanto公司的一个研究组开发了完全不使用光气的合成方法，因而避免了剧毒光气的污染。② 再如，Friedel－Cratfs酰化反应在工业上能用来合成许多重要的化学品，如药品，但这是一个危害性较大的反应，反应中使用的溶剂一般包括各种芳香烃、二硫化碳、氯甲烷等有毒有害物

---

① ② 仲崇立：《绿色化学导论》，32页，北京，化学工业出版社，2000。

② 仲崇立：《绿色化学导论》，41页，北京，化学工业出版社，2000。

质，这些物质均存在安全处理与处置的问题。克饶斯（Kraus）等人研究了苯醌和萘醌的光化学反应，研究结果表明此反应是一个环境友好的酰化替换反应。

（4）研究反应条件（温度、压力、时间、溶剂等）对整个合成线路的总环境效应是绿色化学的另一个重要研究领域。

拿溶剂为例，因溶剂的使用往往会对人类健康与环境产生危害，而且大量地消耗能源与资源，因此，应尽量减少其使用量。在必须使用时，应选择无害物质来替代有害物质。溶剂对环境造成影响的最著名例子就是臭氧层的破坏。氯氟烃（缩写为 CFCs）作为清洗剂、推进剂、塑料泡沫的发泡剂、制冷剂等，在 20 世纪得到了广泛应用，没人怀疑其在各种用途中的有效性。但是，氯氟烃对臭氧层的破坏与造成的环境影响是众所周知的。挥发性有机化合物被广泛用作溶剂，其对环境的影响主要是对患有呼吸疾病的人带来了极大痛苦。目前，环境部门已制定出法规控制有害溶剂的使用，例如下面是几种可选择的清洁溶剂。

① 超临界流体。如 CO_2。这种流体不仅对人类健康与环境无害，还有助于加强分离与选择性。

② 水作为最无害的物质，也是理想的环境最无害的溶剂。人们一直在开发用水代替传统溶剂的方法，对超临界水反应的研究十分活跃。

③ 固定化溶剂。许多溶剂对人类健康与环境的影响主要来自其挥发性，目前，正在研究的解决办法之一为固定溶剂方法，即保持一种材料的溶解能力而使其不挥发，不将其危害性暴露于人类和环境。

④ 无溶剂反应。无溶剂反应是减少辅助剂使用的最佳方法，这种反应不仅对人类健康与环境污染方面具有巨大优点，而且有利于降低费用。

由上述叙述我们也可以看出，发达国家对环境的治理，已经开始从治标即从末端治理污染，转向治本——开发清洁工艺技术，减少源头污染，生产环境友好产品。

三、世界各国的绿色化学政策

1. 美国的“总统绿色化学挑战奖”。

1995 年 3 月 16 日，美国总统克林顿宣布设立“总统绿色化学挑战奖”。这是世界范围内首次由一个国家政府出台，针对绿色化学发展而制定和实行的奖励政策。其目的是“通过将美国环保局与化学工业部门作为环境保护的合作伙伴的新模式来促进污染的防治和工业生态的平衡”。此奖共设立了变更合成路线奖、变更溶剂/反应条件奖、设计更安全化学品奖、企业奖和学术奖共 5 个奖项。这些奖项为个人、团体和组织提供了一个机会，可以通过竞争总统奖来获取可使化学变得更为清洁、更为经济、更为美好的基础性突破的支持，并体现了国家对将绿色化学原理应用到化学的设计、加工和应用过程而产生的技术的重视。另外，美国在国家实验室、大学与企业之间组成了绿色化学院。

2. 日本的“新阳光计划”。

发生于 20 世纪中叶的东京光化学烟雾、水俣病、痛骨病等事件震惊全球，引起了当时日本政府的高度重视。进入 20 世纪 90 年代，一个由政府规划，旨在防止全球气候变暖，并在 21 世纪重建绿色地球的“新阳光计划”开始实施。其主要内容为能源和环境技术的研究开发，在此计划中提出了“简单化学”（simple chemistry）的概念，即采用最大限度节约能源、资源和减少排放的简化生产工艺过程来实现未来的化学工业，为了地球环境而变革现有技术。

3. 德国的“为环境而研究”。

德国政府从20世纪80年代中期开始实施一系列环境保护措施。在绿色化学方面，1997年底联邦政府正式通过了一项名为“为环境而研究”的计划，包括三个主题：区域性和全球环境工程、实施可持续发展经济和进行环境教育；计划的年度预算达6亿美元。其中将实施可持续发展经济的部分内容交给了化学工业。此外，联邦德国教育科学研究和技术部还与化学工业界在研究、技术开发、教育和创新等方面建立了正常对话，可持续发展的化学被确定为这一对话固定的主题之一。

4. 英国的绿色化学奖。

在英国，一项绿色化学奖于2000年颁发，该奖分为三项，一项被称作“杰伍德·萨尔特斯（Jerwood Salters）环境奖”的年度学术奖，奖金额为1万英镑，用于奖励那些与工业界密切合作而卓有成效的年轻学者；另两项年度奖用于奖励在技术、产品或服务方面做出成绩的英国公司。

5. 荷兰的清洁生产。

荷兰主要利用税法条款等方法来推进清洁生产技术的开发和应用，对采用革新性的清洁生产或污染控制技术的企业，其投资可按1年折旧（其他投资的折旧期通常为10年）。每年都组织一批工业界和政府专家对这些革新性的技术进行评估。清洁生产的概念在荷兰已相当深入广泛，由于荷兰在清洁生产技术领域的成功，其编制的若干清洁生产审核手册（包括通用性和行业性）已被联合国环境规划署和世界银行译成英文向世界各国推广。

6. 中国的绿色化学政策。

面对国际上兴起的绿色化学与清洁生产技术浪潮，中国的有关部门和机构也开展了相应的行动。

1995年中国科学院化学部组织了《绿色化学与技术——推进化工生产可持续发展的途径》院士咨询活动，对国内外绿色化学的现状与发展趋势进行了大量调研，并结合国内情况，提出了“发展绿色化学与技术、消灭和减少环境污染源”的七条建议，并建议国家科技部组织调研，将绿色化学与技术研究工作列入“九五”基础研究规划。

1997年，由国家自然科学基金委员会与中国石油化工集团公司联合立项资助的“九五”重大基础研究项目——“环境友好石油化工催化化学与化学反应工程”正式启动，项目涉及我国石油化工的一些重要过程，包括技术导向基础性研究、技术可行性的初步探索和技术可行与经济合理性的重点探索三个层次，开展采用无毒无害原料、催化剂和“原子经济”反应等新技术的探索研究，为解决现有生产工艺存在的环境问题奠定基础。同年，国家自然科学基金委员会为实施科教兴国战略，实现到2010年以及21世纪中叶我国经济、科技和社会发展的宏伟目标而制定的《国家重点基础研究发展规划》，亦将绿色化学的基础研究项目作为支持的重要方向之一。

一些高等学校近几年纷纷成立了绿色化学研究机构。

国内有关绿色化学的学术活动也很活跃。1997年5月，以“可持续发展问题对科学的挑战——绿色化学”为主题的香山科学会议第72次学术讨论会在北京举行，中心议题为：可持续发展对物质科学的挑战；化学工业中的绿色革命；绿色科技中的一些重大科学问题和中国绿色化学发展战略。1998 年在合肥举办了第一届国际绿色化学高级研讨会。1999 年 12 月 1 日，由国家自然科学基金委员会组织，在北京举行了第 16 次九华科学论坛，从科学发展和国家需求的战略高度对“绿色化学的基本科学问题”等进行了充分的研讨，并提出了如何在“十五”期间优先安排和部署我国在该领域的研究工作的意见。

四、对绿色化学发展的理性反思

1. 绿色化学目标的现实性。

绿色化学的目标可以实现吗？回答是肯定的，因为这是人类社会的共同愿望，但要最终实现，首先需要的是我们在观念上的变革。绿色化学，这一预防化学污染的新理念只有能够被愈来愈多的人所关注，要实现的目标被政府、社会舆论所广泛认识时，才会有这方面政策、法令的导向性，才会有更多的人力、物力和财力投入到这个领域的研究中，这时的绿色化学的研究工作才会有计划性、组织性，企业界、学术界的合作才会更广泛。

2. 绿色化学与可持续发展。

绿色化学是一门具有明确的社会需求和科学目标的新兴交叉学科。从科学观点看，它是对传统化学思维方式的更新和发展；从环境观点看，它是从源头上消除污染；从经济观点看，它合理利用资源和能源，降低生产成本，符合经济的可持续发展的要求。绿色化学的目的是把现有化学和化工生产的技术路线从“先污染、后治理”改变为“从源头上根除污染”，力求使化学反应具有“原子经济”性，实现废物的“零排放”。因此，绿色化学是发展生态经济和工业的关键，是实现可持续发展战略的重要组成部分。

这里需指出的是，绿色化学与环境治理是完全不同的概念。环境治理是对被污染的环境进行治理，使之恢复到被污染前的面目；而绿色化学则是从源头上阻止污染物生成的新策略，即所谓污染预防。既然没有污染物的使用、生成和排放，就没有环境被污染的问题，也就无需谈环境治理的问题。因此，只有通过绿色化学的途径发展环境友好化学化工技术，才能从根本上解决环境污染的问题，真正做到保护环境，实现经济的可持续发展。

3. 绿色化学的导向作用。

绿色化学，不仅有重大的社会、经济效益，而且对化学本身也是一个新的发展阶段。传统化学强调化合物的功能、化学反应的效率，较少研究化学物质的有害作用，化学家也就缺乏这方面的知识和训练。对于化学家和化学工程师来说，绿色化学可以说是作为对传统化学和化工生产技术路线的一种战略性反思，即在进行环境污染末端治理的同时，还要更加重视治本。绿色化学的提出是对整个化学化工活动的一种导向，这种导向作用表现在两个方面，其一，对化学工作者的导向。主要是指化学工作者在从事其工作时，在发展和应用化学技术时，不仅是为社会经济发展服务，同时还要为可持续发展战略服务，为建立良好的生态环境做贡献；其二，从化学学科发展的基本要求看，化学科学及其技术和产业的发展要符合生态化的方向，要面向可持续发展。

传统化学向绿色化学的转变，可以看做是化学从“粗放型”向“集约型”的转变。绿色化学可以变废为宝，可使经济效益大幅度增高，同时还能有效地保护人类赖以生存的生态环境。正如美国化学会主席泽韦斯曼（Zdwasserman）在 1999 年“总统绿色化学挑战奖”授奖庆典上指出的：“绿色化学是有效的，也是有益的。21 世纪绿色化学的进步将会证明，我们有能力为我们生存的地球负责。绿色化学是对人类健康和我们的生存环境所做的正义事业。我们应通过对绿色化学的大力宣传、研究，使公众树立起绿色化学和环境保护的意识。”

4. 绿色化学的伦理道德价值。

传统理解的科学历来把科学的社会运用视为科学之外的社会问题，而新类型科学则把科学的社会运用问题包括在自己研究过程的内部。把价值理性纳入科学的规范以克服科学的社会危机，这种思考正在导致科学总体范式的根本改变。[①] 从传统化学向绿色化学的转化，可以看做是化学学科的范式发生了根本性改变。化学科学绝不仅仅是为了求得此领域的“真”，同时它更应是一个求“善”的过程。或者说，求真只是手段，求善才是最高目的。化学科学作为一种智力系统应对知识的创造和应用均负有安全的责任，它应有求真伪和求善恶两套自我运行、自我改进的机制，以保证知识既真实准确又安全可靠。

绿色化学概念的提出，标志着一种新的思维、新的理念的产生。绿色化学是化学家对传统化学反思的结果，是对传统化学思维方式的更新和新发展。绿色化学作为绿色科技的一部分，其中渗透的绿色意识，是人类追求自然完美和谐理念的一种表现，亦即树立起对自然界的整体观念，它不把人看成是自然的主宰者、征服者，而是看做自然界中普通的一员，人与自然应是一个统一的系统整体，人与自然应是一种和谐的伙伴关系，协同进化、协调发展。绿色化学正是基于这样一种哲学认识上的提高，在对传统化学的反思基础上而诞生的一门环境友好化学。

从传统化学向绿色化学的转变，意味着人类的环保理念在发生着革命性变化，意味着一种新的文明观——生态文明观或绿色文明观的形成。众所周知，环境恶化是工业文明造成的，而化学工业是造成生态恶化的首犯。对于工业文明的批判，许多学者把人类未来的文明叫做绿色文明或生态文明，认为生态文明将取代工业文明，成为 21 世纪社会发展的主流方向。人类必将在环境领域进行一场深刻的革命，环境革命是继农业革命与工业革命以来面临的第三次文明方式的革命。自从告别渔猎社会以来，人类已经经历了 1 万年前的农业革命和 18 世纪以来的工业革命。农业革命和工业革命在历史上都有重要的进步意义，但两者在生态环境上带来了不同程度的破坏和危害。从发展与环境协调的意义上，农业革命因其损害自然生态而被称为“黄色文明”，工业革命因其严重污染环境而被称为“黑色文明”。20 世纪下半叶以来日趋严重的生态环境问题正是近现代以来的工业文明对人类生存环境加以破坏的结果。显然，解决这场危机的关键是发动一场以可持续发展为特征的革命，追求一个发展与环境双赢、人类与自然和谐的新的“绿色文明”。

① 刘益东：《人类面临的最大挑战与科学转型》，《自然辩证法研究》，2000 年第 4 期。

附录一　化学家小传

葛洪，中国古代著名的炼丹家和医学家，字雅川，自号抱朴子，丹阳郡句容（今江苏省句容县）人。西晋武帝太康五年出生于一个没落的官僚贵族家庭。13岁时，父亲去世，家境每况愈下。但是，他发奋读书，无钱买纸笔，就用木炭练字。他博览群书，对经书、史书、医书、百家之言等都有所涉猎，终于成为一个学识渊博的人。

他青年时期参加过镇压农民起义的活动，因而被封为“关内侯”。在此之前，他结识了南海太守鲍玄，跟随他学习“神仙方术”，还和鲍玄的女儿结了婚。后来，他到罗浮山修道炼丹，从事著述，直到东晋哀帝兴宁二年逝世。

葛洪一生著述很多，计有220卷。主要有《抱朴子》、《金匮药方》、《肘后备急方》和《西京杂记》等。

《抱朴子》共70卷。其中内篇20卷，论述了战国以来炼丹家的理论，其“金丹”、“仙药”、“黄白”三卷，记载了炼丹的方法，是我国现存年代比较早而又比较完整的一部炼丹术著作；外篇50卷，主要是政论性著作。

葛洪在炼丹实践中研究了许多化合物和矿物，如石胆（硫酸铜）、矾石（白明矾）、慈石（赤铁矿）、三仙丹（氧化汞）、密陀僧（氧化铅）、丹砂（硫化汞）等等。他还发现了一些化学反应，如“丹砂烧之成水银，积变又还成丹砂”。这实际上已提出了化学反应的可逆性问题。

葛　洪
(284－364)

李时珍，中国明朝卓越的药物学家，字东璧，号濒湖。明正德十三年生于湖北蕲州瓦硝坎的一个世医家庭。少年时代，常跟父亲和哥哥采集草药，或帮父亲抄写药方，听父亲讲解药物学知识。当时科举盛行，他14岁中了秀才。但他热爱医药事业，对八股文不感兴趣。因此，考举人三次落榜后，就放弃了科举考试，一心做医生了。

在行医当中，他发现当时的本草书收药不全，名称混乱，多有谬误。于是，他下决心编写一部新的本草书。经过27年的努力，付出了大半生心血，终于在61岁时完成了《本草纲目》这部伟大著作。

《本草纲目》分16部，52卷，190多万字。它不只是一本药书，其中包括了大量动植物学、矿物学和化学知识。李时珍在此书中对无机药物的化学性质，以及蒸馏、蒸发、升华、重结晶、沉淀、烧灼等技术做了详细的记述。对金属和合金也做了区别。例如，他把铜和它的合金区分为赤铜、白铜（铜镍合金）、青铜（铜锡合金）、黄铜（铜锌合金）等。书中描述了如何用比色法鉴别金的成色；记载了许多复杂的化学反应和一些无机化合物的制取方法；阐述了雨水、雪水、矿泉水的不同功用等。总之，李时珍把前人的化学知识系统化，并使之达到一个新的水平。

明万历二十一年，76岁的李时珍逝世了。他的著作在国内多次再版，并且被译成各种文字流传到世界各地，其中仅英译本就达十几种之多。西方称《本草纲目》为“东方医学巨典”。李时珍的科学业绩属于全世界。

李时珍
(1518－1593)

波义耳
Robert Boyle
(1627－1691)

英国化学家和物理学家波义耳，1627 年 1 月 25 日生于爱尔兰的利兹莫尔堡。父亲是个伯爵，家庭豪富，所以他从小就受到良好的教育。8 岁完成家庭学习后，在伊顿学院学习了 3 年。1639 年－1644 年去法国、瑞典、意大利旅行和学习。回国后住在多尔塞特，博览了科学、哲学和神学等方面的书籍，并开始了科学实验工作。1654 年迁居牛津，同助手胡克（Robert Hooke，1635－1703）一起进行有关抽气机和燃烧的实验研究。与此同时，还同许多学者进行每周一次的学术交流，自称为“无形的大学”。这个组织后来发展为英国皇家学会。1668 年定居伦敦。1680 年被选为皇家学会主席，但他谢绝就职。1691 年 12 月 30 日在伦敦逝世。

波义耳十分重视实验研究，通过实验发现植物的花、叶及根的浸液可用做酸碱指示剂，并发明了石蕊试纸和墨水；将定性检验归纳起来，最先提出化学分析的名称，把当时的分析检验提高到一个新水平；在实验中运用天平，进行了金属经煅烧而加重的定量实验。在化学理论方面，他明确提出，不应把化学作为炼金术或医药学的附庸，而应当把化学作为一门独立的学科来研究；给元素下了定义，明确了元素与化合物的区别。在物理学方面，他对光的颜色、真空和空气的弹性等进行了研究。1662 年提出了著名的以他的名字命名的定律。主要著作有：《关于空气弹性的物理机械新实验》、《怀疑的化学家》、《形式和质料的起源》等。

波义耳为人和善，重视友谊和感情。据说他一生从未与人失和。他不重视贵族头衔，尽力避开一般事务，情愿为科学研究贡献终生。

施塔尔
Georg Ernst Stahl
(1660－1734)

德国医生和化学家施塔尔，1660 年 10 月 21 日生于德国的安斯巴赫，早年在耶拿学医。他是燃素说的先驱贝歇尔的学生。23 岁大学毕业后，当了医学讲师。1694 年成为哈雷新建的大学的医学和化学教授。1716 年，离职去柏林做普鲁士王的御医，同时仍研究化学。1734 年 5 月 14 日在柏林逝世。

施塔尔是燃素说的集大成者。1703 年他重新编辑贝歇尔的著作时，加进了自己的很长的评注，在教学及教科书《化学基础》中传播修正过的贝歇尔的观点。他明确提出“燃素”概念，用这个概念把当时已知的大量化学事实联系在一起，形成一个统一的、能解释当时已经发现的许多化学现象的普遍性学说，使化学“借燃素说从炼金术中解放出来”（恩格斯语）。后来，实验证明燃素说是错误的。他还发现钾盐和钠盐结晶形状不同，把碱分为天然的（碳酸钠）和人造的（碳酸钾）两种。

施塔尔精力过人，非常自豪和自信。他在化学和医学方面著作很多。由于历史的原因，他的著作非常冗长，而且隐晦难懂。尽管人们对燃素说评价不一，但历史不会忘记，正是施塔尔在化学史上锻造了一个发展的环节。

俄国化学家罗蒙诺索夫，1711 年生于霍尔莫果尔海滨的一个渔民之家。少年时代，他的生活主要是帮助父母干活。但他渴望学习，在故乡自学了周围所能找到的全部书籍。19 岁那年，他背着家里出走。由于当时的学校是为贵族开办的，他为了求学冒充贵族子弟考入莫斯科的斯拉夫－希腊－拉丁语学校。在那里，他过着贫困的生活，一大片面包和一碗酸饮料常常就是全日的口粮。但他顽强地学习，1735 年以优异的成绩被保送入彼得堡科学院学习。入学不久又被派往德国留学。在德国学习了自然科学、哲学、文学、历史、地理等课程。1741 年回国后，一直在科学院工作。1745 年成为化学教授。同年 8 月又当选为科学院院士。还是瑞典和意大利科学院的名誉院士。1765 年 4 月 15 日逝世。

他提出了物质和运动守恒的观点，并进行了物质在化学反应时质量守恒的实验，反对流行于当时的燃素说和热素说；提出气体分子运动论，正确地认识到空气压力是微粒对器壁撞击的结果；创办了俄国第一个化学实验室，将定量方法引入化学分析中，并做了许多化学实验。这些工作为俄国化学的发展奠定了基础；在地质学、天文学、冶金、航海等方面也有研究；研究过历史和语言学，还是一位著名的诗人。主要著作有：《论固体和液体》、《关于冷和热原因的探讨》、《论化学的用处》、《真实物理化学概论》、《论地层》、《俄语语法》、颂诗《攻克霍亭》等。在科学院工作期间，他倡导改革，建议国家开办了莫斯科大学，并在教学大纲中第一次取消了神学课。他说：“谁也不需要这门课，它一无益处。”

罗蒙诺索夫
Михаил Васильевич
Ломоносов
(1711－1765)

英国化学家和物理学家卡文迪许，1731 年 10 月 10 日出生在法国尼斯，幼年受过良好的教育。18 岁考入剑桥大学，未及毕业，于 1753 年到巴黎留学，主攻物理和数学。返回英国后，在伦敦建立了一个自己的实验室，从事化学和物理学研究。1760 年当选为皇家学会会员，还是法国科学院的外国院士。他专心致力于科学研究工作，终生未娶，1810 年 2 月 24 日在伦敦逝世。

卡文迪许研究了氢气的性质，但坚信燃素说，认为氢就是燃素；研究了二氧化碳的性质、硝酸的组成和水的组成；用实验证明空气中有惰性气体存在；发现了化学反应的当量关系，并提出当量的概念。

对于这些研究成果，他本人很少发表，也从不与别人争夺优先权，他的许多成果都是在他去世后才公开的。尽管如此，人们还是非常尊敬他。著名的卡文迪许实验室，就是剑桥大学为纪念他而命名的。卡文迪许酷爱科学研究事业，工作卓有成效，但他性格孤僻内向，怕见生人，很少与外人交往，更不愿夸耀自己。皇家学会开会时，他虽然常常参加，但总不开口。一次，有位来访的奥地利学者向他诉说，如何敬慕他的大名，敬慕他的工作，他却一言不发，一直不好意思地看着地下，后来竟跑出门外，乘车回家去了。有人说他一生中说的话可能比任何活到 80 岁的人都少。他从不让别人给他画像，现在仅存的一张还是画家在暗中速写的。他死后，留下一笔相当可观的遗产。人们评论他是有学问的人中间最富有的人，也是富人之中最有学问的人。

卡文迪许
Henry Cavendish
(1731－1810)

英国化学家普利斯特里，1733年3月13日生于利兹附近的菲尔德海德，父亲是农民兼布商。因家境困难，由姑母抚养大。1751年入达文特里神学院，在学习神学的同时，研究了哲学、自然科学和语言学。1755年毕业后任牧师。他充分利用时间研究自然科学，并且做了许多试验。1761年迁往瓦林顿学院任教师，讲授历史、解剖学、植物学、外国语等课程。1765年获爱丁堡大学法学博士学位。1766年被选为皇家学会会员，1772年当选为法兰西科学院名誉院士。因支持法国大革命而受到迫害，家被抄，图书及实验设备也被付之一炬。1794年，不得不离开英国到美国，定居于诺森伯兰，继续从事科学研究，1804年2月6日逝世。

普利斯特里在气体化学方面贡献很大。他善于利用水槽和汞槽集气法研究各种气体，先后发现了二氧化碳、一氧化碳、二氧化硫、氨、氯化氢、一氧化氮等气体。用火镜加热氧化汞制得氧气，并用小鼠、植物等进行实验，研究了氧的一些性质。可惜他坚信燃素说，把氧叫做“脱燃素空气”。此外，他在库仑和卡文迪许之前证明了静电学中的平方反比定律；因发明苏打汽水获得科普勒奖章。普利斯特里的著作颇丰富，涉及各方面的著作有12部，还有近100篇科学论文。

他的工作和学习计划性很强，除传教和教学外，还研究物理学、化学、神学、语言学、自然哲学等等，养成了严格的习惯，准确地分配和计算时间。他写了许多自以为得意的神学著作，然而使他名垂千古的却是他的科学著作。

普利斯特里
Joseph Priestley
(1733－1804)

瑞典化学家舍勒，1742年12月9日生于当时瑞典波莫瑞尼亚的首府施特拉尔松。父亲是个有名的商人，为了教育儿子，专门聘请了几位教师用德语和瑞典语给舍勒上课。舍勒在中学对科学产生了浓厚的兴趣，常常收集各种植物制造浸液。父亲很尊重他的爱好，他15岁时被送到哥德堡当药剂师的学徒。学徒生活结束后，他先后在马尔摩、斯德哥尔摩和乌普萨拉的药房担任药剂师工作。1755年起在一个小镇柯平担任药房经理。在此期间，国外一些大学邀请他去做大学教师，但他为了把全部时间用于科学研究，始终没有离开那个小城镇。1755年被选为瑞典皇家科学院院士。1786年5月21日逝世。

一个普通的药剂师，在远离大城市的极其简陋的条件下献身化学研究，结果是，为数众多的化合物和新元素都是由他首先制取和发现的。1769年，制得酒石酸和氧气；1774年制得氯气；1777年发现了硫化氢；1782年左右合成了氢氰酸；1781年，用酸处理钨酸钙矿，制得三氧化钨，后来这种矿石被称为舍勒矿；他制得钨酸、钼酸、砷酸，描述了锰和钡的性质；分离了乳糖和甘油，制得尿酸、草酸、柠檬酸、苹果酸、五倍子酸等多种有机酸；还发现了光对银盐的作用；指出石墨是煤的同素异形体等。舍勒一生写过许多论文，后人出版为《舍勒论文集》。

舍勒终生热爱化学，从不追求名誉和地位。他善于进行最复杂的实验，善于观察各种现象，顽强地寻求真理。他说：“为了解释新的现象，我能忘却一切的一切，因为假使能够达到最后的目的，那么这种考察是何等的愉快啊！”

舍　勒
Carl Wilhelm Scheele
(1742－1786)

法国化学家拉瓦锡，1743年8月26日生于巴黎的一个律师家庭。从小就受到良好的教育，1763年在索尔蓬纳学院法学系毕业后，当了律师。但是，他在大学时就爱好地质学和化学，最终他还是下决心放弃了律师职业，献身于他感兴趣的科学研究工作。22岁的拉瓦锡先后写了两篇关于石膏的论文，递交给法国科学院，结果，被选为科学院的助教，1768年当选为科学院院士，还担任了火药与硝石管理局局长和征税官。1789年法国大革命后，担任米制委员会委员和财务秘书。1793年11月，国民议会命令逮捕所有的征税官，拉瓦锡也被捕入狱。1794年5月8日被送上断头台。著名数学家拉格朗日曾经说，砍掉这个脑袋只需要一瞬间，但再过100年也不一定会产生这样一个脑袋。

拉瓦锡
Antoine Laurent Lavoisier
（1743－1794）

拉瓦锡是近代化学的创始人之一，可是他没有发现过新物质，没有设计过真正新的仪器。他的主要功绩就在于善于将许多实验成果继承下来，并用自己出色的实验技能给予补充、加强，对实验结果给予正确解释，并综合成完整的学说。他重视理论思维，善于透过现象看本质，尤其是在科学上敢于反对旧的传统观念。拉瓦锡虽然没有发现氧，但却第一个认识到氧是一种元素，给予命名，在此基础上批判了统治化学近百年的燃素说，建立了氧化学说，从而导致了化学史上的一场革命。他还是质量守恒定律的发现者。1789年，拉瓦锡在他著的《化学纲要》中列出了第一张真正的化学元素表。他还写过60多篇论文和其他著作。拉瓦锡的一个不足之处是他在论文中常常不提或很少提及别人的研究工作，这一点是与科学精神相违背的。

英国化学家和物理学家道尔顿，1766年9月6日生于昆布兰的伊格尔费德村。父亲是织工，家境很穷，但总想让他的子女受到良好的教育。少年时代，道尔顿给本地一所学校的校长干活，同时学习数学。12岁那年，就开始在乡村学校教书。1781年，到肯代尔的一个学校任教，在那里认识了盲人学者古格。在古格的帮助下，道尔顿自学了数学、哲学、希腊文、拉丁文和法文等。由于他好学不倦，博学多才，1785年成为那个学校的校长。1793年移居曼彻斯特，从此，这个没受过正式高等教育的人就开始在大学里讲授数学和自然哲学了。6年之后，他辞去学院职务，每天做两小时的私人教师，以便有充足的时间进行科学研究。1816年，被选为法国科学院通讯院士，1822年成为皇家学会会员。1844年7月27日在曼彻斯特逝世。

道尔顿
John Dalton
（1766－1844）

道尔顿从研究气象学开始，一生中记录了两万多次观察记录，最后一篇气象日志是他临终前几小时记下来的。他对气体的成分、性质等做了许多实验，于1801年总结出气体分压定律。1803年，发表了化学原子论，引入元素的相对原子量，列出了最早的原子量表，并用图形来表示元素和化合物。此外，还发现了倍比定律和色盲现象。1808年出版了他的名著《化学哲学的新体系》。

由于他的杰出贡献，早在1934年曼彻斯特市政厅就竖起了他的半身雕像。然而，为近代化学奠定了基础的道尔顿并不认为自己才华横溢，他把自己的成就谦虚地归结为“不屈不挠”。他说：“研究家的使命就是这样——永恒地探索，永无止境地追索未知事物。”

意大利化学家阿伏伽德罗，1776年8月9日生于都灵。1792年进入都灵大学学习法学。1796年获得法学博士学位，开始从事律师工作。从1800年起，他又开始学习数学和物理学。1809年被聘为维切利皇家学院的物理学教授。1811年被选为都灵科学院院士。1856年7月9日在都灵逝世。

阿伏伽德罗

Amedeo Avogadro

(1776－1856)

阿伏伽德罗的主要贡献是提出了阿伏伽德罗假说。1811年，他指出在同温同压同体积的气体中含有相同数目的粒子，并把这种粒子叫做分子。认为气体分子，如氢、氧、氮含有两个（或二的倍数个）原子，而不是像道尔顿所想的那样只含一个原子。这个假说可以很好地解决道尔顿原子论和盖－吕萨克的气体化合体积定律之间的矛盾。可惜由于他把原子叫做“元素分子”，把分子称为“整体分子”，以至于使他的观点不易被人理解。一些权威化学家也反对这个假说，结果使它被埋没了半个世纪之久。直到1860年经过康尼查罗用实验给以论证，并在卡尔斯鲁厄第一次国际化学会议上广为宣传后，阿伏伽德罗假说才获得普遍的公认。

阿伏伽德罗懂得许多国家的文字。他尤其喜欢“为科学而研究科学”。他埋头工作，因而无论在意大利还是在国外，一直默默无闻。然而，他那不朽的功绩却不会被后人所遗忘。当人们求得1摩尔粒子的数目后，就把这个数字叫做阿伏伽德罗常数。

英国化学家戴维，1778年12月27日生于彭赞斯的一个木匠家庭。幼年贪玩，喜欢钓鱼和作诗，对老师要求的死记硬背不感兴趣。1795年，父亲去世后，给一个药剂师当学徒。他不仅学会了配制药水，而且迷上了化学，做了许多复杂的化学实验。还制定了一个庞大的自学计划，要学会7种语言，研究20多个学科。由于他天资很高，加上发奋努力，学识提高很快。1798年应邀到克里夫顿的一个气体研究所工作。第二年就发现了笑气。1801年被聘为伦敦皇家学院的讲师，不久即成为教授。1803年被选为皇家学会会员，从1820年起任该会会长。英国国王授予他勋爵，拿破仑也授给他奖章。1827年出国治病，1829年5月29日在瑞士逝世。

戴　维

Humphry Davy

(1778－1829)

1807年，戴维用电流分解了以前认为不能再分解的碱，获得了钾、钠两种金属元素；1808年又获得镁、钙、锶、钡等碱土金属；用强还原性的钾制备了硼；证明了氯是元素；指出酸的主要成分是氢而不是氧；提出化学反应的电化学说；为防止煤矿瓦斯爆炸，发明了矿工用的安全灯；还研究过农业化学、制革方法和矿物分析等问题。主要著作有：《化学哲学课程大纲》、《农业化学原理》、《煤矿安全灯和对火焰的研究》等。

戴维从年轻时代起，就有了名誉地位和金钱，飞黄腾达起来。但他并未沉溺其中。他在日记中写道：“我的实在的和醒时的生存，是在研究科学目的之中。”与科学研究相比，戴维更重视培养研究科学的人，他曾说，他最大的发现就是发现了法拉第。

法国化学家和物理学家盖－吕萨克，1778 年 12 月 6 日生于塞因特—伦纳德。父亲是检察官。少年时代，恰逢法国大革命，耽误了读书。16 岁后，他抓紧学习，1797 年考入著名的巴黎工业学校，毕业后成为实验室助教。1804 年，他两次乘气球升入高空，研究空气和地球磁场。发表了一些论文，其中批评了德国科学家洪堡，洪堡反而找到他并和他一起考察、访问了许多国家，共同进行科学研究。回国后成为工科大学的化学教授，后来又担任索邦大学物理学教授和巴黎植物园化学教授。1806 年当选为法国科学院院士。1850 年 5 月 9 日逝世于巴黎。

盖－吕萨克研究了气体的热膨胀问题，1802 年发现了气体体积随温度改变的规律，人们称之为盖－吕萨克定律；1808 年，发现了另一个化学定律，即气体相互反应时，常以简单的体积比相结合。这个定律是道尔顿原子论的重要论据，也是阿伏伽德罗深入研究原子-分子学说的出发点；1808 年与法国化学家泰纳一起用钾作用于硼酸获得了单质硼；1813 年发现氢碘酸和碘酸钾，分离出单质碘；1814 年认识到无氧酸的存在，制得氢氰酸；1824 年后，发明了银量法，绘出了最早的“溶解度曲线”，把容量分析推进了一步；还发明了化工生产用的“盖－吕萨克塔”；对同分异构现象、化学平衡等也有研究。共发表过 148 篇论文，主要著作有：《湿法检验含银材料的实验规则》等。盖－吕萨克还是一位出色的教师。他的讲课才能吸引了许多学生。他还主办了《化学和物理学年鉴》，为科学事业献出了毕生心血。

盖－吕萨克
Joseph Louis Gay Lussac
（1778－1850）

瑞典化学家贝采里乌斯，1779 年 8 月 20 日生于维弗苏达。父母早逝，由亲戚抚养大。1796 年入乌普萨拉大学攻读医学。1802 年成为斯德哥尔摩医学、药学和植物学助教，1807 年成为教授。1815 年任斯德哥尔摩医学院的化学教授，同时在一个装备很差的厨房式实验室中，研究化学并指导少数学生。1808 年被选为瑞典科学院院士，1818 年成为科学院的秘书。1832 年辞去教授职务，专门从事研究工作。1835 年皇帝查理十四晋封他为男爵。1848 年 8 月 7 日在斯德哥尔摩逝世。

贝采里乌斯是 19 世纪上半叶最有威望的化学家。他的研究工作横跨许多领域。他发现了铈、硒、硅、钍等化学元素；通过总结各种催化反应，提出“催化”概念；改进了有机元素分析法；发现葡萄酸和酒石酸组成相同，采用“同分异构”概念来解释；测定了各种元素的原子量，制出比较准确的原子量表；制定出近代化学符号，使人们能够用简便有效的方式，形象地表示各种化学反应；提出了电化二元论学说；引用了“有机化学”概念，并用“生命力学说”来解释有机物的形成。主要著作有：《化学教程》、《动物的化学》、《化学总论》、《矿物学新系统》等。1821 年起，他还主编出版了《物理化学进展年报》。

贝采里乌斯对实验观察精确，描述清晰。还具有把理论严密化、系统化的能力。只是他对他认为是正确的理论，尤其是他自己提出的理论坚持不放。虽然他曾说过：“拘泥于一种见解，常使人完全坚信其正确；它掩盖了缺陷，并使我们不能接受与它相反的证据。”

贝采里乌斯
Jöns Jacob Berzelius
（1779－1848）

法拉第
Michael Faraday
(1791－1867)

英国化学家和物理学家法拉第，1791 年 9 月 22 日生于一个贫寒的铁匠家庭，但是，他的父母还是设法供他上学识字。13 岁那年，他就不得不为谋生而当了报童，后又去一个印刷所当了徒工，但始终坚持刻苦自学。1812 年，一位顾客送给他一张戴维在皇家研究院的讲演票。他听了讲演以后，将笔记仔细整理，寄给皇家学会会长，想谋求一个实验室助手的位置，但未得到回音。他没有气馁，又给戴维写了一封信，说明自己愿意献身科学的志愿，戴维亲切地答复并接见了他，在 1813 年初录用他做实验室助手。同年 10 月，他随戴维到欧洲各地访问、讲学至 1815 年回国。1825 年接替了戴维的实验室主任工作。1824 年当选为伦敦皇家学会会员，1833 年起，担任皇家研究院富勒讲座化学教授。1867 年 8 月 25 日逝世。

法拉第一生有许多发明和发现，如发现了数种含氯的有机物；发现了苯；1837 年他引入电场和磁场的概念，1852 年又引入电力线和磁力线的概念，并解决了金属线与磁铁的相对运动是产生感应电流的必要条件问题；1832 年－1834 年间，由实验得出了两个电解定律，从而把电化学这一学科置于科学的基础之上。主要著作有：《化学操作法》、《电的实验研究》、《化学与物理的实验研究》等。

法拉第一生生活俭朴，待人和蔼。晚年他辞去各种职务，但仍致力于科学普及工作。全世界赠给他的荣誉名衔达到 94 个，但他告诉朋友说："我并不能说我不保重这些荣耀，而且我承认其很有价值，不过我却从来不曾为求这些荣耀而工作。"

维　勒
Friedrich Wöhler
(1800－1882)

德国有机化学家维勒，1800 年 7 月 31 日生于法兰克福附近埃施耳斯亥姆的一个医生家庭。少年时代就特别喜爱收集、研究矿物和做化学实验。1820 年入马尔堡大学。1823 年以对尿素的研究获得医学博士学位。接着又去贝采里乌斯那里留学一年。回国后任柏林工艺学校的教师。1831 年成为卡塞尔高等工艺学校教授。1836 年任哥丁根大学化学教授。1854 年被选为伦敦皇家学会会员，1872 年获得该会的科普勒奖章。还是法国科学院院士和其他一些学术团体的成员。1882 年 9 月 23 日在哥丁根逝世。

维勒完成了数量多得惊人的实验研究工作。他发现了硅烷；分析过大量的矿物，制备出许多稀有金属化合物；发现碳化钙并从中制取乙炔；研制出制备金属铝和比较容易地制取磷的方法；证实氰与水作用可生成草酸；分离出铍；还同李比希合作研究了许多有机化合物。1828 年，他通过蒸发（异构）氰酸铵溶液制得尿素。这一成就动摇了"生命力论"对有机化学发展的束缚，为有机化学的发展指明了方向。主要著作有：《无机化学平面图》、《有机化学平面图》、《分析化学实验指南》等。

维勒终生热爱化学，一天不做实验他就不能安稳地睡觉。他尊重科学，注重友谊。他与李比希在学术争论中相互促进，竞相争高的事迹成为科学史上的佳话。维勒曾写过这样一段话谈及他与李比希的友谊："我可以打个比喻，如果以我俩的名义发表的某些小文章是我们中的一个人完成的。那么，这同时也是赠给另一个人的绝妙的小礼物。我想这就可以使你了解我俩之间的相互关系了。"

法国化学家杜马，1800年6月16日生于阿拉伊斯。年轻时当过药剂师助手，但他希望学到更多的知识，于是就步行去日内瓦求学。后来又去巴黎，毕业于巴黎大学。1827年到巴黎理工学院任教，1835年起任该校的化学教授。1840年被选为伦敦皇家学会会员。1832年被选为法国科学院院士，并从1868年起任该院常务秘书。1848年革命以后，当过政府的农业部长和教育部长。1884年4月11日逝世。

杜马在日内瓦时研究过生理问题，曾推荐用碘化物治疗甲状腺肿；1831年从煤焦油中分离出蒽；1832年研究香精油并且得出樟脑、冰片和人造樟脑的化学式；1834年同别人合作制得肉桂醛和肉桂酸以及硝酸甲酯；依据醇的某些反应，说明乙醇中有乙基与甲基的存在，结合后来维勒与李比希发现的苯甲酰基，奠定了有机化学中的基团理论；1834年观察到氯对醇的反应，并鉴于石蜡氯化的结果，提出取代作用的见解；还发现乙酸中的氢被氯取代后，基本性质未变，这样就导致了1839年化学类型说的建立；发明了杜马蒸气密度测定法和氮的燃烧定量分析；还制备出氯仿，并推算出它的正确组成。主要著作有：《工艺应用化学专著》、《化学哲学讲义》等。

杜　马
Jean Baptiste
André Dumas
(1800－1884)

德国有机化学家李比希，1803年5月12日生于达姆施塔特的一个药剂师家庭。少年时代就热衷于化学实验，通过实验来验证自己读过的化学书。后来，当了一段时间的药剂师助手，因做化学实验将屋顶炸掉而被解雇。1820年到波恩大学攻读化学，后随导师到埃尔兰根大学。接着去巴黎留学，在盖－吕萨克的实验室里研究雷酸盐。1824年回国，在吉森大学任化学教授。1852年去慕尼黑大学专门从事研究工作。1840年被选为伦敦皇家学会会员，1845年德国政府封他为男爵。1873年4月18日在慕尼黑逝世。

李比希是德国近代化学发展的重要奠基人之一。他发现雷酸是异氰酸的异构体；把有机分析发展为精确的定量分析技术；制得了三氯甲烷、三氯乙醛等化合物；与维勒一起发现了苯甲酰基，将有机化学定义为复杂基的化学；还研究过发酵和腐败的化学机理；提出植物的矿质营养学说，推荐使用无机肥料，成为农业化学的奠基人之一。他最先在大学里建立了供教学用的化学实验室，培养了许多著名化学家，形成了著名的李比希化学学派。主要著作有：《化学在农业及生理学中的应用》、《食物化学》等，并主编《药剂学年鉴》（现在叫《李比希化学年鉴》）。

李比希注重把化学的新成就推广到实际生产中，他极力强调，学习化学的真正中心点不在于上课，而在于实际工作。他热情地不断开拓新的研究领域，他说："化学正在取得异常迅速的成就，而希望赶上它的化学家们则处于不断脱毛的状态。不适于飞翔的旧羽毛从翅膀上脱落下来，而代之以新生的羽毛，这样飞起来就更有力、更轻快。"

李比希
Justus von Liebig
(1803－1873)

罗 朗

Auguste Laurent

(1807－1853)

法国化学家罗朗，1807年11月14日生于兰格附近的圣马利斯。1826年入巴黎矿冶学院，毕业后成为工程师。1830年去巴黎理工学院当杜马的学生和实验室助理。1832年－1834年去皇家瓷器厂工作。1837年获理学博士学位。1838年任波尔多大学化学教授。1845年被选为科学院通讯院士。1848年在巴黎造币厂从事化验工作，同时还在法兰西学院、师范学院、矿冶学院等处的实验室工作。1853年4月23日在巴黎逝世。

罗朗一生有很多化学发现。1832年发现了蒽；1836年把蒽氧化制得蒽醌，把萘氧化制取邻苯二酸，加热邻苯二酸得到酸酐；1839年从苯酚合成苦味酸；还发现过己二酸、庚二酸和靛红等。在理论方面，他制定出有机化合物的分类法；1837年提出有机化学的“核团学说”；与日拉尔合作，按照阿伏伽德罗分子假说，初步分辨了原子量、当量和分子量；初步建立了有机化合物的正确的分子概念，写出了比较正确的分子式，将有机化学理论建立在比较可靠的基础上。主要著作有：《化学的方法》等。

罗朗善于将具体问题上升为一般理论。他为了证实自己的观点，坚持不懈地积累资料，进行实验，并尖锐地同当时一些著名化学家展开论战，结果受到排挤，得不到较好的工作和实验室，致使英年早逝。他曾经愤怒地说：“我是一个骗子，我是一个强盗的老搭档，等等，等等，这一切咒骂只不过是因为把一个氯原子放在一个氢原子的位置上，因为单单地改正了一个化学式。”

本 生

Robert Wilhelm Bunsen

(1811－1899)

德国化学家本生，1811年3月31日生于哥丁根。父亲是哥丁根大学的图书馆长。17岁时入哥丁根大学学习化学，两年后便获得博士学位。然后在欧洲各地游学，并在盖－吕萨克的实验室里工作了一段时间。回国后，先后在哥丁根大学和马尔堡大学任教。1838年成为教授。1852年起在海德尔堡大学任化学教授，直到1889年退休。1853年当选为法国科学院通讯院士。1858年被选为伦敦皇家学会的会员。1899年8月16日逝世。

本生是一个不太重视理论的技艺高超的实验家。他在55年的教学和研究生涯中取得多方面的成就。1837年研究有机砷化合物，证实新鲜氢氧化铁可解砷毒；1846年制定了气体分析的准确方法；1859年同基尔霍夫一起研究光谱学，发现每种元素都有其特征发射光谱，从而发明了光谱分析法。并于1860年－1861年从矿泉水中先后发现了铯和铷两种元素；还发展了碘定量法；发现了铁氰化铵和氯化铵的复盐；测定了铁氰化铵和铁氰化钾的组成和结晶；由钠和铝的熔融氯化物制备出钠和铝；研制出分离钯、铱、钌和铑的方法；用电解法制备镁和铈等；发明了许多化学仪器，如：本生电池、油斑光度计、本生灯、吸收比色计、滤泵、冰量热计等。主要著作有：《气体测量方法》、《光谱化学分析》、《火焰反应》等。

日拉尔

Charles Frédéric Gerhardt

(1816－1856)

法国有机化学家日拉尔，1816 年 8 月 21 日生于斯特拉斯堡。曾在卡尔斯鲁厄高等技术学校、莱比锡大学和吉森大学跟随李比希和其他德国化学家学习。1838 年成为巴黎理工学院杜马教授的助手。1841 年获得蒙彼利埃大学的博士学位，1844 年成为该校化学教授。1848 年回到巴黎任教。1851 年与罗朗共同创建了教学实验室。1855 年成为斯特拉斯堡大学教授。1856 年 8 月 19 日在斯特拉斯堡逝世。

1843 年，日拉尔建议改革原子量系统，把分子量定义为：物质在气态时占有和 2 克氢相同体积的蒸气的重量，这样导出的化学式称为“二体积式”；1844 年，在对有机物进行分类的工作中，提出“同系列”的概念，确立了有机化学的同系列理论；1853 年，在研究取代反应的基础上提出了“类型论”，把当时已知的有机化合物分别纳入水、氯化氢、氨、氢四种基本类型；还发现多种酸酐、苯酚、喹啉、酰替苯胺类化合物、乙酰氯和酰基氯等；提出过有机化学的“残基学说”。主要著作有：《有机化学专著》、《有机化学概论》、《定性化学分析概论》、《定量化学分析概论》等。

日拉尔提出的理论和所做的实验促进了有机化学的发展，但由于他在学术争论中的观点比较尖锐及其他种种原因，受到法国同事的排斥，以至于得不到良好的工作条件。虽然身处逆境，他还是百折不挠地坚持科学研究。这种追求真理的勇气和对科学所做的贡献，永远值得后人学习。

武尔兹

Adolphe Wurtz

(1817－1884)

法国化学家武尔兹，1817 年 11 月 26 日生于斯特拉斯堡。1843 年毕业于斯特拉斯堡医学院，获医学博士学位。1845 年成为杜马的助手。1857 年任化学及毒物学教授。1866 年－1875 年任巴黎医学院院长。1875 年后任巴黎科学院的有机化学教授。1864 年被选为伦敦皇家学会会员。1867 年当选为法国科学院院士。1884 年 5 月 12 日在巴黎逝世。

1844 年－1849 年，他研究了磷的含氧酸；1846 年发现磷酰氯，测定了次磷酸的结构；1848 年从烷基异氰制得胺；1855 年发明了将卤代烷和金属钠作用制备烃类的方法，人称武尔兹反应；1856 年制备了乙二醇及其衍生物，包括从丙二醇制备乳酸等；1859 年合成环氧乙烷；1862 年用钠把醛还原成醇；1872 年研究了醛醇缩合反应；他拥护日拉尔的见解，对化学理论的发展也做出了贡献。主要著作有：《理论化学与应用化学词典》、《医学化学概要》、《生物化学概要》等。此外，他还主编了《化学与物理年鉴》。

德国有机化学家霍夫曼，1818 年 4 月 8 日生于吉森。起初在吉森大学学习法律和哲学。1841 年获得哲学博士学位。1843 年转而研究化学，成为李比希的学生。1845 年，经李比希推荐，到英国皇家化学学院任化学教授，在那里一直工作了 20 年。克鲁克斯、阿贝尔、柏琴等都是他的学生。1864 年回国后，先后担任波恩大学和柏林大学的教授。1851 年被选为伦敦皇家学会的会员。1868 年，他创立了德国化学学会，并担任该会会长多年。1892 年 5 月 2 日在柏林逝世。

霍夫曼的研究范围非常广泛，1843 年，他研究了苯胺的组成；1850 年通过碘代乙烷和氨作用，制得伯胺、仲胺和叔胺，进而制得季胺盐，证实了胺与氨的关系，给类型说增加了一个新的类型——氨型；和他的学生们从煤焦油中提取出苯胺衍生物，制成多种叔料，为现代染料化学和染料工业奠定了基础；还发现了异氰酸苯酯、二苯肼、二苯胺、异腈和甲醛等；研究芥子素和芥子油并发现苯基芥子油；制定蒸气密度法，改进了有机分析和操作；1873 年与马尔修斯一起发现甲基苯胺和二甲基苯胺；1881 年发现溴和强碱与酰胺作用是制备胺的一般方法，人称霍夫曼反应；还提出有关络合物的“霍夫曼胺盐理论”等等。一生中共发表了数百篇论文。

霍夫曼

August Wilhelm Hofmann

(1818 – 1892)

意大利化学家康尼查罗，1826 年 7 月 13 日生于西西里的巴勒莫。父亲是警察局长。他毫不费力地掌握了中学的各门课程。1841 年，他才 15 岁就考入巴勒莫大学医学系，而且还去听文学和数学方面的课。1845 年去比萨学习化学。1848 年参加推翻那不勒斯王朝的斗争，担任炮兵军官。革命失败后，1849 年去法国从事化学研究。1851 年回国，先后任亚历山大里亚学院的物理和化学教授、热那亚大学化学教授、巴勒莫大学化学教授，最后在罗马主持化学讲座。还是伦敦皇家学会会员和法国科学院院士。1891 年获科普勒奖章。1910 年 5 月 10 日在罗马逝世。

他发现了芳香醛类化合物同碱液作用生成相应的醇和酸的反应，人们称之为康尼查罗反应。他提出测定分子量与原子量的方法，并精确地测定了不少元素的原子量。他的最大贡献是，宣传和发扬了阿伏伽德罗的分子学说，决定性地证明只有一门化学科学和一套原子量。在德国卡尔斯鲁厄召开的第一次国际化学会议上，康尼查罗阐明了什么是原子、分子、原子量和分子量，统一了分歧意见，为原子－分子理论的发展扫除了障碍。此外，他还提出“羟基”概念，从山道年蒿中分离出结晶山道年，等等。主要著作有：《化学哲学教程提要》等。

虽然康尼查罗并没有发现什么新物质，也没有提出什么特别新的学说。但是，他所做的工作使近代化学走上了正确轨道，从此化学就逐步进入研究原子和分子的阶段。他的伟大功绩受到全世界科学家们的尊重。

康尼查罗

Stanislao Cannizzaro

(1826 – 1910)

法国化学家贝特罗，1827 年 10 月 27 日生于巴黎的一个医生家庭。1848 年入大学攻读医学，但对各门学科都感兴趣，获得过物理硕士学位，后来专攻化学。1854 年因合成脂肪获博士学位，1861 年起任法兰西学院教授。1873 年为法国科学院会员，1900 年为院士。1886 年被任命为法国国民教育和艺术部部长，1895 年出任外交部长。1907 年 3 月 18 日逝世。

贝特罗
Marcellin Berthelot
(1827 – 1907)

贝特罗不相信生命力论，成功地合成了一系列有机物，如脂肪、醇类、甲烷、乙烯、乙炔，并从乙炔制得苯、甲苯、萘及其他芳香族化合物，由乙炔和氮制得氢氰酸等等。在物理化学方面，他研究过反应速度，1881 年发明了弹式量热计，测定了一系列化合物的燃烧热、中和热、溶解热、异构化热等；提出“放热和吸热”反应的概念；研究过爆炸波，高温下气体的比热，无声放电下的合成等等。此外他还研究过农业化学，并首次把亚历山大里亚时期最早的化学家著作编成大体完整的评注本，还写过一些化学史著作。他一生共有著作 2773 篇，其中大部分是化学著作。

当几乎所有的化学家都接受了原子分子论后，贝特罗仍固执地拒绝接受，直到他 50 岁的时候，才决心放弃自己陈旧的观点。后来他说：“科学家的主要优点不在于试图证明自己意见的绝对正确，而在于敢放弃没有得到证实的任何观点、任何错误的经验。”他还说：“我要永远竭力把自己的力量和知识贡献给祖国，我永远忠于真理。这就是我一生的惟一目的。”

俄国化学家布特列洛夫，1828 年 9 月 6 日生于奇斯托波尔。上中学时，因在宿舍做化学实验被学校处罚，脖子上挂了一块黑板，上书“大化学家”。1849 年毕业于喀山大学。1854 年以《论挥发油》的论文获得莫斯科大学的博士学位。同年成为喀山大学的教授。1857 年到欧洲各国访问学习。1860 年 – 1863 年任喀山大学校长。1868 年任彼得堡大学化学教授。1874 年被选为彼得堡科学院院士。1876 年 – 1882 年担任俄国物理 – 化学学会化学分会的主席。还被选为国内外 26 个科学院的院士和名誉院士。1886 年 8 月 17 日逝世。

布特列洛夫
Александр Михайлович Бутлеров
(1828 – 1886)

布特列洛夫是化学结构理论的创始者。1861 年，他正式提出“化学结构”概念，认为有机化合物的化学性质与其化学结构之间存在着一定的依赖关系。指出通过化学性质的研究，可以推测化学结构。同时，根据化学结构又可预见物质的化学性质。在这个理论的指导下，他合成了叔丁醇、异丁烯、三甲基甲醇和某些糖类化合物；发现了异丁烯的聚合反应；研究丁二烯的异构体，发现互变异构现象；注意到有机物的不饱和性与发色有关；还提出同位素假说等。主要著作有：《有机化学教程》、《论物质的化学结构》、《有机化学研究概论》等。

布特列洛夫在建立结构理论时，仔细地研究了化学史。他认为：“要从事创造，要有所前进，就必须详尽无遗地熟知前人走过的曲折复杂的道路。要找到新途径，就必须对过去的理论、成功和失败有所了解。”

德国有机化学家凯库勒，1829 年 9 月 7 日生于达姆施塔特。上中学时，对一切科学现象都感兴趣，但对化学并无明显的爱好。1847 年入吉森大学学习建筑。当他听了李比希的化学课后，就被这门神妙的、有着无限发展前途的新学科吸引住了，于是转而学习化学。1852 年获博士学位后去巴黎留学。接着去伦敦研究化学。1855 年回国后，先后在海德堡大学和比利时的根特大学，最后在波恩大学任教。1875 年被选为伦敦皇家学会会员，并获得该会的科普勒奖章。他还是法国科学院院士和国际化学学会的会员，1896 年 7 月 18 日在波恩逝世。

凯库勒在有机化学理论方面贡献最大。1857 年左右，他归纳了关于有机物分类的类型论，增加了硫化氢型和沼气型；1858 年指出在有机化合物中，碳的化合价为 4 价，并提出碳链学说；1861 年用现代语言把有机化学定义为：研究碳化合物的化学；1865 年提出了苯的环状结构理论。这些成就为有机结构理论奠定了坚实的基础，极大地促进了有机化学的发展。此外，他还发现过一些有机化合物。主要著作有：《苯衍生物化学》、《有机化学教科书》、《有机化合物结构研究》等。

被誉为化学建筑师的凯库勒，具有严谨的工作作风，独特的批评和自我批评精神及值得称赞的谦逊。他总是指出自己的全部思想和工作，只不过是前人成就的继续。他志愿为科学而献身。他说："到达知识高峰的人，往往是以渴望求知为动力，用尽毕生精力进行探索的人，而绝不是那些以谋取私利为目的的人。"

凯库勒
Friedrich August Kekulé
(1829 - 1896)

德国化学家迈尔，1830 年 8 月 19 日生于瓦勒尔，曾在苏黎世大学、维尔茨堡大学、海德尔贝格大学学习。1858 年获得布雷斯劳大学哲学博士学位。1859 年为该校生理研究所化学实验室主任。1866 年任埃伯斯瓦尔德大学的自然历史教授。1868 年 - 1876 年任卡尔斯鲁厄大学化学教授。1876 年任图宾根大学的首席化学教授。1882 年与门捷列夫一起获得伦敦皇家学会的戴维奖章。1895 年 4 月 11 日逝世。

迈尔起初研究生物化学，后来转向理论化学。他积极支持康尼查罗重新提出的原子分子论；于 1868 年发表了著名的《原子体积周期性图解》，以曲线形式指出了各种元素的原子体积与原子量的关系，几乎与门捷列夫同时而完全独立地发现了元素周期律，只是他的周期表偏重于原子量和物理性质之间的关系，而且在预言新元素和根据周期律修改元素的原子量方面，不如门捷列夫大胆；提出以"原子价"术语代替"原子亲合力单位"，把双键列为"不饱合"键，发展了原子价学说；发现了血红蛋白对氧的亲和力，研究了呼吸的生理学。主要著作有：《近代化学理论》、《元素的自然系统》、《理论化学基础》、《血液中的气体》等。

迈尔善于对纷繁复杂的化学现象进行理论思考，当他读了康尼查罗有关原子分子论的文章后说："眼前的阴翳消失了，怀疑没有了，使我有一种安定的明确的感觉。"他将此文译成德文，积极支持和宣传康尼查罗的正确主张，并运用原子分子论求出原子量，在此基础上，发现了原子量与元素性质的关系，从而成为元素周期律的发现者之一。

迈 尔
Julius Lothar Meyer
(1830 - 1895)

瑞典化学家诺贝尔1833年10月21日出生在瑞典首都斯德哥尔摩，他父亲是一个机械师兼建筑师。1837年诺贝尔随同全家迁居芬兰，后来又到俄国的圣彼得堡，1859年又迁回瑞典。

诺贝尔精通英文、法文、俄文和德文。1850年曾去美国学习机械两年。1859年因研究成功气量计而获得一项专利。后来又专心研究炸药。1864年9月3日，诺贝尔实验室发生大爆炸，4位助手和他的小弟弟当场身亡。但这并未动摇诺贝尔研究炸药的决心。市内不允许做实验，他就把实验室迁到离斯德哥尔摩市两英里的马拉湖中的一只平底船上。不久，他就发明了雷管。1867年7月14日，诺贝尔在英国的一个矿山上，当着政府官员、产业界的要人和许多工人演示了他的黄色炸药。这种炸药不怕火烧、捶击和强力振动，证明其稳定性极好。但用雷管引爆后炸得山摇地动。这样，诺贝尔的黄色炸药和雷管在实业界赢得了极大的信誉，销售量极大，盈利很高。1875年诺贝尔把硝化纤维与硝化甘油混合制成了胶状炸药。1887年，又研制出无烟火药。1896年12月10日在意大利逝世。

诺贝尔把他的一切献给了科学和事业，他终生未娶。一生发明很多，获专利255种，他的炸药厂和炸药公司获利最多，累计达30亿瑞典币，所以他是一位亿万富翁。但是诺贝尔并未以此去享乐，他说："金钱这东西，只要能够解决本人的生活就行了，若是多了，它会成为遏制人才能的祸害。""有儿女的人，父母只要留给他们教育费就行了，如果给予多余的财产，那是鼓励懒惰，就会使下一代人不能发展个人独立生活的能力和聪明才干。"

诺贝尔
Alfred Bernhard Nobel
（1833－1896）

德国有机化学家肖莱马，1834年9月30日生于达姆斯塔特城的一个木匠家庭。早年就喜爱化学，因贫困只好一面当药剂师学徒，一面自学。1859年考入吉森大学化学系，只念了一学期就被迫辍学。同年秋天，去英国曼彻斯特，为欧文斯学院的化学教授罗斯科的私人助手。1861年成为化学实验室助教，开始了独立的科学研究。1871年被破格当选为英国皇家学会会员。1874年成为欧文斯学院第一任有机化学教授。1878年被选为美国哲学学会会员。1892年6月27日在曼彻斯特逝世。

肖莱马以重要而又基本的有机化合物脂肪烃为研究对象，完成了许多重要发现。他首次分离出戊烷、己烷、庚烷和辛烷，测定了它们的沸点、元素组成和分子量，填补了脂肪烃系列中的空白。他还制得许多烃的衍生物，合成了四甲基乙烷和正丙醇等。在理论方面，他证明了碳原子四个化合价的等同性，正确解释了有机物的异构现象、对有机结构理论的确立和发展做出了重要贡献。主要著作有：《有机化学教程》、《化学教程大全》、《有机化学的产生和发展》、《化学通史》等。

肖莱马是恩格斯和马克思的亲密朋友，也是国际工人协会（第一国际）会员和德国社会民主工党党员。他自觉地把唯物辩证法应用到自己的专业领域，在解释有机物同系现象、异构现象和有机物性质与结构的关系等方面，取得突出成果。还在大学里首次用马克思主义的观点讲授化学哲学问题和化学史。他指出："化学的发展是按辩证法的规律进行的。"

肖莱马
Carl Schorlemmer
（1834－1892）

俄国化学家门捷列夫，1834年2月7日生于西伯利亚的托波尔斯克。父亲是个中学校长。父亲去世后，母亲为了让他上大学，变卖了财产，经过2000公里的马车旅行来到莫斯科。由于学区关系不能进入莫斯科大学，转而入彼得堡师范学院。1854年大学毕业后，担任了一段时间的中学教师。1856年以《硅酸盐化合物的结构》的论文获硕士学位。1857年成为彼得堡大学的副教授。1859年赴德国深造，在本生的实验室里工作。1861年回国后，先后任彼得堡工艺学院和彼得堡大学化学教授。1893年被聘为国家度量衡所所长。曾获得戴维奖章、法拉第奖章和科普勒奖章。1907年1月2日在彼得堡逝世。

门捷列夫最大的贡献是发现了自然科学的一条基本定律——元素周期律。并据此预言了一些尚未被发现的元素，使无机化学系统化；提出了溶液水化理论，成为近代溶液理论的先驱；研究气体和液体的体积同温度和压力的关系，提出临界温度的概念；还提出将煤地下气化的主张；对石油工业、农业化学、无烟火药等也有较大贡献。共发表过四百多篇论著，其中最主要的是运用元素性质周期性的观点著的《化学原理》。

门捷列夫为了科学事业不怕牺牲。1887年8月9日，曾冒着生命危险，操纵气球升入高空观察日食。他相信发展科学有利于人类幸福。他说："播种科学，得到的是人民的收获。"

门捷列夫

Дмитрий Иванович Менделеев

(1834－1907)

德国有机化学家拜尔，1835年10月31日生于柏林。父亲是陆军中将，但爱好科学，50岁时才学习地质学，76岁时竟出任柏林地质研究院院长。父亲的勤奋好学，给幼年的拜尔以深刻的影响。他先入柏林大学学习物理和数学，1856年去海德堡大学向本生学习化学。后来在凯库勒的实验室工作过。1858年获柏林大学博士学位。1860年－1872年在柏林工艺学校教化学。1872年任斯特拉斯堡大学教授。1875年去慕尼黑继李比希的任职，直到1915年退休。1886年被选为法国科学院院士。1917年8月20日在慕尼黑逝世。

拜尔是第一个研究靛蓝的性质与结构，确定其成分，并给以合成的化学家。他研究了嘌呤的衍生物；发现了吲哚；提出碳环的张力学说和苯的中心式结构；研究苯及其衍生物的还原产物；并对环状萜烯进行过综合调查；对天蓝及绯红染料、聚乙炔和尿酸衍生物等也很有研究。1905年，因在有机染料和氢化芳香化合物方面的成就，获得诺贝尔化学奖金。学术界将他的著作和文献编印了两卷本的《拜尔科学成就》。

拜尔具有令人敬佩的观察能力和非凡的实验技能，总是坚忍不拔地开拓化学的新天地。他的研究成果使人们的穿着如花似锦。他对荣誉和地位保持清醒的头脑，从不过高地评价自己的理论。他说："我们决不能只相信自己正确，正确与否要取决于事物的内容实质。"

拜　尔

Adolf von Baeyer

(1835－1917)

美国物理化学家吉布斯，1839年2月11日生于康涅狄格州的纽黑文。父亲是耶鲁学院教授。1854年－1858年他在耶鲁学院学习。学习期间，因拉丁语和数学成绩优异曾数度获奖。1858年耶鲁学院毕业后又攻读工程学。1863年获耶鲁学院哲学博士学位，并留校任助教。这也是美国第一批哲学博士学位。1866年－1868年在法、德两国听了不少著名学者的演讲。1869年回国后继续任教。1870年后任耶鲁学院的数学物理教授。曾获得伦敦皇家学会的科普勒奖章。

吉布斯在1873年－1878年发表的三篇论文中，以严密的数学形式和严谨的逻辑推理，导出了数百个公式，特别是引进热力学势处理热力学问题，在此基础上建立了关于物相变化的相律，为化学热力学的发展做出了卓越的贡献。1902年，他把玻尔兹曼和麦克斯韦所创立的统计理论推广和发展成为系统理论，从而创立了近代物理学的统计理论及其研究方法。吉布斯还发表了许多有关矢量分析的论文和著作，奠定了这个数学分支的基础。此外，他在天文学、光的电磁理论、傅立叶级数等方面也有一些著述。主要著作有：《图解方法在流体热力学中的应用》、《论多相物质的平衡》、《统计力学的基本原理》等。

吉布斯从不低估自己工作的重要性，但从不炫耀自己的工作。他的心灵宁静而恬淡，从不烦躁和恼怒，是笃志于事业而不乞求同时代人承认的罕见伟人。他毫无疑问可以获得诺贝尔奖，但他在世时从未被提名。直到他逝世47年后，才被选入纽约大学的美国名人馆，并立半身像。

吉布斯
Josiah Willard Gibbs
(1839－1903)

法国化学家莫瓦桑，1852年9月28日生于巴黎的一个铁路职员家庭。因家境贫穷，中学未毕业就当了药剂师助手。他怀着强烈的求知欲望，常常去旁听一些著名科学家的演讲。1872年赴自然历史博物馆学习，后又去巴黎药学院和巴黎理学院学习。1879年通过药剂师考试，任高等药学院实验室主任。1866年成为药物学院的毒物学教授。1900年起任巴黎大学无机化学教授。1891年被选为法国科学院院士。1907年2月20日在巴黎逝世。

自1768年马格拉夫发现了氢氟酸后，100多年来，许多化学家都为取得单质氟而辛勤劳动，一些人因此中剧毒，还有人甚至献出了宝贵的生命。莫瓦桑认真总结了前人的经验教训，为制得氟而四次中毒，终于在1886年首次制得纯氟气。1892年发明了高温电弧炉，解决了许多难熔物质的熔化问题；简化了乙炔制备方法；制备出碳化硅、金属碳化物、氮化物、硼化物等；还进行过人造金刚石研究。由于上述贡献，他获得了1906年诺贝尔化学奖。主要著作有：《金刚钻的再生》、《氟的离析》、《矿物化学专著》等。

在庆祝制得元素氟20周年大会上，莫瓦桑致答词时说："我们不能停留在已经取得的成绩上面。在达到一个目标之后，我们应该不停顿地向着另一个目标前进，否则就不会有所进步。一个人应该永远为自己树立一个努力为之奋斗的崇高目标，只有这样做的时候，他才会感到自己是一个真正的人，只有这样，他才能前进！"

莫瓦桑
Henri Moissan
(1852－1907)

荷兰化学家范霍夫，1852年8月30日生于鹿特丹一个医生家庭。早在上中学时，范霍夫就迷上了化学，经常从事自己的“小实验”。1869年入德尔夫特高等工艺学校学习技术。1871年入莱顿大学主攻数学。1872年去波恩跟凯库勒学习，后来又去巴黎受教于武尔兹。1874年获博士学位。1876年起在乌德勒州立兽医学院任教。1877年起在阿姆斯特丹大学任教，先后担任化学、矿物学和地质学教授。1896年迁居柏林。1885年被选为荷兰皇家学会会员，还是柏林科学院院士及许多国家的化学学会会员。1911年3月1日在柏林逝世。

范霍夫首先提出碳原子是正四面体构型的立体概念，弄清了有机物旋光异构的原因，开辟了立体化学的新领域。在物理化学方面，他研究过质量作用和反应速度，发展了近代溶液理论，包括渗透压、凝固点、沸点和蒸气压理论；并应用相律研究盐的结晶过程；还与奥斯特瓦尔德一起创办了《物理化学杂志》。1901年，他以溶液渗透压和化学动力学的研究成果，成为第一个诺贝尔化学奖获得者。主要著作有：《空间化学引论》、《化学动力学研究》、《数量、质量和时间方面的化学原理》等。

范霍夫精心研究过科学思维方法，曾做过关于科学想像力的讲演。他竭力推崇科学想像力，并认为大多数卓越的科学家都有这种优秀素质。他具有从实验现象中探索普遍规律性的高超本领，同时又坚持：“一种理论，毕竟是只有在它的全部预见能够为实验所证实的时候才能成立。”

范霍夫
Jacobus Henricus van’t Hoff
(1852－1911)

英国化学家莱姆塞，1852年10月2日生于格拉斯哥。从小就喜欢体育、音乐和读书。14岁那年被格拉斯哥大学破格录取。1870年毕业后，去德国海德堡大学跟著名化学家本生学习。一年后，本生又推荐他去蒂宾根大学继续深造，并在那里获得博士学位。1872年－1880年在格拉斯哥大学任教，1880年成为布里斯托尔学院的化学教授，第二年又被任命为院长。1888年被选为伦敦皇家学会会员。1895年获得戴维奖章，并被选为法国科学院院士。1911年为英国科学促进协会主席。1916年7月23日逝世。

1892年，英国物理学家瑞利（Rayleigh，1842－1919）发现从化合物中得到的氮与空气中的氮密度不同。莱姆塞指出，这一差别是由于从空气中分离出来的氮中含有某种不为人知的气体。经过多次实验，他和瑞利于1894年发现了氩。1895年又发现了氦。后来，与特拉弗斯（Morris William Travers）合作，通过液化空气发现了氖、氪和氙并且确定了这五种稀有气体在化学元素周期表中的位置。由于这些杰出贡献，他荣获了1904年诺贝尔化学奖。但他并未就此止步，1910年又与格莱（R. W. Gray）一起测定了氡的原子量，还提出最早的化合价电子理论等。主要著作有：《近代理论与系统化学》、《大气中的气体》、《现代化学》、《元素与电子》、《传记与化学论文集》等。

莱姆塞喜爱游历，能流利地运用多种语言。1912年退休后，仍从事化学研究直至去世。他曾讲过，做学问的基本原则是：“多看，多学，多试。如有成果，绝不炫耀。一个人如果怕费时、费事，则将一事无成。”

莱姆塞
William Ramsay
(1852－1916)

费歇尔
Emil Fischer
(1852 - 1919)

德国有机化学家费歇尔，1852 年 10 月 9 日生于波恩附近的奥伊斯基尔亨。1871 年入波恩大学，是凯库勒的学生。后又转入斯特拉斯堡大学跟拜尔学习，1874 年毕业。并成为该校历史上最年轻的博士。曾任慕尼黑、埃尔兰根、维尔茨堡及柏林大学的教授。1899 年被选为伦敦皇家学会和法国科学院院士，也是柏林、慕尼黑和维也纳等科学院的院士。1919 年 7 月 15 日在柏林逝世。

1875 年，费歇尔发现了苯肼。他用苯肼作为通用的羰基试剂，广泛地研究了糖的结构、合成和构型，为整个碳水化合物化学打下了基础。他合成了第一个核酸化合物；研究了尿酸；确定了咖啡碱与可可碱的化学结构；1899 年起，开始研究氨基酸，改进了氨基酸的分析方法；确定了几种蛋白质的组成；特别是完成了多肽的合成程序；1907 年合成的一个含 18 个氨基酸的多肽，与天然蛋白质极其相似。他还研究过三苯甲烷染料、鞣酸、吲哚、嘌呤等等。由于这些贡献，费歇尔于 1902 年获得诺贝尔化学奖金。主要著作有：《碳水化合物化学及其对生理学的意义》、《有机试剂制造指南》等。

费歇尔不追求名利地位，终生尊重自己的老师，不论对教学还是研究工作，都是一丝不苟。他常说："做学问要在细小处求甚解，永远不人云亦云，决不沽名钓誉。……总之，安于贫贱而不妄，勤于解难而不惑。这些都不是任何别人能够代替的，一切全靠自己。"

奥斯特瓦尔德
Friedrich Wilhelm Ostwald
(1853 - 1932)

德国物理化学家奥斯特瓦尔德，1853 年 9 月 2 日生于俄国拉脱维亚的里加。父亲开木桶作坊。他从小就对化学有特殊的兴趣，自己制作焰火和爆竹等。1875 年毕业于多尔帕特大学，1878 年获博士学位。1882 年任里加工学院的化学教授。1887 年 - 1906 年任莱比锡大学教授。1898 年任电化学研究所所长。1906 年辞职，隐居山村，主要从事写作。1932 年 4 月 4 日在莱比锡逝世。

奥斯特瓦尔德大力支持阿累尼乌斯的电解质电离理论，并提出自己的稀释定律；用电离平衡理论解释了酸碱指示剂的变色机理；改进了物理化学方法和仪器；研究了酸的电导率、溶液的粘滞性、纯水的电离等；从多方面研究了催化过程，提出关于催化剂的现代观点；完成了使氨发生氧化，生成氧化氮的研究工作；创立了新的颜色理论。由于在催化研究、化学平衡和化学反应速度方面的卓越贡献，他获得了 1909 年诺贝尔化学奖。一生共著书 77 种，300 多篇论文。主要著作有：《普通化学教科书》、《电化学》、《自然哲学年鉴》、《颜色学》、《生活的道路》等，还与范霍夫一起创办了《物理化学杂志》。

奥斯特瓦尔德对哲学有浓厚的兴趣。对自然科学进行哲学概括，提出能是惟一实体，物质不过是能的表现形式的唯能论。这个观点使他否认原子和分子的客观性，因而遭到许多著名化学家的激烈批评。1908 年，他终于承认了原子和分子的现实存在。

瑞典化学家阿累尼乌斯，1859 年 2 月 19 日生于瑞典乌普萨拉附近的维克城堡。17 岁进入乌普萨拉大学，攻读数学、化学和物理学。1881 年去斯德哥尔摩科学院物理研究所，当实验室助理员。1882 年开始独立的物理化学研究。1884 年以《电解质的导电性研究》论文获斯德哥尔摩大学博士学位。同年成为乌普萨拉大学的物理化学副教授。1886 年－1888 年访问德国、奥地利、荷兰，同奥斯特瓦尔德和范霍夫等人一起工作过。1895 年任斯德哥尔摩大学教授，1896 年－1902 年为该校校长。1901 年当选为瑞典科学院院士。还是许多外国科学院和学会的会员。从 1905 年起任斯德哥尔摩诺贝尔物理化学研究所所长。1927 年 10 月 2 日在斯德哥尔摩逝世。

1887 年，他提出关于电解质在水溶液中会部分离解成自由离子的电离理论，因而获得 1903 年诺贝尔化学奖金。他研究过温度对化学反应速度的影响，得出著名的阿累尼乌斯公式。还提出了等氢离子现象理论、分子活化理论和盐的水解理论。对宇宙化学、天体物理学和生物化学等也有研究。主要著作有：《电解质的离解热与温度对离解度的影响》、《电解质之间的平衡条件》、《盐类、弱酸和弱碱的水解》、《电化学教科书》、《免疫化学》、《物理与宇宙化学问题》等。

阿累尼乌斯的电离理论发表之后，遭到许多权威的反对，在国内也受到冷遇。他不屈不挠地坚持说理斗争，终身热爱祖国，热爱故乡。

阿累尼乌斯

Svante August Arrhenius

(1859－1927)

德国物理化学家能斯特，1864 年 6 月 25 日生于西普鲁士的布利森。进入莱比锡大学后，在奥斯特瓦尔德指导下学习和工作。1887 年获博士学位。1891 年任哥丁根大学物理化学教授。1905 年任柏林大学教授。1925 年起担任柏林大学原子物理研究院院长。1932 年被选为伦敦皇家学会会员。由于纳粹政权的迫害，1933 年退职，在农村度过了他的晚年。1941 年 11 月 18 日在柏林逝世。

能斯特的研究主要在热力学方面。1889 年，他提出溶解压假说，从热力学导出了电极电势与溶液浓度的关系式，即电化学中著名的能斯特方程。同年，还引入溶度积这个重要概念，用来解释沉淀反应。他用量子理论的观点研究低温下固体的比热；提出光化学的“原子链式反应”理论。1906 年，根据对低温现象的研究，得出了热力学第三定律，人们称之为“能斯特热定理”，这个定理有效地解决了计算平衡常数问题和许多工业生产难题。因此获得了 1920 年诺贝尔化学奖。此外，还研制出含氧化锆及其他氧化物发光剂的白炽电灯；设计出用指示剂测定介电常数、离子水化度和酸碱度的方法；发展了分解和接触电势、钯电极性状和神经刺激理论。主要著作有：《新热定律的理论与实验基础》等。

能斯特

Walther Hermann Nernst

(1864－1941)

瑞士化学家维尔纳，1866年12月12日生于法国北部的木路斯，因德法战争入瑞士国籍。先在德国卡尔斯鲁厄高等技术学校学习化学，后来毕业于苏黎世大学。1890年获得博士学位。1893年－1915年在巴黎法兰西学院和苏黎世大学任化学教授。1909年－1915年任苏黎世化学研究所所长。1919年11月15日在苏黎世逝世。

维尔纳根据大量的实验事实，于1890年提出络合物的立体化学理论，并提出“配位数”这一重要概念；引用副价概念来扩展原子价概念；提出把络合物分为“内界”和“外界”的理论；发现铂、钴和类似元素的络合物也呈现出旋光异构现象，扩展了立体化学的研究领域，为原子价的电子学说奠定了基础。由于这些成就，他获得了1913年诺贝尔化学奖金。发表过150多篇论文，主要著作有：《立体化学的研究》、《无机化学领域的新观点》等。

维尔纳一生都在兢兢业业地进行科学研究，他的理论为无机化学的新发展开辟了道路。当别人赞扬他时，他说：“真正的雄心壮志几乎全是智慧、辛勤、学习、经验的积累；差一分一毫也达不到目的。至于那些一鸣惊人的专家学者，只是人们觉得他一鸣惊人，其实他下的功夫和潜在智能，别人事前未能领会到！”

维尔纳
Alfred Werner
(1866－1919)

法国物理学家、化学家玛丽·居里，原籍波兰，1867年11月7日出生于华沙的一个知识分子家庭。当时，波兰受到沙皇俄国的统治，她读书不忘救国，积极从事反对沙皇侵略的革命活动。为资助姐姐去法国学医，她当了5年家庭教师。1891年去法国，考入巴黎大学的索尔本理学院。她刻苦学习，生活十分清苦。冬天冷得无法入睡时，就把所有的衣服都穿上，甚至把椅子也压在身上来御寒。靠着这股刻苦奋发的精神，两年时间就以优异的成绩先后获得物理学学士和数学学士的学位。1895年与法国物理学家居里结婚。她是巴黎大学的第一个女教授。于1903年和1911年两次获得诺贝尔奖。因长期接触放射性物质，她患了白血病，1934年7月4日逝世。

1898年，居里夫人发现了一种放射性元素，为了纪念自己的祖国，定名为钋。同年12月又发现了另一种新元素——镭。为了测得镭的原子量，她与居里一起在一个简陋的实验室里，用了四年多的时间，从数吨沥青铀矿渣中提炼出十分之一克氯化镭，并初步测出镭的原子量为225。1910年分离出纯镭元素；还测定了氡及其他许多元素的半衰期；整理出放射性元素蜕变的系统关系。她发表过七十多篇学术论文和著作，主要的有：《放射性通论》、《放射性物质的研究》等。

居里夫人一生获得16块奖章，名誉头衔100多项。她常喜欢说的一句表示她的性格和生活的箴言是：“在科学上我们应该注意事，不应该注意人。”

玛丽·居里
Marie Sklodowska Curie
(1867－1934)

德国化学家哈伯，1868年12月9日生于波兰的布雷斯劳。早年未受过系统的正规教育，靠顽强的毅力自学成才。曾在柏林大学霍夫曼教授的指导下进行研究工作，1891年获得博士学位。1906年成为卡尔斯鲁厄大学的教授。1911年后任威廉物理化学及电化学研究所所长，兼柏林大学教授。1933年，由于纳粹政权的迫害移居国外，1934年1月29日在瑞士逝世。

哈伯以研究合成氨而著名，经过多次的失败后，1909年，他用锇做催化剂得到了氨浓度为6%的产率。又根据使原料气循环使用的设想，提高了转化率。后经博施（Carl Bosch，1874－1940）进一步发展为工业化生产方法，也称“哈伯－博施法”。由于这一卓越贡献，哈伯获得了1918年诺贝尔化学奖。此外，他还研究过火焰中的化学平衡问题；硝基苯的电解还原，并指出电极势的重要性；1909年设计了一种玻璃电极，用来测定溶液中的氢离子浓度；对燃料电池、盐类的电解、海水成分的化学分析等也有研究。主要著作有《工业气体反应热力学》等。

哈伯在第一次世界大战期间，从事过毒气武器的研制，因而遭到各国科学家的指责。历史告诉人们，科学是一把双刃剑，仅仅注目于科学和技术的进步是不够的，必须努力站在人民的立场上，让科学为人类的幸福服务。

哈　伯
Fritz Haber
(1868－1934)

美国化学家路易斯，1875年10月25日生于马萨诸塞州的一个律师家庭。他智力早慧，13岁入内布拉斯加大学预备学校，毕业后入该大学，两年后又转入哈佛大学，1896年、1898年和1899年先后获学士学位、硕士学位和博士学位。1900年在德国哥丁根大学进修，回国后在哈佛任教。1904年－1905年任菲律宾计量局局长。1905年到麻省理工学院任教，1911年升任教授。1912年起担任加利福尼亚大学化学学院院长兼化学系主任。曾获得英国戴维奖章、瑞典阿累尼乌斯奖章、美国的吉布斯奖章和里查兹奖章。还是苏联科学院的外籍院士。1946年3月23日逝世于加利福尼亚州伯克利。

路易斯具有很强的开辟化学研究新领域的能力，对理论化学发展做出重要贡献。1901年和1907年，他先后提出“逸度”和“活度”概念；1916年提出共价键的电子理论；1921年将离子强度的概念引入热力学，发现了稀溶液中盐的活度系数由离子强度决定的经验定律。1923年与兰德尔合著《化学物质的热力学和自由能》，深入探讨了化学平衡，对自由能、活度等概念做出了新的解释。同年，提出新的广义酸碱概念，成为化学反应理论的一个重大突破。主要著作有：《价键及原子和分子的结构》、《科学的剖析》等。

路易斯喜欢采用非正统的研究方法，他具有很强的分析能力和直觉，能设想出简单而又形象的模型和概念。有时，他未充分查阅文献资料就开展研究工作，他认为，若彻底掌握了文献资料，就有可能接受前人的许多偏见，从而窒息了自己的独创精神。他培养了许多化学家，成为路易斯学派的卓越导师和领袖。

路易斯
Gilbert Newton Lewis
(1875－1946)

美国物理化学家朗缪尔，1881 年 1 月 31 日生于纽约的一个贫民家庭。因家境贫寒，从小就帮助父母操持家务。但他对自然科学极感兴趣，常常利用劳动之余看书学习。1903 年毕业于哥伦比亚大学矿业学院。不久去德国留学，1906 年获得哥丁根大学的博士学位。同年秋天赴新泽西州史蒂文森理工学院任教。1909 年起到通用电气公司在纽约东部的斯克内克塔迪电气工程实验所工作，1932 年后任该所所长。1935 年被选为伦敦皇家学会会员。1951 年为法国科学院通讯院士。1941 年任美国科学促进协会主席，也是美国文学与科学院院士。1957 年 8 月 16 日在马萨诸塞州的法尔默斯逝世。

他首先发现氢气受热离解为原子的现象，并发明了原子氢焊接法；从分子运动论推导出单分子吸附层理论和著名的等温式；设计了一种“表面天平”，可以计量液面上散布的一层不溶物的表面积，并建立了表面分子定向说；发展了电子价键的近代理论；首次实现了人工降雨；研制出高真空的水银扩散泵；还研究过潜水艇探测器，改进烟雾防护屏等。已发表的论文有二百多篇。1932 年，因表面化学和热离子发射方面的研究成果获得诺贝尔化学奖。

朗缪尔有广泛的爱好，他不仅是一位卓越的科学家，还是出色的登山运动员和飞机驾驶员。他常常利用工作之余登山远眺，饱览大自然的景色，探索自然现象的奥秘。1932 年 8 月，他兴致勃勃地驾驶飞机飞上九千米高空观测日食。他还曾获文学硕士和哲学博士学位。

朗缪尔
Irving Langmuir
（1881 – 1957）

德国化学家施陶丁格，1881 年 3 月 23 日生于德国沃姆。曾在哈雷大学慕尼黑大学和达姆施塔特大学学习。先后获得卡尔斯鲁厄大学、美因茨大学、萨拉马卡大学、都灵大学、苏黎世大学、斯特拉斯堡大学的博士学位。1903 年在施特拉斯堡大学任教；1907 年任卡尔斯路尔工科大学教授；1912 年应聘赴瑞士苏黎世工科大学任教授；1926 年回德国任弗莱堡大学教授；1940 年任该大学高分子化学研究所所长。还是哥丁根、海德尔贝格、哈露、慕尼黑等科学院的院士。1965 年 9 月 8 日逝世。

施陶丁格主要从事高分子化合物的研究。他发现了乙烯酮，并研究了咖啡芳香化合物。1921 年与诺贝尔化学奖获得者、瑞士著名化学家 L．路茨卡合作，测定出农药除虫菊主要成分——除虫菊素的化学结构；并与著名化学家赖因施泰因合作，测定出糠基硫醇的化学结构。他用大量实验证明，高分子物质可由低分子物质聚合而成，高聚物是通过普通价键联系在一起的“大分子”，从而导致了高分子理论的诞生。1930 年，他发现了高聚物溶液的黏度与分子量之间的关系，推动了当时塑料等工业的蓬勃兴起。由于他在高分子领域中的卓越贡献，荣获 1953 年诺贝尔化学奖。此外，他还获得菲舍尔奖、康尼查罗奖及米希尔里希奖。主要著作有：《乙烯酮》、《高分子有机化合物》、《有机胶体化学》等。

施陶丁格
Hermann Staudinger
（1881 – 1965）

海洛夫斯基
Jaroslav Heyrovsky
（1890－1967）

捷克斯洛伐克化学家海洛夫斯基，1890 年 12 月 20 日生于布拉格。中学时代，他对化学产生浓厚兴趣，立志要攻读物理化学。1910 年入伦敦大学学习。1914 年，第一次世界大战爆发后，返捷服兵役，在医院担任药剂和 X 光透视工作。同时抽时间做实验，写博士论文。1918 年获查理大学博士学位。1920 年，任查理大学副教授，1921 年获伦敦大学科学博士学位。1926 年升任教授。1950 年任捷克斯洛伐克极谱研究所所长。1952 年被选为捷克科学院院士。1965 年被选为伦敦皇家学会会员。此外，他还是许多国家的科学院院士。1967 年 3 月 27 日在布拉格逝世。

海洛夫斯基的名字，紧紧地与极谱学的创立和发展联系在一起。1922 年，他用滴汞电极研究电解溶液时发生的电化学现象，总结出电流—电极电位曲线，从而发现了极谱。1925 年与日本化学家志方益三发明了极谱仪，使极谱分析法广泛地用于分析各种物质。1935 年推导了极谱波的方程式，说明了极谱定性分析的理论基础。1941 年，开始联用示波器，从而发明了示波极谱。由于在极谱方面的科学成就，他获得 1959 年诺贝尔化学奖金。主要著作有：《极谱方法在实用化学中的用途》、《极谱分析操作法》、《极谱学基础》、《示波极谱法》等。

海洛夫斯基平易近人，性情温和，谦虚诚恳，富有幽默感。他喜欢参加体育运动，并具有很高的音乐欣赏能力，也能进行演奏。他工作起来常常不过节假日。他的实验室里挂着法拉第的名言："要工作，要完成，要发表！"

侯德榜

（1890－1974）

中国化学家侯德榜原名启荣，字致本，1890 年 8 月 9 日生于福建省闽侯县。他少年时代十分勤奋，聪敏过人。1904 年－1907 年，就读于英华书院，毕业后被保送到上海闽皖铁路学堂学习。1913 年赴美留学，在麻省理工学院毕业后，于 1921 年在哥伦比亚大学获博士学位。

应实业家范旭东和陈调甫之聘，他 1921 年 10 月回国就任永利制碱公司总工程师，对原制碱工艺和设备设计做了重大修改，产品质量不断提高。1926 年出产的"红三角"牌纯碱，在美国费城的万国博览会上荣获金质奖章。他面对帝国主义者在制碱技术上的封锁，于 1932 年写成 Manufacture of Soda 一书，在世界化工界引起轰动。1942 年修订再版，曾译成俄文。1959 年充实内容后，以中文《制碱工学》出版。1934 年他与范旭东合作又兴建南京永利宁厂，三年后投产。这是我国近代化工向现代化工发展的转折点。1938 年由于德国的刁难，侯氏誓言："外国人能办到的，我们也能办到！"从此发明了著名的"侯氏制碱法"，即联合制碱法。1958 年－1965 年间，他与谢为杰、陈东合作，发明了"碳化法合成氨流程制碳酸氢铵"，为发展我国化肥工业做出了贡献。

侯德榜曾荣获英国皇家学会荣誉会员、美国化学工程学会荣誉会员、美国机械工程学会终身荣誉会员等称号。还获得过英国化学工业学会荣誉奖章，美国哥伦比亚大学特赠博士荣誉奖章。新中国成立后，任永利化学公司总经理兼董事长，化学工业部副部长，中国化学会和中国化工学会理事长等职务。

美国化学家鲍林，1901年2月28日生于俄勒冈州波特兰市。父亲是药剂师并自己开设药房。鲍林13岁起开始热衷化学，18岁时对传统化学已基本精通。1922年在俄勒冈州立学院毕业，获得化学工程理学士学位。1925年在加州理工学院获得该院历史上仅有的优秀哲学博士学位并留校任教，36岁担任该院化学系主任一职，从1948年起还担任牛津、哈佛、麻省理工学院等著名大学的特邀访问教授。从1973年起任鲍林科学和医学研究所教授。

鲍林对化学最大的贡献是关于化学键本质的研究及其在物质结构方面的应用。他把量子力学应用于分子结构，把原子价理论扩展到金属和金属间化合物，并发展了原子核结构和核裂变过程本质的理论。他把化学应用于生物学和医学，如发现了蛋白质的螺旋结构，有人称他为第一位“分子生物学家”。共发表了四百多篇论文，出版了十几本专著，主要著作有：《化学键的本质》、《线光谱的结构》、《普通化学》、《大学化学》等。1954年荣获诺贝尔化学奖。他还是十几个国家的科学院荣誉院士。

鲍林一生爱好和平，如呼吁世界人民注意大气层核试验所释放的放射线危险，并于1963年10月获得诺贝尔和平奖及其他几种国际性的和平奖，发表了100多篇关于社会和政治问题的文章。鲍林曾于1973年9月和1981年6月来中国进行访问和讲学。他说他很少同情那些才华横溢但又不愿刻苦的人，“我并不认为我们完全理解自然的时刻会终将到来，但你总不能只拿出一个事实，就说我不了解自然。你必须断定这个事实是否与我们对自然界总的理解有关，而这就是我一直致力要做的。”

鲍　林
Linus Pauling
(1901 - 1994)

美国有机化学家伍德瓦德，1917年4月10日生于马萨诸塞州的波士顿。16岁入麻省理工学院，学校为他一人安排了特别课程。19岁大学毕业获学士学位，20岁获博士学位。此后在哈佛大学执教终身。1950年任教授。1963年后又兼任设在瑞士的伍德瓦德研究所所长。1979年7月8日逝世。

伍德瓦德是20世纪在合成化学和理论化学两方面都取得划时代成果的极为罕见的化学家。他合成了胆甾醇、皮质酮、马钱子碱、利血平、叶绿素等许多天然有机化合物；确定了金霉素、土霉素、河豚毒素等化合物的结构；发现了以他的名字命名的伍德瓦德反应和伍德瓦德试剂；独立于威尔金森（G. Wilkinson）和菲舍尔（E. O. Fischer）提出二茂铁的夹心结构。1965年获诺贝尔化学奖。获奖后，完成了一生中最重要的两大成就，即合成维生素B_{12}和提出分子轨道对称守恒原理。前者由他与瑞士学者埃申莫塞（A. Eschenmoser）领导十几个国家的100余位化学家历时11年完成；后者由他与年轻的量子化学家霍夫曼（R. Hoffmann）合作完成。伍德瓦德逝世后，霍夫曼因此项成就获诺贝尔奖。

伍德瓦德是位不知疲倦的探索者。从青年时起就养成了每天只睡三四个小时的习惯。他特别善于将高难度的实验技巧和最新的，甚至是孕育中的化学理论结合起来进行研究。工作中十分谦虚且善于与人共事，他认为自己能取得成就是由于有幸与许多能干而热心的化学家一起工作。一生中共培养研究生和进修生达500人，其中许多人已成为世界闻名的化学家。

伍德瓦德
Robert Burus
Woodward
(1917 - 1979)

洛宾逊
Robert Robinson
(1886 - 1975)

洛宾逊，1886年9月13日出生于英国迪拜郡彻斯特菲尔的一个农场主家庭。16岁进入当时英国的化学中心——曼彻斯特大学化学系学习，而主要是受到有机化学教授小W. H. 柏琴（Perkin）的影响而选择了做化学家的职业。他1905年以优等生毕业后做了柏琴的研究生，并在其私人实验室工作。1912年赴悉尼大学任教授，1916年回到利物浦大学任教，1920年到圣安德鲁斯大学任教授，1922年开始在曼彻斯特大学担任了6年讲座。1928年就任伦敦大学学院的教授，而柏琴1929年的去世使得洛宾逊被选中接替他在牛津大学的教授职位直至1955年退休。1939年他受封爵士，并于同年当选为英国化学会会长。1945年-1950年担任英国皇家学会主席。历经18年努力，1957年创办有机化学专业杂志《四面体》。

洛宾逊在大学学习期间就开始了有机物的合成研究，而早期对染料木色素巴西红木红的研究使他终身对天然色素的研究感兴趣。他对生物碱的研究是在柏琴指导下开始的。从他在圣安德鲁斯大学开始就领导了一个强有力的研究共同体，这样使得他的研究领域和传统能始终保持下去并被发扬光大。他一方面合成了天然色素、生物碱等重要天然有机物，而另一方面也是更重要的方面，他通过对有机合成的研究而发现和发展了新的有机分析与合成方法，他所提出的“生源合成理论”对阐明天然有机物结构、指导有机合成产生了重要作用，为此荣获1947年诺贝尔化学奖。

洛宾逊既是科学家和科学家领袖，也是积极的社会活动家。他在两次世界大战期间致力于大学与工业界的合作、投身于各种政治活动，长期担任工业公司的顾问。他还有很高的棋艺，曾担任不列颠国际象棋联合会会长。他一生爱好登山运动，总共做了100次以上的高山攀登。他的两次婚姻生活都很成功。在生命最后几年里，他虽然为视力的衰退并最终失明而痛苦，但仍保持了惊人的毅力和幽默感。在85岁高龄后，还完成了一本有机化学教科书，并将生命的最后岁月用于撰写两卷本自传直到1975年2月8日去世。

普雷洛格
Vladimir Prelog
(1906 - 1998)

弗拉基米尔·普雷洛格1906年7月26日出生于萨拉热窝，是原奥匈帝国皇室的后代。他在萨格勒布市读完中学后，进入普拉库技术学院学习，并于1929年获博士学位。他先在一家商业实验室工作，1935年进入萨格勒布一所大学任教。德国1941年占领南斯拉夫后逃到瑞士，进入瑞士联邦技术学院有机化学实验室，并在其同胞卢齐卡（L. Ruxicka）教授的领导下从事研究。1957年接替退休的卢齐卡任该实验室主任。在1976年退休后，为了能继续从事研究，他立刻注册成为一名特殊的学生，只有那些对学院做出过重大贡献者才能享受这一待遇。

普雷洛格从萨格勒布开始就对有机分子空间结构研究感兴趣，在苏黎士成为最早发现大、中环状分子体系空间效应的化学家之一，并率先使用了构像分析法。他与巴顿（O. H. R. Barton）共同创建了现代化学的重要分支学科——立体化学。50年代后期，他与卡恩（R. S. Cahn）等一同发展了现代有机化学研究中普遍采用的CIP规则体系，它主要解决四面体立体中心的手征性含义问题。他对现代立体化学创建和发展所作出的杰出贡献，使他荣获1975年的诺贝尔奖。

作为一名有机化学家，普雷洛格成功地促进了该领域传统观念和新思想的结合。他早期的化学研究采用的都是传统方法。50年代以后，新的先进的物理学研究手段大量出现，他毅然在化学研究中大胆引进了不少新的物理学方法，这也带动了瑞士联邦技术学院有机化学实验室在应用新的研究技术手段方面，始终走在世界前列。普雷洛格思维敏捷，谈锋犀利，性情平和，在任实验室主任后不久便改进了管理方法，与年轻的同事们分享权利，共担责任。他专注于科学研究而对权力兴趣不大。与他同时代的其他有机化学家，很少有人能像他那样精于数学、图论等方面的知识，更很少有人能像他那样用数学方法来描述分子结构。在他去世前不久，92岁高龄的他还依然精神矍铄地出现在学院的白顶实验楼里。他在短暂的患病之后，于1998年元月去世。

托　德
Alexander Robertus Todd
(1907 - 1997)

英国有机化学家亚历山大·罗伯托·托德1907年10月2日出生于苏格兰的格拉斯哥，其父是公共电车系统的一个线路经理。1929年毕业于格拉斯哥大学，1931年获德国法兰克福大学博士学位。1933年在牛津大学教授洛宾逊（R. Robinson）的指导下深造。尔后作为博士后研究人员，穿梭往来于爱丁堡大学和伦敦的李斯特（Lister）研究所。1938年仅31岁就担任了曼彻斯特大学的化学系主任。1944年到剑桥大学任教，1965年当选为剑桥基督学院院长，1975年-1980年担任皇家学会主席。他1954年被授予爵士称号，1962年被封为男爵。

托德早期研究工作集中在维生素B_1、α和β维生素E的结构与合成及大麻醇的作用机理等方面；40年代从事维生素B_{12}和青霉素的结构研究，并合成二磷酸腺苷（ADP）和三磷酸腺苷（ATP），而ATP的合成对理解身体内能量的转换有决定性的意义；50年代合成与核苷酸结构相似的若干辅酶。托德的研究成果表明核苷酸中的脱氧核糖是环状结构的；糖和碱等之间以β键连接；聚合体中的磷酸基因一定连接在糖分子的3和5的位上。他的工作奠定了核酸化学的基础，为50年代DNA结构模型的建立提供了关键性的资料，为此荣获1957年诺贝尔化学奖。

托德从50年代末期开始感受到从事社会活动的乐趣，并从中体验到：一个对自己想要的东西有明确信念的人经常能够如愿。他身材高大，说话机智风趣，易凭一时冲动慷慨助人，这使他常常成为人们的终身朋友，但一时的心胸狭窄也招致了某些人的敌意。他在1952年-1962年间，担任英国科学政策咨询委员会主席，而他在此类委员会中的独特之处，在于经常发表带有批评性意见的年度报告。事实上，他在许多事情上持反对意见。他极其钟爱旅行，而与其说是因为美丽的景色吸引了他，还不如说是因为他很乐意遇见各色各样的人。

附录二 化学元素发现年表[1]

（按发现先后排列）

元素	名称	发现年代	发　现　者
金	Au	古代	中国、印度、埃及、古罗马、古希腊等古老国家使用这些元素都远远早于欧洲。
银	Ag		
铜	Cu		
铁	Fe		
锡	Sn		
铅	Pb		
硫	S		
碳	C		
汞	Hg		
砷	As		
锌	Zn		
镍	Ni		
锑	Sb		
铋	Bi		
磷	P	1669	布朗德（H. Brand，德）
钴	Co	1735	布朗德特（Brandt，瑞典）
铂	Pt	1741	武德（Wood，英）
氢	H	1766	卡文迪许（Cavendish，英）
氧	O	1771－1774	舍勒（Scheele，瑞典） 普利斯特里（Priestly，英）
氮	N	1772	丹尼尔·卢瑟福（Daniel Rutherford，英）
氯	Cl	1774－1809	舍勒 盖－吕萨克（Gay-Lussac，法） 泰纳（Thnéard，法）
锰	Mn	1774	甘英（Gahn，瑞典）

〔1〕在各种化学元素的发现中，不外是采用以下几种方法：①直观发现自然态元素；②化学分析方法；③光谱分析方法；④电解法；⑤人工合成法。有些元素的发现是几种方法的综合运用。

续 表

元素	名称	发现年代	发 现 者
钼	Mo	1781	埃尔姆(Hjelm,瑞典)
碲	Te	1782-1798	赖兴施泰因(Reichenstein,奥地利)
			克拉普罗特(Klaproth,德)
钨	W	1783	得尔徐埃尔(D'Elhyar,西班牙)
铀	U	1789	克拉普罗特
锆	Zr	1789	克拉普罗特
锶	Sr	1790	克劳福德(Crawford,英)
		1808	戴维(Davy,英)
钛	Ti	1791	格列高尔(Gregor,英)
钇	Y	1794	加多林(Gadolin,芬兰)
铬	Cr	1798	沃克兰(Vauquelin,法)
			克拉普罗特
铍	Be	1798-1803	沃克兰(Vauquelin,法)
			克拉普罗特
铌	Nb	1801-1844	哈契特(Hatchett,英)
钽	Ta	1802-1866	爱克柏格(Ekeberg,瑞典)
铈	Ce	1803	克拉普罗特
			贝采里乌斯(Berzelius,瑞典)
			希生革尔(Hissinger,瑞典)
钯	Pd	1803-1804	武拉斯顿(Wollaston,英)
铑	Rh	1803-1804	武拉斯顿
锇	Os	1804	台耐特(Tennant,英)
铱	Ir	1804	台耐特
钾	K	1807	戴维
钠	Na	1807	戴维
钙	Ca	1808	戴维
			贝采里乌斯
镁	Mg	1808	戴维
			蓬丁(Pontin,法,瑞典王御医)
钡	Ba	1808	戴维
硼	B	1808	戴维
			盖-吕萨克
			泰纳
碘	I	1811	库尔特瓦斯(Couvtois,法)

续 表

元素	名称	发现年代	发 现 者
镉	Cd	1817	斯特罗迈尔(Stromever,德)
锂	Li	1817	阿尔费特逊(Arfvedson,瑞典)
硒	Se	1818	贝采里乌斯
硅	Si	1823	贝采里乌斯
溴	Br	1826	巴拉尔(Balard,法)
铝	Al	1827	维勒(Wöhler,德)
钍	Th	1828	贝采里乌斯
钒	V	1830	塞夫斯特伦(Sefstrom,瑞典)
镧	La	1839	莫桑得尔(Mosander,瑞典)
铒	Er	1843	莫桑得尔
铽	Tb	1843	莫桑得尔
钌	Ru	1844	克拉乌斯(Клаус,俄)
铯	Cs	1860	本生(Bunsen,德)
			基尔霍夫(Kirchoff,德)
铷	Rb	1861	本生
			基尔霍夫
铊	Tl	1861	克鲁克斯(Crookes,英)
铟	In	1863	赖希(Reich,德)
			李希特(Richter,德)
氦	He	1868 – 1895	詹逊(Janssen,法)
			洛克厄(Lockyer,英)
			莱姆塞(Ramsay,英)
			克利夫(Cleve,瑞典)
			伦格来特(Langlet,瑞典)
镓	Ga	1875	布瓦博德朗(Boisbaudran,法)
镱	Yb	1878	马利纳克(Marignac,瑞士)
钬	Ho	1879	克利夫
铥	Tm	1879	克利夫
钪	Sc	1879	尼尔森(Nilson,瑞典)
钐	Sm	1879	布瓦博德朗
钆	Gd	1880 – 1886	马利纳克
			布瓦博德朗
镨	Pr	1885	威斯巴赫(Welsbach,德)
钕	Nd	1885	威斯巴赫

续 表

元素	名称	发现年代	发现者
镝	Dy	1886	布瓦博德朗
氟	F	1886	莫瓦桑(Moissan,法)
锗	Ge	1886	文克勒(Winkler,德)
氩	Ar	1894	莱姆塞
			瑞利(Reyeigh,英)
氪	Kr	1898	莱姆塞
			特拉弗斯(Travers,英)
氖	Ne	1898	莱姆塞
			特拉弗斯
氙	Xe	1898	莱姆塞
钋	Po	1898	居里夫人(Marie Curie,女,法籍波兰人)
镭	Ra	1898	居里夫人
			居里(Curie,法)
锕	Ac	1899	德比尔纳(Debierne,法)
氡	Rn	1900	莱姆塞
			多尔恩(Dorn,德)
铕	Eu	1901	德马尔赛(Demarcay,法)
镥	Lu	1907	乌尔宾(Urbain,法)
镤	Pa	1917	索弟(Soddy,英)
			克兰斯登(Cranston,英)
			哈恩(Hahn,德)
			迈特纳尔(Meitner,女,德)
铪	Hf	1923	科斯忒(Coster,荷兰)
			海维塞(Hevesy,匈牙利)
铼	Re	1925	诺达克(Noddack,德)
			塔克(Takke,女,德,诺达克的夫人)
			柏格(Berg,德)
锝	Tc	1937	塞格瑞(Sgeré,美)
			佩里(Perrier,美)
钫	Fr	1939	彼丽(Perey,女,法)
镎	Np	1940	艾贝尔生(Abelson,美)
			麦克米伦(Mcmillan,美)
钚	Pu	1940	麦克米伦
			瓦尔(Wernen,美)

续 表

元素	名称	发现年代	发 现 者
			西博格、肯尼迪等(美)
砹	At	1940－1941	塞格瑞
锔	Cm	1944	西博格(Seaborg,美)
镅	Am	1945	西博格
钷	Pm	1945	马林斯基(Marinsky,美)
锫	Bk	1949	西博格等
锎	Cf	1950	西博格、吉奥索(Ghiorso,美)等
锿	Es	1950－1951	美国原子弹爆炸中发现;西博格等
镄	Fm	1950－1951	美国原子弹爆炸中发现;西博格等
			瑞典斯德哥尔摩原子核研究中心
钔	Md	1955	西博格、吉奥索
锘	No	1958	西博格、吉奥索;苏联科学院原子能研究所
铹	Lr	1961	吉奥索等(美)
104	Rutherfordium	1964	苏联杜布纳研究所;美国吉奥索
105	Dubnium	1970－1971	苏联杜布纳研究所;美国西博格
106	Sg	1974	苏联杜布纳研究所;美国西博格
107	Bohrium	1976	苏联杜布纳研究所
108	Hassium	1984	西德核子研究中心
109	Meitnerium	1982	西德核子研究中心
110		1994	德国重离子研究协会(GSI)
111		1994	GSI
112		1996	GSI

附录三　诺贝尔奖及其获得者

1895年11月27日，诺贝尔在逝世前拟定了遗嘱，遗嘱中郑重写道："我的整个遗产不动产部分，可以做以下的处理：由指定遗嘱执行人进行安全可靠的投资，并作为一笔基金，每年以其利息用奖金的形式分配给那些在前一年中对人类作出贡献的人。奖金分为五份，即一份给在物理学领域内有重要发现或发明的人；一份给在化学上有重要发现或改进的人；再一份给在生理学或医学上有重要发现或改进的人；另外一份给在文学领域内有理想倾向、有杰出著作的人；最后一份给在促进民族友爱、取消或减少军队、支持和平事业上做出杰出工作的人。"接着，诺贝尔委托了五种奖金的评选单位：物理学奖和化学奖由瑞典皇家科学院颁发；生理学和医学奖由瑞典卡罗琳外科医学院颁发；文学奖由斯德哥尔摩瑞典文学院颁发；和平奖由挪威国会选派五人组成的委员会颁发。奖金发给那些经严格审查确实符合条件的人。

1969年，诺贝尔基金会为了纪念诺贝尔，又增设了经济学奖。

诺贝尔奖从1901年开始，每年12月10日颁发。在诺贝尔奖颁发的100多年以来，有许多世界第一流的学者获奖，现将化学和物理学方面的获奖者列表如下。

诺贝尔化学奖

年　代	获　奖　者	获　奖　项　目
1901	范霍夫(J. H. van't Hoff, 1852－1919, 荷兰)	1885年－1886年研究化学热力学定律和溶液渗透压
1902	费歇尔(E. Fischer, 1852－1919, 德)	1890年合成糖及嘌呤衍生物肽
1903	阿累尼乌斯(S. A. Arrhenius, 1859－1927, 瑞典)	1889年提出电离学说
1904	莱姆塞(W. Ramsay, 1852－1916, 英)	1894年发现氩，1895年发现氦，1898年发现氪、氖、氙并确定它们在周期表中的位置
1905	冯·拜尔(A. von Baeyer, 1835－1917, 德)	1882年合成靛蓝，对有机染料和氢化芳香族化合物的研究
1906	莫瓦桑(H. Moissan, 1852－1907, 法)	1886年制出单质氟，对氟与氟化物进行了系统研究
1907	布赫纳(E. Buchner, 1860－1917, 德)	1897年发现酵素，开创了酶化学的研究
1908	卢瑟福(E. Rutherford, 1871－1937, 英)	1903年提出放射性元素的蜕变理论，建立核式原子模型
1909	奥斯特瓦尔德(W. Ostwald, 1853－1932, 德)	1901年研究了催化现象，同时研究了化学平衡的理论和化学反应速率
1910	瓦拉赫(O. Wallach, 1847－1931, 德)	1895年－1905年合成香料，对脂环化合物的研究

续表

年代	获奖者	获奖项目
1911	居里夫人(Marie Curie,1867－1934,法籍波兰人)	1902 年提炼出镭盐,1910 年分离出镭并研究了其性质
1912	格林尼亚(V. Grignard,1871－1935,法) 萨巴蒂尔(P. Sabatier,1854－1941,法)	1900 年发现有机试剂,称格林尼亚试剂(简称格林试剂) 1897 年－1900 年对有机脱氢催化反应作出贡献
1913	维尔纳(A. Werner,1866－1919,瑞士)	1891 年－1893 年提出了分子结构配位理论
1914	里查兹(T. W. Richards,1868－1928,美)	1913 年精确地测定了 60 多种元素的原子量
1915	威尔施泰特(R. Willstätter,1872－1942,德)	1906 年发现叶绿素晶体的结构
1916	未评奖	
1917	未评奖	
1918	哈伯(F. Haber,1868－1934,德)	1909 年－1913 年发明合成氨的方法
1919	未评奖	
1920	能斯特(W. Nernst,1864－1914,德)	1906 年－1913 年提出热力学第三定律,对化学热力学理论作出贡献
1921	索弟(F. Soddy,1877－1956,英)	1910 年提出同位素假说及元素在周期表中的位移定律
1922	阿斯顿(F. W. Aston,1877－1945,英)	1919 年发明质谱仪,发现多种非放射性元素的同位素,并发现其质量的整数法则
1923	普列格尔(P. Pregl,1869－1930,奥地利)	1910 年－1913 年发明有机微量分析方法
1924	未评奖	
1925	齐格蒙弟(R. Zsigmondy,1865－1929,德、奥地利)	对于胶体溶液非均匀体系的研究,奠定了胶体化学基础
1926	斯维德贝格(T. Svedberg,1865－1929,瑞典)	1924 年发明超速离心机。对悬浊液和胶体化学的研究
1927	威兰德(H. Wieland,1877－1957,德)	1912 年－1915 年对胆汁酸及类似物质的研究并研究其他有机结构
1928	文道斯(A. Windaus,1876－1959,德)	1907 年研究了胆固醇的结构和其他维生素,并合成了维生素 D_3

续表

年代	获奖者	获奖项目
1929	哈登(A. Harden,1865－1940,英) 冯·欧勒－凯尔平(H. von Euler－Chelpin,1873－1964,瑞典)	1923年确定了辅酶的结构,研究了糖发酵和酶的作用
1930	费歇尔(H. Fischer,1881－1945,德)	1928年－1930年发现血红素及叶绿素的结构,合成了氯高铁血红素
1931	博施(K. Bosch,1874－1940,德) 伯吉尤斯(F. Bergius,1884－1949,德)	1913年改进了合成氨的方法 1920年用高压法实现了煤的液化
1932	朗缪尔(I. Langmuir,1881－1957,美)	1917年提出气体表面吸附理论,1926年提出吸附催化学
1933	未评奖	
1934	尤里(H. C. Urey,1893－1981,美)	1932年发现氘
1935	约里奥－居里(F. Joliot－Curie,1900－1958,法) 伊伦·约里奥－居里(Irene Joliot－Curie,1897－1956,法)	1934年研究和制成了人造放射性元素
1936	德拜(P. J. W. Debye,1884－1966,荷兰)	1929年提出极性分子理论,确定了分子偶极矩
1937	哈沃思(W. V. Haworth,1883－1959,英) 卡雷(P. Karrer,1889－1971,瑞士)	1933年合成维生素C,对碳水化合物做了研究 1931年确定维生素A的结构,1933年合成,1935年合成维生素B_2
1938	库恩(R. Kuhn,1900－1967,德)	1935年－1937年研究了类胡萝卜素和维生素
1939	卢齐卡(L. Ruzicka,1887－1976,瑞士) 布特南特(A. F. J. Butenandt,1903－1995,德)	1920年合成了雄性激素 1932年－1935年对性激素进行了研究,确定了雄性激素的结构,合成了部分性激素
1940	未评奖	
1941	未评奖	
1942	未评奖	
1943	德赫维西(G. C. de Hevesy,1885－1966,匈牙利)	1913年－1923年用同位素示踪研究化学过程
1944	哈恩(O. Hahn,1879－1968,德)	1939年发现重核裂变
1945	维尔塔南(A. I. Virtanen,1895－1973,芬兰)	1920年发明了用酸化贮存新鲜饲料的方法

续表

年代	获奖者	获奖项目
1946	萨姆纳(J. B. Sumner,1887－1955,美) 斯坦利(W. M. Stanley,1904－1971,美) 诺恩罗普(J. H. Northrop,1891－1987,美)	1926年发现和制成结晶酶 1930年－1935年制得结晶酶和病毒蛋白酶
1947	洛宾逊(R. Robinson,1886－1975,英)	1925年测定吗啡结构;1945年确定盘尼西林结构;1946年获得马钱子碱结构
1948	梯塞留斯(A. W. K. Tiselius,1902－1971,瑞典)	1937年发明电泳法;发现了血清蛋白的复杂性质
1949	乔克(W. F. Giauqus,1895－1982,美)	1928年－1939年对化学热力学的贡献,对低温物性的研究
1950	迪尔斯(O. P. H. Diels,1876－1954,德) 奥尔德(K. Alder,1902－1958,德)	1928年发现二烯合成的反应,对塑料研究的贡献
1951	麦克米伦(E. M. Macmillan,1907－1991,美) 西博格(G. T. Seaborg,1912－1999,美)	1944年－1950年发现超铀元素镅、锔、锫、锎等
1952	马丁(A. J. P. Martin,1910－2002,英) 辛格(R. L. M. Synge,1914－1994,英)	1943年发明色层分析法
1953	施陶丁格(H. Staudinger,1881－1965,德)	对链状高分子化合物结构和性质的研究
1954	鲍林(L. C. Pauling,1901－1994,美)	1930年对分子轨道理论和化学键理论的研究
1955	维格纳德(V. du Vigneaud,1901－1978,美)	1953年－1954年合成了多肽激素
1956	邢歇伍德(C. N. Hinshelwood,1897－1967,英) 谢苗诺夫(H. H. Семенов,1896－1986,苏)	1927年提出了分支链式反应理论
1957	托德(A. R. Todd,1907－1997,英)	1955年确定核苷酸结构,合成了低分子核苷酸
1958	桑格(F. Sanger,1918－ ,英)	1953年确立胰岛素分子结构
1959	海洛夫斯基(J. Heyrovsky,1890－1967,捷克斯洛伐克)	极谱理论的创立和极谱仪的发明
1960	利比(W. F. Libby,1908－1980,美)	1947年创立用^{14}C测定年代的方法
1961	卡尔文(M. Calvin,1911－1997,美)	1948年－1957年对植物中二氧化碳进行光合作用的研究

续　表

年代	获　奖　者	获　奖　项　目
1962	佩鲁茨(M. F. Perutz,1914－2002,英) 肯德鲁(J. C. Kendrew,1917－1997,英)	1960年用X光衍射法研究球蛋白和纤维蛋白的结构
1963	纳塔(G. Natta,1903－1979,意大利) 齐格勒(K. Ziegler,1898－1973,德)	1954年用有机铝及钛的组合催化剂首次合成了立体定向高分子
1964	霍奇金(D. C. Hodgkin,1910－1994,英)	1955年确定了维生素B_{12}的分子结构,对青霉素等化合物进行了研究
1965	伍德瓦德(R. B. Woodward,1917－1979,美)	1945年－1954年人工合成了奎宁、类固醇、马钱子碱、羊毛甾醇、麦角酸等近20种复杂有机物
1966	马利肯(R. S. Mulliken,1896－1986,美)	1932年用分子轨道法研究分子化学键及电子结构
1967	艾根(M. Eigen,1927－　,德) 诺里什(R. G. Norrish,1897－1978,英) 波特尔(G. Porter,1920－2002,英)	1953年－1954年研究了高速化学反应
1968	盎萨格(L. Onsager,1903－1976,挪威)	1931年建立了不可逆过程热力学基础
1969	巴顿(D. H. R. Barton,1918－1998,英) 哈塞尔(O. Hassel,1897－1981,挪威)	1946年－1950年发展了分子结构的立体构象分析理论
1970	莱洛伊尔(L. Leloir,1906－1987,阿根廷)	1947年对糖类的新陈代谢进行了研究,并发现了糖核苷酸及其作用
1971	赫茨菲尔德(G. Herzberg,1904－1999,加拿大)	1956年－1960年对自由基电子结构进行了研究,对分子光谱分析法有贡献
1972	摩尔(S. Moore,1913－1982,美) 斯坦因(W. H. Stein,1911－1980,美) 安芬逊(C. B. Anfinsen,1916－1995,美)	1960年－1963年测定了牛胰核糖核酸酶A分子127个和氨基酸残基排列顺序 1945年发现核糖核酸酶,1960年－1963年确定RNAseA酶的空间结构
1973	费歇尔(E. O. Fischer,1918－　,德) 威尔金逊(G. Wilkinson,1921－1996,英)	1953年研究了二茂铁的结构,合成了其他金属的二茂化合物
1974	弗洛里(P. J. Flory,1910－1985,美)	1953年－1969年对高分子物理性质与结构进行了研究
1975	康福思(J. W. Cornforth,1917－1996,澳大利亚) 普雷洛格(V. Prelog,1906－1998,瑞士)	1940年－1945年对酶催化反应的立体化学方面的研究 1950年－1960年对有机分子立体结构的研究

续表

年代	获奖者	获奖项目
1976	利普斯科姆(W. N. Lipscomb,1919 - ,美)	1953年-1963年硼烷和碳硼烷结构与性能的研究
1977	普利高津(I. Prigogine,1917 - 2003,比利时)	1947年以来对非平衡态热力学特别是耗散结构理论进行了研究
1978	米切尔(P. Mitchell,1920 - 1992,英)	1961年-1966年对生物能转换的研究
1979	布朗(H. Brown,1912 - ,美) 维蒂希(G. Vithesch,1897 - 1987,德)	1945年发表了维蒂希反应的论文,对磷化物做了研究,并发现其结构有重新排列的现象
1980	伯格(P. Berg,1926 - ,美) 桑格(F. Sanger,1918 - ,英) 吉尔伯特(W. Gilbert,1932 - ,美)	基因和染色体的解剖和重建DNA核苷酸顺序测定 DNA顺序和基因结构的研究
1981	霍夫曼(R. Hoffman,1937 - ,美) 福井谦一(Kenichi Fukui,1918 - 1998,日)	1956年与伍德瓦德一起提出分子轨道对称守恒原理 1956年以后提出前线轨道理论亦称边界电子论
1982	艾伦·克卢格(A. Klug,1926 - ,英)	用电子显微镜结合衍射法创立了确定分子聚合体结构的方法
1983	亨利·陶布(H. Taube,1915 - ,美)	对金属络合物中电子反应机理的研究,他有18种贡献
1984	布鲁斯·梅里菲尔德(Robet Bruce Merrifield,1921 - ,美)	20世纪50年代末研究成功了在固体中间体上进行多肽和蛋白质的合成方法
1985	赫伯特.A.豪普特曼(Herbert A. Hauptman,1917 - ,美) 杰罗姆·卡尔(Jerome Karle,1918 - ,美)	1950年他们开发了用X射线衍射决定物质晶体结构的方法,统计了X射线对物质的衍射程度,从而用直接计算法求出分子中原子的位置的方法,对改进药物制造的安全性起着重大作用
1986	J.帕拉尼(John C. Polanyi,1929 - ,加拿大) D.哈休伯格(Dudey R. Herschbach,1932 - ,美) 李远哲(Yuan T. Lee,1936 - ,美、中)	1958年发展了红外线化学发光技术,它可从一个新形成的分子中计算出弱红外线的散发 1960年他们二人研制了研究交叉分子线束的技术装置,成为化学反应中第一批目击分子水平事件的人
1987	查理士.J.佩德森(Charles J. Pedersen,1904 - 1989,美) 唐纳德.J.格拉姆(Donalb J. Cram,1919 - 2001,美) 莱恩(Jean - Marie Lehn,1939 - ,法)	他们三人在20世纪60年代各自独立地提出了一种分子能借此互相识别的方法,即给出了一种与“锁”(分子)妥帖匹配的合成分子“钥匙”

续 表

年代	获 奖 者	获 奖 项 目
1988	戴森霍弗(Johann Deisenhofer,1943 – ,德) 米歇尔(Hartuat Michel,1948 – ,德) 休伯(Robert Huber,1937 – ,德)	20世纪80年代第一次成功地阐明膜状蛋白质形成的详细过程,并从原子水平上揭示了光合作用反应中心由原子形成的分子结构
1989	托马斯. R. 切赫(Thomas R. Cech,1947 – ,美) 西德尼·奥尔特曼(Sidney Altman,1939 – ,美)	20世纪70年代末,他们各自独立地发现核糖核酸(RNA)对化学反应能起催化作用
1990	莱亚斯·考瑞(Elias James Corey,1928 – ,美)	1967年提出具有严格逻辑性的逆合成分析原理
1991	理查德. R. 恩斯特(Richard R. Ernst,1933 – ,瑞士)	在发展傅立叶变换核磁共振(FTNMR)波谱方面做出了开创性贡献
1992	R. A. 马库斯(Rudolph Arthur Marcus,1923 – ,美)	1956年提出了电子转移反应理论,也称为马库斯理论
1993	穆利斯(Kary Mullis,1945 – ,美) 史密斯(Michael Smith,1932 – ,加拿大)	发明用于研究遗传物质的聚合酶链反应法 创立用于蛋白质研究的低聚核苷酸定向诱变法
1994	乔治·欧拉(George A. Olah,1927 – ,美)	20世纪60年代在碳氢化合物方面做出了创造性工作,即发现超碳酸可以在低温下促使碳正离子产生并使之稳定,从而对碳正离子在结构、性质和能量等方面的研究成为可能
1995	保罗·克鲁岑(Paul Crutzen,1933 – ,荷兰) 马里奥·莫里那(Mrio Molina,1943 – ,美) 舍伍德·罗兰(F. Sherwood Rowland,1927 – ,美)	1970年提出主要由某一地区的动植物辐射出的氧化氮加速了大气层中的臭氧的损耗 他们二人1974年提出工业上使用和排出的各种气剂中所含的氯氟烃(CFCs)是导致臭氧层变薄、损耗的主要原因
1996	哈里·克罗托(H. W. Kroto,1938 – ,英) 罗伯特·柯尔(R. F. Curl,1933 – ,美) 理查德·斯莫利(R. E. Smalley,1943 – ,美)	1985年他们共同合成 C_{60} 并发现 C_{60} 碳笼(巴基球或富勒烯)结构
1997	约翰·沃克(John E. Walker,1941 – ,英) 保罗·博耶(Paul D. Boyer,1918 – ,美) 杰恩·斯库(Jens C. Skou,1918 – ,丹麦)	20世纪80年代对蛋白质酶及其作用机理给出清晰解释 20世纪80年代致力于ATP(三磷酸腺苷)的合成机理研究并做出成功解释 20世纪50年代后期发现钠/钾/泵而揭示了蛋白质的能量转换机理

续 表

年代	获 奖 者	获 奖 项 目
1998	瓦尔特·科恩(Walter Kohn,1923－　,美) 约翰·波普尔(John Pople,1925－　,英、美)	20世纪60年代他们各自独立地提出了研究分子原理的新方法,使得在计算机里模拟新的化学物质以取代化学实验成为可能,推进了量子化学的发展
1999	艾哈迈德·泽维尔(Ahmed H. Zewail,1946－　,埃及、美)	将高速激光技术应用于研究化学反应中的分子运动规律,并在该领域做出了突出贡献
2000	艾伦.G.马克迪尔米德(Alan G. MacDiarmid,1927－　,美) 艾伦.J.黑格(Alan J. Heeger,1936－　,美) 白川英树(Hideki Shirakawa,1936－　,日)	在发明使有机聚合材料能够像金属一样导电的技术方面做出重要贡献,并使有机聚合导体技术得到应用
2001	野依良治(R. Noyori,1938－　,日) 威廉·诺尔斯(William. S. Knowles,1917－　,美) 巴里·夏普雷斯(K. Barry Sharpless,1941－　,美)	在不对称合成方面所取得的成就,为合成具有新特性的分子和物质开创了一个全新的研究领域
2002	库尔特·维特里希(Kurt Wüthrich,1938－　,瑞士) 约翰·芬恩(John B. Fenn,1917－　,美) 田中耕一(Koichi Tanaka,1959－　,日)	发明了利用核磁共振技术测定溶液中生物大分子三维结构的方法 他们两人发明了对生物大分子进行确认和结构分析的方法和对生物大分子的质谱分析法
2003	罗德里克·麦克金南(Roderick MacKinnon,1956－　,美) 皮特·埃格瑞(Peter Agre,1949－　,美)	发现了细胞表面被称为"通道"的细孔而获奖,他们的研究对于了解影响肾脏、心脏、肌肉和神经系统的许多疾病具有重要意义

诺贝尔物理学奖

年代	获 奖 者	获 奖 项 目
1901	伦琴(W. C. Röntgen,1845－1923,德)	1895年发现X射线,即伦琴射线
1902	洛伦兹(H. A. Lorentz,1853－1928,荷) 塞曼(P. Zeeman,1865－1943,荷)	1896年发展了带电粒子的物质理论,成功地解释了塞曼效应 1896年发现磁场能使光谱分裂的效应,称为塞曼效应
1903	贝克勒尔(H. A. Bequerel,1852－1908,法) 皮埃尔·居里(P. Curie,1859－1906,法) 居里夫人(M. S. Curie,1867－1934,法籍波兰人)	1896年发现了铀的放射性现象 1898年他们夫妇二人发现镭和钋
1904	瑞利(L. Rayleigh,1842－1919,英)	1882年－1894年研究空气密度,为惰性气体的发现打下基础
1905	勒纳德(P. Lenard,1962－1947,德)	1892年－1900年,研究阴极射线,于1902年发现了光电效应
1906	汤姆生(J. J. Thomson,1856－1940,英)	1897年发现了电子,并测定了电子的荷质比
1907	迈克尔逊(A. A. Michelson,1852－1931,美)	1887年研制成迈克尔逊干涉仪,以迈克尔逊－莫雷实验否定了"以太"
1908	李普曼(G. Lippmann,1845－1921,法)	1890年发明彩色照相法
1909	马可尼(G. Marconi,1874－1937,意) 布劳恩(K. F. Braun,1874－1937,德)	1895年－1901年发明了无线电通讯技术 1897年发明了无线电通讯技术
1910	范德华(J. D. van der Waals,1837－1923,荷兰)	1872年－1881年对气体和液体状态方程进行了研究,提出近似描述实际气体的状态方程式
1911	维恩(W. Wien,1864－1928,德)	1893年发现了黑体热辐射定律,即维恩位移定律
1912	达楞(N. G. Dalen,1869－1937,瑞典)	发明灯塔用的瓦斯自动调节器
1913	欧恩斯(H. K. Onnes,1853－1926,荷)	1908年实现了氦的液化,1911年发现低温下金属超导现象
1914	冯·劳厄(M. von Laue,1879－1960,德)	1912年发现晶体X射线衍射现象,发展了精确测定X射线波长的办法
1915	布拉格父子 (W. H. Bragg,1862－1942,英) (W. L. Bragg,1890－1971,英)	1912年,用X射线衍射的方法成功地测定了晶体的结构

续 表

年代	获 奖 者	获 奖 项 目
1916	未评奖	
1917	巴克拉(C. G. Barkla,1877 – 1944,英)	1911年发现了各种元素的特征X谱线
1918	普朗克(M. Planck,1858 – 1947,德)	1900年提出了能量量子化的概念,奠定了现代物理学基础
1919	斯塔克(J. Stark,1874 – 1957,德)	1913年发现了电场光谱的斯塔克效应
1920	居尔劳密(C. E. Guillaume,1861 – 1938,法)	1897年发现了镍钢合金和弹性不变钢的反常特性,这一发现促进了精密仪器的发展
1921	爱因斯坦(A. Einstein,1879 – 1955,德)	1905年提出狭义相对论,1916年提出广义相对论。用量子说解释了光电效应,奠定了现代物理学基础
1922	玻尔(N. Bohr,1885 – 1962,丹麦)	1913年提出量子化轨道理论,建立了原子的玻尔模型
1923	密立根(R. A. Millikan,1868 – 1953,美)	1910年发明了油滴法,精密测定了电子电荷,实验证实了电荷有最小单位,1916年又证实了光电效应
1924	塞格巴恩(K. M. Siegbahn,1886 – 1978,瑞典)	1914年发展了精确测量X光波长的技术
1925	弗兰克(J. Franck,1882 – 1964,德) 赫兹(G. Hertz,1887 – 1975,德)	1914年用电子轰击原子,实验证实了量子化能级的跃迁
1926	佩林(J. B. Perrin,1870 – 1942,法)	1908年 – 1912年测定了原子的体积
1927	康普顿(A. H. Compton,1892 – 1962,美) 威尔逊(C. T. R. Wilson,1869 – 1959,英)	1923年发现X射线散射效应,即康普顿效应 1895年发明云雾室装置,1911年发明云雾室照相装置,为微观粒子运动的研究提供了重要手段
1928	里查逊(O. W. Richardson,1879 – 1959,英)	1902年 – 1911年发现热离子效应和炽热金属放射电子,对电子管的发展有重要贡献
1929	德布罗意(L. V. de Broglie,1892 – 1987,法)	1923年提出了物质波,奠定了波动力学的基础
1930	拉曼(C. V. Raman,1888 – 1970,印度)	1928年发现在透明物质散射的光中有频率改变的效应,称为拉曼效应
1931	未评奖	
1932	海森堡(W. K. Heisenberg,1901 – 1976,德)	1925年创立量子论,建立量子力学,1927年提出测不准关系

续表

年代	获奖者	获奖项目
1933	薛定谔(E. Schödinger,1887－1961,奥地利) 狄拉克(P. A. M. Dirac,1902－1984,英)	1926 年建立量子力学方程,即薛定谔方程 1927 年提出电磁场二次量子化理论,建立了量子力学狄拉克方程
1934	未评奖	
1935	查德威克(J. Chad Wik,1891－1974,英)	1932 年发现中子
1936	赫斯(V. F. Hess,1883－1965,奥地利) 安德逊(C. D. Anderson,1905－1991,美)	1911 年发现宇宙射线 1932 年发现正电子
1937	戴维逊(C. J. Davisson,1881－1958,美) 汤姆生(G. P. Thomson,1892－1975,英)	1927 年证实了波粒二象性,还证实了德布罗意波 1927 年用电子通过晶体的干射、衍射证实了波粒二象性,还证实了德布罗意波
1938	费米(E. Fermi,1901－1954,意)	1934 年发现了新的放射性元素和链式核反应,从而导致了原子弹的制造
1939	劳伦斯(E. O. Lawrence,1901－1958,美)	1932 年发明回旋加速器,并以此制造出人工放射性元素
1940	未评奖	
1941	未评奖	
1942	未评奖	
1943	斯特恩(O. Stern,1888－1969,美)	1921 年发明利用分子射线束测量原子磁矩的方法
1944	拉比(I. I. Rabi,1898－1988,美)	1938 年用共振方法测定了核的自旋和磁矩
1945	泡利(W. Pauli,1900－1958,奥地利)	1925 年发现泡利不相容原理
1946	布里奇曼(P. W. Bridgman,1882－1961,美)	1905 年发明超高压装置,1931 年奠定了“高压物理学”的基础
1947	阿普顿(E. V. Appleton,1892－1965,英)	1927 年发现电离层的上层能反射无线电短波,该层后被称为阿普顿层
1948	布莱克(P. M. S. Blackett,1897－1974,英)	1932 年发展了威尔逊云雾室的实验方法,证实了宇宙线中有正负电子对的产生
1949	汤川秀树(Hideki Yukawa,1907－1981,日)	1934 年提出核子力的介子场论,预言介子的存在

续表

年代	获奖者	获奖项目
1950	鲍威尔(C. F. Powell,1903-1969,英)	1945年发明核子反应的乳胶照相法,1947年发现了π介子
1951	科克罗夫特(J. D. Cockeroft,1897-1967,英) 瓦尔顿(E. T. S. Walton,1903-1995,英)	1923年用人工加速的基本粒子轰击原子核,实现了人工核蜕变
1952	布洛赫(F. Bloch,1905-1983,美) 普塞尔(E. M. Purcell,1912-1997,美)	1946年各自独立地用磁共振法和磁感应法实现了核磁共振,测量核磁矩,提供了确定一些基本物理常数的方法
1953	塞尔尼克(F. Zernike,1888-1966,荷)	1935年发明相位对比显微镜
1954	玻恩(M. Born,1882-1970,德) 波西(W. Bothe,1891-1957,德)	1926年提出薛定谔波动方程中波函数的统计解释 1925年发明符合计数法
1955	兰姆(W. E. Lamb,1913-　,美) 库什(P. Kusch,1911-1993,美)	1947年发现氢光谱的精细结构 1947年精确测定了电子磁矩
1956	肖克莱(W. B. Shockley,1910-1989,美) 巴丁(J. Bardeen,1908-1991,美) 布拉坦(W. H. Brattain,1902-1987,美)	1950年用单晶锗制成N-P-N三极管 1948年发明晶体三极管
1957	杨振宁(C. N. Yang,1922-　,美籍华人) 李政道(T. D. Lee,1926-　,美籍华人)	1956年提出在弱相互作用下宇称不守恒,从而推翻了宇称守恒定律
1958	切连科夫(P. A. Cherenkov,1904-1990,苏) 弗兰克(I. M. Frank,1908-1990,苏) 塔姆(I. Y. Tamm,1895-1971,苏)	1934年发现X射线照射晶体或液态物会发出微弱蓝光,即切尔连科辐射 1937年提出切尔连科辐射的电磁理论解释
1959	西格雷(E. G. Segre,1905-1989,美) 张伯伦(O. Chamberlain,1920-　,美)	1955年发现反质子
1960	格拉塞尔(D. A. Glaser,1926-　,美)	1952年发明气泡室
1961	霍夫斯塔特(R. Hofstadter,1915-1990,美) 缪斯鲍尔(R. L. Mössbauer,1929-　,德)	1953年发现了核子结构 1958年实现X射线的无反冲共振吸收;1960年用缪斯鲍尔效应验证了广义相对论
1962	朗道(L. D. Landan,1908-1968,苏)	1940年以后关于液态氦的研究
1963	维格纳(E. P. Wigner,1902-1995,美) 梅耶夫人(M. G. Mayer,1906-1972,美) 詹森(H. D. Jensen,1905-1973,美)	1927年提出空间宇称守恒概念,对原子核与基本粒子的研究 1949年提出原子核壳层结构模型

续表

年代	获 奖 者	获 奖 项 目
1964	汤斯(C. H. Townes,1915－ ,美) 巴索夫(N. G. Basov,1922－ ,苏) 普罗霍罗夫(A. M. Prokhorov,1916－2002,苏)	1954 年制成微波激射器
1965	费曼(R. P. Feynman,1918－1988,美) 施温格(J. Schwinger,1916－1994,美) 朝永振一郎(Sin－Itiro Tomonaga,1906－1979,日)	1946 年－1949 年在量子电动力学研究的基础上提出虚粒子说
1966	卡斯特勒(A. H. Kastler,1902－1984,法)	1965 年发现和发展了研究原子核磁共振的光学方法
1967	贝蒂(H. A. Bethe,1906－ ,美)	1938 年提出恒量能源来自热核反应的理论
1968	阿尔瓦伦兹(L. W. Alvarez,1911－1988,美)	1960 年－1967 年在基本粒子研究方面的贡献,用氢气泡室和数据分析发现了大量的共振态粒子
1969	盖尔曼(M. Gell－Mann,1929－ ,美)	对基本粒子的分类和相互作用的研究,1964 年提出“夸克”模型
1970	阿尔芬(H. Alfven,1908－1995,瑞典) 内尔(L. Neel,1904－ ,法)	1942 年对等离子体物理学和磁流体动力学的研究 1948 年对反铁磁性和铁氧体磁性的研究
1971	加波(D. Gabor,1900－1979,法)	1948 年发明了全息照相技术
1972	巴丁(J. Bardeen,1908－1991,美) 库珀(L. N. Cooper,1930－ ,美) 斯里弗(J. R. Schrieffer,1931－ ,美)	1957 年提出超导性微观理论即 BCS 理论
1973	约瑟夫森(B. Josephson,1940－ ,英) 加埃弗(I. Giaever,1929－ ,美) 江崎(Leo Esaki,1925－ ,日)	1962 年预言固体中隧道效应即约瑟夫森效应 发现电子能穿过两块超导体之间绝缘薄层的现象 发现半导体中的电子有穿透势垒的能力
1974	赖尔(Sir M. Ryle,1918－1984,英) 休伊施(A. Hewish,1924－ ,英)	1960 年发明综合孔径射电望远镜 1967 年发现脉冲星
1975	玻尔(A. Bohr,1922－ ,丹麦) 莫特尔逊(Ben Mottelson,1926－ ,丹麦) 雷恩瓦特(James Rainwater,1917－1986,美)	1952 年提出原子核结构的集体模型
1976	丁肇中(Samuel C. C. Ting,1936－ ,美籍华人) 里希特(B. Richter,1931－ ,美)	1974 年发现 J/Ψ 粒子

续表

年代	获奖者	获奖项目
1977	安德逊(P. W. Anderson,1923 – ,美) 莫特(N. F. Mott,1905 – 1996,美) 范弗莱克(J. H. Van Vleck,1899 – 1980,美)	1967年–1975年研究磁体和无序体系物质的电子结构 1967年–1975年研究无序体系物质的电子结构
1978	彭齐亚斯(A. A. Penzias,1933 – ,美) 威尔逊(R. W. Wilson,1936 – ,美) 卡皮察(P. L. Kapitsa,1894 – 1984,苏)	1965年发现3K宇宙微波背景辐射 1934年建成液化氦的新装置,1938年实验证实氦Ⅱ超流,奠定了低温物理学基础
1979	格拉肖(S. Glashow,1932 – ,美) 萨拉姆(A. Salam,1926 – ,巴基斯坦) 温伯格(S. Weinberg,1933 – ,美)	提出弱相互作用与电磁相互作用统一的理论 1967年提出弱电统一理论,即萨拉姆–温伯格模型
1980	詹姆斯·克罗宁(James Cronin,1931 – ,美) 瓦尔·菲奇(Val Fitch,1923 – ,美)	发现复合宇称不守恒(cp)
1981	尼古拉西·布洛姆伯根(Nicolaas Bloembergen,1920 – ,美) 阿瑟·肖洛(Arthur L. Schawlow,1921 – 1999,美) 凯·西格巴恩(Kai M. Siegbahn,1918 – ,瑞典)	对激光谱学方面做了创造性的研究 研制X光电子能谱仪,开拓了X光电子能谱学的研究
1982	肯尼斯·威尔逊(Kenneth G. Wilsan,1936 – ,美)	提出被普遍用于处理"相变的临界现象"的理论
1983	苏布拉曼杨·钱德拉塞尔卡(Subramanyan Chandrasekhar,1910 – 1995,美籍印度人) 威廉·福勒(William A. Fowler,1911 – 1995,美)	精确预言已坍缩的白矮星的结构和变化,这种研究导致了黑洞的发现 发展了宇宙中化学元素起源的理论
1984	西蒙·范德梅尔(Simon van der Meer,1925 – ,荷) 卡洛·鲁比亚(Carlo Rubbia,1934 – ,意)	发现 $W^{\pm}$ 粒子和 Z° 粒子,这类粒子的发现导致了弱电统一理论的建立
1985	克劳斯·冯·克利津(Klaus von Klitzing,1943 – ,德)	1980年利用计算机对MOS晶体管进行测试而发现了霍耳电压与电流之比为磁场大小值的整倍数——量子霍耳效应
1986	罗斯卡(E. Ruska,1906 – 1988,德) 皮尼希(G. Binnig,1947 – 1988,德) 洛拉(H. Rohrer,1933 – ,瑞士)	1931年发明电子显微镜 1981年发明一种能够勘测个别原子表面的装置

续 表

年代	获 奖 者	获 奖 项 目
1987	卡尔·缪勒(Karl Alex Muller,1927 - ,瑞士) 约翰尼斯·柏诺兹(Johannes Georg Bednorz,1950 - ,德)	1985 年他们共同发现高温超导性
1988	莱德曼(Leon M. Lederman,1922 - ,美) 施瓦兹(Melvin Schwartz,1932 - ,美) 斯坦博格(Jack Steinberger,1921 - ,美)	1962 年发现存在两种中微子:μ 子型中微子和电子型中微子
1989	保罗(Wolfgang Paul,1913 - 1993,德) 拉姆齐(Norman F. Ramsey,1915 - ,美) 德默尔特(Hans G. Dehmelt,1922 - ,美)	20 世纪 50 年代以来利用电子加速器技术进行聚焦、储存和分离原子与分子的研究 1949 年发明了分离振荡场的方法,1960 年创制了氢微波微射器 1973 年首次观察到单个电子,1975 年创造了冷却捕集电子的方法
1990	弗里德曼(J. Friedman,1930 - ,美) 肯德尔(H. Kendall,1926 - ,美) 泰勒(R. E. Taylor,1929 - ,加拿大)	1967 年他们从事了关于电子在质子和束缚中子上的深度非弹性散射的开拓性研究
1991	皮埃尔 - 吉勒·德热纳(Pierre - Gilles De Gennes,1932 - ,法)	在用一种极其普通的数学方法解决完全不同的物理系统的相变,探索从有序到无序这一转变过程中的一般规律方面做出非凡的成就
1992	乔治·夏帕克(Georges Charpak,1924 - ,法)	1968 年发明了第一个多丝正比室和其他若干粒子探测器
1993	泰勒(Joseph H. Taylor Jr. ,1941 - ,美) 赫尔斯(Russell A. Hulse,1950 - ,美)	1974 年他们两个(师生关系)共同发现脉冲双星
1994	沙尔(Clifford Shull,1915 - 2001,美) 布洛克豪斯(Bertram Brockhouse,1918 - 2003,加拿大)	20 世纪 50 年代开始他们二人各自独立地发展了一种能强有力地揭示液体和固体的原子结构的技术——中子散射技术
1995	佩尔(Martin L. Perl,1927 - ,美) 赖因斯(Frederick Reines,1918 - 1998,美)	20 世纪 70 年代发现 τ 轻子 1956 年探测到中微子的存在
1996	戴维·李(Darid M. Lee,1931 - ,美) 奥谢洛夫(Douglas Osheroff,1945 - ,美) 理查森(R. Richardson,1937 - ,美)	1972 年发现了氦 - 3 的超流现象
1997	朱棣文(Steven Chu,1948 - ,美籍华人) 克洛德·科昂 - 塔努吉(Claude Cohen - Tannoudji,1933 - ,法) 菲利普斯(William Phillips,1948 - ,美)	1985 年、1988 年和 1982 年他们三人各自独立地在激光冷却和捕获气体原子研究的不同方向上做出了开创性的贡献

续表

年代	获奖者	获奖项目
1998	崔琦(Daniel C. Tsui,1939 – ,美籍华人) 施特默(H. L. Stormer,1949 – ,德) 劳克林(R. B. Laughlin,1950 – ,美)	1982 年崔琦、施特默二人的共同工作和 1983 年劳克林的工作导致发现:在强磁场中共同发生作用的普通电子在极低的温度下,可以浓缩成为新的亚原子粒子类型,即有分数电荷元激发的量子流体存在
1999	霍夫特(Gerardus' T Hooft, 1946 – ,荷) 韦尔特曼(Martinus J. G. Veltman,1931 – ,荷)	阐明物理学中电磁相互作用、弱相互作用的量子结构
2000	阿尔费罗夫(Zhores I. Alferov, 1930 – ,俄) 克勒默(Herbert Kroemer,1928 – ,美) 基尔比(Jack S. Kilby,1923 – ,美)	发明的快速晶体管、激光二极管和集成电路(芯片),为现代信息技术作出了基础性贡献
2001	科纳尔(Eric A. Cornell,1961 – ,美) 凯特纳(Wolfgang Ketterle,1957 – ,德) 威依迈(Carl E. Wieman,1951 – ,美)	取得了在淡气中实现碱性原子的博斯 – 爱因斯坦冷凝,揭示了一种新的物质状态:博斯 – 爱因斯坦冷凝物
2002	戴维斯(Raymond Davis Jr,1914 – ,美) 小柴昌俊(Masatoshi Koshiba, 1926 – ,日) 贾科尼(Riccardo Giacconi,1931 – ,美)	在天体物理学领域做出先驱性贡献,其中包括在"探测宇宙中微子"和"发现宇宙 X 射线源"方面的成就
2003	阿布里科索夫(Alexei Alexeevich Abrikosov,1928 – ,俄、美) 金茨堡(Vitaly Lazarevich Ginzburg,1916 – ,俄) 莱格特(Anthony James Leggett,1938 – ,英、美)	在超导体和超流体理论上做出开创性贡献

附录四 化学大事摘记

约50万年前	“北京人”已知用火。
公元前8000年－前6000年	新石器时代早期，中国已开始陶器制作。
公元前5000年左右	中国生产了红陶、灰陶、黑陶及彩陶。
公元前3000年	埃及人已能采集金银，制成饰物。
公元前17世纪前后	中国已开始冶铸青铜。
公元前1400年左右	小亚细亚的赫梯人已掌握冶铁技术。
公元前1200年	中国商代已能使用锡、铅及汞的某些化合物，并出现镀锡铜器。
公元前16世纪－11世纪（商代）	中国发明了石灰釉，出现釉陶。随后又有了原始青瓷。
公元前10世纪	埃及人已会制作玻璃器具。
公元前6世纪前后	中国发明了生铁冶炼技术。
公元前4世纪	中国战国时已有关于青铜合金成分的研究记载。古希腊德谟克利特提出朴素的原子论。古希腊亚里士多德提出水、火、土、气的四元素说。
公元前4世纪前后	中国发明了可锻铸铁。
公元前3世纪	战国后期中国发展起炼铁渗碳制钢的技术。
公元前5世纪－2世纪	《山海经》成书，书中有不少关于药物学及矿物学的内容。
公元前2世纪	中国西汉时已有了关于利用胆水炼铜的湿法冶金记载。
公元前140年－前87年	西汉劳动人民发明了造纸术。
公元前1世纪－公元1世纪	中国发明了炒钢技术。中国古代关于药物学的第一部专著《本草经》成书，书中载录动、植、矿物药品达365种。
2世纪	中国东汉炼丹家魏伯阳的《参同契》成书。
6世纪	綦母怀文总结出将生铁水灌注到熟铁中渗碳制钢的技术，称为“灌钢”。
533年－544年	贾思勰《齐民要术》问世，书中有许多关于染色、酿酒、造纸、制作漆器等技术知识。
7世纪－8世纪	唐初孙思邈的《伏硫磺法》中最早记载了火药的三种成分。
10世纪	阿拉伯医生阿维森纳编著了《医典》。
1000年	宋初唐福制火药箭、火球、火蒺藜等。
1092年	北宋科学家沈括的《梦溪笔谈》成书，书中有不少化学史料。
13世纪	英国炼金家罗哲·培根著《炼金术原理》。
16世纪初	瑞士医生帕拉塞斯提出万物是由“盐、硫、汞”构成的“三元素说”。
1556年	阿格里柯拉的《论金属》出版，这是16世纪欧洲有关采矿、冶金的重要技术著作。
16世纪	明代初年铸造黄铜器时已使用了大量的金属锌。
1596年	明代药物学家李时珍著成《本草纲目》。
16世纪－17世纪	比利时医生海尔蒙特做了“柳树试验”，提出水是万物的最基本原始元素。
1637年	明代学者宋应星的《天工开物》问世。
1661年	波义耳的名著《怀疑派化学家》一书出版。
1669年	梅猷辨别出空气中有二成分，并指出硝石中也存在那种空气中的助燃、助呼吸的成分。贝歇尔提出物质成分的三“土质”说，这可以说是燃素说的开始。波兰特从尿中首次提取出了白磷。斯登诺发现石英晶体各种断面的晶面夹角守恒。
1679年	孔克尔发明了吹管分析。
1685年	波义耳编写了《矿泉的博物学考察》，系统阐述了当时关于水溶液的各种检验方法和检定反应。

17 世纪 炼金术士勒费伏尔和药剂师勒梅里发明了“钟罩法”制硫酸。

1703 年 施塔尔系统地阐述了燃素说。

1729 年 日夫鲁瓦最早进行了粗略的酸碱滴定。

1738 年 英国于布里士托开始了锌的生产。

1746 年 罗巴克发明了铅室法制造硫酸。

1750 年 费朗索瓦首次进行了利用指示剂的酸碱滴定。

1760 年 布拉克测定了冰的熔化热和水的汽化热，随后提出“热质说”。

1762 年 马格拉夫发现钠盐和钾盐可以使火焰着上特征的颜色。

1766 年 卡文迪许发表了题为《人造空气的实验》的报告，提出了他对氢气性质的较系统的研究成果。

1769 年 自这一年至 1785 年，舍勒离析了酒石酸、柠檬酸、苹果酸、乳酸、尿酸、没食子酸、草酸等多种有机酸。

1772 年 舍勒制得了氮气，并确认它是空气的一种成分。

1773 年 舍勒分解硝酸盐、氧化物、碳酸盐制得了氧气。

1774 年 普利斯特里借电火花分解了氨，指出了氨的组成。他还加热三仙丹(氧化汞)制得了氧。

拉瓦锡阐明了物体燃烧的本质，提出了燃烧作用的氧化说。并通过实验证明了化学反应中的质量不灭定律。他确定“固定空气”是碳的氧化物，证明了钻石是碳的同素异形体。

1777 年 拉瓦锡发表了题为《燃烧概论》的报告，全面阐述了他的燃烧理论。

1780 年 贝格曼发表了分析化学史上的重要著作《矿物的湿法分析》。

1781 年 拉瓦锡初步建立了有机化合物中碳氢元素的定量分析法。

普利斯特里、卡文迪许和拉瓦锡都用合成法证实了水是氢和氧的化合物，推翻了水是元素的传统说法。

1788 年 路布兰发明了以氯化钠、硫酸、煤等为原料的“路布兰制碱法”。

1789 年 拉瓦锡在其著作《化学大纲》中提出了第一个化学元素分类表。

1791 年 里希特指出了中和反应中酸与碱间的当量关系。

1794 年 加多林用分级结晶法从稀土混合物中分离出钇族稀土。

1795 年 德克劳西制定了测定次氯酸盐浓度的滴定法，这也是最早的氧化还原滴定。

1799 年 普罗斯明确地阐述了定比定律。

贝托雷指出化学反应可达成平衡，反应发生的方向与反应物的量有关。

1800 年 尼柯尔森和卡里斯尔电解水，得到氢和氧。

1802 年 费歇尔列出了第一个酸碱当量表。

1803 年 道尔顿在曼彻斯特首次发表其原子学说。

1804 年 道尔顿根据其原子学说以及他自己和戴维的实验结果提出倍比定律。

1805 年 格罗特斯提出其电解理论。

1807 年 列依斯发现电渗、电泳现象。

1808 年 盖-吕萨克提出了气体反应体积定律。

1811 年 意大利物理学家阿伏伽德罗提出分子假说。

1812 年 基尔霍夫发现酸类可使蔗糖的水解作用加快。

1814 年 瑞典化学家贝采里乌斯发表了他的第一个原子量表，以 O = 100。表中列出了 41 种元素的原子量。

法国人安培亦提出分子假说。

1815 年 毕奥发现某些天然有机化合物在液态或溶解状态时有旋光性。

1818 年 德国化学家米希尔里希提出同晶定律。

1819 年 法国人杜隆和培蒂发现原子热容定律。并根据此定律对贝采里乌斯于 1818 年所确定的原子量进行了修订。

1824 年 珀兰尼提出催化反应的吸附理论。

1825 年 法拉第发现苯。

	英国人塔尔波制造了火焰光谱仪，提出了根据特征颜色的谱线进行定性分析的设想。
1827 年	杜马根据蒸气密度测定原子量。
	杜特罗夏提出渗透压概念。
	布朗发现"布朗运动"。
1828 年	维勒首先从无机物合成了有机物——尿素。
	德国人德贝莱纳对元素进行分类，提出"三元素组"说。
1829 年	德国化学家罗塞首次明确提出并制定了系统定性分析法。
1830 年	李比希把碳氢分析发展成为精确的定量分析技术。
1831 年	英国人菲利浦提出接触法(以铂为催化剂)制造硫酸。
1832 年	维勒和李比希发表《关于安息香酸基的研究》一文，对基团论做了重要发展。
1834 年	杜马系统地研究了卤代反应，提出了取代学说。
	法拉第提出其电解定律。
	克拉珀龙用几何图式将卡诺循环表示出来，并用卡诺原理得出克拉珀龙公式。
1835 年	贝采里乌斯提出"催化"概念。
1836 年	黑斯发现"热总量恒定"定律，即黑斯定律。
1838 年	英国人达亚尔和海明提出了"氨碱法"制碱工艺流程。
1839 年	古德意将橡胶硫化，形成网状结构，奠定了硫化工艺的基础。
1840 年	焦耳发现电转化为热的规律，即焦耳定律。
1841 年	德国化学家弗雷泽纽斯提出了简明的"阳离子系统定性分析法"。
	贝采里乌斯出版《化学教程》，系统总结了那一时期分析化学发展所达到的水平。
1842 年	齐宁将硝基苯还原为苯胺。
	布拉维推出晶体的 14 种空间点阵形式。
	罗朗和日拉尔合作，初步分辨了原子量、当量和分子量，初步建立了有机化合物的正确分子概念，写出了比较正确的分子式。
1843 年	日拉尔提出了"同系列"的概念。
1845 年	申拜恩用硝酸-硫酸制得硝化纤维。
1848 年	自这年至 1850 年期间霍夫曼提出了氨类型化合物。
1849 年	焦耳发表了其"热的机械当量"的实验结果，提出了当时最准确的热功当量。
1850 年	克劳修斯将卡诺原理转述为"克劳修斯说法"，并称之为热力学第二定律。
	威廉逊发现了醚的新合成法，并提出了有机化合物的水类型。
	威廉米研究了蔗糖转化问题，提出动态平衡概念。
1852 年	英国人弗兰克兰初步提出原子价的概念。
	德国人比尔经实验确定光密度值与吸收物质的浓度成正比。
	日拉尔把当时已知的有机化合物分成了四大类型：(1)水型；(2)氢型；(3)氯化氢型；(4)氨型。
	法国化学家盖－吕萨克提出了容量分析中的"银量法"，提高了容量分析的准确度。
1854 年	美国人阿尔特确定了一系列金属元素在可见光谱区的特征光谱线，提出光谱分析的建议。
1856 年	柏琴以工业苯胺做原料合成了苯胺紫，这是第一个人工合成的染料。
1857 年	凯库勒提出了有机化合物的沼气类型。他还提出了"原子数"的概念，指出碳是 4 价。
	凯库勒和库珀提出化合价的理论。
1858 年	凯库勒和库珀进一步提出了碳原子间可以相连成链状的学说。
	基尔霍夫提出热化学中的基尔霍夫定律。
	德国玻璃工人盖斯勒制成低压气体放电管。
1859 年	本生和基尔霍夫设计制造了第一台以光谱分析为目的的分光镜。
1860 年	在德国的卡尔斯鲁厄召开了重要的国际化学学术讨论会，康尼查罗论证了分子学说。
	比利时分析化学家斯达用精确实验数据证明了定比定律的正确性。他在这一年还提出采用 O＝16为原子量基准。

1861 年 布特列洛夫做了《论物质的化学结构》的报告，强调了“化学结构”概念。

1862 年 格雷阿姆提出“胶体”概念。

尚古多提出了关于元素的性质就是数的变化的论说，创造了一个《螺旋图》。

索尔维实现了“氨碱法”的工业化。

贝特罗与圣·吉尔研究了乙醇与乙酸的酯化及其逆过程，发现无机酸的存在不影响平衡时的物质浓度的比，只加速平衡的到来。

1864 年 德国人罗塔·迈尔将部分元素按原子量排列成序，制成《六元素表》，W. 吉布斯首次利用电解分析法测定铜。

古德贝格和瓦格总结出质量作用定律。

1865 年 凯库勒提出苯的环状结构学说。

克劳修斯提出“熵”函数概念，奠定了热力学第二定律广泛使用的基础。

1867 年 诺贝尔用硅藻土吸收硝化甘油制得实用的猛烈炸药。

克劳修斯提出“热寂论”。

1868 年 罗塔·迈尔发表《原子体积周期性图解》。

1869 年 罗塔·迈尔再次修改了他 1864 年发表过的《六元素表》，提出较完整的元素周期表。

门捷列夫提出了他的第一个化学元素周期表，论述了元素周期律。

格瑞伯和李卜曼合作第一次人工合成了天然染料——茜素。

1871 年 门捷列夫发表了他第二个元素周期表，更详细地论述了元素周期律，特别是他预言了“类铝”、“类硼”、“类硅”的性质。

1873 年 威利森努斯证明发酵乳酸和肌肉乳酸都是 α－羟基丙酸，提出它们性质上的差别是由于原子在空间不同的排布引起的。

利普曼发现电毛细管现象。

1874 年 范霍夫和勒贝尔分别提出了碳的四面体构型学说。

1876 年 吉布斯导出平衡的最普遍而抽象的规律——相律。

1877 年 勒克合成了第一个人工合成的酸碱指示剂——酚酞。

玻尔兹曼导出熵函数与热力学几率之间的关系式。

浦菲弗通过实验提出渗透压公式。

1878 年 拜尔合成了靛蓝。

道恩发现沉降电势。

1879 年 古德贝格与瓦格采用分子碰撞的观点得出质量作用定律的普遍表达式。

赫尔姆霍茨提出“双电层”概念，并导出双层间的电势公式。

克鲁克斯研究高真空放电，发现阴极射线。

汤姆生提出阴极射线是带阴电的微粒子，并在 1897 年测定了它的电荷和质量，并命名为电子。

1882 年 拉乌尔发表了关于溶液凝固点降低的研究报告。

1884 年 提出勒夏特列原理。

1885 年 拜耳提出了碳环化合物的张力学说。

夏东奈从棉花制成脱硝硝化纤维。于 1889 年建厂，成为第一个人造丝工厂。

1886 年 哥德施坦在阴极射线管中使用带细孔的阴极，发现“阳极射线”。

1887 年 阿累尼乌斯发表《关于溶质在水中的离解》一文，提出电离理论。

1888 年 提出拉乌尔定律。

1893 年 贝仑特发明了电位滴定法。

维尔纳提出络合物的配位理论。

1894 年 奥斯特瓦乐德解释了酸碱指示剂的变色机理。

1895 年 伦琴发现 X 射线。

奥斯特瓦尔德提出催化剂概念。

1896 年 贝克勒发现铀的放射性。

1898 年　弗兰克、卡罗和罗特发明了由碳氮化钙制取氨的方法。
居里夫人发现钍的放射性。
1899 年　喀斯拜里提出超电压概念。
卢瑟福用强磁场把镭的射线分成三部分，并分别命名为 α、β、γ 射线。
1900 年　柯尔劳希总结出强电解质稀溶液电导的经验公式。
1901 年　路易斯提出逸度概念。
邦恩合成还原蓝——阴丹士林。
1904 年　洪达制成第一台粗制热天平，从此开始了热重量分析的研究。
阿培格提出原子价的“八数规则”。
1906 年　茨维特发明色层分析法。能斯特提出热力学第三定律。
费歇尔提出蛋白质的多肽结构，并合成出分子量为 1000 的多肽。
1907 年　路易斯提出活度概念。
贝克莱深入研究了苯酚与甲醛间的反应，奠定了酚醛树脂工业化的基础。
1909 年　哈伯报道了用锇催化剂得到了合成氨浓度为 6% 的产率，使合成氨跨出了实验室阶段。
研制成功合成氨的铁催化剂。
1910 年　海立斯、麦修斯实现异戊二烯的钠聚合。
列别捷夫实现了丁二烯的钠聚合。
1911 年　卢瑟福根据 α 粒子穿透金箔的散射实验提出原子的核模型。
贝尔格制成第一台硒光电池的光电比色计。
1912 年　普列格尔系统地发展了有机化合物的微量定量分析方法。
汤姆生设计磁分离器，发现氖有两个同位素 ^{20}Ne、^{22}Ne。
哈伯的合成氨法实现了工业化。
劳厄发现晶体对 X 射线的衍射，证明了 X 射线是电磁波。
布拉格导出布拉格方程。
1913 年　博登斯坦提出化学反应中的“链反应”概念。
莫斯莱提出原子序数的概念，并总结出原子序数与特征 X 射线的波长之间关系的经验公式。
玻尔提出原子结构模型。
1916 年　柯塞尔和路易斯提出原子价的电子理论。
德拜和谢勒创造了 X 射线粉末法。
1918 年　莫尔再次提出无张力环学说，并用清楚的模型表示环己烷的椅式和船式结构。
路易斯明确提出化学反应的双分子碰撞理论。
1919 年　阿斯登制成质谱仪，在 71 种元素中发现了 202 种同位素。
卢瑟福用 α 射线轰击氮，实现了人工核反应。
1920 年　查德威克利用 α 散射实验测定不同元素的核电荷，证实了原子序数在数量上等于核的电荷数。
1921 年　米奇利发现四乙基铅是汽油发动机的最好抗爆剂。
1922 年　海洛夫斯基发现极谱，并于 1925 年与志方益三制造出第一台极谱仪。
林德曼提出单分子反应的时滞理论。
1923 年　德拜、休克尔提出强电解质溶液离子互吸理论。
斯维德贝格设计了超离心机。
1924 年　龙德咖尔制成火焰光度计。
史特仑提出其双电层理论。
1925 年　泰勒提出催化的活性中心理论。
1926 年　薛定谔提出波动方程。
1927 年　谢苗诺夫、邢歇伍德提出支链反应理论，满意地解释了燃烧爆炸现象。
戈德施密特提出结晶化学定律。
海特勒和伦敦首先用量子力学处理了氢分子结构。

1928 年 拉曼发现拉曼光谱，也称联合散射光谱。
氯乙烯—醋酸乙烯共聚合成功。由于采用增塑剂，从而使聚氯乙烯的加工、使用得到了发展。
1929 年 布特南特析离出雌甾酚酮，这是第一个离析出的性激素类化合物。
贝特和范弗雷克提出晶体场理论。
1931 年 鲁斯卡等人发明电子显微镜。
鲍林和斯莱特提出杂化轨道理论。
1932 年 查德威克发现中子。
施陶丁格发表了第一部关于高分子有机化合物的论著，使高分子化学确立为系统的学科。
1933 年 这一年到 1935 年多马克等人发现百浪多息，这是第一个磺胺药。
1934 年 约里奥·居里夫妇用钋的 α 粒子轰击硼、铝、镁等，发现人工放射性。
尤考维奇提出了滴汞电极的扩散电流理论，奠定了经典极谱分析的理论基础。
1935 年 卡罗瑟斯试制成功耐纶 -6,6，并提出缩聚的规律。
亚当斯和赫尔姆斯首次合成离子交换树脂。
弗塞特合成高压聚乙烯的试验获得成功。
1936 年 这一年至 1938 年缪勒发现滴滴涕具有杀虫效力。
1938 年 哈恩发现铀的裂变。
柴贝勒得等发明了库仑分析法。
这一年至 1944 年希拉台尔合成了特普、八甲膦、对硫膦等有机磷杀虫剂。
1939 年 柯巴捷夫提出催化的活性集团理论。
斯湍因发明电泳层析法。
弗洛里提出缩聚反应动力学方程。
1940 年 温费尔特、狄克逊制成涤纶纤维。
1941 年 马丁和辛格发明分配层析法。
1942 年 侯德榜研究成功侯氏制碱法，对氨碱法做了重大改革。
在这一年及第二年瓦克斯曼从链霉菌中析离出链霉素。
1944 年 伍德瓦德合成喹宁碱。
扎伏伊斯基发现电子磁共振现象，从而出现了顺磁共振法。
康斯登、高尔登等发明纸上层析法。
1945 年 施瓦岑巴赫提出了利用氨羧络合剂的络合滴定。
1946 年 普塞尔和布洛赫等人分别发现在液体和固体物质中也能观察到共振吸收现象，从而发展了 1938 年拉比等人提出的核磁共振法。
1948 年 威兰特等发明了纸上电泳层析法。
1950 年 鲍林提出蛋白质的 α - 螺旋体结构。
1952 年 詹姆斯和马丁发明气液色谱。
欧格耳提出配位场理论。
1953 年 沃尔什正式提出利用原子吸收光谱的分光光度分析法。
齐格勒首次使用金属有机化合物催化剂，在常温常压下制出聚乙烯。
华生和克立克根据 X 射线衍射数据，提出脱核氧糖核酸的双螺旋结构模型。
1955 年 桑格及其合作者测定了胰岛素的一级结构。
纳塔改进齐格勒催化剂，进行定向聚合，制备出全同立构聚丙烯，使聚合反应得到新发展。
1956 年 艾尔咖尔贝利首先利用极谱催化波于微量组分的测定。
马斯库斯提出电子转移反应理论。
西格班等人制成第一台 X 射线激发的电子能谱仪，从而建立了光电子能谱法。
1957 年 克劳弗特测定了维生素 B_{12} 的晶体结构。
肯德鲁测定了第一个蛋白质——鲸肌红蛋白的晶体结构。
1958 年 穆斯鲍尔发现 γ 射线萤光共振谱。

1959 年	马托赫建议采用$^{12}C=12$作为原子量基准,于 1961 年在国际化学会上正式通过。
1962 年	巴特莱特合成了第一个惰气化合物——六氟铂酸氙($XePtF_6$)。
1965 年	中国合成了胰岛素,这是世界上第一个人工合成的蛋白质。
	伍德瓦德和霍夫曼提出分子轨道对称守恒原理。
1967 年	科里提出具有严格逻辑性的逆合成分析原理。
1972 年以来	莫里斯、理查森首次证明液氦同位素^3He是超流体。
	克卢格把染色质分割成微小片断,并根据片断的结构信息构成一个完整的染色体模型。
	卢嘉锡提出固氮酶的"福州模型Ⅰ"和"福州模型Ⅱ"。
1977 年 - 1979 年	美国先后用紫外激光分离了铕、钐、镱、铈。
1980 年以来	唐敖庆等使配位场理论系统化、标准化,便于广泛应用。
1981 年	我国合成酵母丙氨酸转移核糖核酸。
1983 年	东京大学研究小组发现并制得含磷—磷双键的分子。
1985 年	克罗托、柯尔和斯莫利合成C_{60}并发现其碳笼结构。
	德国人戴森霍弗、米歇尔和休伯首次成功阐明膜状蛋白质形成的详细过程,确定了光合反应中心由原子形成的分子立体结构。
1988 年	美国人埃格瑞发现水进出细胞的"通道"。

附录五 参考文献目录

一、图书

〔1〕 马克思著，中国科学院自然科学史研究所译，《机器。自然力和科学的应用》，人民出版社，1978年。
〔2〕 恩格斯著，于光远等译编，《自然辩证法》，人民出版社，1984年。
马恩列斯著作编译局译《自然辩证法》，人民出版社，1971年。
〔3〕 J.D.贝尔纳著，陈体芳译，《科学的社会功能》，商务印书馆，1982年。
〔4〕 T.S.库恩著，李宝恒、纪树立译，《科学革命的结构》，上海科学技术出版社，1980年。
〔5〕 龚育之著，《关于自然科学发展规律的几个问题》，上海人民出版社，1978年。
〔6〕 赵红州著，《科学能力学引论》，科学出版社，1984年。
〔7〕 William Cecil Dampier，A History of Science and its Relations with Philosophy and Religion，Cambridge University Press，1958年。
W.C.丹皮尔著，李珩译，《科学史及其与哲学和宗教的关系》，商务印书馆，1975年。
〔8〕 Stephen F. Mason，A History of the Sciences，Collier Books，1962年。
斯蒂芬.F.梅森著，周煦良等译，《自然科学史》，上海译文出版社，1980年。
〔9〕 J. D. Bernal，Science in History，Watts &Co. Ltd，1957年。贝尔纳著，伍况甫等译，《历史上的科学》，科学出版社，1959年。
〔10〕 申漳著，《简明科学技术史话》，中国青年出版社，1981年。
〔11〕 中国科学院自然科学史研究所近现代科学史研究室，《科学技术的发展》，科学普及出版社，1982年。
〔12〕 大沼正则著，宋孚信等译，《科学的历史》，求实出版社，1983年。
〔13〕 潘永祥主编，《自然科学发展简史》，北京大学出版社，1984年。
〔14〕 关士续编著，《科学技术史简编》，黑龙江科学技术出版社，1984年。
〔15〕 陈昌曙、远德玉主编，《自然科学发展简史》，辽宁科学技术出版社，1984年。
〔16〕 清华大学自然辩证法教研组编，《科学技术史讲义》，清华大学出版社，1982年。
〔17〕 李少白主编，《科学技术史》，华中工学院出版社，1984年。
〔18〕 李亚东，《科学的足迹》，河南科学技术出版社，1984年。
〔19〕 黄梦平著，《科学技术革命与经济社会发展》（上册），福建科学技术出版社，1984年。
〔20〕 中国科学院自然科学史研究所近现代科学史研究室编著，《二十世纪科学技术简史》，科学出版社，1985年。
〔21〕 I.阿西摩夫著，卞毓鹿、唐小英译，《科技名词探源》，上海翻译出版公司，1985年。
〔22〕 W. F. Bynum，E. J. Browne &Roy Porter，Dictionary of the History of Science，The Macmillan Press Ltd，1981年。
〔23〕 伊东俊太郎、坂本贤三、山田麒、村上阳一郎编，《科学史技术史事典》，弘文堂株式会社，1983年。
〔24〕 汤浅光朝著，张利华译，《解说科学文化史年表》，科学普及出版社，1984年。
〔25〕 《自然科学大事年表》编写组，《自然科学大事年表》，上海人民出版社，1975年。
〔26〕 Charles Coulston Gillispie，Dictionary of Scientific Biography，Vol. 1 - 14，Charles Scribner's Sons，1970年-1976年。
〔27〕 曾少潜主编，《世界著名科学家简介》，科学技术文献出版社，1983年。
〔28〕 中国科学院自然科学史研究所、北京第一机床厂《小传》编写组，《科学技术发明家小传》，北京人民出版社，1978年。
〔29〕 《诺贝尔奖金获得者传》编委会编，《诺贝尔奖金获得者传》（共四卷，已出第一、二、三卷），湖南科学技术出版社，1983年。
〔30〕 卡罗尔·卡尔金斯主编，程毓征、王岱、孙云畴译，《美国科学技术史话》，人民出版社，1984年。
〔31〕 哈里特·朱克曼著，周叶谦、冯世刚译，《科学界的精英——美国的诺贝尔奖金获得者》，商务印书馆，1979年。
〔32〕 Joseph Needham，Science and Givilisation in China，Cambridge University Press，Vol. 1.（1954）Vol. 4，1980年。

〔33〕 杜石然等编著,《中国科学技术史稿》(上、下册),科学出版社,1982 年。
〔34〕 自然科学史研究所主编,《中国古代科技成就》,中国青年出版社,1978 年。The Institute of the History of Natural Sciences, Ancient China's Technology and Science, Foreign Languages Press, 1983 年。
〔35〕 刘青峰著,《让科学的光芒照亮自己——近代科学为什么没有在中国产生》,四川人民出版社,1984 年。
〔36〕 北京大学物理系《中国古代科学技术大事记》编写小组,《中国古代科学技术大事记》,人民教育出版社,1977 年。
〔37〕 中国科学院中国自然科学史研究室编,《中国古代科学家》,科学出版社,1963 年。
〔38〕 J. R. Partington, A History of Chemistry (Vol. 1 - 4), Macmillan &Co. Ltd, 1964 - 1970 年。
〔39〕 A. P. Armitage, A History of Chemistry, Longmans, Green and Co. Ltd., 1906 年。
〔40〕 F. J. 摩尔著,陈志瀛译,《化学史》,正中书局,1944 年。
〔41〕 莱斯特著,吴忠译,《化学的历史背景》,商务印书馆,1982 年。
〔42〕 J. R. 柏廷顿著,胡作玄译,《化学简史》,商务印书馆,1979 年。
〔43〕 丁绪贤著,《化学史通考》,商务印书馆,1936 年。
〔44〕 《化学发展简史》编写组编著,《化学发展简史》,科学出版社,1980 年。
〔45〕 John Maxson Stillman, The Story of Alchemy and Early Chemistry, Dover Publications, Inc, 1960 年。
〔46〕 Alexander Findlay, A Hundred Years of Chemistry, Methuen & Co. Ltd, 1959 年。
〔47〕 A. J. Berry, From Classical to Modern Chemistry: Some Historical Sketches.
〔48〕 B. J. T. Dobbs, The Foundations of Newton's Alchemy, Cambridge University Press, 1975 年。
〔49〕 Henry M · Leicester & Herbert S · Klickstein, A Source Book in Chemistry 1400 - 1900, McGraw - Hill Book Company, 1952 年。
〔50〕 Maurice P. Crosland, Historical Studies in the Language of Chemistry, Dover Publications, Inc, 1978 年。
〔51〕 肖莱马著,潘吉星译,《有机化学的产生和发展》,科学出版社,1978 年。
〔52〕 Ference Szabadvary, Translated by Gyula Svehla, History of Analytical Chemistry, Pergamon Press Ltd, 1966 年。
〔53〕 M. E. 韦克思著,黄素封译,《化学元素的发现》,商务印书馆,1965 年。
〔54〕 赵匡华编著,《107 种元素的发现》,北京出版社,1983 年。
〔55〕 D. N. Trifonov & V. D. Trifonov, Chemical Elements: How They Were Discovered, Mir Publ, 1982 年。
〔56〕 凌永乐编著,《化学元素的发现》,科学出版社,1981 年。
〔57〕 B. M. 凯德洛夫著,陈益升、袁绍渊译,《化学元素概念的演变》,科学出版社,1985 年。
〔58〕 凌永乐编著,《化学元素周期律的形成和发展》,科学出版社,1979 年。
〔59〕 解强编著,《从周期表到核素图》,内蒙古教育出版社,1981 年。
〔60〕 利纳·德弗里斯著,兰宜申译,《原子科学的两千四百年》,江苏科学技术出版社,1982 年。
〔61〕 凌永乐编著,《原子量的测定》,科学出版社,1985 年。
〔62〕 B. 霍夫曼著,马元德译,《量子史话》,科学出版社,1979 年。
〔63〕 B. H. 瑞德尼克著,黄宏荃、彭灏译,《量子力学史话》,科学出版社,1979 年。
〔64〕 阿尔明·赫尔曼著,周昌忠译,《量子论初期史(1899 - 1913)》,商务印书馆,1980 年。
〔65〕 J. P. 沃森著,刘望夷等译,《双螺旋——发现 DNA 结构的故事》,科学出版社,1984 年。
〔66〕 阮芳赋编著,《性激素的发现》,科学出版社,1979 年。
〔67〕 David Abbott, The Biographical Dictionary of Scientists: Chemists, Frederick Muller Limited, 1983 年。
〔68〕 Bernard Jaffe, Crucibles: The Story of Chemistry——From Ancient Alchemy to Nuclear Fission, Dover Publications, Inc, 1976 年。
〔69〕 卡·马诺诺夫著,丘琴等译,《名化学家小传》(上、下册),科学普及出版社,1980 年。
〔70〕 弗里德里希·赫尔内克著,徐新民等译,《原子时代的先驱者》,科学技术文献出版社,1981 年。
〔71〕 Stepren Miall, A History of the British Chemical Industry, Ernest Benn Limited, 1931 年。
〔72〕 A. Φ. 卡普斯廷斯基著,钱宪伦、张国光译,《俄罗斯无机化学与物理化学发展简史》,科学出版社,1956 年。
〔73〕 袁翰青著,《中国化学史论文集》,生活·读书·新知三联书店,1956 年。
〔74〕 张子高主编,《中国化学史稿(古代之部)》,科学出版社,1964 年。

〔75〕 李乔苹著,《中国化学史》,商务印书馆,1950 年。
〔76〕 曹元宇编著,《中国化学史话》,江苏科学技术出版社,1979 年。
〔77〕 江琳才,《中国古代化学史话》,广东人民出版社,1978 年。
〔78〕 陈国符著,《道藏源流考》,中华书局,1949 年。
〔79〕 王琎等著,《中国古代金属化学及金丹术》,中国科学图书仪器公司,1955 年。
〔80〕 冯家升著,《火药的发明和西传》,华东人民出版社,1954 年。
〔81〕 杨宽著,《中国古代冶铁技术的发明和发展》,上海人民出版社,1956 年。
〔82〕 潘吉星著,《中国造纸技术史稿》,文物出版社,1979 年。
〔83〕 刘仁庆编著,《中国古代造纸史话》,轻工业出版社,1978 年。
〔84〕 周仁等著,《中国古陶瓷研究论文集》,轻工业出版社,1982 年。
〔85〕 中国硅酸盐学会主编,《中国陶瓷史》,文物出版社,1982 年。
〔86〕 北京钢铁学院《中国古代冶金》编写组,《中国古代冶金》,文物出版社,1978 年。
〔87〕 北京钢铁学院《中国冶金简史》编写小组编,《中国冶金简史》,科学出版社,1978 年。
〔88〕 Ю. И. 索洛维耶夫、В. И. 库林诺依著,丁由译,《贝齐里乌斯传》,商务印书馆,1964 年。
〔89〕 潘吉星编,《革命化学家肖莱马》,科学出版社,1978 年。
〔90〕 Ю. И. 索洛维耶夫、Н. А. 菲古罗夫斯基著,丁由译,《阿累尼乌斯传》,商务印书馆,1965 年。
〔91〕 秦关根著,《法拉第》,中国青年出版社,1982 年。
〔92〕 伯根格伦著,孙文芳译,《诺贝尔传》,湖南人民出版社,1983 年。
〔93〕 中岛都美子著,回声译,《诺贝尔》,新华出版社,1983 年。
〔94〕 艾芙·居里著,左明译,《居里夫人传》,商务印书馆,1984 年。
〔95〕 约翰·罗兰著,姜炳炘译,《欧内斯特·卢瑟福——杰出的原子核物理学家》,原子能出版社,1978 年。
〔96〕 R. 穆耳著,暴永宁译,《尼尔斯·玻尔》,科学出版社,1982 年。
〔97〕 M. V. 劳厄著,范岱年、戴念祖译,《物理学史》,商务印书馆,1978 年。
〔98〕 王福山主编,《近代物理学史研究》,复旦大学出版社,1983 年。
〔99〕 洛伊斯. N. 玛格纳著,李难等译,《生命科学史》,华中工学院出版社,1985 年。
〔100〕 Allen G Debus, Science and History: A Chem ist' s Appraisal, Servico de Documentac, ao e Publicacoes da Universidade de Coimbra, 1984 年。
〔101〕 Allen G . Debus, The English Paracelsians, Franklin Watts, Inc, 1966 年。
〔102〕 马·西佐夫著,徐桂芬等译,《罗蒙诺索夫》,新华出版社,1984 年。
〔103〕 George Sarton, Introduction to the History of Science, The williams & Wilkins Company, 〔vol. 1, vol. 2, vol. 3, vol. 4〕.
〔104〕 亚·沃尔夫著,周昌忠等译,《十六、十七世纪科学技术和哲学史》,商务印书馆,1985 年。
〔105〕 Charles Singer, Studies in the History and Method of Science, vol. 2, Oxford University Press, 1921 年。
〔106〕 集体编写, ВОЭНИКНОВЕНИЕ РАЭВИТИЕ ХИМИИ С ДРЕВНЕЙЩИХ ВРЕМЕН ДО XVII ВЕКА, ИЭДАТЕЛЪСТВО《НАУКА》, 1980 年。
〔107〕 莫里斯·戈德史密斯著,施莘译,《约里奥·居里传》,原子能出版社,1982 年。
〔108〕 乔治·伽莫夫著,高士圻译《物理学发展史》,商务印书馆,1981 年。
〔109〕 李约瑟著,中国科学技术史翻译小组译,《中国科学技术史》,科学出版社。
〔110〕 东汉 《周易参同契》
〔111〕 北魏 郦道元著《水经注》
〔112〕 北宋 曾公亮著《武经总要》
〔113〕 北宋 沈括著《梦溪笔谈》
〔114〕 南宋 吴悮著《丹房须知》
〔115〕 明朝 李时珍著《本草纲目》
〔116〕 明朝 宋应星著《天工开物》
〔117〕 明朝 方以智著《物理小识》

〔118〕 赵匡华著，《化学通史》，高等教育出版社，1990 年。
〔119〕 I. 阿西莫夫著，《古今科技名人辞典》，科学出版社，1988 年。
〔120〕 张家治、张培富等著，《化学教育史》，广西教育出版社，1996 年。
〔121〕 亚·沃尔夫著，《十八世纪科学技术和哲学史》，商务印书馆，1995 年。
〔122〕 G. 杜布斯著，《文艺复兴时期的人与自然》，浙江人民出版社，1988 年。

二、期刊

〔1〕 Isis：An International Review Devoted to the History and its Cultural Influences（美）
〔2〕 Annals of Science：An International Review of Science and Technology from the Thirteenth Century（英）
〔3〕 The British Journal for the History of Science（英）
〔4〕 Archives Internationales d'Historie der Sciences（法）
〔5〕 Studies in History and Philosophy of Science（英）
〔6〕 科学史文集
〔7〕 科学史集刊
〔8〕 自然科学史研究
〔9〕 中国科技史料
〔10〕 科学史译丛
〔11〕 自然辩证法研究
〔12〕 自然辩证法通讯
〔13〕 自然科学争鸣
〔14〕 自然辩证法杂志
〔15〕 潜科学杂志
〔16〕 科学、技术与辩证法
〔17〕 科学·经济·社会
〔18〕 自然信息
〔19〕 科学与哲学（研究资料）
〔20〕 自然科学哲学问题丛刊
〔21〕 Nature（英）
〔22〕 Science（美）
〔23〕 Scientific American（美）
〔24〕 自然科学年鉴
〔25〕 科学通报
〔26〕 科学
〔27〕 科学月刊
〔28〕 自然杂志
〔29〕 百科知识
〔30〕 世界科学
〔31〕 大自然探索
〔32〕 科学年鉴
〔33〕 发现
〔34〕 Ambix（英，化学史杂志，1937 年创刊）
〔35〕 Chymia〔美，化学史年刊，1956 年 - 1967 年共出 12 卷，1969 年起并入《物理学的历史研究》〕
〔36〕 Journal of Chemical Education（美）
〔37〕 Chemical & Engineering News
〔38〕 Chemical Society Reviews（英）
〔39〕 中国化学会志
〔40〕 化学通报

〔41〕 化学世界
〔42〕 现代化学译丛
〔43〕 化学教育
〔44〕 化学教学
〔45〕 科技导报
〔46〕 方法

后　记

1983 年 10 月在昆明举行的全国化学史教学讨论及讲习会上，与会代表普遍认为在培养化学、化工人才方面，化学史的教学已经显得日益重要，迫切希望能够有一本适合高等院校有关专业的化学史教材。

鉴于这种情况，由山西大学的同志发起，并由四川大学、北京师范大学等校与会的部分同志参加，酝酿编写一本化学史教材。在酝酿过程中初步讨论了全书的粗略大纲，并且大体上有所分工。1984 年初又交换了意见，在此基础上，由主编拟出编写大纲，然后分头进行编写。1985 年 8 月在太原举行了审稿会议，对初稿进行了审核与讨论，并提出了修改意见。此后又分别按会上提出的修改意见进行了修改。在成书过程中，由于客观原因，少数章节执笔人有部分调整，具体分工如下：

山西大学张家治（绪论、第十六、二十三、二十四章及后记）、山西大学邢润川（第一、二、三、四、七章）、四川大学高兴华并有李华隆参加（第五、六章）、山西大学张培富（第八、九、十、十七章）、北京师范大学王德胜（第十一、十四、十五、十八、二十二章）、北京化工学院边克忠（第十二、十九、二十章）、华中师范大学任定成（第十三、二十一章）。附录部分主要是王德胜、任定成、邢卫平等同志编写的。

在成书过程中，蒋亦芹教授、夏炽中副教授、冯克聪副教授、刘长松副教授曾审阅部分书稿并提出了宝贵意见；山西教育出版社责任编辑徐亚东同志和山西省教育厅教材研究室黄汉寿同志对本书的编写给予关心；在开始酝酿写书时华东工学院闵龙昌同志曾积极支持，一并表示感谢。

此外，桂质亮、苗建军、赵万里和李军纪等同志帮助做了许多具体工作，亦表谢意。

由于编者的业务水平和思想水平有限，书中的缺点和错误在所难免，希望在试用过程中得到广大读者的批评和指正，以便改进。

编　者
1985. 12. 28